几何与代数简明教程

吴俊义 编著

同济大学出版社
TONGJI UNIVERSITY PRESS

内 容 提 要

本书是由几何与代数课程讲义修订而成. 大致涵盖了解析几何和高等代数两门课的主要内容，包括向量代数与解析几何、矩阵、一元多项式、向量空间、线性变换、内积、二次型和仿射几何. 本书内容详实、层次清晰，没有刻意地追求面面俱到，而是主要讲解学生必须掌握的内容. 本书另一大特点是将精心筛选的习题穿插在正文中，以方便读者在学习了一个新的概念或定理之后，能立即通过解题来加深理解.

本书可作为数学专业几何与代数课程的教学用书.

图书在版编目(CIP)数据

几何与代数简明教程/吴俊义编著. --上海：同济大学出版社，2016.8(2021.7 重印)

ISBN 978-7-5608-6456-3

Ⅰ.①几… Ⅱ.①吴… Ⅲ.①解析几何—高等学校—教材②高等代数—高等学校—教材 Ⅳ.①O182②O15

中国版本图书馆 CIP 数据核字(2016)第 164572 号

几何与代数简明教程

吴俊义 **编著**

责任编辑 亓福军 李小敏 **责任校对** 徐春莲 **封面设计** 潘向蓁

出版发行 同济大学出版社 www.tongjipress.com.cn

(地址：上海市四平路 1239 号 邮编：200092 电话：021-65985622)

经　　销 全国各地新华书店

印　　刷 当纳利（上海）信息技术有限公司

开　　本 787 mm×1 092 mm 1/16

印　　张 14.25

字　　数 356 000

版　　次 2016 年 8 月第 1 版 2021 年 7 月第 3 次印刷

书　　号 ISBN 978-7-5608-6456-3

定　　价 48.00 元

前言

本书是由几何与代数课程讲义改编修订而成，大致涵盖了解析几何和高等代数两门课的主要内容.

正如书名所示，本书意在为初学者提供一个简明易懂的入门导引，而不求面面俱到. 因此为了突出内容的层次性，对于初学者来说并非必需的内容，如若当标准形、有理系数多项式及多元多项式都被略去了(感兴趣的读者不难通过书后列出的参考文献找到所需的内容). 同时，本书对某些内容的处理也与通常的做法不尽相同. 例如，讲到内积空间时，先讲酉空间再讲欧氏空间，这是因为三种重要的线性变换——埃尔米特变换、反埃尔米特变换以及酉变换(在欧氏空间中对应的是对称变换、反对称变换和正交变换)的对角化问题在酉空间中处理起来要比在欧氏空间中更容易. 另外，考虑到学生通过前面向量空间理论的学习已经熟悉了 n 维空间，所以最后一章讲仿射几何时，也就不再仅限于 2 维和 3 维几何.

在练习题的编排上，作者没有刻意去选择难题，也无意包罗所有题型. 所选择的问题主要目的都是为了帮助读者理解并掌握书中的基本概念和基本理论. 练习没有像多数教材那样被统一放在章节的末尾，而是穿插于正文中，置于相关的知识点之后. 这样做是为了方便读者在学习了一个新的概念或定理之后，能立即通过解题来检验并加深自己的理解. 同一个知识点的多道习题，总是尽量按照先易后难的顺序或者根据题目间的逻辑联系(比如，前一道题的结果可以用来证明后一道题，或后一道题是前一道题的推广等)来排列. 也许有些读者会觉得正文中穿插着练习会影响阅读的连贯性，也可以在初读时先略去所有练习，然后再回过头来着手解题. 但是完全忽略习题一路读下去则几乎肯定是不可行的.

解析几何和高等代数(或线性代数)的教材非常多，其中优秀的也不在少数. 书后的参考文献只列出了其中的一小部分(这些是在编写本书时借鉴过的)，想要寻找类似教材的读者可以把它们当成一份推荐书目.

应用数学学院的领导一直以来对几何与代数课程教学改革予以支持，作者撰写过程中也给予关怀，才使得本书得以正式出版，在此表示衷心的感谢. 另外，还要感谢李梦迪、刘晓玲、马洪斌、王瑶莉以及王真蓉五位同学帮忙打出了本书的初稿，并感谢我的同事郑兆娟老师和朱莉老师以及 2015 级学生周博文同学对本书的撰写提出的有益建议.

由于作者水平有限，书中不妥及疏漏之处在所难免，敬请读者批评指正.

编者
2016 年 8 月

目　录

第1章 向量代数与解析几何

1.1 向量及其运算

1.1.1 向量

所谓**向量**,就是一个有大小、有方向的量. 通常用希腊字母 $\boldsymbol{\alpha}$, $\boldsymbol{\beta}$, $\boldsymbol{\gamma}$ 等来表示一个向量,而向量 $\boldsymbol{\alpha}$ 的大小记为 $\|\boldsymbol{\alpha}\|$. 如果一个向量的大小为 0,则称为**零向量**,记为 $\mathbf{0}$. 与向量 $\boldsymbol{\alpha}$ 大小相等方向相反的向量称为 $\boldsymbol{\alpha}$ 的**反向量**,记作 $-\boldsymbol{\alpha}$.

几何上用有向线段来表示向量. 有向线段就是规定了端点顺序的线段. 设 A, B 是空间中任意两点(以后用字母 A, B, C, p, q 等来记空间中的点),以 A 为起点以 B 为终点的有向线段记作 $\overrightarrow{AB}$,其长度写作 $\|\overrightarrow{AB}\|$. 有向线段的长度与方向正好表示了它所对应的向量的大小与方向. 如果有向线段 $\overrightarrow{AB}$ 表示向量 $\boldsymbol{\alpha}$,那么也将 $\boldsymbol{\alpha}$ 称为向量 $\overrightarrow{AB}$,记作 $\boldsymbol{\alpha}=\overrightarrow{AB}$.

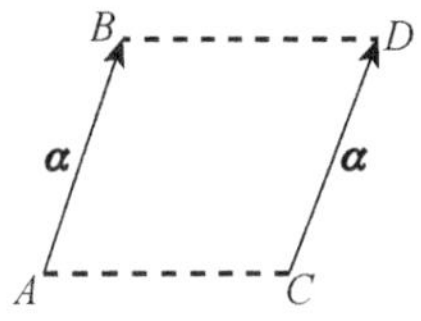

图 1.1.1

有向线段可以在空间中平移,所得的新有向线段长度方向不变,因此所对应的向量也应该是同一向量. 比如,$\overrightarrow{AB}$ 被平移与 $\overrightarrow{CD}$ 重合(图 1.1.1),则 $\boldsymbol{\alpha}=\overrightarrow{AB}=\overrightarrow{CD}$. 故所有等长且平行的有向线段表示同一向量.

任取空间中一点 A,因为 $\overrightarrow{AA}$ 的长度为 0,所以 $\overrightarrow{AA}=\mathbf{0}$. 由于 $\overrightarrow{BA}$ 与 $\overrightarrow{AB}$ 等长反向,所以它们互为反向量.

1.1.2 向量的加法

定义 1.1.1 两个向量 $\boldsymbol{\alpha}$ 与 $\boldsymbol{\beta}$ 的**和**仍是一个向量,记作 $\boldsymbol{\alpha}+\boldsymbol{\beta}$,定义如下(图 1.1.2):任取空间中一点 A,作 $\overrightarrow{AB}=\boldsymbol{\alpha}$, $\overrightarrow{BC}=\boldsymbol{\beta}$,则 $\boldsymbol{\alpha}+\boldsymbol{\beta}=\overrightarrow{AC}$. 这种求 $\boldsymbol{\alpha}+\boldsymbol{\beta}$ 的法则称为**三角形法则**. 定义 $\boldsymbol{\alpha}+\boldsymbol{\beta}$ 还有另一种方法:任取空间中一点 A,以之为起点,作 $\overrightarrow{AB}=\boldsymbol{\alpha}$, $\overrightarrow{AD}=\boldsymbol{\beta}$,以线段 AB, AD 为边作平行四边形 $ABCD$,则 $\boldsymbol{\alpha}+\boldsymbol{\beta}=\overrightarrow{AC}$. 第二种方法称为**平行四边形法则**.

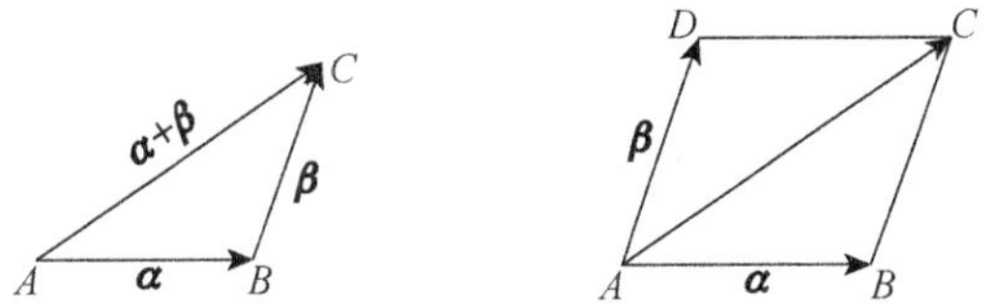

图 1.1.2

从上述定义可以得到向量加法的四条基本运算性质.

命题 1.1.1 对任意向量 $\boldsymbol{\alpha}$, $\boldsymbol{\beta}$, $\boldsymbol{\gamma}$,有:

(1) $\boldsymbol{\alpha}+\boldsymbol{\beta}=\boldsymbol{\beta}+\boldsymbol{\alpha}$;　　(2) $(\boldsymbol{\alpha}+\boldsymbol{\beta})+\boldsymbol{\gamma}=\boldsymbol{\alpha}+(\boldsymbol{\beta}+\boldsymbol{\gamma})$;

(3) $\boldsymbol{\alpha}+\mathbf{0}=\boldsymbol{\alpha}$;　　(4) $\boldsymbol{\alpha}+(-\boldsymbol{\alpha})=\mathbf{0}$.

证明 只证明等式(2),另外三个留作练习. 如图 1.1.3 所示,取空间中一点 A,作 $\overrightarrow{AB}=\boldsymbol{\alpha}$, $\overrightarrow{BC}=\boldsymbol{\beta}$, $\overrightarrow{CD}=\boldsymbol{\gamma}$,则 $(\boldsymbol{\alpha}+\boldsymbol{\beta})+\boldsymbol{\gamma}=\overrightarrow{AC}+\overrightarrow{CD}=\overrightarrow{AD}$, $\boldsymbol{\alpha}+(\boldsymbol{\beta}+\boldsymbol{\gamma})=\overrightarrow{AB}+\overrightarrow{BD}=\overrightarrow{AD}$,所以

$$(\boldsymbol{\alpha}+\boldsymbol{\beta})+\boldsymbol{\gamma}=\boldsymbol{\alpha}+(\boldsymbol{\beta}+\boldsymbol{\gamma}).$$

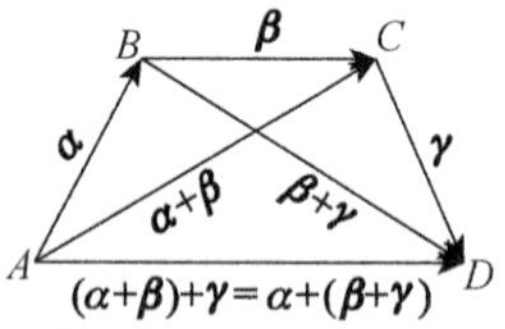

图 1.1.3

练习 1.1.1 证明命题 1.1.1 的等式(1),等式(3)和等式(4).

根据向量的加法还可以定义向量的减法,只须规定 $\boldsymbol{\alpha}-\boldsymbol{\beta}=\boldsymbol{\alpha}+(-\boldsymbol{\beta})$即可. 利用这个定义,可以对向量等式做移项运算,比如,若 $\boldsymbol{\alpha}+\boldsymbol{\beta}=\boldsymbol{\gamma}$,则 $\boldsymbol{\alpha}=\boldsymbol{\gamma}-\boldsymbol{\beta}$.

练习 1.1.2 求证:$|\|\boldsymbol{\alpha}\|-\|\boldsymbol{\beta}\||\leqslant\|\boldsymbol{\alpha}\pm\boldsymbol{\beta}\|\leqslant\|\boldsymbol{\alpha}\|+\|\boldsymbol{\beta}\|$.

1.1.3 向量的数乘

定义 1.1.2 实数 k 与向量 $\boldsymbol{\alpha}$ 相乘得到另一向量,记作 $k\boldsymbol{\alpha}$,定义如下:其大小 $\|k\boldsymbol{\alpha}\|=|k|\|\boldsymbol{\alpha}\|$;其方向当 $k>0$ 时与 $\boldsymbol{\alpha}$ 同向,当 $k<0$ 时与 $\boldsymbol{\alpha}$ 反向.

因为$(-1)\boldsymbol{\alpha}$ 大小等于 $\|\boldsymbol{\alpha}\|$,而与 $\boldsymbol{\alpha}$ 反向,所以有$(-1)\boldsymbol{\alpha}=-\boldsymbol{\alpha}$.

练习 1.1.3 求证:对任意向量 $\boldsymbol{\alpha}$, $0\boldsymbol{\alpha}=\mathbf{0}$;对任意实数 k, $k\mathbf{0}=\mathbf{0}$.

数乘满足以下运算律.

命题 1.1.2 对任意实数 k, l 以及任意向量 $\boldsymbol{\alpha}$, $\boldsymbol{\beta}$ 有:

(1) $1\boldsymbol{\alpha}=\boldsymbol{\alpha}$; (2) $k(l\boldsymbol{\alpha})=(kl)\boldsymbol{\alpha}$;

(3) $(k+l)\boldsymbol{\alpha}=k\boldsymbol{\alpha}+l\boldsymbol{\alpha}$; (4) $k(\boldsymbol{\alpha}+\boldsymbol{\beta})=k\boldsymbol{\alpha}+k\boldsymbol{\beta}$.

证明 从数乘的定义立得(1). 至于(2),若 k 与 l 有一个为 0,则由练习 1.1.3 可知等式两边都等于零向量. 若 k 与 l 都不为 0,那么

$$\|k(l\boldsymbol{\alpha})\|=|k|\|l\boldsymbol{\alpha}\|=|k||l|\|\boldsymbol{\alpha}\|=|kl|\|\boldsymbol{\alpha}\|=\|(kl)\boldsymbol{\alpha}\|.$$

如果 k 与 l 同号,等式(2)两边都与 $\boldsymbol{\alpha}$ 同向,因此相等;若异号,等式(2)两边都与 $\boldsymbol{\alpha}$ 反向,从而也相等. 以下$(kl)\boldsymbol{\alpha}$ 也直接写作 $kl\boldsymbol{\alpha}$.

对于(3),如果 k, l 有一个为 0,或者 $\boldsymbol{\alpha}=\mathbf{0}$,等式显然成立. 若 k, l 同号,假设都为正数,且 $\boldsymbol{\alpha}$ 不是零向量,则等式两端都与 $\boldsymbol{\alpha}$ 同向,并且

$$\|(k+l)\boldsymbol{\alpha}\|=|k+l|\|\boldsymbol{\alpha}\|=|k|\|\boldsymbol{\alpha}\|+|l|\|\boldsymbol{\alpha}\|=\|k\boldsymbol{\alpha}\|+\|l\boldsymbol{\alpha}\|=\|k\boldsymbol{\alpha}+l\boldsymbol{\alpha}\|,$$

所以等号成立. k, l 都为负数时同理. 至于 k, l 异号的情况,留作练习(见练习 1.1.4).

等式(4)当 $k=0$ 时显然成立. 当 $k\neq 0$ 时,如果 $\boldsymbol{\beta}=l\boldsymbol{\alpha}$,则

$$\begin{aligned}k(\boldsymbol{\alpha}+\boldsymbol{\beta})&=k(1\boldsymbol{\alpha}+l\boldsymbol{\alpha})=k(1+l)\boldsymbol{\alpha}\\&=k\boldsymbol{\alpha}+kl\boldsymbol{\alpha}=k\boldsymbol{\alpha}+k\boldsymbol{\beta}.\end{aligned}$$

否则,作 $\overrightarrow{AB}=\boldsymbol{\alpha}$, $\overrightarrow{BC}=\boldsymbol{\beta}$,则 $\boldsymbol{\alpha}+\boldsymbol{\beta}=\overrightarrow{AC}$, $k(\boldsymbol{\alpha}+\boldsymbol{\beta})=k\overrightarrow{AC}$. 根据三角形的相似关系(图 1.1.4), $k\overrightarrow{AC}=k\overrightarrow{AB}+k\overrightarrow{BC}$. 所以, $k(\boldsymbol{\alpha}+\boldsymbol{\beta})=k\boldsymbol{\alpha}+k\boldsymbol{\beta}$.

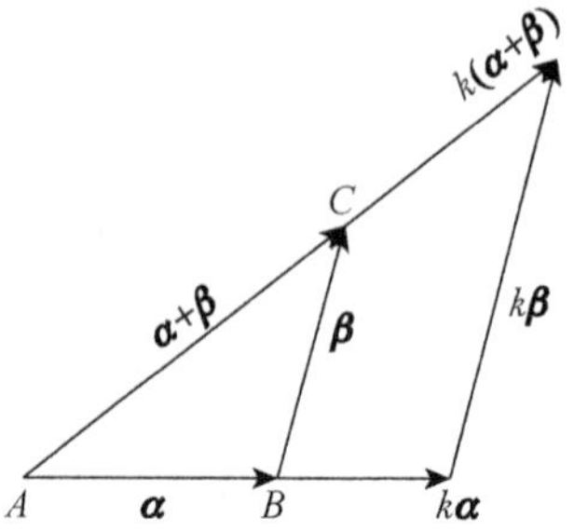

图 1.1.4

练习 1.1.4 请把命题 1.1.2 中的等式(3)的证明补充完整.

向量的加法和数乘统称为向量的**线性运算**.

1.1.4 共线与共面

将向量的起点移到某一直线(平面)上,如果它的终点也落在此直线(平面)上,则称该向

量与此直线(平面)**共线(共面)**. 如果两个向量都与同一直线(平面)共线(共面),就称这两个向量共线(共面). $\boldsymbol{\alpha}$ 与 $\boldsymbol{\beta}$ 共线也称为 $\boldsymbol{\alpha}$ 与 $\boldsymbol{\beta}$ **平行**,记作 $\boldsymbol{\alpha} /\!/ \boldsymbol{\beta}$.

显然,零向量与任意向量共线(共面). 两个向量共线当且仅当它们同向或反向,所以 $\boldsymbol{\alpha}$ 与 $k\boldsymbol{\alpha}$ 共线. 由向量加法的定义可知 $k\boldsymbol{\alpha}+l\boldsymbol{\beta}$ 与 $\boldsymbol{\alpha}$, $\boldsymbol{\beta}$ 共面.

命题 1.1.3 两个向量 $\boldsymbol{\alpha}$, $\boldsymbol{\beta}$ 共线当且仅当存在不全为零的实数 k, l,使得 $k\boldsymbol{\alpha}+l\boldsymbol{\beta}=\mathbf{0}$.

证明 若存在不全为零的实数 k, l,使得 $k\boldsymbol{\alpha}+l\boldsymbol{\beta}=\mathbf{0}$,不妨设 $l\neq 0$,那么 $\boldsymbol{\beta}=-\dfrac{k}{l}\boldsymbol{\alpha}$,故 $\boldsymbol{\alpha}$ 与 $\boldsymbol{\beta}$ 共线. 反之,若 $\boldsymbol{\alpha}$ 与 $\boldsymbol{\beta}$ 共线,当 $\boldsymbol{\alpha}\neq\mathbf{0}$ 时,$\boldsymbol{\beta}=\pm\dfrac{\|\boldsymbol{\beta}\|}{\|\boldsymbol{\alpha}\|}\boldsymbol{\alpha}$. 令

$$k=\pm\|\boldsymbol{\beta}\|,\ l=-\|\boldsymbol{\alpha}\|,$$

则 $k\boldsymbol{\alpha}+l\boldsymbol{\beta}=\mathbf{0}$. 若 $\boldsymbol{\alpha}=\mathbf{0}$,只须令 $k=1$, $l=0$.

命题 1.1.4 向量 $\boldsymbol{\alpha}$, $\boldsymbol{\beta}$, $\boldsymbol{\gamma}$ 共面当且仅当存在不全为零的实数 k, l, m,使得 $k\boldsymbol{\alpha}+l\boldsymbol{\beta}+m\boldsymbol{\gamma}=\mathbf{0}$.

证明 如果这样的实数 k, l, m 存在,不妨设 $m\neq 0$,那么

$$\boldsymbol{\gamma}=-\frac{k}{m}\boldsymbol{\alpha}-\frac{l}{m}\boldsymbol{\beta},$$

所以 $\boldsymbol{\gamma}$ 与 $\boldsymbol{\alpha}$, $\boldsymbol{\beta}$ 共面. 反之,若 $\boldsymbol{\alpha}$, $\boldsymbol{\beta}$ 共线,根据上一个命题,并取 $m=0$,可得 $k\boldsymbol{\alpha}+l\boldsymbol{\beta}+m\boldsymbol{\gamma}=0$. 若 $\boldsymbol{\alpha}$, $\boldsymbol{\beta}$ 不共线(图 1.1.5),作 $\overrightarrow{OP}=\boldsymbol{\alpha}$, $\overrightarrow{OQ}=\boldsymbol{\beta}$,分别落在直线 Ox, Oy 上,又作 $\overrightarrow{OS}=\boldsymbol{\gamma}$. 然后过 S 作平行于 Oy 的直线与 Ox 交于 S_1,作平行于 Ox 的直线与 Oy 交于 S_2,则 $\overrightarrow{OS}=\overrightarrow{OS_1}+\overrightarrow{OS_2}$. 设 $\overrightarrow{OS_1}=k'\overrightarrow{OP}$, $\overrightarrow{OS_2}=l'\overrightarrow{OQ}$,那么

$$\boldsymbol{\gamma}=\overrightarrow{OS}=k'\overrightarrow{OP}+l'\overrightarrow{OQ}=k'\boldsymbol{\alpha}+l'\boldsymbol{\beta},$$

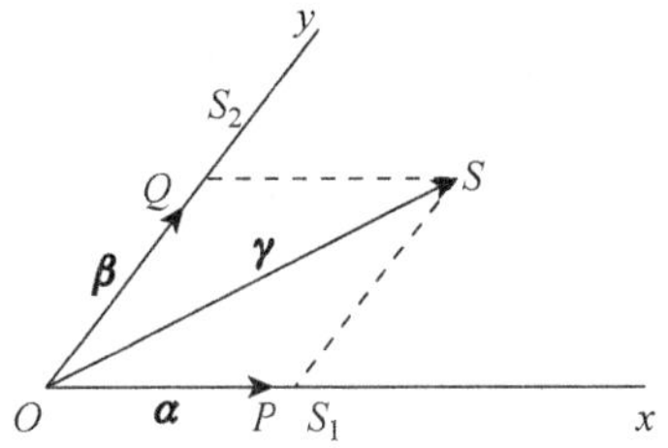

图 1.1.5

令 $k=k'$, $l=l'$, $m=-1$,则 $k\boldsymbol{\alpha}+l\boldsymbol{\beta}+m\boldsymbol{\gamma}=\mathbf{0}$.

例 1.1.1 三点 P_1, P_2, P_3 共线,当且仅当存在不全为零的实数 k_1, k_2, k_3 使得

$$k_1\overrightarrow{OP_1}+k_2\overrightarrow{OP_2}+k_3\overrightarrow{OP_3}=\mathbf{0},\text{且 } k_1+k_2+k_3=0, \tag{1.1.1}$$

其中 O 为任意取定的一点.

证明 若已知 P_1, P_2, P_3 共线,那么向量 $\overrightarrow{P_1P_2}$, $\overrightarrow{P_1P_3}$ 共线. 由命题 1.1.3,存在不全为零的实数 k, l,使得 $k\overrightarrow{P_1P_2}+l\overrightarrow{P_1P_3}=\mathbf{0}$. 任取一点 O,则 $\overrightarrow{P_1P_2}=\overrightarrow{OP_2}-\overrightarrow{OP_1}$, $\overrightarrow{P_1P_3}=\overrightarrow{OP_3}-\overrightarrow{OP_1}$. 因此,

$$\begin{aligned}k\overrightarrow{P_1P_2}+l\overrightarrow{P_1P_3}&=k(\overrightarrow{OP_2}-\overrightarrow{OP_1})+l(\overrightarrow{OP_3}-\overrightarrow{OP_1})\\&=-(k+l)\overrightarrow{OP_1}+k\overrightarrow{OP_2}+l\overrightarrow{OP_3}.\end{aligned}$$

令 $k_1=-(k+l)$, $k_2=k$, $k_3=l$,就有

$$k_1\overrightarrow{OP_1}+k_2\overrightarrow{OP_2}+k_3\overrightarrow{OP_3}=\mathbf{0},\text{且 } k_1+k_2+k_3=\mathbf{0}.$$

反之,由式(1.1.1)得

$$-(k_2+k_3)\overrightarrow{OP_1}+k_2\overrightarrow{OP_2}+k_3\overrightarrow{OP_3}=\mathbf{0},$$

即

$$k_2(\overrightarrow{OP_2}-\overrightarrow{OP_1})+k_3(\overrightarrow{OP_3}-\overrightarrow{OP_1})=\mathbf{0},$$

所以 $k_2\overrightarrow{P_1P_2}+k_3\overrightarrow{P_1P_3}=\mathbf{0}$. 因为 k_2,k_3 不全为零(否则 $k_1=k_2=k_3=0$),故$\overrightarrow{P_1P_2},\overrightarrow{P_1P_3}$共线,所以 P_1,P_2,P_3 三点共线.

练习 1.1.5 求证:四点 P_1,P_2,P_3,P_4 共面当且仅当存在不全为零的实数 k_1,k_2,k_3,k_4,使得 $k_1\overrightarrow{OP_1}+k_2\overrightarrow{OP_2}+k_3\overrightarrow{OP_3}+k_4\overrightarrow{OP_4}=\mathbf{0}$,且 $k_1+k_2+k_3+k_4=0$,其中 O 为任意取定的一点.

练习 1.1.6 求证:点 P 是线段 AB 的中点的充分必要条件是,对任意取定的一点 O 都有$\overrightarrow{OP}=\frac{1}{2}(\overrightarrow{OA}+\overrightarrow{OB})$.

练习 1.1.7 求证:点 P 在三角形$\triangle ABC$ 内(包括三条边)的充分必要条件是,对任意取定的一点 O 都存在不全为零的非负实数 k_1,k_2,k_3 使得

$$k_1\overrightarrow{OA}+k_2\overrightarrow{OB}+k_3\overrightarrow{OC}=\overrightarrow{OP},\text{且 } k_1+k_2+k_3=1.$$

定理 1.1.1 如果向量 $\boldsymbol{\alpha},\boldsymbol{\beta},\boldsymbol{\gamma}$ 不共面,那么对空间中任一向量 $\boldsymbol{\rho}$,都存在唯一的实数 k,l,m,使得

$$\boldsymbol{\rho}=k\boldsymbol{\alpha}+l\boldsymbol{\beta}+m\boldsymbol{\gamma}.$$

证明 存在性的证明类似于命题 1.1.4 的证明中必要性的部分,只是把平面换成空间而已,请读者自己完成. 下面证明唯一性.

设 $\boldsymbol{\rho}=k\boldsymbol{\alpha}+l\boldsymbol{\beta}+m\boldsymbol{\gamma}=k'\boldsymbol{\alpha}+l'\boldsymbol{\beta}+m'\boldsymbol{\gamma}$,则

$$(k-k')\boldsymbol{\alpha}+(l-l')\boldsymbol{\beta}+(m-m')\boldsymbol{\gamma}=\mathbf{0}.$$

因为 $\boldsymbol{\alpha},\boldsymbol{\beta},\boldsymbol{\gamma}$ 不共面,根据命题 1.1.4,

$$k-k'=l-l'=m-m'=0,$$

即 $k=k',\ l=l',\ m=m'$.

1.1.5 点积

定义 1.1.3 两个向量 $\boldsymbol{\alpha},\boldsymbol{\beta}$ 的**点积**是一个实数,记作 $\boldsymbol{\alpha}\cdot\boldsymbol{\beta}$. 如果 $\boldsymbol{\alpha},\boldsymbol{\beta}$ 都不为零向量,定义

$$\boldsymbol{\alpha}\cdot\boldsymbol{\beta}=\|\boldsymbol{\alpha}\|\,\|\boldsymbol{\beta}\|\cos\langle\boldsymbol{\alpha},\boldsymbol{\beta}\rangle,$$

其中符号$\langle\boldsymbol{\alpha},\boldsymbol{\beta}\rangle$表示向量 $\boldsymbol{\alpha},\boldsymbol{\beta}$ 的夹角. 若二者中至少有一个是零向量,则 $\boldsymbol{\alpha}\cdot\boldsymbol{\beta}=0$.

由定义可得 $\|\boldsymbol{\alpha}\|^2=\boldsymbol{\alpha}\cdot\boldsymbol{\alpha}$. 若 $\boldsymbol{\alpha},\boldsymbol{\beta}$ 都不为零向量,则 $\cos\langle\boldsymbol{\alpha},\boldsymbol{\beta}\rangle=\dfrac{\boldsymbol{\alpha}\cdot\boldsymbol{\beta}}{\|\boldsymbol{\alpha}\|\,\|\boldsymbol{\beta}\|}$.

定义 1.1.4 两个向量 $\boldsymbol{\alpha},\boldsymbol{\beta}$ 如果点积为 0,则称为**正交**,记作 $\boldsymbol{\alpha}\perp\boldsymbol{\beta}$.

根据定义,零向量与任意向量都正交.

定理 1.1.2 空间中任意一个向量 $\boldsymbol{\beta}$ 关于给定的非零向量 $\boldsymbol{\alpha}$ 都有如下正交分解

$$\boldsymbol{\beta}=\boldsymbol{\beta}_1+\boldsymbol{\beta}_2,$$

其中 $\boldsymbol{\beta}_1/\!/\boldsymbol{\alpha},\ \boldsymbol{\beta}_2\perp\boldsymbol{\alpha}$,且分解是唯一的.

证明 若 $\boldsymbol{\beta}=\mathbf{0}$,则 $\boldsymbol{\beta}=\mathbf{0}+\mathbf{0}$. 若 $\boldsymbol{\beta}\neq\mathbf{0}$(图 1.1.6),作$\overrightarrow{OP}=\boldsymbol{\alpha},\overrightarrow{OQ}=\boldsymbol{\beta}$,并过点 O,P 作直线 Ox. 然后过 Q 作直线 Ox 的垂线并与之交于 Q_1,则有

$$\boldsymbol{\beta}=\overrightarrow{OQ}=\overrightarrow{OQ_1}+\overrightarrow{Q_1Q},$$

其中$\overrightarrow{OQ_1}/\!/\boldsymbol{\alpha},\overrightarrow{QQ_1}\perp\boldsymbol{\alpha}$.

为了证明分解的唯一性,设

$$\boldsymbol{\beta}=\boldsymbol{\beta}_1+\boldsymbol{\beta}_2=\boldsymbol{\beta}'_1+\boldsymbol{\beta}'_2,$$

其中 $\boldsymbol{\beta}_1 /\!/ \boldsymbol{\alpha}$, $\boldsymbol{\beta}'_1 /\!/ \boldsymbol{\alpha}$, $\boldsymbol{\beta}_2 \perp \boldsymbol{\alpha}$, $\boldsymbol{\beta}'_2 \perp \boldsymbol{\alpha}$. 因此

$$\boldsymbol{\beta}_1-\boldsymbol{\beta}'_1=\boldsymbol{\beta}'_2-\boldsymbol{\beta}_2.$$

由于 $\boldsymbol{\beta}_1-\boldsymbol{\beta}'_1 /\!/ \boldsymbol{\alpha}$, $\boldsymbol{\beta}'_2-\boldsymbol{\beta}_2 \perp \boldsymbol{\alpha}$,故 $\boldsymbol{\beta}_1-\boldsymbol{\beta}'_1 \perp \boldsymbol{\beta}'_2-\boldsymbol{\beta}_2$,即 $\boldsymbol{\beta}_1-\boldsymbol{\beta}'_1=\mathbf{0}$. 所以

$$\boldsymbol{\beta}_1=\boldsymbol{\beta}'_1,\ \boldsymbol{\beta}_2=\boldsymbol{\beta}'_2.$$

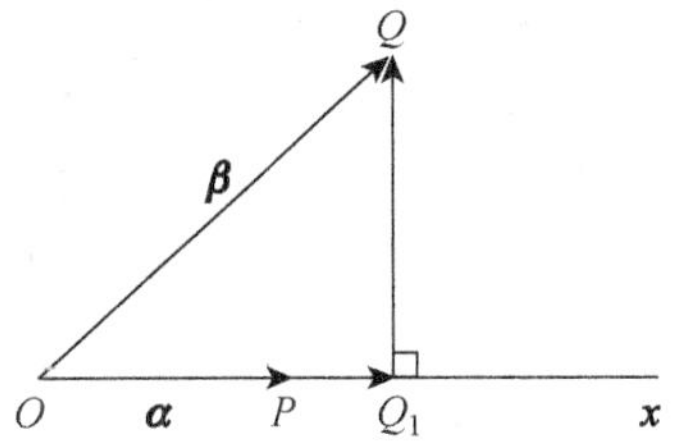

图 1.1.6

定义 1.1.5 如果 $\boldsymbol{\beta}$ 关于 $\boldsymbol{\alpha}$ 的正交分解为 $\boldsymbol{\beta}=\boldsymbol{\beta}_1+\boldsymbol{\beta}_2$,则 $\boldsymbol{\beta}_1$ 称为 $\boldsymbol{\beta}$ 在 $\boldsymbol{\alpha}$ 上的**投影**,记作 $\mathrm{Pr}_{\boldsymbol{\alpha}}\boldsymbol{\beta}$.

练习 1.1.8 设 $\boldsymbol{\alpha}\neq\mathbf{0}$,证明:$\mathrm{Pr}_{\boldsymbol{\alpha}}\boldsymbol{\beta}=\dfrac{\boldsymbol{\alpha}\cdot\boldsymbol{\beta}}{\boldsymbol{\alpha}\cdot\boldsymbol{\alpha}}\boldsymbol{\alpha}$;$\boldsymbol{\alpha}\cdot\boldsymbol{\beta}=\boldsymbol{\alpha}\cdot\mathrm{Pr}_{\boldsymbol{\alpha}}\boldsymbol{\beta}$.

练习 1.1.9 设 $\|\boldsymbol{\alpha}\|=\|\boldsymbol{\beta}\|=1$,且 $\langle\boldsymbol{\alpha},\boldsymbol{\beta}\rangle=60^\circ$,求 $\mathrm{Pr}_{\boldsymbol{\alpha}}\boldsymbol{\beta}$, $\mathrm{Pr}_{\boldsymbol{\beta}}\boldsymbol{\alpha}$.

命题 1.1.5 对任意向量 $\boldsymbol{\alpha}$, $\boldsymbol{\beta}$, $\boldsymbol{\gamma}$,及任意实数 k,有

(1) $\boldsymbol{\alpha}\cdot\boldsymbol{\beta}=\boldsymbol{\beta}\cdot\boldsymbol{\alpha}$,

(2) $\boldsymbol{\alpha}\cdot(k\boldsymbol{\beta})=k(\boldsymbol{\alpha}\cdot\boldsymbol{\beta})$,

(3) $\boldsymbol{\alpha}\cdot(\boldsymbol{\beta}+\boldsymbol{\gamma})=\boldsymbol{\alpha}\cdot\boldsymbol{\beta}+\boldsymbol{\alpha}\cdot\boldsymbol{\gamma}$,

(4) $\boldsymbol{\alpha}\cdot\boldsymbol{\alpha}\geqslant 0$,等号当且仅当 $\boldsymbol{\alpha}=\mathbf{0}$ 时才成立.

证明 等式(1)、等式(2)、等式(4)由点积的定义直接得出,这里只证等式(3).

若 $\boldsymbol{\alpha}=\mathbf{0}$,等式(3)等号两边都为 0,故等式成立. 若 $\boldsymbol{\alpha}\neq\mathbf{0}$,根据定理 1.1.2,可将 $\boldsymbol{\beta}$, $\boldsymbol{\gamma}$ 关于 $\boldsymbol{\alpha}$ 分别作正交分解:$\boldsymbol{\beta}=\boldsymbol{\beta}_1+\boldsymbol{\beta}_2$, $\boldsymbol{\gamma}=\boldsymbol{\gamma}_1+\boldsymbol{\gamma}_2$. 那么

$$\boldsymbol{\beta}+\boldsymbol{\gamma}=(\boldsymbol{\beta}_1+\boldsymbol{\gamma}_1)+(\boldsymbol{\beta}_2+\boldsymbol{\gamma}_2).$$

因为 $(\boldsymbol{\beta}_1+\boldsymbol{\gamma}_1) /\!/ \boldsymbol{\alpha}$, $(\boldsymbol{\beta}_2+\boldsymbol{\gamma}_2)\perp\boldsymbol{\alpha}$,故

$$\mathrm{Pr}_{\boldsymbol{\alpha}}(\boldsymbol{\beta}+\boldsymbol{\gamma})=\boldsymbol{\beta}_1+\boldsymbol{\gamma}_1=\mathrm{Pr}_{\boldsymbol{\alpha}}\boldsymbol{\beta}+\mathrm{Pr}_{\boldsymbol{\alpha}}\boldsymbol{\gamma}.$$

利用练习 1.1.8 的结果,$\mathrm{Pr}_{\boldsymbol{\alpha}}(\boldsymbol{\beta}+\boldsymbol{\gamma})=\dfrac{\boldsymbol{\alpha}\cdot(\boldsymbol{\beta}+\boldsymbol{\gamma})}{\boldsymbol{\alpha}\cdot\boldsymbol{\alpha}}\boldsymbol{\alpha}$, $\mathrm{Pr}_{\boldsymbol{\alpha}}\boldsymbol{\beta}=\dfrac{\boldsymbol{\alpha}\cdot\boldsymbol{\beta}}{\boldsymbol{\alpha}\cdot\boldsymbol{\alpha}}\boldsymbol{\alpha}$, $\mathrm{Pr}_{\boldsymbol{\alpha}}\boldsymbol{\gamma}=\dfrac{\boldsymbol{\alpha}\cdot\boldsymbol{\gamma}}{\boldsymbol{\alpha}\cdot\boldsymbol{\alpha}}\boldsymbol{\alpha}$,所以

$$\frac{\boldsymbol{\alpha}\cdot(\boldsymbol{\beta}+\boldsymbol{\gamma})}{\boldsymbol{\alpha}\cdot\boldsymbol{\alpha}}\boldsymbol{\alpha}=\frac{\boldsymbol{\alpha}\cdot\boldsymbol{\beta}}{\boldsymbol{\alpha}\cdot\boldsymbol{\alpha}}\boldsymbol{\alpha}+\frac{\boldsymbol{\alpha}\cdot\boldsymbol{\gamma}}{\boldsymbol{\alpha}\cdot\boldsymbol{\alpha}}\boldsymbol{\alpha}=\frac{\boldsymbol{\alpha}\cdot\boldsymbol{\beta}+\boldsymbol{\alpha}\cdot\boldsymbol{\gamma}}{\boldsymbol{\alpha}\cdot\boldsymbol{\alpha}}\boldsymbol{\alpha},$$

比较等式两边,即得 $\boldsymbol{\alpha}\cdot(\boldsymbol{\beta}+\boldsymbol{\gamma})=\boldsymbol{\alpha}\cdot\boldsymbol{\beta}+\boldsymbol{\alpha}\cdot\boldsymbol{\gamma}$.

练习 1.1.10 求证:若某个向量与三个不共面向量都正交,则该向量为零向量.

练习 1.1.11 设 $\boldsymbol{\alpha}\perp\boldsymbol{\beta}$,求证:$\|\boldsymbol{\alpha}+\boldsymbol{\beta}\|^2=\|\boldsymbol{\alpha}\|^2+\|\boldsymbol{\beta}\|^2$.

练习 1.1.12 求证:

$$\|\boldsymbol{\alpha}+\boldsymbol{\beta}\|^2+\|\boldsymbol{\alpha}-\boldsymbol{\beta}\|^2=2\|\boldsymbol{\alpha}\|^2+2\|\boldsymbol{\beta}\|^2;$$

$$\|\boldsymbol{\alpha}+\boldsymbol{\beta}\|^2-\|\boldsymbol{\alpha}-\boldsymbol{\beta}\|^2=4\boldsymbol{\alpha}\cdot\boldsymbol{\beta}.$$

练习 1.1.13 已知 $\|\boldsymbol{\alpha}\|=\|\boldsymbol{\beta}\|=\|\boldsymbol{\gamma}\|=\|\boldsymbol{\alpha}+\boldsymbol{\beta}+\boldsymbol{\gamma}\|=1$,求 $\boldsymbol{\alpha}\cdot\boldsymbol{\beta}+\boldsymbol{\beta}\cdot\boldsymbol{\gamma}+\boldsymbol{\gamma}\cdot\boldsymbol{\alpha}$.

练习 1.1.14 用向量法证明三角形的三条高交于一点.

1.1.6 叉积

定义 1.1.6 两个向量 $\boldsymbol{\alpha}$, $\boldsymbol{\beta}$ 的**叉积**是一个向量,记为 $\boldsymbol{\alpha}\times\boldsymbol{\beta}$. 如果 $\boldsymbol{\alpha}$, $\boldsymbol{\beta}$ 都不为零向量,定义其长度为 $\|\boldsymbol{\alpha}\|\,\|\boldsymbol{\beta}\|\sin\langle\boldsymbol{\alpha},\boldsymbol{\beta}\rangle$,方向与 $\boldsymbol{\alpha}$, $\boldsymbol{\beta}$ 都垂直,且与 $\boldsymbol{\alpha}$, $\boldsymbol{\beta}$ 呈右手关系:右手摊开,拇指与其他四指垂直,当四指从 $\boldsymbol{\alpha}$ 弯向 $\boldsymbol{\beta}$(转角小于 π)时,拇指方向即是 $\boldsymbol{\alpha}\times\boldsymbol{\beta}$ 的方向(图 1.1.7). 若其中至少有一个为零向量,则 $\boldsymbol{\alpha}\times\boldsymbol{\beta}=\mathbf{0}$.

根据定义，$\|\boldsymbol{\alpha}\times\boldsymbol{\beta}\|$ 等于以 $\boldsymbol{\alpha}$，$\boldsymbol{\beta}$ 为边的平行四边形的面积.

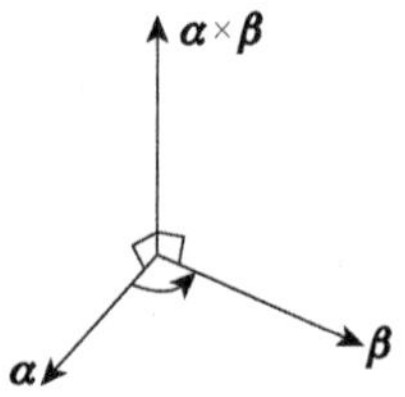

图 1.1.7

练习 1.1.15 求证：$\|\boldsymbol{\alpha}\times\boldsymbol{\beta}\|^2=\|\boldsymbol{\alpha}\|^2\|\boldsymbol{\beta}\|^2-(\boldsymbol{\alpha}\cdot\boldsymbol{\beta})^2$.

练习 1.1.16 试问三向量 $\boldsymbol{\alpha}\times\boldsymbol{\rho}$，$\boldsymbol{\beta}\times\boldsymbol{\rho}$，$\boldsymbol{\gamma}\times\boldsymbol{\rho}$ 是否共面？

根据定义，当 $\boldsymbol{\alpha}$，$\boldsymbol{\beta}$ 共线时，$\boldsymbol{\alpha}\times\boldsymbol{\beta}$ 是零向量. 反之，若 $\boldsymbol{\alpha}\times\boldsymbol{\beta}=\mathbf{0}$，则要么是 $\boldsymbol{\alpha}$ 或 $\boldsymbol{\beta}$ 等于 $\mathbf{0}$，要么因为 $\sin\langle\boldsymbol{\alpha},\boldsymbol{\beta}\rangle=0$，无论是哪一种原因，都说明 $\boldsymbol{\alpha}$ 与 $\boldsymbol{\beta}$ 共线. 因此，

$$\boldsymbol{\alpha}\times\boldsymbol{\beta}=\mathbf{0}\Leftrightarrow\boldsymbol{\alpha}\parallel\boldsymbol{\beta}.$$

练习 1.1.17 设 $\boldsymbol{\alpha}\neq\mathbf{0}$，$\boldsymbol{\beta}=\boldsymbol{\beta}_1+\boldsymbol{\beta}_2$，其中 $\boldsymbol{\beta}_1\parallel\boldsymbol{\alpha}$，$\boldsymbol{\beta}_2\perp\boldsymbol{\alpha}$. 求证：$\boldsymbol{\alpha}\times\boldsymbol{\beta}=\boldsymbol{\alpha}\times\boldsymbol{\beta}_2$.

命题 1.1.6 设 k 是任意实数，$\boldsymbol{\alpha}$，$\boldsymbol{\beta}$，$\boldsymbol{\gamma}$ 是任意向量，则

(1) $\boldsymbol{\alpha}\times\boldsymbol{\beta}=-\boldsymbol{\beta}\times\boldsymbol{\alpha}$,

(2) $\boldsymbol{\alpha}\times(k\boldsymbol{\beta})=k(\boldsymbol{\alpha}\times\boldsymbol{\beta})$,

(3) $\boldsymbol{\alpha}\times(\boldsymbol{\beta}+\boldsymbol{\gamma})=\boldsymbol{\alpha}\times\boldsymbol{\beta}+\boldsymbol{\alpha}\times\boldsymbol{\gamma}$.

证明 由叉积的定义易得等式(1)与等式(2)，这里只证等式(3). 若 $\boldsymbol{\alpha}=\mathbf{0}$，则等式(3)等号两边都为 $\mathbf{0}$. 若 $\boldsymbol{\alpha}\neq\mathbf{0}$，将 $\boldsymbol{\beta}$，$\boldsymbol{\gamma}$ 关于 $\boldsymbol{\alpha}$ 分别作正交分解，设 $\boldsymbol{\beta}=\boldsymbol{\beta}_1+\boldsymbol{\beta}_2$，$\boldsymbol{\gamma}=\boldsymbol{\gamma}_1+\boldsymbol{\gamma}_2$，其中，$\boldsymbol{\beta}_1\parallel\boldsymbol{\alpha}$，$\boldsymbol{\gamma}_1\parallel\boldsymbol{\alpha}$，$\boldsymbol{\beta}_2\perp\boldsymbol{\alpha}$，$\boldsymbol{\gamma}_2\perp\boldsymbol{\alpha}$，所以 $(\boldsymbol{\beta}_1+\boldsymbol{\gamma}_1)\parallel\boldsymbol{\alpha}$，$(\boldsymbol{\beta}_2+\boldsymbol{\gamma}_2)\perp\boldsymbol{\alpha}$. 由练习 1.1.18 的结果，有

$$\boldsymbol{\alpha}\times(\boldsymbol{\beta}+\boldsymbol{\gamma})=\boldsymbol{\alpha}\times(\boldsymbol{\beta}_2+\boldsymbol{\gamma}_2).$$

另外，$\boldsymbol{\alpha}\times\boldsymbol{\beta}_2$，$\boldsymbol{\alpha}\times\boldsymbol{\gamma}_2$，及 $\boldsymbol{\alpha}\times(\boldsymbol{\beta}_2+\boldsymbol{\gamma}_2)$ 分别等于将向量 $\boldsymbol{\beta}_2$，$\boldsymbol{\gamma}_2$，及 $\boldsymbol{\beta}_2+\boldsymbol{\gamma}_2$ 拉长 $\|\boldsymbol{\alpha}\|$ 倍，再绕 $\boldsymbol{\alpha}$ 右旋(即旋转方向与 $\boldsymbol{\alpha}$ 的方向构成右手关系)90°所得的向量(图 1.1.8). 由于拉长相同倍数且绕轴旋转同样角度不会改变加法关系，所以

$$\boldsymbol{\alpha}\times(\boldsymbol{\beta}_2+\boldsymbol{\gamma}_2)=\boldsymbol{\alpha}\times\boldsymbol{\beta}_2+\boldsymbol{\alpha}\times\boldsymbol{\gamma}_2.$$

又 $\boldsymbol{\alpha}\times\boldsymbol{\beta}_2=\boldsymbol{\alpha}\times\boldsymbol{\beta}$，$\boldsymbol{\alpha}\times\boldsymbol{\gamma}_2=\boldsymbol{\alpha}\times\boldsymbol{\gamma}$，这样就有 $\boldsymbol{\alpha}\times(\boldsymbol{\beta}+\boldsymbol{\gamma})=\boldsymbol{\alpha}\times\boldsymbol{\beta}+\boldsymbol{\alpha}\times\boldsymbol{\gamma}$.

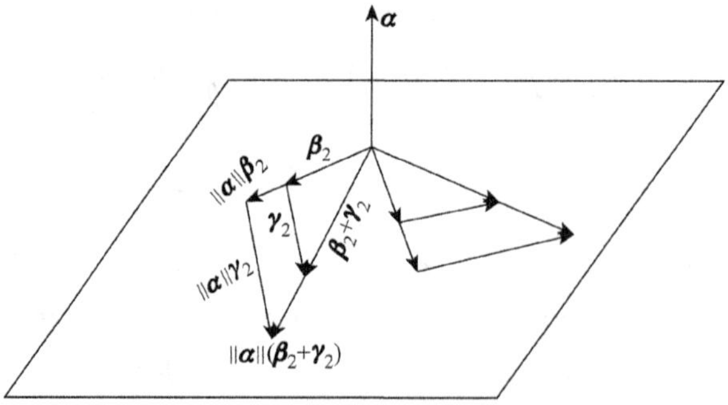

图 1.1.8

练习 1.1.18 求证：如果 $\boldsymbol{\alpha}+\boldsymbol{\beta}+\boldsymbol{\gamma}=\mathbf{0}$，则 $\boldsymbol{\alpha}\times\boldsymbol{\beta}=\boldsymbol{\beta}\times\boldsymbol{\gamma}=\boldsymbol{\gamma}\times\boldsymbol{\alpha}$.

练习 1.1.19 试用叉积的定义证明三角形的正弦定理：

$$\frac{a}{\sin A}=\frac{b}{\sin B}=\frac{c}{\sin C},$$

其中 a,b,c 分别表示三角形的三条边的边长，$\sin A,\sin B,\sin C$ 表示这三条边分别所对应的角的正弦.

1.1.7 混合积

定义 1.1.7 三个向量 $\boldsymbol{\alpha}$，$\boldsymbol{\beta}$，$\boldsymbol{\gamma}$ 的**混合积**定义为 $\boldsymbol{\alpha}\cdot(\boldsymbol{\beta}\times\boldsymbol{\gamma})$，记作 $(\boldsymbol{\alpha},\boldsymbol{\beta},\boldsymbol{\gamma})$.

依定义，$|(\boldsymbol{\alpha},\boldsymbol{\beta},\boldsymbol{\gamma})|$ 恰好等于以 $\boldsymbol{\alpha}$，$\boldsymbol{\beta}$，$\boldsymbol{\gamma}$ 为棱的平行六面体的体积.

如果三个向量 $\boldsymbol{\alpha}, \boldsymbol{\beta}, \boldsymbol{\gamma}$ 的混合积 $(\boldsymbol{\alpha}, \boldsymbol{\beta}, \boldsymbol{\gamma})$ 大于 0，$\boldsymbol{\alpha}, \boldsymbol{\beta}, \boldsymbol{\gamma}$ 呈右手关系. 如果小于 0，呈左手关系.

练习 1.1.20 求证：$|\boldsymbol{\alpha}\cdot(\boldsymbol{\beta}\times\boldsymbol{\gamma})|\leqslant\|\boldsymbol{\alpha}\|\cdot\|\boldsymbol{\beta}\|\cdot\|\boldsymbol{\gamma}\|$.

命题 1.1.7 设 k 是任意实数，$\boldsymbol{\alpha}, \boldsymbol{\beta}, \boldsymbol{\gamma}, \boldsymbol{\rho}$ 是任意向量，则

(1) $(\boldsymbol{\alpha}, \boldsymbol{\beta}, \boldsymbol{\gamma})=-(\boldsymbol{\alpha}, \boldsymbol{\gamma}, \boldsymbol{\beta})$,

(2) $(\boldsymbol{\alpha}, \boldsymbol{\beta}, \boldsymbol{\gamma})=(\boldsymbol{\beta}, \boldsymbol{\gamma}, \boldsymbol{\alpha})=(\boldsymbol{\gamma}, \boldsymbol{\alpha}, \boldsymbol{\beta})$,

(3) $(k\boldsymbol{\alpha}, \boldsymbol{\beta}, \boldsymbol{\gamma})=k(\boldsymbol{\alpha}, \boldsymbol{\beta}, \boldsymbol{\gamma})$,

(4) $(\boldsymbol{\alpha}+\boldsymbol{\rho}, \boldsymbol{\beta}, \boldsymbol{\gamma})=(\boldsymbol{\alpha}, \boldsymbol{\beta}, \boldsymbol{\gamma})+(\boldsymbol{\rho}, \boldsymbol{\beta}, \boldsymbol{\gamma})$.

练习 1.1.21 证明命题 1.1.7.

练习 1.1.22 试从命题 1.1.7 推出以下等式：

$(\boldsymbol{\alpha}, \boldsymbol{\beta}, \boldsymbol{\gamma})=-(\boldsymbol{\beta}, \boldsymbol{\alpha}, \boldsymbol{\gamma})=-(\boldsymbol{\gamma}, \boldsymbol{\beta}, \boldsymbol{\alpha})$,

$(\boldsymbol{\alpha}, \boldsymbol{\alpha}, \boldsymbol{\gamma})=0$,

$(\boldsymbol{\alpha}, k\boldsymbol{\beta}, \boldsymbol{\gamma})=(\boldsymbol{\alpha}, \boldsymbol{\beta}, k\boldsymbol{\gamma})=k(\boldsymbol{\alpha}, \boldsymbol{\beta}, \boldsymbol{\gamma})$,

$(\boldsymbol{\alpha}, \boldsymbol{\beta}+\boldsymbol{\rho}, \boldsymbol{\gamma})=(\boldsymbol{\alpha}, \boldsymbol{\beta}, \boldsymbol{\gamma})+(\boldsymbol{\alpha}, \boldsymbol{\rho}, \boldsymbol{\gamma})$,

$(\boldsymbol{\alpha}, \boldsymbol{\beta}, \boldsymbol{\gamma}+\boldsymbol{\rho})=(\boldsymbol{\alpha}, \boldsymbol{\beta}, \boldsymbol{\gamma})+(\boldsymbol{\alpha}, \boldsymbol{\beta}, \boldsymbol{\rho})$.

定理 1.1.3 $\boldsymbol{\alpha}, \boldsymbol{\beta}, \boldsymbol{\gamma}$ 共面 $\Leftrightarrow(\boldsymbol{\alpha}, \boldsymbol{\beta}, \boldsymbol{\gamma})=0$.

证明 若 $\boldsymbol{\alpha}, \boldsymbol{\beta}, \boldsymbol{\gamma}$ 共面，则存在不全为零的实数 k, l, m，使得

$$k\boldsymbol{\alpha}+l\boldsymbol{\beta}+m\boldsymbol{\gamma}=\mathbf{0}.$$

不妨假设 $k\neq 0$，那么 $\boldsymbol{\alpha}=-\frac{l}{k}\boldsymbol{\beta}-\frac{m}{k}\boldsymbol{\gamma}$，则

$$(\boldsymbol{\alpha}, \boldsymbol{\beta}, \boldsymbol{\gamma})=\left(-\frac{l}{k}\boldsymbol{\beta}-\frac{m}{k}\boldsymbol{\gamma}, \boldsymbol{\beta}, \boldsymbol{\gamma}\right)=-\frac{l}{k}(\boldsymbol{\beta}, \boldsymbol{\beta}, \boldsymbol{\gamma})-\frac{m}{k}(\boldsymbol{\gamma}, \boldsymbol{\beta}, \boldsymbol{\gamma}).$$

因为 $(\boldsymbol{\beta}, \boldsymbol{\beta}, \boldsymbol{\gamma})=0$，$(\boldsymbol{\gamma}, \boldsymbol{\beta}, \boldsymbol{\gamma})=-(\boldsymbol{\gamma}, \boldsymbol{\gamma}, \boldsymbol{\beta})=0$，故 $(\boldsymbol{\alpha}, \boldsymbol{\beta}, \boldsymbol{\gamma})=0$.

反之，若 $(\boldsymbol{\alpha}, \boldsymbol{\beta}, \boldsymbol{\gamma})=0$，则或者 $\boldsymbol{\beta}\times\boldsymbol{\gamma}\neq\mathbf{0}$ 但 $\boldsymbol{\alpha}\perp\boldsymbol{\beta}\times\boldsymbol{\gamma}$，或者 $\boldsymbol{\beta}\times\boldsymbol{\gamma}=\mathbf{0}$. 如果是前者，因为 $\boldsymbol{\beta}, \boldsymbol{\gamma}$ 都正交于 $\boldsymbol{\beta}\times\boldsymbol{\gamma}$，故 $\boldsymbol{\alpha}$ 必与 $\boldsymbol{\beta}, \boldsymbol{\gamma}$ 共面. 若是后者，则 $\boldsymbol{\beta}$ 与 $\boldsymbol{\gamma}$ 共线，因此 $\boldsymbol{\alpha}, \boldsymbol{\beta}, \boldsymbol{\gamma}$ 共面.

练习 1.1.23 求证：如果 $\boldsymbol{\alpha}\times\boldsymbol{\beta}+\boldsymbol{\beta}\times\boldsymbol{\gamma}+\boldsymbol{\gamma}\times\boldsymbol{\alpha}=\mathbf{0}$，则 $\boldsymbol{\alpha}, \boldsymbol{\beta}, \boldsymbol{\gamma}$ 共面.

练习 1.1.24 如果 $\boldsymbol{\alpha}, \boldsymbol{\beta}, \boldsymbol{\gamma}$ 不共面，试证：对于任意向量 $\boldsymbol{\rho}$，都有

$$\boldsymbol{\rho}=\frac{(\boldsymbol{\rho}, \boldsymbol{\beta}, \boldsymbol{\gamma})}{(\boldsymbol{\alpha}, \boldsymbol{\beta}, \boldsymbol{\gamma})}\boldsymbol{\alpha}+\frac{(\boldsymbol{\alpha}, \boldsymbol{\rho}, \boldsymbol{\gamma})}{(\boldsymbol{\alpha}, \boldsymbol{\beta}, \boldsymbol{\gamma})}\boldsymbol{\beta}+\frac{(\boldsymbol{\alpha}, \boldsymbol{\beta}, \boldsymbol{\rho})}{(\boldsymbol{\alpha}, \boldsymbol{\beta}, \boldsymbol{\gamma})}\boldsymbol{\gamma}.$$

练习 1.1.25 求证：对任意四个向量 $\boldsymbol{\alpha}, \boldsymbol{\beta}, \boldsymbol{\gamma}, \boldsymbol{\rho}$，都有

$$(\boldsymbol{\beta}, \boldsymbol{\gamma}, \boldsymbol{\rho})\boldsymbol{\alpha}+(\boldsymbol{\gamma}, \boldsymbol{\alpha}, \boldsymbol{\rho})\boldsymbol{\beta}+(\boldsymbol{\alpha}, \boldsymbol{\beta}, \boldsymbol{\rho})\boldsymbol{\gamma}+(\boldsymbol{\beta}, \boldsymbol{\alpha}, \boldsymbol{\gamma})\boldsymbol{\rho}=\mathbf{0}.$$

1.2 坐 标 系

1.2.1 基

定义 1.2.1 取空间中任意三个不共面的向量 $\boldsymbol{\varepsilon}_1, \boldsymbol{\varepsilon}_2, \boldsymbol{\varepsilon}_3$ 构成有序组，称它们为一个**基**. 对空间中任意一个向量 $\boldsymbol{\alpha}=x\boldsymbol{\varepsilon}_1+y\boldsymbol{\varepsilon}_2+z\boldsymbol{\varepsilon}_3$，称三元有序实数组 (x, y, z) 为 $\boldsymbol{\alpha}$ 在基 $\boldsymbol{\varepsilon}_1, \boldsymbol{\varepsilon}_2, \boldsymbol{\varepsilon}_3$ 下的**坐标**，记 $\boldsymbol{\alpha}=(x, y, z)$.

若基向量 $\boldsymbol{\varepsilon}_1, \boldsymbol{\varepsilon}_2, \boldsymbol{\varepsilon}_3$ 呈右手关系，称其为**右手基**；若呈左手关系则称为**左手基**. 对于平面

坐标基，若基向量 $\boldsymbol{\varepsilon}_1$ 逆时针旋转一个小于 180°的角后与另一个基向量 $\boldsymbol{\varepsilon}_2$ 同向，就称基是右手基. 以下所用的基都是指右手基.

根据定理 1.1.1，对给定的基 $\boldsymbol{\varepsilon}_1$，$\boldsymbol{\varepsilon}_2$，$\boldsymbol{\varepsilon}_3$，向量的坐标是唯一的. 设 $\boldsymbol{\alpha}$，$\boldsymbol{\beta}$ 的坐标分别为 (x_1, y_1, z_1) 和 (x_2, y_2, z_2)，则

$$\boldsymbol{\alpha}=\boldsymbol{\beta} \Leftrightarrow x_1=x_2, y_1=y_2, z_1=z_2.$$

根据向量加法与数乘的性质，

$$\boldsymbol{\alpha}+\boldsymbol{\beta}=(x_1+x_2)\boldsymbol{\varepsilon}_1+(y_1+y_2)\boldsymbol{\varepsilon}_2+(z_1+z_2)\boldsymbol{\varepsilon}_3,$$

$$k\boldsymbol{\alpha}=(kx_1)\boldsymbol{\varepsilon}_1+(ky_1)\boldsymbol{\varepsilon}_2+(kz_1)\boldsymbol{\varepsilon}_3.$$

所以有

$$(x_1, y_1, z_1)+(x_2, y_2, z_2)=(x_1+x_2, y_1+y_2, z_1+z_2),$$

$$k(x_1, y_1, z_1)=(kx_1, ky_1, kz_1).$$

练习 1.2.1 在基 $\boldsymbol{\varepsilon}_1$，$\boldsymbol{\varepsilon}_2$，$\boldsymbol{\varepsilon}_3$ 下，设 $\boldsymbol{\alpha}=(5,2,1)$，$\boldsymbol{\beta}=(-1,4,2)$，$\boldsymbol{\gamma}=(-1,-1,5)$，求 $\boldsymbol{\alpha}+\boldsymbol{\beta}+\boldsymbol{\gamma}$，$3\boldsymbol{\alpha}-2\boldsymbol{\beta}+\boldsymbol{\gamma}$ 的坐标.

向量的关系也可以用其坐标来表示. 设 $\boldsymbol{\alpha}=(a_1, a_2, a_3)$，$\boldsymbol{\beta}=(b_1, b_2, b_3)$，$\boldsymbol{\gamma}=(c_1, c_2, c_3)$. $\boldsymbol{\alpha}$ 与 $\boldsymbol{\beta}$ 共线当且仅当存在不全为零的实数 k，l，使得

$$k(a_1, a_2, a_3)+l(b_1, b_2, b_2)=\mathbf{0},$$

即当且仅当 $a_1:a_2:a_3=b_1:b_2:b_3$. $\boldsymbol{\alpha}$，$\boldsymbol{\beta}$，$\boldsymbol{\gamma}$ 共面当且仅当存在不全为零的实数 x，y，z，使得

$$x(a_1, a_2, a_3)+y(b_1, b_2, b_3)+z(c_1, c_2, c_3)=\mathbf{0},$$

即当且仅当下列方程组有非零解(x，y，z 不全为零的解)：

$$\begin{cases} a_1x+b_1y+c_1z=0, \\ a_2x+b_2y+c_2z=0, \\ a_3x+b_3y+c_3z=0. \end{cases}$$

也可以用坐标来计算向量的点积. 取一个基 $\boldsymbol{\varepsilon}_1$，$\boldsymbol{\varepsilon}_2$，$\boldsymbol{\varepsilon}_3$，设 $\boldsymbol{\alpha}=(a_1, a_2, a_3)$，$\boldsymbol{\beta}=(b_1, b_2, b_3)$，那么

$$\begin{aligned} \boldsymbol{\alpha}\cdot\boldsymbol{\beta} &= \left(\sum_{i=1}^{3} a_i\boldsymbol{\varepsilon}_i\right)\cdot\left(\sum_{j=1}^{3} b_j\boldsymbol{\varepsilon}_j\right) \\ &= \sum_{i=1}^{3}\sum_{j=1}^{3} a_ib_j(\boldsymbol{\varepsilon}_i\cdot\boldsymbol{\varepsilon}_j). \end{aligned}$$

这个求和式展开来共有九项. 点积 $\boldsymbol{\alpha}\cdot\boldsymbol{\beta}$ 的坐标表达式要想写得简单些，就得选取特殊的基.

定义 1.2.2 满足

$$\boldsymbol{\varepsilon}_i\cdot\boldsymbol{\varepsilon}_j=\begin{cases} 1, & i=j, \\ 0, & i\neq j \end{cases}$$

的基 $\boldsymbol{\varepsilon}_1$，$\boldsymbol{\varepsilon}_2$，$\boldsymbol{\varepsilon}_3$ 称为**单位正交基**.

在单位正交基下，

$$\boldsymbol{\alpha}\cdot\boldsymbol{\beta}=a_1b_1+a_2b_2+a_3b_3,$$

$$\|\boldsymbol{\alpha}\|=\sqrt{a_1^2+a_2^2+a_3^2},$$

$$\cos\langle\boldsymbol{\alpha}, \boldsymbol{\beta}\rangle=\frac{a_1b_1+a_2b_2+a_3b_3}{\sqrt{a_1^2+a_2^2+a_3^2}\cdot\sqrt{b_1^2+b_2^2+b_3^2}},$$

$$a_i=\boldsymbol{\alpha}\cdot\boldsymbol{\varepsilon}_i, \ i=1, 2, 3.$$

练习 1.2.2 在单位正交基中，求向量$\boldsymbol{\beta}=(1,\ 2,\ 2)$沿$\boldsymbol{\alpha}=(3,\ 1,\ 2)$的正交分解$\boldsymbol{\beta}_1+\boldsymbol{\beta}_2$，其中$\boldsymbol{\beta}_1 /\!/ \boldsymbol{\alpha}$，$\boldsymbol{\beta}_2 \perp \boldsymbol{\alpha}$.

练习 1.2.3 在单位正交基中，求向量$\boldsymbol{\beta}=(1,\ 1,\ 1)$在三个基向量上的投影.

对于叉积，根据其运算性质(命题 1.1.6)，有

$$\boldsymbol{\alpha}\times\boldsymbol{\beta}=(a_2b_3-a_3b_2)\boldsymbol{\varepsilon}_2\times\boldsymbol{\varepsilon}_3+(a_3b_1-a_1b_3)\boldsymbol{\varepsilon}_3\times\boldsymbol{\varepsilon}_1+(a_1b_2-a_2b_1)\boldsymbol{\varepsilon}_1\times\boldsymbol{\varepsilon}_2.$$

如果$\boldsymbol{\varepsilon}_1$，$\boldsymbol{\varepsilon}_2$，$\boldsymbol{\varepsilon}_3$ 是单位正交基，依定义(注意，我们所用的基是右手基!)有

$$\begin{cases}\boldsymbol{\varepsilon}_1\times\boldsymbol{\varepsilon}_2=\boldsymbol{\varepsilon}_3,\\ \boldsymbol{\varepsilon}_2\times\boldsymbol{\varepsilon}_3=\boldsymbol{\varepsilon}_1,\\ \boldsymbol{\varepsilon}_3\times\boldsymbol{\varepsilon}_1=\boldsymbol{\varepsilon}_2,\end{cases}$$

所以

$$\boldsymbol{\alpha}\times\boldsymbol{\beta}=(a_2b_3-a_3b_2)\boldsymbol{\varepsilon}_1+(a_3b_1-a_1b_3)\boldsymbol{\varepsilon}_2+(a_1b_2-a_2b_1)\boldsymbol{\varepsilon}_3.$$

称代数和$a_{11}a_{22}-a_{12}a_{21}$为二阶行列式，记作$\begin{vmatrix}a_{11} & a_{12}\\ a_{21} & a_{22}\end{vmatrix}$. 从定义不难推出

$$\begin{vmatrix}a_{11} & a_{12}\\ a_{21} & a_{22}\end{vmatrix}=\begin{vmatrix}a_{11} & a_{21}\\ a_{12} & a_{22}\end{vmatrix}.$$

右边的行列式称为左边的行列式的转置行列式，这个等式说明二阶行列式与它的转置行列式是相等的.

现在，可以将叉积的坐标式重新写成

$$\boldsymbol{\alpha}\times\boldsymbol{\beta}=\begin{vmatrix}a_2 & a_3\\ b_2 & b_3\end{vmatrix}\boldsymbol{\varepsilon}_1+\begin{vmatrix}a_3 & a_1\\ b_3 & b_1\end{vmatrix}\boldsymbol{\varepsilon}_2+\begin{vmatrix}a_1 & a_2\\ b_1 & b_2\end{vmatrix}\boldsymbol{\varepsilon}_3.$$

练习 1.2.4 求证：$\begin{vmatrix}a_{11} & a_{12}\\ a_{21} & a_{22}\end{vmatrix}=-\begin{vmatrix}a_{21} & a_{22}\\ a_{11} & a_{12}\end{vmatrix}$.

练习 1.2.5 设$\boldsymbol{\alpha}=(a_1,a_2,a_3)$，$\boldsymbol{\beta}=(b_1,b_2,b_3)$，求证：

$$\boldsymbol{\alpha}/\!/\boldsymbol{\beta}\Leftrightarrow\begin{vmatrix}a_2 & a_3\\ b_2 & b_3\end{vmatrix}=\begin{vmatrix}a_3 & a_1\\ b_3 & b_1\end{vmatrix}=\begin{vmatrix}a_1 & a_2\\ b_1 & b_2\end{vmatrix}=0.$$

例 1.2.1 证明如下二重叉积公式：

$$\boldsymbol{\alpha}\times(\boldsymbol{\beta}\times\boldsymbol{\gamma})=(\boldsymbol{\alpha}\cdot\boldsymbol{\gamma})\boldsymbol{\beta}-(\boldsymbol{\alpha}\cdot\boldsymbol{\beta})\boldsymbol{\gamma}.$$

证明 如果$\boldsymbol{\beta}/\!/\boldsymbol{\gamma}$，不妨设$\boldsymbol{\beta}=k\boldsymbol{\gamma}$. 等式左端等于$\mathbf{0}$，右端为

$$(\boldsymbol{\alpha}\cdot\boldsymbol{\gamma})k\boldsymbol{\gamma}-(\boldsymbol{\alpha}\cdot k\boldsymbol{\gamma})\boldsymbol{\gamma},$$

显然等于$\mathbf{0}$. 等式成立.

如果$\boldsymbol{\beta}$与$\boldsymbol{\gamma}$不平行，将$\boldsymbol{\beta}$关于$\boldsymbol{\gamma}$正交分解为$\boldsymbol{\beta}_1+\boldsymbol{\beta}_2$，其中$\boldsymbol{\beta}_1/\!/\boldsymbol{\gamma}$，$\boldsymbol{\beta}_2\perp\boldsymbol{\gamma}$. 则

$$\boldsymbol{\beta}\times\boldsymbol{\gamma}=\boldsymbol{\beta}_2\times\boldsymbol{\gamma}.$$

又设$\boldsymbol{\varepsilon}_2=\dfrac{\boldsymbol{\beta}_2}{\|\boldsymbol{\beta}_2\|}$，$\boldsymbol{\varepsilon}_3=\dfrac{\boldsymbol{\gamma}}{\|\boldsymbol{\gamma}\|}$，$\boldsymbol{\varepsilon}_1=\boldsymbol{\varepsilon}_2\times\boldsymbol{\varepsilon}_3$，所以

$$\boldsymbol{\alpha}\times(\boldsymbol{\beta}\times\boldsymbol{\gamma})=\boldsymbol{\alpha}\times(\boldsymbol{\beta}_2\times\boldsymbol{\gamma})=\|\boldsymbol{\beta}_2\|\ \|\boldsymbol{\gamma}\|\boldsymbol{\alpha}\times(\boldsymbol{\varepsilon}_2\times\boldsymbol{\varepsilon}_3)=\|\boldsymbol{\beta}_2\|\ \|\boldsymbol{\gamma}\|\boldsymbol{\alpha}\times\boldsymbol{\varepsilon}_1.$$

因为$\boldsymbol{\varepsilon}_1$，$\boldsymbol{\varepsilon}_2$，$\boldsymbol{\varepsilon}_3$ 构成单位正交基，所以$\boldsymbol{\alpha}=(\boldsymbol{\alpha}\cdot\boldsymbol{\varepsilon}_1)\boldsymbol{\varepsilon}_1+(\boldsymbol{\alpha}\cdot\boldsymbol{\varepsilon}_2)\boldsymbol{\varepsilon}_2+(\boldsymbol{\alpha}\cdot\boldsymbol{\varepsilon}_3)\boldsymbol{\varepsilon}_3$. 代入上式

$$\boldsymbol{\alpha}\times(\boldsymbol{\beta}\times\boldsymbol{\gamma})=\|\boldsymbol{\beta}_2\|\ \|\boldsymbol{\gamma}\|[(\boldsymbol{\alpha}\cdot\boldsymbol{\varepsilon}_2)\boldsymbol{\varepsilon}_2\times\boldsymbol{\varepsilon}_1+(\boldsymbol{\alpha}\cdot\boldsymbol{\varepsilon}_3)\boldsymbol{\varepsilon}_3\times\boldsymbol{\varepsilon}_1]$$

$$= \|\boldsymbol{\beta}_2\| \, \|\boldsymbol{\gamma}\| [(\boldsymbol{\alpha} \cdot \boldsymbol{\varepsilon}_3)\boldsymbol{\varepsilon}_2 - (\boldsymbol{\alpha} \cdot \boldsymbol{\varepsilon}_2)\boldsymbol{\varepsilon}_3]$$
$$= (\boldsymbol{\alpha} \cdot \|\boldsymbol{\gamma}\| \boldsymbol{\varepsilon}_3) \|\boldsymbol{\beta}_2\| \boldsymbol{\varepsilon}_2 - (\boldsymbol{\alpha} \cdot \|\boldsymbol{\beta}_2\| \boldsymbol{\varepsilon}_2) \|\boldsymbol{\gamma}\| \boldsymbol{\varepsilon}_3$$
$$= (\boldsymbol{\alpha} \cdot \boldsymbol{\gamma})\boldsymbol{\beta}_2 - (\boldsymbol{\alpha} \cdot \boldsymbol{\beta}_2)\boldsymbol{\gamma}.$$

根据上一段的证明，$(\boldsymbol{\alpha} \cdot \boldsymbol{\gamma})\boldsymbol{\beta}_1 - (\boldsymbol{\alpha} \cdot \boldsymbol{\beta}_1)\boldsymbol{\gamma} = \mathbf{0}$，所以

$$\begin{aligned} \boldsymbol{\alpha} \times (\boldsymbol{\beta} \times \boldsymbol{\gamma}) &= (\boldsymbol{\alpha} \cdot \boldsymbol{\gamma})\boldsymbol{\beta}_2 - (\boldsymbol{\alpha} \cdot \boldsymbol{\beta}_2)\boldsymbol{\gamma} + (\boldsymbol{\alpha} \cdot \boldsymbol{\gamma})\boldsymbol{\beta}_1 - (\boldsymbol{\alpha} \cdot \boldsymbol{\beta}_1)\boldsymbol{\gamma} \\ &= (\boldsymbol{\alpha} \cdot \boldsymbol{\gamma})\boldsymbol{\beta} - (\boldsymbol{\alpha} \cdot \boldsymbol{\beta})\boldsymbol{\gamma}. \end{aligned}$$

练习 1.2.6 证明雅可比(Jacobi)恒等式：$(\boldsymbol{\alpha} \times \boldsymbol{\beta}) \times \boldsymbol{\gamma} + (\boldsymbol{\gamma} \times \boldsymbol{\alpha}) \times \boldsymbol{\beta} + (\boldsymbol{\beta} \times \boldsymbol{\gamma}) \times \boldsymbol{\alpha} = \mathbf{0}$.

练习 1.2.7 证明拉格朗日(Lagerange)恒等式：

$$(\boldsymbol{\alpha} \times \boldsymbol{\beta}) \cdot (\boldsymbol{\gamma} \times \boldsymbol{\rho}) = \begin{vmatrix} \boldsymbol{\alpha} \cdot \boldsymbol{\gamma} & \boldsymbol{\alpha} \cdot \boldsymbol{\rho} \\ \boldsymbol{\beta} \cdot \boldsymbol{\gamma} & \boldsymbol{\beta} \cdot \boldsymbol{\rho} \end{vmatrix}.$$

练习 1.2.8 求证：

(1) $(\boldsymbol{\alpha} \times \boldsymbol{\beta}, \boldsymbol{\beta} \times \boldsymbol{\gamma}, \boldsymbol{\gamma} \times \boldsymbol{\alpha}) = (\boldsymbol{\alpha}, \boldsymbol{\beta}, \boldsymbol{\gamma})^2$；

(2) $(\boldsymbol{\alpha} \times \boldsymbol{\beta}) \times (\boldsymbol{\gamma} \times \boldsymbol{\rho}) = (\boldsymbol{\alpha}, \boldsymbol{\beta}, \boldsymbol{\rho})\boldsymbol{\gamma} - (\boldsymbol{\alpha}, \boldsymbol{\beta}, \boldsymbol{\gamma})\boldsymbol{\rho} = (\boldsymbol{\alpha}, \boldsymbol{\gamma}, \boldsymbol{\rho})\boldsymbol{\beta} - (\boldsymbol{\beta}, \boldsymbol{\gamma}, \boldsymbol{\rho})\boldsymbol{\alpha}$.

至于混合积，设 $\boldsymbol{\alpha} = (a_1, a_2, a_3)$，$\boldsymbol{\beta} = (b_1, b_2, b_3)$，$\boldsymbol{\gamma} = (c_1, c_2, c_3)$，则

$$\begin{aligned} \boldsymbol{\alpha} \cdot (\boldsymbol{\beta} \times \boldsymbol{\gamma}) = {} & a_1(b_2c_3 - b_3c_2)\boldsymbol{\varepsilon}_1 \cdot (\boldsymbol{\varepsilon}_2 \times \boldsymbol{\varepsilon}_3) + a_2(b_3c_1 - b_1c_3)\boldsymbol{\varepsilon}_2 \cdot (\boldsymbol{\varepsilon}_3 \times \boldsymbol{\varepsilon}_1) + \\ & a_3(b_1c_2 - b_2c_1)\boldsymbol{\varepsilon}_3 \cdot (\boldsymbol{\varepsilon}_1 \times \boldsymbol{\varepsilon}_2). \end{aligned}$$

根据命题 1.1.7 的(2)，有

$$\boldsymbol{\varepsilon}_1 \cdot (\boldsymbol{\varepsilon}_2 \times \boldsymbol{\varepsilon}_3) = \boldsymbol{\varepsilon}_2 \cdot (\boldsymbol{\varepsilon}_3 \times \boldsymbol{\varepsilon}_1) = \boldsymbol{\varepsilon}_3 \cdot (\boldsymbol{\varepsilon}_1 \times \boldsymbol{\varepsilon}_2).$$

所以

$$\begin{aligned} \boldsymbol{\alpha} \cdot (\boldsymbol{\beta} \times \boldsymbol{\gamma}) &= [a_1(b_2c_3 - b_3c_2) + a_2(b_3c_1 - b_1c_3) + a_3(b_1c_2 - b_2c_1)]\boldsymbol{\varepsilon}_1 \cdot (\boldsymbol{\varepsilon}_2 \times \boldsymbol{\varepsilon}_3) \\ &= (a_1b_2c_3 + a_2b_3c_1 + a_3b_1c_2 - a_1b_3c_2 - a_2b_1c_3 - a_3b_2c_1)\boldsymbol{\varepsilon}_1 \cdot (\boldsymbol{\varepsilon}_2 \times \boldsymbol{\varepsilon}_3). \end{aligned}$$

称如下代数和为三阶行列式

$$a_{11}a_{22}a_{33} + a_{12}a_{23}a_{31} + a_{13}a_{21}a_{32} - a_{13}a_{22}a_{31} - a_{12}a_{21}a_{33} - a_{11}a_{23}a_{32},$$

记为 $\begin{vmatrix} a_{11} & a_{12} & a_{13} \\ a_{21} & a_{22} & a_{23} \\ a_{31} & a_{32} & a_{33} \end{vmatrix}$. 这个定义式比较长，可用如图 1.2.1 所示的“对角线法则”来记忆：如图 1.2.1 所示，总共可以画出六条带箭头的连线：三条从左往右，三条从右往左. 从左往右的箭头线串联的三个元素之积带“+”号，从右往左的箭头线串联的三个元素之积带“−”号，行列式就等于这些带符号的乘积之和. 用对角线法则不难推出

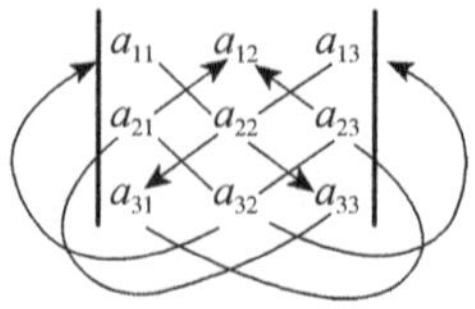

图 1.2.1

$$\begin{vmatrix} a_{11} & a_{12} & a_{13} \\ a_{21} & a_{22} & a_{23} \\ a_{31} & a_{32} & a_{33} \end{vmatrix} = \begin{vmatrix} a_{11} & a_{21} & a_{31} \\ a_{12} & a_{22} & a_{32} \\ a_{13} & a_{23} & a_{33} \end{vmatrix}.$$

右边的行列式称为左边的行列式的转置行列式，这个等式说明 3 阶行列式与它的转置行列式是相等的.

引进 3 阶行列式的定义后，混合积可以写成

$$\boldsymbol{\alpha}\cdot(\boldsymbol{\beta}\times\boldsymbol{\gamma})=\begin{vmatrix}a_1 & a_2 & a_3\\ b_1 & b_2 & b_3\\ c_1 & c_2 & c_3\end{vmatrix}\boldsymbol{\varepsilon}_1\cdot(\boldsymbol{\varepsilon}_2\times\boldsymbol{\varepsilon}_3).$$

如果 $\boldsymbol{\varepsilon}_1$, $\boldsymbol{\varepsilon}_2$, $\boldsymbol{\varepsilon}_3$ 是单位正交基,那么 $\boldsymbol{\varepsilon}_1\cdot(\boldsymbol{\varepsilon}_2\times\boldsymbol{\varepsilon}_3)=1$,则

$$\boldsymbol{\alpha}\cdot(\boldsymbol{\beta}\times\boldsymbol{\gamma})=\begin{vmatrix}a_1 & a_2 & a_3\\ b_1 & b_2 & b_3\\ c_1 & c_2 & c_3\end{vmatrix}.$$

练习 1.2.9 设 $\boldsymbol{\alpha}$, $\boldsymbol{\beta}$, $\boldsymbol{\gamma}$ 关于单位正交基 $\boldsymbol{\varepsilon}_1$, $\boldsymbol{\varepsilon}_2$, $\boldsymbol{\varepsilon}_3$ 的坐标分别为 (a_1,a_2,a_3), (b_1,b_2,b_3), (c_1,c_2,c_3),求证:$\boldsymbol{\alpha}$, $\boldsymbol{\beta}$, $\boldsymbol{\gamma}$ 共面 $\Leftrightarrow \begin{vmatrix}a_1 & a_2 & a_3\\ b_1 & b_2 & b_3\\ c_1 & c_2 & c_3\end{vmatrix}=0$.

练习 1.2.10 利用行列式与混合积的关系证明 3 阶行列式具有如下性质:

(1) 交换行列式的任意两行,所得行列式与原行列式异号;

(2) 将行列式某行的每个数都乘以数 k,所得行列式等于 k 乘以原行列式;

(3) 将行列式某行的每个数都乘以数 k 加到另一行,所得行列式与原行列式相等.

利用行列式与它的转置行列式相等证明:上述性质不仅对"行"成立,对"列"也是成立的.

练习 1.2.11 利用 2 阶、3 阶行列式与叉积、混合积的关系证明如下等式:

$$\begin{vmatrix}a_1 & a_2 & a_3\\ b_1 & b_2 & b_3\\ c_1 & c_2 & c_3\end{vmatrix}=a_1\begin{vmatrix}b_2 & b_3\\ c_2 & c_3\end{vmatrix}+a_2\begin{vmatrix}b_3 & b_1\\ c_3 & c_1\end{vmatrix}+a_3\begin{vmatrix}b_1 & b_2\\ c_1 & c_2\end{vmatrix}. \tag{1.2.1}$$

上述公式称为行列式按第一行展开的展开公式. 你能否写出将行列式按第二行、第三行展开的相应公式?

利用等式(1.2.1),如果在单位正交基 $\boldsymbol{\varepsilon}_1$, $\boldsymbol{\varepsilon}_2$, $\boldsymbol{\varepsilon}_3$ 下 $\boldsymbol{\alpha}=(a_1,a_2,a_3)$, $\boldsymbol{\beta}=(b_1,b_2,b_3)$,则

$$\boldsymbol{\alpha}\times\boldsymbol{\beta}=\begin{vmatrix}\boldsymbol{\varepsilon}_1 & \boldsymbol{\varepsilon}_2 & \boldsymbol{\varepsilon}_3\\ a_1 & a_2 & a_3\\ b_1 & b_2 & b_3\end{vmatrix}.$$

例 1.2.2 证明方程组

$$\begin{cases}a_1x+b_1y+c_1z=d_1,\\ a_2x+b_2y+c_2z=d_2,\\ a_3x+b_3y+c_3z=d_3.\end{cases}$$

有唯一解的充要条件是系数行列式

$$\begin{vmatrix}a_1 & a_2 & a_3\\ b_1 & b_2 & b_3\\ c_1 & c_2 & c_3\end{vmatrix}\neq 0,$$

并且唯一解为

$$x=\frac{\begin{vmatrix}d_1&d_2&d_3\\b_1&b_2&b_3\\c_1&c_2&c_3\end{vmatrix}}{\begin{vmatrix}a_1&a_2&a_3\\b_1&b_2&b_3\\c_1&c_2&c_3\end{vmatrix}},y=\frac{\begin{vmatrix}a_1&a_2&a_3\\d_1&d_2&d_3\\c_1&c_2&c_3\end{vmatrix}}{\begin{vmatrix}a_1&a_2&a_3\\b_1&b_2&b_3\\c_1&c_2&c_3\end{vmatrix}},z=\frac{\begin{vmatrix}a_1&a_2&a_3\\b_1&b_2&b_3\\d_1&d_2&d_3\end{vmatrix}}{\begin{vmatrix}a_1&a_2&a_3\\b_1&b_2&b_3\\c_1&c_2&c_3\end{vmatrix}}.$$

证明 设有单位正交基 $\boldsymbol{\varepsilon}_1$，$\boldsymbol{\varepsilon}_2$，$\boldsymbol{\varepsilon}_3$，令 $\boldsymbol{\alpha}$，$\boldsymbol{\beta}$，$\boldsymbol{\gamma}$，$\boldsymbol{\rho}$ 关于这个基的坐标分别为(a_1,a_2,a_3)，(b_1,b_2,b_3)，(c_1,c_2,c_3)，(d_1,d_2,d_3). 方程组可写成向量形式：

$$x\boldsymbol{\alpha}+y\boldsymbol{\beta}+z\boldsymbol{\gamma}=\boldsymbol{\rho}. \tag{1.2.2}$$

若系数行列式

$$\begin{vmatrix}a_1&a_2&a_3\\b_1&b_2&b_3\\c_1&c_2&c_3\end{vmatrix}\neq 0,$$

由练习 1.2.9，$\boldsymbol{\alpha}$，$\boldsymbol{\beta}$，$\boldsymbol{\gamma}$ 不共面. 根据定理 1.1.1，存在唯一的 x，y，z，使得式(1.2.2)成立，即方程组有唯一解.

反过来，若方程组有唯一解，$\boldsymbol{\rho}$ 可唯一地由 $\boldsymbol{\alpha}$，$\boldsymbol{\beta}$，$\boldsymbol{\gamma}$ 表示为 $x_0\boldsymbol{\alpha}+y_0\boldsymbol{\beta}+z_0\boldsymbol{\gamma}$. 如果

$$\begin{vmatrix}a_1&a_2&a_3\\b_1&b_2&b_3\\c_1&c_2&c_3\end{vmatrix}=0,$$

那么 $\boldsymbol{\alpha}$，$\boldsymbol{\beta}$，$\boldsymbol{\gamma}$ 共面. 因此存在不全为零的实数 k，l，m，使得

$$k\boldsymbol{\alpha}+l\boldsymbol{\beta}+m\boldsymbol{\gamma}=\mathbf{0},$$

从而

$$(k+x_0)\boldsymbol{\alpha}+(l+y_0)\boldsymbol{\beta}+(m+z_0)\boldsymbol{\gamma}=\boldsymbol{\rho}.$$

矛盾！

等式(1.2.2)两边都与 $\boldsymbol{\beta}\times\boldsymbol{\gamma}$ 作点积得

$$x\boldsymbol{\alpha}\cdot(\boldsymbol{\beta}\times\boldsymbol{\gamma})=\boldsymbol{\rho}\cdot(\boldsymbol{\beta}\times\boldsymbol{\gamma}).$$

因为 $\boldsymbol{\alpha}\cdot(\boldsymbol{\beta}\times\boldsymbol{\gamma})\neq 0$，故

$$x=\frac{\boldsymbol{\rho}\cdot(\boldsymbol{\beta}\times\boldsymbol{\gamma})}{\boldsymbol{\alpha}\cdot(\boldsymbol{\beta}\times\boldsymbol{\gamma})}=\frac{\begin{vmatrix}d_1&d_2&d_3\\b_1&b_2&b_3\\c_1&c_2&c_3\end{vmatrix}}{\begin{vmatrix}a_1&a_2&a_3\\b_1&b_2&b_3\\c_1&c_2&c_3\end{vmatrix}}.$$

同理可求 y，z.

上例的结果称为**克拉默(Cramer)法则**.

练习 1.2.12 试写出含两个方程两个未知量的方程组的克拉默法则，并证明之.

1.2.2 仿射坐标系与直角坐标系

给定一点 O，空间中任意一点 P 都可唯一确定一个向量$\overrightarrow{OP}$，称为点 P 的**位置向量**. 反

之，对任意一个向量 $\boldsymbol{\alpha}$，总可以找到空间中唯一一点 P，使得 $\boldsymbol{\alpha}=\overrightarrow{OP}$. 因此位置向量与空间的点之间形成了一一对应，可以用位置向量 $\overrightarrow{OP}$ 的坐标来定义点 P 的坐标.

定义 1.2.3 空间中一点 O 与基 $\boldsymbol{\varepsilon}_1, \boldsymbol{\varepsilon}_2, \boldsymbol{\varepsilon}_3$ 称为一个**仿射坐标系**，记为 $[O;\boldsymbol{\varepsilon}_1, \boldsymbol{\varepsilon}_2, \boldsymbol{\varepsilon}_3]$. 对空间中任意一点 P，向量 $\overrightarrow{OP}$ 在基 $\boldsymbol{\varepsilon}_1, \boldsymbol{\varepsilon}_2, \boldsymbol{\varepsilon}_3$ 下的坐标 (x, y, z) 称为点 P 在仿射坐标系 $[O;\boldsymbol{\varepsilon}_1, \boldsymbol{\varepsilon}_2, \boldsymbol{\varepsilon}_3]$ 下的**坐标**，记为 $P(x, y, z)$. 如果基 $\boldsymbol{\varepsilon}_1, \boldsymbol{\varepsilon}_2, \boldsymbol{\varepsilon}_3$ 是单位正交基，这个坐标系也称为**直角坐标系**.

由右手基决定的仿射坐标系称为**右手坐标系**，或**右手系**；由左手基决定的仿射坐标系称为**左手坐标系**，或**左手系**（图 1.2.2）. 以下所用的坐标系都是右手系.

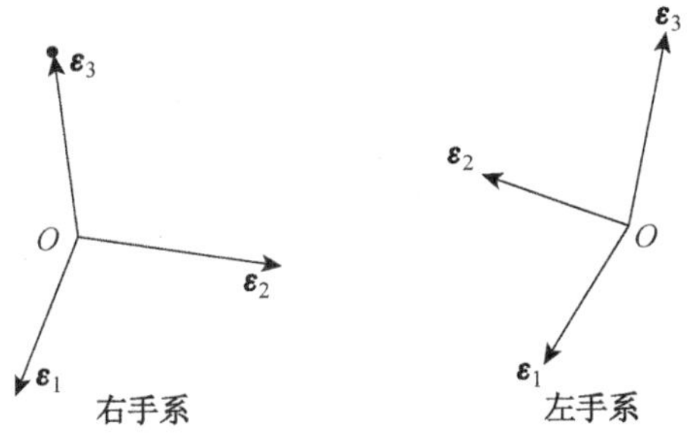

图 1.2.2

根据定义，如果点 P, Q 的坐标分别为 (x_1, y_1, z_1) 和 (x_2, y_2, z_2)，那么向量

$$\begin{aligned}\overrightarrow{PQ} &= \overrightarrow{OQ}-\overrightarrow{OP}\\ &= (x_2, y_2, z_2)-(x_1, y_1, z_1)\\ &= (x_2-x_1, y_2-y_1, z_2-z_1).\end{aligned}$$

点 P, Q 的距离 $d(P,Q)=\|\overrightarrow{PQ}\|$. 因此，在直角坐标系中

$$d(P,Q)=\sqrt{(x_2-x_1)^2+(y_2-y_1)^2+(z_2-z_1)^2}.$$

过点 O 沿三个基向量 $\boldsymbol{\varepsilon}_1, \boldsymbol{\varepsilon}_2, \boldsymbol{\varepsilon}_3$ 引三条有向直线 Ox，Oy，Oz（图 1.2.3），称点 O 为**坐标原点**，Ox，Oy，Oz 为**坐标轴**，依次叫做 x 轴，y 轴，z 轴. 由任意两条坐标轴确定的平面称为坐标平面，分别叫做 xOy 面，yOz 面，xOz 面. 这三个平面划分空间为八个部分，称为**卦限**. 三个坐标都为正的卦限称为第一卦限，z 轴正半轴的另外三个卦限依逆时针方向分别为第二、第三、第四卦限. 第一卦限下面是第五卦限，另外三个依逆时针方向分别是第六、第七、第八卦限.

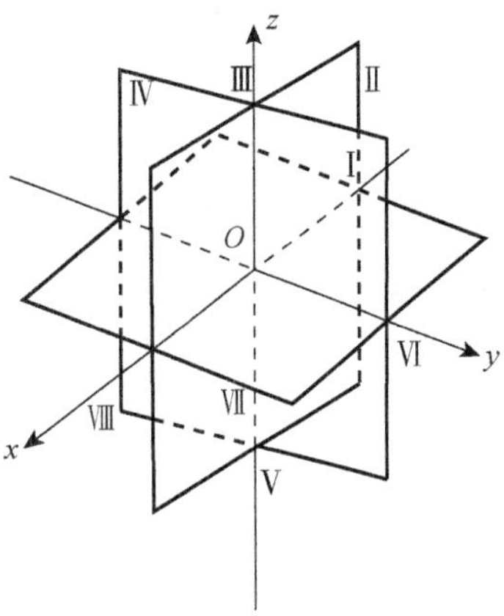

图 1.2.3

可类似地建立平面的仿射坐标系. 取平面上一点 O 以及两个不共线的向量 $\boldsymbol{\varepsilon}_1, \boldsymbol{\varepsilon}_2$ 作为基，即得平面仿射坐标系 $[O;\boldsymbol{\varepsilon}_1, \boldsymbol{\varepsilon}_2]$. 点 O 称为**坐标原点**，Ox，Oy 为**坐标轴**，依次叫做 x 轴，y 轴. 平面被两条坐标轴分为四部分，称为**象限**. x，y 坐标都为正的象限称为第一象限，另外三个依逆时针方向分别是第二、第三、第四象限.

练习 1.2.13 设 P 和 Q 分别是平行四边形 $P_1P_2P_3P_4$ 的边 P_2P_3 和 P_3P_4 的中点，求点 P_1, P_2, P_3, P_4 在仿射坐标系 $[P_1;\overrightarrow{P_1P}, \overrightarrow{P_1Q}]$ 下的坐标.

例 1.2.3 （**梅涅劳斯(Menelaus)定理**） 设 P_1, P_2, P_3 是三个不共线的点，点 Q_1, Q_2，

Q_3 依次在直线 P_2P_3，P_3P_1，P_1P_2 上，且都不同于 P_1，P_2，P_3(图1.2.4). 设

$$\overrightarrow{P_1Q_3}=k_1\,\overrightarrow{Q_3P_2},\ \overrightarrow{P_2Q_1}=k_2\,\overrightarrow{Q_1P_3},$$
$$\overrightarrow{P_3Q_2}=k_3\,\overrightarrow{Q_2P_1}.$$

求证：Q_1，Q_2，Q_3 共线当且仅当 $k_1k_2k_3=-1$.

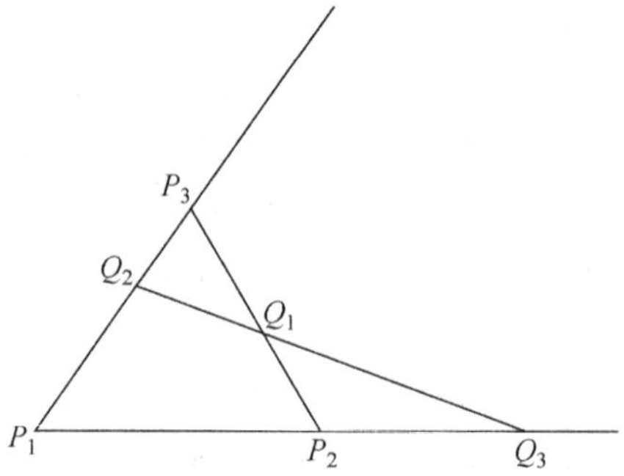

图 1.2.4

证明 由题设有

$$\overrightarrow{P_1Q_3}=\frac{k_1}{1+k_1}\,\overrightarrow{P_1P_2},$$

$$\overrightarrow{P_1Q_2}=\frac{1}{1+k_3}\,\overrightarrow{P_1P_3},$$

$$\overrightarrow{P_1Q_1}=\frac{1}{1+k_2}\,\overrightarrow{P_1P_2}+\frac{k_2}{1+k_2}\,\overrightarrow{P_1P_3}.$$

建立平面仿射坐标系$[P_1;\overrightarrow{P_1P_2},\ \overrightarrow{P_1P_3}]$，$Q_1$，$Q_2$，$Q_3$ 的坐标分别为

$$\left(\frac{1}{1+k_2},\ \frac{k_2}{1+k_2}\right),\ \left(0,\ \frac{1}{1+k_3}\right),\ \left(\frac{k_1}{1+k_1},\ 0\right).$$

所以

$$\overrightarrow{Q_1Q_2}=\left(-\frac{1}{1+k_2},\ \frac{1}{1+k_3}-\frac{k_2}{1+k_2}\right),$$

$$\overrightarrow{Q_1Q_3}=\left(\frac{k_1}{1+k_1}-\frac{1}{1+k_2},\ -\frac{k_2}{1+k_2}\right).$$

Q_1，Q_2，Q_3 共线当且仅当$\overrightarrow{Q_1Q_2}$，$\overrightarrow{Q_1Q_3}$共线，即$\overrightarrow{Q_1Q_2}=k\,\overrightarrow{Q_1Q_3}$，所以

$$\left(-\frac{1}{1+k_2}\right):\left(\frac{1}{1+k_3}-\frac{k_2}{1+k_2}\right)=\left(\frac{k_1}{1+k_1}-\frac{1}{1+k_2}\right):\left(-\frac{k_2}{1+k_2}\right),$$

计算得 $k_1k_2k_3=-1$.

练习 1.2.14 设 P, Q, R 是空间中的三点，且$\overrightarrow{PR}=k\,\overrightarrow{RQ}$($k\neq-1$，称为 P, Q, R 的简比，记为$\langle P,\ Q,\ R\rangle$). 已知在仿射坐标系$[O;\boldsymbol{\varepsilon}_1,\ \boldsymbol{\varepsilon}_2,\ \boldsymbol{\varepsilon}_3]$中，$P$, Q 的坐标分别为$(a_1,\ a_2,\ a_3)$，$(b_1,\ b_2,\ b_3)$，并且 k 也已给定，求 R 的坐标.

练习 1.2.15 设 P_1，P_2，P_3 共线，且在某个仿射坐标系下的坐标依次为

$$(3,\ 4,\ 1),\ (2,\ 5,\ 0),\ (a,\ 1,\ b).$$

试求 a, b 和简比$\langle P_1,\ P_2,\ P_3\rangle$.

练习 1.2.16(塞瓦(Ceva)定理) 设点 Q_1，Q_2，Q_3 依次为$\triangle P_1P_2P_3$ 的三边 P_2P_3，P_3P_1，P_1P_2 的内点，记

$$k_1=\langle P_1,\ P_2,\ Q_3\rangle,\ k_2=\langle P_2,\ P_3,\ Q_1\rangle,\ k_3=\langle P_3,\ P_1,\ Q_2\rangle.$$

试证：线段 P_1Q_1，P_2Q_2，P_3Q_3 交于一点当且仅当 $k_1k_2k_3=1$.

练习 1.2.17 证明三角形三条中线交于一点.

1.2.3 坐标变换

同一个点在不同坐标系下的坐标是不同的，以下给出联系这两组坐标的变换公式. 这里主要研究平面坐标变换，并且总是假定变换前后的坐标系都是右手系，这样的变换称为保持

定向的变换.

设有两个平面仿射坐标系 Ⅰ $=[O;\boldsymbol{\varepsilon}_1, \boldsymbol{\varepsilon}_2]$, Ⅱ $=[O'; \boldsymbol{\eta}_1, \boldsymbol{\eta}_2]$,并设

$$\begin{cases}\boldsymbol{\eta}_1 = c_{11}\boldsymbol{\varepsilon}_1 + c_{21}\boldsymbol{\varepsilon}_2,\\ \boldsymbol{\eta}_2 = c_{12}\boldsymbol{\varepsilon}_1 + c_{22}\boldsymbol{\varepsilon}_2.\end{cases}$$

平面上一个向量 $\boldsymbol{\alpha}$ 在基 $\boldsymbol{\varepsilon}_1, \boldsymbol{\varepsilon}_2$ 和 $\boldsymbol{\eta}_1, \boldsymbol{\eta}_2$ 下的坐标分别为 (x, y) 和 (x', y'),则

$$\begin{aligned}\boldsymbol{\alpha} &= x\boldsymbol{\varepsilon}_1 + y\boldsymbol{\varepsilon}_2 = x'\boldsymbol{\eta}_1 + y'\boldsymbol{\eta}_2\\ &= x'(c_{11}\boldsymbol{\varepsilon}_1 + c_{21}\boldsymbol{\varepsilon}_2) + y'(c_{12}\boldsymbol{\varepsilon}_1 + c_{22}\boldsymbol{\varepsilon}_2)\\ &= (c_{11}x' + c_{12}y')\boldsymbol{\varepsilon}_1 + (c_{21}x' + c_{22}y')\boldsymbol{\varepsilon}_2.\end{aligned}$$

由向量坐标的唯一性即得平面上**向量的仿射坐标变换公式**:

$$\begin{cases}x = c_{11}x' + c_{12}y',\\ y = c_{21}x' + c_{22}y'.\end{cases}$$

若基 $\boldsymbol{\varepsilon}_1, \boldsymbol{\varepsilon}_2$ 和基 $\boldsymbol{\eta}_1, \boldsymbol{\eta}_2$ 同是右手基,$\boldsymbol{\varepsilon}_1\times\boldsymbol{\varepsilon}_2$ 与 $\boldsymbol{\eta}_1\times\boldsymbol{\eta}_2$ 同向.

$$\begin{aligned}\boldsymbol{\eta}_1\times\boldsymbol{\eta}_2 &= (c_{11}\boldsymbol{\varepsilon}_1 + c_{21}\boldsymbol{\varepsilon}_2)\times(c_{12}\boldsymbol{\varepsilon}_1 + c_{22}\boldsymbol{\varepsilon}_2)\\ &= (c_{11}c_{22} - c_{12}c_{21})\boldsymbol{\varepsilon}_1\times\boldsymbol{\varepsilon}_2,\end{aligned}$$

所以,$c_{11}c_{22} - c_{12}c_{21} > 0$.

如图 1.2.5 所示,设平面上一个点 P 在仿射坐标系 Ⅰ, Ⅱ 下的坐标分别为 (x, y), (x', y'), O' 在 Ⅰ 中的坐标为 (x_0, y_0). $\overrightarrow{OP} = \overrightarrow{OO'} + \overrightarrow{O'P}$, $\overrightarrow{OO'}$ 在 $\boldsymbol{\varepsilon}_1, \boldsymbol{\varepsilon}_2$ 下的坐标为 (x_0, y_0), $\overrightarrow{O'P}$ 在 $\boldsymbol{\eta}_1, \boldsymbol{\eta}_2$ 下的坐标为 (x', y').

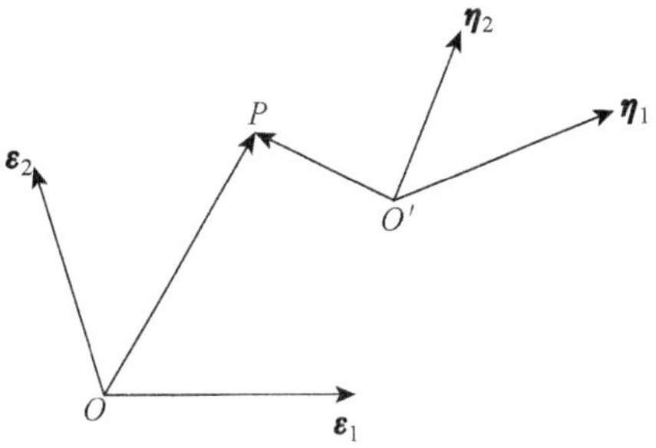

图 1.2.5

根据上述讨论,$\overrightarrow{O'P}$ 在 $\boldsymbol{\varepsilon}_1, \boldsymbol{\varepsilon}_2$ 的坐标为 $(c_{11}x' + c_{12}y', c_{21}x' + c_{22}y')$. 所以 $\overrightarrow{OP}$ 在坐标系 Ⅰ 的坐标 $(x, y) = (x_0 + c_{11}x' + c_{12}y', y_0 + c_{21}x' + c_{22}y')$. 因此平面上**点的仿射坐标变换公式**为

$$\begin{cases}x = x_0 + c_{11}x' + c_{12}y',\\ y = y_0 + c_{21}x' + c_{22}y'.\end{cases}$$

练习 1.2.18 设有平行四边形 $ABCD$. 取仿射坐标系 Ⅰ 为 $[A;\overrightarrow{AB},\overrightarrow{AD}]$, Ⅱ 为 $[C;\overrightarrow{AC},\overrightarrow{BD}]$. 试求出从 Ⅰ 到 Ⅱ 的点变换公式. 并分别求出四个顶点在两个坐标系中的坐标.

练习 1.2.19 设仿射坐标系 Ⅰ $=[O;\boldsymbol{\varepsilon}_1, \boldsymbol{\varepsilon}_2]$ 到 Ⅱ $=[O';\boldsymbol{\eta}_1, \boldsymbol{\eta}_2]$ 的点变换公式如下

$$\begin{cases}x = -y' + 1,\\ y = x' - 1.\end{cases}$$

求:(1) O' 在 Ⅰ 中及 O 在 Ⅱ 中的坐标;(2) 求 Ⅰ 的两个基向量在 Ⅱ 中的坐标,以及 Ⅱ 中的两个基向量在 Ⅰ 中的坐标.

练习 1.2.20 试推导出空间的向量与点的仿射坐标变换公式.

练习 1.2.21 如果两个空间坐标系都是右手系,请写出坐标变换系数应满足的关系.

特别地,如果 Ⅰ, Ⅱ 都是直角坐标系,即

$$\boldsymbol{\varepsilon}_i\cdot\boldsymbol{\varepsilon}_j = \begin{cases}1, & i = j,\\ 0, & i\neq j,\end{cases}\quad \boldsymbol{\eta}_i\cdot\boldsymbol{\eta}_j = \begin{cases}1, & i = j,\\ 0, & i\neq j,\end{cases}$$

则坐标变换系数应满足如下正交条件:

$$\begin{cases} c_{11}{}^2 + c_{21}{}^2 = 1, \\ c_{12}{}^2 + c_{22}{}^2 = 1, \\ c_{11}c_{12} + c_{21}c_{22} = 0. \end{cases}$$

如果两个坐标系还都是右手坐标系，$c_{11}c_{22} - c_{12}c_{21} > 0$. 所以可设

$$c_{11} = \cos\theta,\ c_{12} = -\sin\theta,\ c_{21} = \sin\theta,\ c_{22} = \cos\theta.$$

这样就得到了向量以及点的直角坐标变换公式：

$$\begin{cases} x = x'\cos\theta - y'\sin\theta, \\ y = x'\sin\theta + y'\cos\theta, \end{cases} \quad \begin{cases} x = x_0 + x'\cos\theta - y'\sin\theta, \\ y = y_0 + x'\sin\theta + y'\cos\theta. \end{cases}$$

当 $\theta=0$，相应的点的变换公式称为**移轴公式**；当 $x_0 = y_0 = 0$，则称为**转轴公式**，其中的 θ 理解为坐标系Ⅱ绕Ⅰ的原点 O 逆时针旋转的角度. 这两种变换分别表示坐标系的平移和转动. 平面的(保持定向的)直角坐标变换都是由移轴和转轴两部分合成的(图 1.2.6).

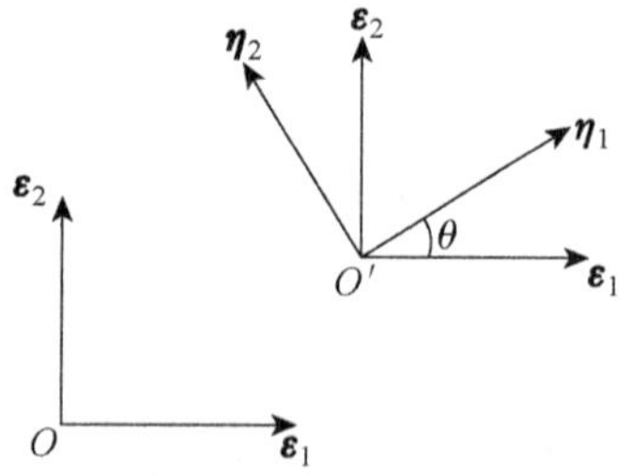

图 1.2.6

练习 1.2.22 将直角坐标系逆时针旋转 $\dfrac{2}{3}\pi$，再沿 x 轴正向平移 5 个单位，求坐标变换公式.

练习 1.2.23 将直角坐标系沿 x 轴正向平移 1 个单位，再顺时针旋转 $\dfrac{\pi}{4}$，最后再沿 x 轴逆向平移 1 个单位，求坐标变换公式.

练习 1.2.24 设从Ⅰ到Ⅱ，从Ⅱ到Ⅲ的变换公式分别为

$$\begin{cases} x = x_0 + x'\cos\theta - y'\sin\theta, \\ y = y_0 + x'\sin\theta + y'\cos\theta, \end{cases} \quad \begin{cases} x' = x'_0 + x''\cos\varphi - y''\sin\varphi, \\ y' = y'_0 + x''\sin\varphi + y''\cos\varphi. \end{cases}$$

试写出从Ⅰ到Ⅲ的合成坐标变换公式.

练习 1.2.25 如果 Ⅰ$=[O;\boldsymbol{\varepsilon}_1, \boldsymbol{\varepsilon}_2]$，Ⅱ$=[O';\boldsymbol{\eta}_1, \boldsymbol{\eta}_2]$都是右手直角坐标系，并且 O' 在Ⅰ中的坐标为(1, 2)，$\boldsymbol{\varepsilon}_1$ 到 $\boldsymbol{\eta}_1$ 的(逆时针)转角为 $\dfrac{\pi}{3}$. 求从Ⅰ到Ⅱ的点变换公式.

练习 1.2.26 作直角坐标变换，将点 $A(6,-5)$，$B(1,-4)$的坐标分别变换为$(1,-3)$，$(0,2)$. 如果新旧两个坐标系都是右手系，求坐标变换公式.

练习 1.2.27 请写出空间直角坐标变换的正交条件.

1.3 平面与直线

1.3.1 图形与方程

所谓**图形**，就是空间中一些满足给定条件的点的集合. 比如球面，就是由到定点的距离等于定长的点构成的集合. 在空间中建立仿射坐标系(或直角坐标系)，给空间中每一点赋予坐标(x, y, z)，构成图形的点所应满足的条件就落实为这些点的坐标所应满足的方程. 如果点在图形上，那么它的坐标就是方程的一个解；反之，方程的解也是图形上的点的坐标. 这个方程称为**图形的方程**. 求给定图形的方程，以及确定给定方程所描述的图形，是解析几何

研究的基本问题.本节将研究最简单的空间图形——平面与直线.

1.3.2 平面方程

已知平面 π 过定点 p_0,并平行于两个不共线向量 $\boldsymbol{\alpha}$, $\boldsymbol{\beta}$. 对 π 上的任意点 p, $\overrightarrow{p_0p}$ 与 $\boldsymbol{\alpha}$, $\boldsymbol{\beta}$ 共面. 如图 1.3.1 所示,建立仿射坐标系,设 $\boldsymbol{\alpha}$, $\boldsymbol{\beta}$ 的坐标分别为 (a_1,a_2,a_3), (b_1,b_2,b_3). 又设 p_0, p 的坐标分别为 (x_0, y_0, z_0), (x, y, z),所以 $\overrightarrow{p_0p}=\overrightarrow{Op}-\overrightarrow{Op_0}=(x-x_0, y-y_0, z-z_0)$. 由向量共面的充要条件有

$$\begin{vmatrix} x-x_0 & y-y_0 & z-z_0 \\ a_1 & a_2 & a_3 \\ b_1 & b_2 & b_3 \end{vmatrix}=0.$$

根据式(1.2.1),可将 3 阶行列式按第一行展开,所以

$$\begin{vmatrix} a_2 & a_3 \\ b_2 & b_3 \end{vmatrix}(x-x_0)+\begin{vmatrix} a_3 & a_1 \\ b_3 & b_1 \end{vmatrix}(y-y_0)+\begin{vmatrix} a_1 & a_2 \\ b_1 & b_2 \end{vmatrix}(z-z_0)=0.$$

令 $A=\begin{vmatrix} a_2 & a_3 \\ b_2 & b_3 \end{vmatrix}$, $B=\begin{vmatrix} a_3 & a_1 \\ b_3 & b_1 \end{vmatrix}$, $C=\begin{vmatrix} a_1 & a_2 \\ b_1 & b_2 \end{vmatrix}$, $D=Ax_0+By_0+Cz_0$,上式改写为

$$Ax+By+Cz=D.$$

因为 $\boldsymbol{\alpha}$, $\boldsymbol{\beta}$ 不共线, $\boldsymbol{\alpha}\times\boldsymbol{\beta}\neq\boldsymbol{0}$,所以 A, B, C 不全为 0.

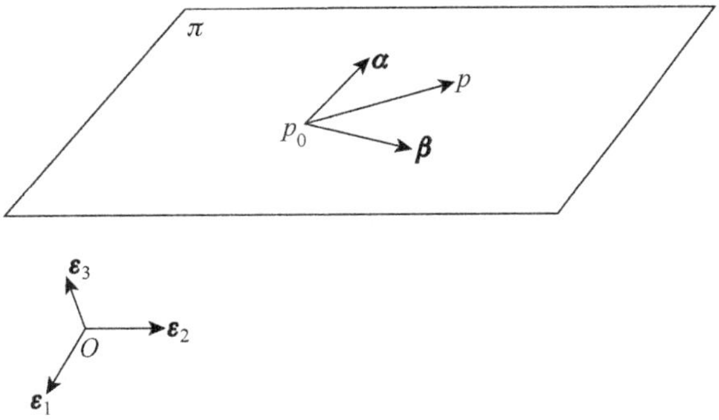

图 1.3.1

反之,每个系数不全为 0 的三元一次方程

$$Ax+By+Cz=D$$

也都确定一个平面. 事实上,若 $A\neq0$,过点 $\left(\frac{D}{A},0,0\right)$ 且平行于不共线向量 $\left(-\frac{B}{A}, 1, 0\right)$, $\left(-\frac{C}{A},0, 1\right)$ 的平面的方程为

$$\begin{vmatrix} x-\frac{D}{A} & y & z \\ -\frac{B}{A} & 1 & 0 \\ -\frac{C}{A} & 0 & 1 \end{vmatrix}=0.$$

整理一下恰为 $Ax+By+Cz=D$. 这个方程称为**平面的一般方程**.

例 1.3.1 求过点 $p_1(a,0,0)$，$p_2(0,b,0)$，$p_3(0,0,c)$的平面的一般方程，其中 a,b,c 全不为零.

解 平面过点 p_1 并且平行于$\overrightarrow{p_1p_2}$，$\overrightarrow{p_1p_3}$，所以它的方程为

$$\begin{vmatrix} x-a & y & z \\ -a & b & 0 \\ -a & 0 & c \end{vmatrix} = 0.$$

整理得

$$\frac{x}{a}+\frac{y}{b}+\frac{z}{c}=1.$$

练习 1.3.1 在给定仿射坐标系下，求三个坐标平面的一般方程.

练习 1.3.2 在给定仿射坐标系下，求以下平面的一般方程.

(1) 经过点(0, 1, 0)，(1, 0, 1)和(3, 1, 1)；

(2) 过点(a_1,a_2,a_3)，(b_1,b_2,b_3)，(c_1,c_2,c_3)；

(3) 过点(3, 1, −3)及 z 轴；

(4) 过 x 轴与 z 轴；

(5) 过点(1, 2, 1)和(−1,3,4)，且平行于 y 轴.

除了一般方程，平面还有另一种形式的方程. 如前所述，任取 π 上一点 p，$\overrightarrow{p_0p}$与 $\boldsymbol{\alpha}$，$\boldsymbol{\beta}$ 共面，所以存在实数 s,t 使得$\overrightarrow{p_0p}=s\boldsymbol{\alpha}+t\boldsymbol{\beta}$. 写成坐标形式即

$$\begin{cases} x = x_0 + sa_1 + tb_1, \\ y = y_0 + sa_2 + tb_2, \\ z = z_0 + sa_3 + tb_3, \end{cases} \tag{1.3.1}$$

其中 s,t 可取一切实数. 这个方程称为**平面的参数方程**.

练习 1.3.3 在给定仿射坐标系下，求以下平面的参数方程：

(1) 过点(0, 1, 0)，(1, 0, 1)和(3, 1, 1)；

(2) 过点(1, 2, 1)和(−1, 3, 4)，且平行于向量 $\boldsymbol{\gamma}=(1, 0, 1)$.

平面的一般方程与参数方程可以互化. 从一般方程 $Ax+By+Cz=D$ 可直接写出参数方程(若 $A\neq 0$)

$$\begin{cases} x = \dfrac{D}{A} - \dfrac{B}{A}s - \dfrac{C}{A}t, \\ y = s, \\ z = t. \end{cases}$$

反之，若已知平面的参数方程，可通过消去两个参数求得一般方程.

过一点并垂直于给定向量的平面存在且唯一. 垂直于该平面的向量称为**法向量**. 假设平面 π 过给定点 p_0，一个法向量为 $\boldsymbol{\gamma}$. 对平面 π 上任意一点 p，都有

$$\overrightarrow{p_0p}\cdot\boldsymbol{\gamma}=0.$$

设点 p_0，p 在直角坐标系下的坐标分别为(x_0, y_0, z_0)，(x, y, z)，$\boldsymbol{\gamma}$ 的坐标为(A, B, C)，则

$$A(x-x_0)+B(y-y_0)+C(z-z_0)=0.$$

令 $D=Ax_0+By_0+Cz_0$，得到直角坐标系下平面的一般方程

$$Ax + By + Cz = D.$$

所以,在直角坐标系下,以平面一般方程的一次项系数为坐标的向量就是该平面的一个法向量.

在直角坐标系下,若已知平面的参数方程(1.3.1),因为 $\boldsymbol{\alpha}\times\boldsymbol{\beta}$ 垂直于平面,所以

$$\left(\begin{vmatrix} a_2 & a_3 \\ b_2 & b_3 \end{vmatrix}, \begin{vmatrix} a_3 & a_1 \\ b_3 & b_1 \end{vmatrix}, \begin{vmatrix} a_1 & a_2 \\ b_1 & b_2 \end{vmatrix}\right)$$

是一个法向量.

练习 1.3.4 在给定直角坐标系下,求以下平面的一般方程.

(1) 过点(0,−2,3)且垂直于 y 轴;

(2) 过点(1,−2,0)并平行于平面 $3x+y-2z=0$;

(3) 过点(3,−1,4)和(1, 0,−3)并垂直于平面 $2x+y-2z=1$.

练习 1.3.5 求证:在给定直角坐标系下,过点(x_0, y_0, z_0)且与两个不平行平面:

$$A_ix + B_iy + C_iz = D_i,\ i = 1,\ 2$$

都垂直的平面的方程为

$$\begin{vmatrix} x-x_0 & y-y_0 & z-z_0 \\ A_1 & B_1 & C_1 \\ A_2 & B_2 & C_2 \end{vmatrix} = 0.$$

1.3.3 平面的几何性质

引理 1.3.1 假设在仿射坐标系下平面的方程为 $Ax+By+Cz=D$. 向量 $\boldsymbol{\rho}=(r, s, t)$ 与该平面平行当且仅当 $Ar+Bs+Ct=0$.

证明 若 $A\neq 0$,给定平面平行于向量

$$\boldsymbol{\alpha} = \left(-\frac{B}{A},\ 1,\ 0\right),\ \boldsymbol{\beta} = \left(-\frac{C}{A}, 0,\ 1\right).$$

$\boldsymbol{\rho}$ 与该平面平行当且仅当 $\boldsymbol{\rho}$ 与 $\boldsymbol{\alpha}$, $\boldsymbol{\beta}$ 共面,即

$$\begin{vmatrix} r & s & t \\ -\frac{B}{A} & 1 & 0 \\ -\frac{C}{A} & 0 & 1 \end{vmatrix} = 0,$$

整理得 $Ar+Bs+Ct=0$.

练习 1.3.6 在仿射坐标系下证明:过点(x_0, y_0, z_0)且与平面 $Ax+By+Cz=D$ 平行的平面的方程为 $A(x-x_0)+B(y-y_0)+C(z-z_0)=0$.

练习 1.3.7 在给定仿射坐标系下,求过点(3, 1, 1)且与 $2x+3y-z=1$ 平行的平面的一般方程.

定理 1.3.1 平面 π_1,π_2 在仿射坐标系下的方程为

$$A_ix + B_iy + C_iz = D_i,\ i = 1,\ 2.$$

(1) π_1,π_2 平行(包括重合)当且仅当 $A_1:B_1:C_1=A_2:B_2:C_2$;

(2) π_1,π_2 相交当且仅当 $A_1:B_1:C_1\neq A_2:B_2:C_2$.

证明 如果 $A_1:B_1:C_1=A_2:B_2:C_2$，则满足 $A_1r+B_1s+C_1t=0$ 的向量 $\boldsymbol{\rho}=(r, s, t)$ 也会满足 $A_2r+B_2s+C_2t=0$，反之也成立. 所以根据引理 1.3.1，这个向量必同时平行这两个平面. 这说明这两个平面平行或者重合. 反过来，如果这两个平面平行或重合，那么由于向量

$$\boldsymbol{\alpha}=\left(-\frac{B_1}{A_1}, 1, 0\right), \quad \boldsymbol{\beta}=\left(-\frac{C_1}{A_1}, 0, 1\right)$$

平行于平面 $A_1x+B_1y+C_1z=D$，所以要满足 $A_2r+B_2s+C_2t=0$. 这就有 $A_2B_1=A_1B_2$，$A_2C_1=A_1C_2$，从而 $A_1:B_1:C_1=A_2:B_2:C_2$. 两个平面相交当且仅当它们不平行，因此当且仅当 $A_1:B_1:C_1\neq A_2:B_2:C_2$.

练习 1.3.8 设三个平面在给定仿射坐标系下的方程为

$$A_ix+B_iy+C_iz=D_i, \ i=1, 2, 3.$$

求证：这三个平面只交于一点的充分必要条件为

$$\begin{vmatrix} A_1 & B_1 & C_1 \\ A_2 & B_2 & C_2 \\ A_3 & B_3 & C_3 \end{vmatrix} \neq 0.$$

练习 1.3.9 求证：三个平面交于一点当且仅当它们的法向量不共面.

定理 1.3.2 在直角坐标系下，点 $p(x, y, z)$ 到平面 $\pi: Ax+By+Cz=D$ 的距离为

$$d(p,\pi)=\frac{|Ax+By+Cz-D|}{\sqrt{A^2+B^2+C^2}}.$$

证明 平面 π 的法向量为 $\boldsymbol{\gamma}=(A, B, C)$，假设它过点 $p_0(x_0, y_0, z_0)$，如图 1.3.2 所示，则点 $p(x, y, z)$ 到平面 π 的距离

$$\begin{aligned} d(p,\pi) &= \|\overrightarrow{p_0p}\|\cdot|\cos\langle\overrightarrow{p_0p},\boldsymbol{\gamma}\rangle| = \frac{|\overrightarrow{p_0p}\cdot\boldsymbol{\gamma}|}{\|\boldsymbol{\gamma}\|} \\ &= \frac{|A(x-x_0)+B(y-y_0)+C(z-z_0)|}{\sqrt{A^2+B^2+C^2}} \\ &= \frac{|Ax+By+Cz-D|}{\sqrt{A^2+B^2+C^2}}. \end{aligned}$$

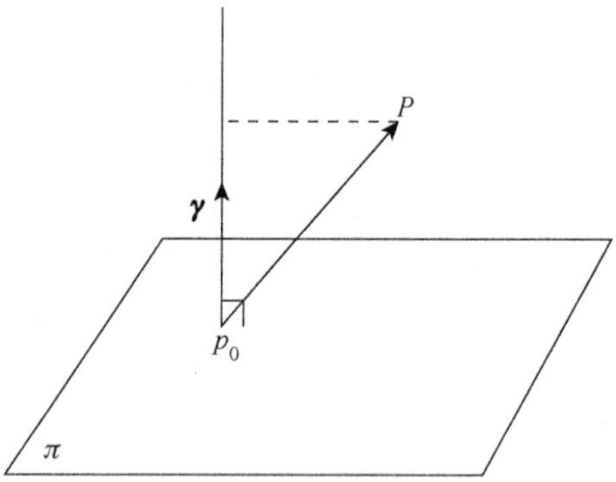

图 1.3.2

练习 1.3.10 在直角坐标系下，求平面 $Ax+By+Cz=D$ 与平面 $Ax+By+Cz=D'$ 之间的距离.

练习 1.3.11 在给定直角坐标系下求与平面 $Ax+By+Cz=D$ 平行，且距离为 d 的平面的方程.

设两个平面 π_1,π_2 的法向量分别为 $\boldsymbol{\gamma}_1, \boldsymbol{\gamma}_2$，它们的**夹角**，记作 $\angle(\pi_1,\pi_2)$，定义为

$$\angle(\pi_1,\pi_2)=\arccos\frac{|\boldsymbol{\gamma}_1\cdot\boldsymbol{\gamma}_2|}{\|\boldsymbol{\gamma}_1\|\,\|\boldsymbol{\gamma}_2\|}.$$

如果两个平面的夹角为 90°，就称它们**垂直**，记作 $\pi_1\perp\pi_2$.

定理 1.3.3 平面 π_1,π_2 在直角坐标系下的方程为

$$A_ix+B_iy+C_iz=D_i, \ i=1, 2.$$

二者垂直当且仅当 $A_1A_2+B_1B_2+C_1C_2=0$.

证明 根据平面夹角的定义,

$$\cos\angle(\pi_1,\pi_2)=\frac{|\boldsymbol{\gamma}_1\cdot\boldsymbol{\gamma}_2|}{\|\boldsymbol{\gamma}_1\|\|\boldsymbol{\gamma}_2\|}=\frac{|A_1A_2+B_1B_2+C_1C_2|}{\sqrt{A_1^2+B_1^2+C_1^2}\sqrt{A_2^2+B_2^2+C_2^2}}.$$

$\pi_1\perp\pi_2$ 当且仅当 $\cos\angle(\pi_1,\pi_2)=0$,即当且仅当 $A_1A_2+B_1B_2+C_1C_2=0$.

练习 1.3.12 在给定直角坐标系下,求经过 z 轴且与平面 $2x+y-\sqrt{5}z=7$ 交成 $60°$ 角的平面的一般方程.

练习 1.3.13 求证:在直角坐标系下,平面 $Ax+By+Cz=D$ 外两点 $p(x,y,z)$,$q(x',y',z')$ 在平面同侧的充要条件是 $(Ax+By+Cz-D)(Ax'+By'+Cz'-D)>0$. 请问:可以把"直角坐标系"改为"仿射坐标系"吗?

1.3.4 直线方程

任意直线都可视为两个相交平面的交线,所以**直线的一般方程**可写作

$$\begin{cases}A_1x+B_1y+C_1z=D_1,\\A_2x+B_2y+C_2z=D_2,\end{cases}$$

其中,$A_1:B_1:C_1\neq A_2:B_2:C_2$.

例 1.3.2 在给定仿射坐标系下,求经过平面 π_1,π_2 的交线 l:

$$\begin{cases}A_1x+B_1y+C_1z=D_1,\\A_2x+B_2y+C_2z=D_2\end{cases}$$

的平面的方程.

解 设 π 是经过直线 l 的任一平面,在其上取一点 $p_0(x_0,y_0,z_0)$. 假设 $p_0\notin l$,从而 $p_0\notin\pi_1$ 或 $p_0\notin\pi_2$,所以

$$m=A_2x_0+B_2y_0+C_2z_0-D_2\neq 0\text{ 或者 }n=-(A_1x_0+B_1y_0+C_1z_0-D_1)\neq 0.$$

那么

$$m(A_1x+B_1y+C_1z-D_1)+n(A_2x+B_2y+C_2z-D_2)=0\tag{1.3.2}$$

是一个三元一次方程,因此描述一个平面. 而且这个平面过点 p_0 以及直线 l,所以它就是平面 π. 可见,所有经过平面 π_1,π_2 的交线 l 的平面的方程都具有式(1.3.2)的形式,其中 m,n 不全为零.

若已知直线 l 过点 p_0,并平行于向量 $\boldsymbol{\alpha}$,则对直线上任意一点 p 都有

$$\overrightarrow{p_0p}\ /\!/\ \boldsymbol{\alpha}.$$

因此存在实数 t,使得 $\overrightarrow{p_0p}=t\boldsymbol{\alpha}$. 建立仿射坐标系,设 $\boldsymbol{\alpha}$ 的坐标为 (k,l,m),则

$$\begin{cases}x=x_0+kt,\\y=y_0+lt,\quad t\in\mathbf{R}.\\z=z_0+mt,\end{cases}$$

称为**直线的参数方程**. 平行于直线的向量称为该直线的**方向向量**.

消掉上述参数方程中的参数 t 即得**直线的点向式方程**:

$$\frac{x-x_0}{k}=\frac{y-y_0}{l}=\frac{z-z_0}{m}.$$

如果 k, l, m 中有一些等于 0,比如 $k=0$,方程也可以写为

$$\begin{cases} x=x_0, \\ \dfrac{y-y_0}{l}=\dfrac{z-z_0}{m}. \end{cases}$$

知道直线上一点及其方向向量,就可以写出其方程.

练习 1.3.14 在仿射坐标系下,求以下直线的方程:

(1) 过点$(-2,3,5)$,且方向向量为$(-1,3,4)$;

(2) 过点$(1, 0, 1)$与$(-1, 2, -3)$;

(3) 过点$(1, 0, -2)$,且平行于直线$\begin{cases} x+y+z=0, \\ x-y=1. \end{cases}$

练习 1.3.15 在给定仿射坐标系下,求经过直线$\dfrac{x-1}{2}=\dfrac{y}{1}=\dfrac{z}{-1}$,且平行于直线$\dfrac{x}{2}=\dfrac{y}{1}=\dfrac{z+1}{-2}$的平面的一般方程和参数方程.

若已知直线 l 的点向式方程,可直接写出其一般方程

$$\begin{cases} \dfrac{x-x_0}{k}=\dfrac{y-y_0}{l}, \\ \dfrac{y-y_0}{l}=\dfrac{z-z_0}{m} \end{cases} \quad \text{或} \quad \begin{cases} lx-ky=lx_0-ky_0, \\ my-lz=my_0-lz_0. \end{cases}$$

反之,若已知 l 的一般方程

$$\begin{cases} A_1x+B_1y+C_1z=D_1, \\ A_2x+B_2y+C_2z=D_2. \end{cases}$$

因为

$$\begin{vmatrix} A_i & B_i & C_i \\ A_1 & B_1 & C_1 \\ A_2 & B_2 & C_2 \end{vmatrix}=0,\ i=1,\ 2,$$

根据引理 1.3.1,向量

$$\left(\begin{vmatrix} B_1 & C_1 \\ B_2 & C_2 \end{vmatrix}, \begin{vmatrix} C_1 & A_1 \\ C_2 & A_2 \end{vmatrix}, \begin{vmatrix} A_1 & B_1 \\ A_2 & B_2 \end{vmatrix}\right)$$

既平行于 π_1,也平行于 π_2,从而是 l 的方向向量.然后求出联立方程组的一个解(x_0, y_0, z_0),这点是 π_1 与 π_2 的交点,因此在 l 上.所以 l 的点向式方程为

$$\frac{x-x_0}{\begin{vmatrix} B_1 & C_1 \\ B_2 & C_2 \end{vmatrix}}=\frac{y-y_0}{\begin{vmatrix} C_1 & A_1 \\ C_2 & A_2 \end{vmatrix}}=\frac{z-z_0}{\begin{vmatrix} A_1 & B_1 \\ A_2 & B_2 \end{vmatrix}}.$$

练习 1.3.16 在仿射坐标系下,将以下直线的一般方程化为点向式方程:

(1) $\begin{cases}2x+y-3z=1,\\2x+y+z=5;\end{cases}$ (2) $\begin{cases}3x+2y-z=0,\\4x+5y+z=0.\end{cases}$

1.3.5 直线的几何性质

设直线 $\tilde{l}_i$ 过点 $p_i(x_{0i},y_{0i},z_{0i})$，平行于向量 $\boldsymbol{\alpha}_i=(k_i, l_i, m_i)$ $(i=1, 2)$. 如果 $\boldsymbol{\alpha}_1 /\!/ \boldsymbol{\alpha}_2$，则 $\tilde{l}_1$ 与 $\tilde{l}_2$ 平行(也包括重合)；否则，$\tilde{l}_1$ 与 $\tilde{l}_2$ 不平行. $\tilde{l}_1$ 与 $\tilde{l}_2$ 不平行又分为相交或异面：如果向量 $\overrightarrow{p_1p_2}$ 与 $\boldsymbol{\alpha}_1$，$\boldsymbol{\alpha}_2$ 不共面，则 $\tilde{l}_1$ 与 $\tilde{l}_2$ 异面；否则它们相交. 总结起来就是如下定理.

定理 1.3.4 在仿射坐标系下，直线 $\tilde{l}_i$ 过点 $p_i(x_{0i},y_{0i},z_{0i})$，方向向量 $\boldsymbol{\alpha}_i=(k_i, l_i, m_i)$ $(i=1, 2)$. 则

$\tilde{l}_1$ 与 $\tilde{l}_2$ 平行但不重合 $\Leftrightarrow k_1:l_1:m_1=k_2:l_2:m_2\neq(x_{02}-x_{01}):(y_{02}-y_{01}):(z_{02}-z_{01})$；

$\tilde{l}_1$ 与 $\tilde{l}_2$ 重合 $\Leftrightarrow k_1:l_1:m_1=k_2:l_2:m_2=(x_{02}-x_{01}):(y_{02}-y_{01}):(z_{02}-z_{01})$；

$\tilde{l}_1$ 与 $\tilde{l}_2$ 异面 $\Leftrightarrow \begin{vmatrix}x_{02}-x_{01} & y_{02}-y_{01} & z_{02}-z_{01}\\ k_1 & l_1 & m_1\\ k_2 & l_2 & m_2\end{vmatrix}\neq 0$；

$\tilde{l}_1$ 与 $\tilde{l}_2$ 相交 $\Leftrightarrow \begin{vmatrix}x_{02}-x_{01} & y_{02}-y_{01} & z_{02}-z_{01}\\ k_1 & l_1 & m_1\\ k_2 & l_2 & m_2\end{vmatrix}=0$，且 $k_1:l_1:m_1\neq k_2:l_2:m_2$.

设平面 π 的方程为 $Ax+By+Cz=D$，直线 $\tilde{l}$ 的方程为 $\dfrac{x-x_0}{k}=\dfrac{y-y_0}{l}=\dfrac{z-z_0}{m}$. $\tilde{l}$ 与 π 平行(包括 l 在 π 上)当且仅当其方向向量 (k, l, m) 与平面 π 平行，根据引理 1.3.1，即 $Ak+Bl+Cm=0$. 所以有以下定理.

定理 1.3.5 在仿射坐标系下，π 的方程为 $Ax+By+Cz=D$，直线 $\tilde{l}$ 的方程为 $\dfrac{x-x_0}{k}=\dfrac{y-y_0}{l}=\dfrac{z-z_0}{m}$. 则

$\tilde{l}$ 与 π 平行但不重合 $\Leftrightarrow Ak+Bl+Cm=0$，且 $Ax_0+By_0+Cz_0\neq D$；

$\tilde{l}$ 在 π 上 $\Leftrightarrow Ak+Bl+Cm=0$，且 $Ax_0+By_0+Cz_0=D$；

$\tilde{l}$ 与 π 相交 $\Leftrightarrow Ak+Bl+Cm\neq 0$.

例 1.3.3 在仿射坐标系下，求经过点 $p_0(1, 0, -2)$，并且平行于平面 $3x-y+2z=1$ 与 $x+y+z=1$ 的交线的直线 $\tilde{l}$ 的方程.

解 设直线 $\tilde{l}$ 的方向向量为 (k, l, m). 因为 $\tilde{l}$ 与两个平面的交线平行，所以也与这两个平面都平行. 这样就有 $3k-l+2m=0$ 且 $k+l+m=0$. 由此解得

$$k:l:m=3:1:(-4),$$

又直线过点 $p_0(1, 0, -2)$，所以 $\tilde{l}$ 的方程为：$\dfrac{x-1}{3}=\dfrac{y}{1}=\dfrac{z+2}{-4}$.

练习 1.3.17 在仿射坐标系下，求如下直线的方程：

(1) 经过点 $(0,2,1)$，且与直线 $\dfrac{x-2}{3}=\dfrac{y}{-2}=\dfrac{z+1}{0}$ 和 $\dfrac{x}{4}=\dfrac{y}{5}=\dfrac{z+1}{-1}$ 均相交；

(2) 平行于向量(8,7,1)，且与直线$\frac{x+13}{2}=\frac{y-5}{3}=z$和$\frac{x-10}{5}=\frac{y+7}{4}=z$均相交；

(3) 过点$p_0(0,0,-2)$，与平面$3x-y+2z=1$平行，且与直线$\frac{x-1}{4}=\frac{y-3}{-2}=z$相交.

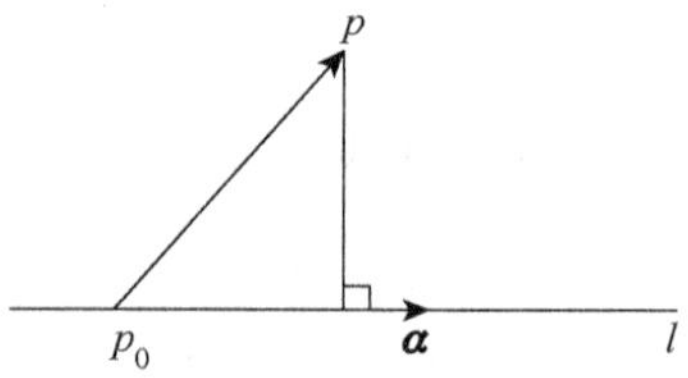

图 1.3.3

如果直线l过点p_0，且平行于向量$\boldsymbol{\alpha}$，如图 1.3.3 所示，则空间中一点p到直线l的距离

$$d(p,\ l)=\|\overrightarrow{p_0p}\|\sin\langle\overrightarrow{p_0p},\ \boldsymbol{\alpha}\rangle=\frac{\|\overrightarrow{p_0p}\times\boldsymbol{\alpha}\|}{\|\boldsymbol{\alpha}\|}.$$

所以有如下定理.

定理 1.3.6 在直角坐标系下，如果直线$\tilde{l}$过点$p_0(x_0,\ y_0,\ z_0)$，方向向量为$(k,\ l,\ m)$，则点$p(x,\ y,\ z)$到直线$\tilde{l}$的距离

$$d(p,\tilde{l})=\frac{\sqrt{(y'm-z'l)^2+(z'k-x'm)^2+(x'l-y'k)^2}}{\sqrt{k^2+l^2+m^2}},$$

其中，$x'=x-x_0$，$y'=y-y_0$，$z'=z-z_0$.

练习 1.3.18 完成上述定理的证明.

设直线l_i的方向向量为$\boldsymbol{\alpha}_i(i=1,\ 2)$，$l_1$和$l_2$的**夹角**记作$\angle(l_1,\ l_2)$，定义为

$$\angle(l_1,\ l_2)=\arccos\frac{|\boldsymbol{\alpha}_1\cdot\boldsymbol{\alpha}_2|}{\|\boldsymbol{\alpha}_1\|\ \|\boldsymbol{\alpha}_2\|}.$$

两条直线的夹角为90°时称为**垂直**. 显然，两条直线垂直当且仅当它们的方向向量正交.

练习 1.3.19 在直角坐标系下，求以下直线的方程：

(1) 过点(2,−1,3)，且与直线$\frac{x-1}{-1}=\frac{y}{0}=\frac{z-2}{2}$垂直相交；

(2) 过点(4,2,−3)，平行于平面$x+y+z=0$，且与直线$\frac{x-1}{-1}=\frac{y}{0}=\frac{z-2}{2}$垂直.

练习 1.3.20 在直角坐标系下，求从点(2, 1, −1)引向直线

$$\frac{x-1}{-1}=\frac{y}{1}=\frac{z+2}{2}$$

的垂线的方程.

与两条异面直线都垂直相交的直线称为这两条直线的**公垂线**.

例 1.3.4 在直角坐标系下，求直线l_1：$\frac{x-1}{-1}=\frac{y}{1}=\frac{z}{0}$与直线$l_2$：$\frac{x-1}{2}=\frac{y}{-1}=\frac{z-2}{2}$的公垂线的方程.

解 两条直线的方向向量$\boldsymbol{\alpha}_1=(-1,\ 1,\ 0)$，$\boldsymbol{\alpha}_2=(2,\ -1,\ 2)$. 公垂线$l$要同时垂直于这两条直线，所以$\boldsymbol{\alpha}_1\times\boldsymbol{\alpha}_2=(2,2,-1)$是它的方向向量. 又由于$l$与$l_1$相交，所以它落在过$l_1$且平行于$\boldsymbol{\alpha}_1\times\boldsymbol{\alpha}_2$的平面$\pi_1$上. 同理，它也落在过$l_2$且平行于$\boldsymbol{\alpha}_1\times\boldsymbol{\alpha}_2$的平面$\pi_2$上. 写出这两个平面的方程：

$$\begin{vmatrix} x-1 & y & z \\ -1 & 1 & 0 \\ 2 & 2 & -1 \end{vmatrix}=0,\begin{vmatrix} x-1 & y & z-2 \\ 2 & -1 & 2 \\ 2 & 2 & -1 \end{vmatrix}=0.$$

联立二者就得到公垂线的方程：

$$\begin{cases} x+y+4z=1, \\ x-2y-2z=-3. \end{cases}$$

练习 1.3.21 试证明任意两条异面直线的公垂线都存在且唯一.

设直线 l 的方向向量与平面 π 的法向量分别是 $\boldsymbol{\alpha}$ 与 $\boldsymbol{\gamma}$，直线 l 与平面 π 的夹角记作 $\angle(l,\pi)$，定义为

$$\angle(l,\pi)=\arcsin\frac{|\boldsymbol{\alpha}\cdot\boldsymbol{\gamma}|}{\|\boldsymbol{\alpha}\|\ \|\boldsymbol{\gamma}\|}.$$

练习 1.3.22 在直角坐标系下，求直线 $\frac{x-1}{2}=\frac{y}{1}=\frac{z+1}{-1}$ 与平面 $x-2y+4z=1$ 的夹角.

练习 1.3.23 在直角坐标系下，求平面 $Ax+By+Cz=D$ 与三根坐标轴的夹角（夹角用反余弦表示）.

练习 1.3.24 在直角坐标系下，求与三根坐标轴成等角的平面的方程.

1.4 平面二次曲线

1.4.1 曲线的方程

在仿射坐标系下，**曲线的一般方程**为

$$\begin{cases} F(x,\ y,\ z)=0, \\ G(x,\ y,\ z)=0. \end{cases}$$

另外，也可将空间曲线视为一个点在空间运动的轨迹，那么，这个点的运动方程

$$\begin{cases} x=f(t), \\ y=g(t), \quad a\leqslant t\leqslant b \\ z=h(t), \end{cases}$$

也就描述了这条空间曲线，这种方程称为**曲线的参数方程**. 例如，圆柱螺线可视为一个点在空间做如下运动的轨迹：它在一个平面上的投影绕定点做匀速圆周运动，而在垂直于该平面的直线上的投影则做匀速直线运动. 因此可以以这个平面为 xOy 面，以垂直于该平面且过那个定点 O 的直线为 z 轴建立直角坐标系. 在这个直角坐标系下，其参数方程为

$$\begin{cases} x=r\cos wt, \\ y=r\sin wt, \quad t\in\mathbf{R}. \\ z=vt, \end{cases}$$

所谓平面曲线，是指包含于某个平面的曲线，以此区别于其他并不能含于一个平面的空间曲线，比如圆柱螺线. 因为这类曲线落在一个平面上，所以要描述它不必建立空间坐标系，只要在该平面上建立仿射坐标系$[O;\boldsymbol{\varepsilon}_1,\ \boldsymbol{\varepsilon}_2]$，其一般方程可写作

$$F(x,\ y)=0.$$

另外,也常用参数方程

$$\begin{cases} x = f(t), \\ y = g(t), \end{cases} \quad a \leqslant t \leqslant b$$

来描述它.

1.4.2 平面二次曲线的分类

图形

$$S(Q) = \{(x, y) \in \mathbf{R}^2 \mid Q(x, y) = a_{11}x^2 + a_{22}y^2 + 2a_{12}xy + 2b_1x + 2b_2y + c = 0\}$$

称为**平面二次曲线**,如果 $S(Q) \neq \varnothing$. 也简称为**二次曲线**. 方程

$$a_{11}x^2 + a_{22}y^2 + 2a_{12}xy + 2b_1x + 2b_2y + c = 0$$

(假设其二次项系数不全为0)称为二次曲线 $S(Q)$的方程,$Q(x, y)$称为**二次函数**.

椭圆(包括圆)、双曲线、抛物线是大家所熟知的二次曲线. 那么还有没有其他与这三种圆锥曲线不同的二次曲线? 显然有,不难找到其他一些用二次方程描述的曲线,比如 $x^2 = 1$,或者 $x^2 - y^2 = 0$,前者是两条平行直线,后者是一对交于原点的直线,按照定义,它们都是二次曲线. 除去这些可以视为"退化二次曲线"(它们其实只是直线对,并不算真正的"曲"线)的情形外,还有没有其他非退化的二次曲线呢? 或者更深入些,总共有多少种不同类型的二次曲线? 这就是本节要研究的问题.

我们知道,图形的方程与坐标系的选取有关,不同坐标系下的方程形式可能相差很大. 在合适的坐标系下,图形方程更简单,更能突出其几何性质. 如果一个图形的方程形式较复杂,就说明所选取的坐标系对于这个图形还不是最合适的坐标系,可以通过进一步的坐标变换,将其方程化简. 因此,要知道一般方程描述的是何种二次曲线,可以通过坐标变换将其化简为尽可能最简单的形式(称为标准形),这样就容易判断了,因为在此时的坐标系其几何特点最为明显. 最终一般方程可以归结为多少种不同的标准形,那就有多少种二次曲线. 所以,下面就来研究二次曲线方程的坐标变换. 我们将只考虑直角坐标变换.

1.4.3 直角坐标变换下二次方程系数的变换

假设二次曲线在直角坐标系下的一般方程为

$$Q(x, y) = a_{11}x^2 + a_{22}y^2 + 2a_{12}xy + 2b_1x + 2b_2y + c = 0, \tag{1.4.1}$$

其中,二次项系数 a_{ij} 不全为零.

如前所述,保持定向的直角坐标变换都是由转轴和移轴两部分组成的. 下面分别研究这两种变换对二次曲线方程系数的影响.

1. 移轴变换

首先给出移轴公式

$$\begin{cases} x = \tilde{x} + x_0, \\ y = \tilde{y} + y_0. \end{cases}$$

把它代入式(1.4.1),并重新将方程整理为一般形式

$$\tilde{a}_{11}\tilde{x}^2 + \tilde{a}_{22}\tilde{y}^2 + 2\tilde{a}_{12}\tilde{x}\tilde{y} + 2\tilde{b}_1\tilde{x} + 2\tilde{b}_2\tilde{y} + \tilde{c} = 0.$$

其中带"~"的系数与原系数之间的关系如下

$$\begin{cases} \tilde{a}_{11} = a_{11},\ \tilde{a}_{12} = a_{12},\ \tilde{a}_{22} = a_{22}, \\ \tilde{b}_1 = a_{11}x_0 + a_{12}y_0 + b_1,\ \tilde{b}_2 = a_{12}x_0 + a_{22}y_0 + b_2, \\ \tilde{c} = a_{11}x_0^2 + a_{22}y_0^2 + 2a_{12}x_0y_0 + 2b_1x_0 + 2b_2y_0 + c. \end{cases}$$

从这些关系可以发现：移轴变换并不会改变二次项系数；一次项系数一般会被移轴改变；新的常数项 $\tilde{c}=Q(x_0, y_0)$.

既然二次项系数在移轴下不变，那么

$$I_1=a_{11}+a_{22},\quad I_2=\begin{vmatrix} a_{11} & a_{12} \\ a_{12} & a_{22} \end{vmatrix}$$

自然也不会因移轴而改变. 像这样的由二次曲线方程的系数构成的函数，如果在移轴变换下不会改变，就称为**移轴不变量**. 除此之外

$$I_3=\begin{vmatrix} a_{11} & a_{12} & b_1 \\ a_{12} & a_{22} & b_2 \\ b_1 & b_2 & c \end{vmatrix}$$

也是移轴不变量. 这个不变量不是那么明显，事实上，因为

$$\tilde{I}_3=\begin{vmatrix} \tilde{a}_{11} & \tilde{a}_{12} & \tilde{b}_1 \\ \tilde{a}_{12} & \tilde{a}_{22} & \tilde{b}_2 \\ \tilde{b}_1 & \tilde{b}_2 & \tilde{c} \end{vmatrix}=\begin{vmatrix} a_{11} & a_{12} & \tilde{b}_1 \\ a_{12} & a_{22} & \tilde{b}_2 \\ a_{11}x_0+a_{12}y_0+b_1 & a_{12}x_0+a_{22}y_0+b_2 & \tilde{b}_1x_0+\tilde{b}_2y_0+b_1x_0+b_2y_0+c \end{vmatrix},$$

利用练习 1.2.10 的结果，将行列式的第 1 行和第 2 行分别乘 $-x_0$ 和 $-y_0$ 加到第 3 行，得到

$$\begin{vmatrix} a_{11} & a_{12} & a_{11}x_0+a_{12}y_0+b_1 \\ a_{12} & a_{22} & a_{12}x_0+a_{22}y_0+b_2 \\ b_1 & b_2 & b_1x_0+b_2y_0+c \end{vmatrix}.$$

其中，第 1 行和第 2 行的第 3 个数其实就是 $\tilde{b}_1$ 和 $\tilde{b}_2$，只不过这里是用原系数来表示它们. 然后再将上面这个行列式的第 1 列和第 2 列分别乘 $-x_0$ 和 $-y_0$ 加到第 3 列，这样就重新得到了 I_3. 所以 $\tilde{I}_3=I_3$.

练习 1.4.1 求证：

(1) 如果 $I_1=0$，那么 $I_2<0$；

(2) 如果 $I_2=0$，$I_3\neq 0$，那么 $I_1\neq 0$ 且 $I_1I_3<0$.

2. 转轴变换

转轴变换的公式是

$$\begin{cases} x=x'\cos\theta-y'\sin\theta, \\ y=x'\sin\theta+y'\cos\theta. \end{cases}$$

经过转轴变换后，方程写为

$$a'_{11}x'^2+a'_{22}y'^2+2a'_{12}x'y'+2b'_1x'+2b'_2y'+c'=0.$$

其中

$$\begin{cases} a'_{11}=a_{11}\cos^2\theta+a_{12}\sin 2\theta+a_{22}\sin^2\theta, \\ a'_{22}=a_{11}\sin^2\theta-a_{12}\sin 2\theta+a_{22}\cos^2\theta, \\ 2a'_{12}=(a_{22}-a_{11})\sin 2\theta+2a_{12}\cos 2\theta, \\ b'_1=b_1\cos\theta+b_2\sin\theta,\ b'_2=-b_1\sin\theta+b_2\cos\theta, \\ c'=c. \end{cases}$$

从这组变换式可以看出以下几点：转轴变换会改变二次项系数，但变换后的二次项系数

只与原二次项系数和旋转角度 θ 有关,而与一次项系数及常数项无关;一次项系数经转轴变换后的改变只与原一次项系数和旋转角度 θ 有关,并且如果本来方程没有一次项,经过转轴也不会产生一次项,因此不可能通过转轴消去一次项(否则,坐标轴转回去就会产生出一次项);转轴变换不改变常数项.

经过计算就可以发现 I_1, I_2, I_3 在转轴变换下依然不变,因此它们在保持定向的直角坐标变换下始终不变.这样的量称之为**不变量**.

练习 1.4.2 验证 I_1, I_2, I_3 在转轴变换下保持不变.

除了这三个量外,转轴变换还有一个新的不变量:

$$K_1 = \begin{vmatrix} a_{11} & b_1 \\ b_1 & c \end{vmatrix} + \begin{vmatrix} a_{22} & b_2 \\ b_2 & c \end{vmatrix} = (a_{11} + a_{22})c - (b_1^2 + b_2^2).$$

因为 $a'_{11} + a'_{22} = a_{11} + a_{22}$, $c' = c$, $b'^2_1 + b'^2_2 = b_1^2 + b_2^2$,所以自然有 $K'_1 = K_1$.但 K_1 在移轴变换下却会改变.只在转轴变换下不变的量称为**转轴不变量**. K_1 就是一个转轴不变量.

练习 1.4.3 求证:

(1) $\widetilde{K}_1 = K_1 + I_2(x_0^2 + y_0^2) - 2\begin{vmatrix} a_{11} & a_{12} & b_1 \\ a_{12} & a_{22} & b_2 \\ x_0 & y_0 & 0 \end{vmatrix}$;

(2) 若 $I_2 = I_3 = 0$,则 $\widetilde{K}_1 = K_1$.

一般来说,二次曲线方程的系数在直角坐标变换下是要改变的.但是,有一些由方程的系数构成的函数却在直角坐标变换下一直保持不变,这些函数就是不变量.在坐标变换下不变,就说明它们与坐标的选取无关,而是由曲线的几何性质所决定的.既然不变量体现了二次曲线的几何性质,那么在对曲线进行分类时,就可以通过其不变量的特点来判别曲线的类型.以下开始介绍二次曲线的分类.

1.4.4 二次曲线的分类

化简二次曲线方程(1.4.1),首先要消去其中的交叉项 $2a_{12}xy$(如果 $a_{12} \neq 0$ 的话).移轴不会改变方程二次项系数,所以只需做转轴变换

$$\begin{cases} x = x'\cos\theta - y'\sin\theta, \\ y = x'\sin\theta + y'\cos\theta. \end{cases}$$

要使变换后的方程没有交叉项,即 $2a'_{12} = (a_{22} - a_{11})\sin 2\theta + 2a_{12}\cos 2\theta$ 要等于 0,只需找一个旋转角 θ,使得

$$\cot 2\theta = \frac{a_{11} - a_{22}}{2a_{12}}.$$

这总是可以做到的,因为余切可取一切实数值(因为余切的周期是 π,所以上述方程的解不唯一,如果 θ 是解,$\theta + \frac{\pi}{2}$,$\theta + \pi$,$\theta + \frac{3\pi}{2}$ 等也都是解.在做坐标变换消去交叉项时,选择哪个角都可以,但变换后的曲线方程会不一样).也就是说,总能找到一个直角坐标系,使得二次曲线在该坐标系下的方程不含交叉项.下面将在这样的坐标系下继续二次曲线方程的化简.

考虑如下形式的方程:

$$a'_{11}x'^2 + a'_{22}y'^2 + 2b'_1x' + 2b'_2y' + c' = 0.$$

先观察方程的二次项系数，此时这样的系数只有两个，它们不能全为 0. 所以要么 a'_{11}，a'_{22}都不等于 0，要么一个为 0. 应该区分这两种情况，因为接下去它们的化简方法不一样. 这二者之不同就在于 $a'_{11}a'_{22}$是否等于 0. $a'_{11}a'_{22}$其实就是 I_2，因为在这个坐标系下 $a'_{12}=0$. 称 $I_2\neq0$ 的二次曲线为**有心的**，$I_2=0$ 的二次曲线为**无心的**. 以下分别讨论这两种类型的二次曲线方程的化简.

1. 有心的二次曲线

因为 $I_2\neq0$，即 a'_{11}，a'_{22} 都不等于 0，故可将方程配方为

$$a'_{11}\left(x'+\frac{b'_1}{a'_{11}}\right)^2+a'_{22}\left(y'+\frac{b'_2}{a'_{22}}\right)^2-\frac{b'^2_1}{a'_{11}}-\frac{b'^2_2}{a'_{22}}+c'=0.$$

然后作移轴

$$\begin{cases}x'=\tilde{x}-\dfrac{b'_1}{a'_{11}},\\[2ex] y'=\tilde{y}-\dfrac{b'_2}{a'_{22}},\end{cases}$$

就可以消去一次项，而将方程化为

$$\tilde{a}_{11}\tilde{x}^2+\tilde{a}_{22}\tilde{y}^2+\tilde{c}=0. \tag{1.4.2}$$

其中 $\tilde{a}_{11}=a'_{11}$，$\tilde{a}_{22}=a'_{22}$，$\tilde{c}=-\dfrac{b'^2_1}{a'_{11}}-\dfrac{b'^2_2}{a'_{22}}+c'=\dfrac{I_3}{I_2}$. 因为 $\tilde{a}_{11}+\tilde{a}_{22}=I_1$，$\tilde{a}_{11}\tilde{a}_{22}=I_2$，所以，根据一元二次方程的根与系数的关系，$\tilde{a}_{11}$，$\tilde{a}_{22}$其实是方程

$$\lambda^2-I_1\lambda+I_2=0$$

的两个根，习惯将它们记作 λ_1，λ_2. 因此方程(1.4.2)还可写成

$$\lambda_1\tilde{x}^2+\lambda_2\tilde{y}^2=-\frac{I_3}{I_2}.$$

以下就根据这些系数是否为零及其符号来讨论曲线的类型.

(1) $I_2>0$(因此 λ_1，λ_2 同号)，I_3 与 λ_1，λ_2 异号(因此与 I_1 异号)，此时方程描述的是椭圆

$$\frac{\tilde{x}^2}{\left(\sqrt{-\dfrac{I_3}{\lambda_1I_2}}\right)^2}+\frac{\tilde{y}^2}{\left(\sqrt{-\dfrac{I_3}{\lambda_2I_2}}\right)^2}=1.$$

(2) $I_2>0$，I_3 与 λ_1，λ_2 同号(因此与 I_1 同号)，此时方程如下

$$\frac{\tilde{x}^2}{\left(\sqrt{\dfrac{I_3}{\lambda_1I_2}}\right)^2}+\frac{\tilde{y}^2}{\left(\sqrt{\dfrac{I_3}{\lambda_2I_2}}\right)^2}=-1.$$

满足这个方程的点集是空集，而不是二次曲线.

(3) $I_2>0$，$I_3=0$，此时方程描述的是一个点

$$|\lambda_1|\tilde{x}^2+|\lambda_2|\tilde{y}^2=0.$$

(4) $I_2<0$(因此 λ_1，λ_2 异号)，$I_3\neq0$，此时方程描述的是双曲线

$$\frac{\tilde{x}^2}{\left(\sqrt{\left|\dfrac{I_3}{\lambda_1I_2}\right|}\right)^2}-\frac{\tilde{y}^2}{\left(\sqrt{\left|\dfrac{I_3}{\lambda_2I_2}\right|}\right)^2}=\pm1.$$

(5) $I_2<0, I_3=0$,此时方程描述的是一对相交直线

$$|\lambda_1|\tilde{x}^2-|\lambda_2|\tilde{y}^2=0,\text{ 或 }\tilde{y}=\pm\sqrt{\left|\frac{\lambda_1}{\lambda_2}\right|}\tilde{x}.$$

这些就是所有的有中心的二次曲线.

2. 无心的二次曲线

因为 $I_2=0$,所以 a'_{11}, a'_{22} 只有一个不为零,不妨设 $a'_{11}\neq 0$. 可将方程先配方成

$$a'_{11}\left(x'+\frac{b'_1}{a'_{11}}\right)^2+2b'_2y'-\frac{b'^2_1}{a'_{11}}+c'=0.$$

但是要进一步配方下去,还得讨论系数 b'_2 是否等于 0. 因为此时

$$I_3=\begin{vmatrix} a'_{11} & 0 & b'_1 \\ 0 & 0 & b'_2 \\ b'_1 & b'_2 & c' \end{vmatrix}=-a'_{11}b'^2_2,$$

所以 $b'_2=0$ 当且仅当 $I_3=0$.

(6) 如果 $I_2=0, I_3\neq 0$(即 $b'_2\neq 0$),作移轴

$$\begin{cases} x'=\tilde{x}-\dfrac{b'_1}{a'_{11}}, \\ y'=\tilde{y}+\dfrac{b'^2_1}{2a'_{11}b'_2}-\dfrac{c'}{2b'_2}, \end{cases}$$

可将方程化为如下形式

$$\tilde{a}_{11}\tilde{x}^2+2\tilde{b}_2\tilde{y}=0.$$

其中 $\tilde{a}_{11}=a'_{11}, \tilde{b}_2=b'_2$,所以 $I_3=-\tilde{a}_{11}\tilde{b}^2_2$. 另外不变量 $I_1=\tilde{a}_{11}$. 因此,方程也可以写成

$$I_1\tilde{x}^2\pm 2\sqrt{-\frac{I_3}{I_1}}\tilde{y}=0 \quad \text{或 } \tilde{x}^2=\pm 2\sqrt{-\frac{I_3}{I_1^3}}\tilde{y}.$$

这描述的是抛物线.

如果 $I_3=0$,即 $b'_2=0$,则作移轴

$$\begin{cases} x'=\tilde{x}-\dfrac{b'_1}{a'_{11}}, \\ y'=\tilde{y}, \end{cases}$$

方程化为如下形式

$$\tilde{a}_{11}\tilde{x}^2+\tilde{c}=0.$$

其中 $\tilde{a}_{11}=a'_{11}, \tilde{c}=-\dfrac{b'^2_1}{a'_{11}}+c'$. 此时,$I_1=\tilde{a}_{11}, I_2=I_3=0, K_1=\tilde{a}_{11}\tilde{c}$. 所以,上述方程也可写作

$$I_1\tilde{x}^2+\frac{K_1}{I_1}=0 \quad \text{或} \quad \tilde{x}^2=-\frac{K_1}{I_1^2}.$$

根据 K_1 是正数、负数还是零,又可以分出以下三种类型.

(7) 如果 $I_2=0, I_3=0, K_1<0$,此时方程描述的是一对平行直线

$$\tilde{x}^2=\frac{|K_1|}{I_1^2} \quad \text{或} \quad \tilde{x}=\pm\frac{\sqrt{|K_1|}}{I_1}.$$

(8) 如果 $I_2=0, I_3=0, K_1>0$，此时方程化为

$$\tilde{x}^2=-\frac{K_1}{I_1^2}.$$

满足这个方程的点集是空集，而不是二次曲线.

(9) 如果 $I_2=0, I_3=0, K_1=0$，此时方程描述的是一对重合直线

$$\tilde{x}^2=0.$$

总结起来，二次曲线的方程通过保持定向的直角坐标变换都可以且仅可以化简为如下7种类型(有些解析几何教材把(2)和(8)也都算作二次曲线，分别称它们为虚椭圆和虚平行直线，按照这种观点，二次曲线总共就有九种类型)之一：

(ⅰ) 椭圆($I_2>0$, I_3 与 I_1 异号) $\frac{x^2}{a^2}+\frac{y^2}{b^2}=1$；

(ⅱ) 点($I_2>0, I_3=0$) $\frac{x^2}{a^2}+\frac{y^2}{b^2}=0$；

(ⅲ) 双曲线($I_2<0, I_3\neq 0$) $\frac{x^2}{a^2}-\frac{y^2}{b^2}=\pm 1$；

(ⅳ) 相交直线($I_2<0, I_3=0$) $\frac{x^2}{a^2}-\frac{y^2}{b^2}=0$；

(ⅴ) 抛物线($I_2=0, I_3\neq 0$) $x^2=2py$ 或 $y^2=2px$；

(ⅵ) 平行直线($I_2=0, I_3=0, K_1<0$) $x^2=a^2, a\neq 0$；

(ⅶ) 重合直线($I_2=0, I_3=0, K_1=0$) $x^2=0$.

以上这些方程称为二次曲线的标准方程.

例 1.4.1 已知在平面直角坐标系$[O;\boldsymbol{\varepsilon}_1, \boldsymbol{\varepsilon}_2]$中，二次曲线 C 的方程为

$$5x^2+2y^2+4xy-24x-12y+18=0.$$

求一个新的直角坐标坐标系$[O';\boldsymbol{\eta}_1, \boldsymbol{\eta}_2]$，使得 C 在这个坐标系中的方程具有标准形式，并判断 C 的类型.

解 首先，确定转角 θ，以消去交叉项 $4xy$：

$$\cot 2\theta=\frac{5-2}{4}=\frac{3}{4},$$

所以 $\cos\theta=\frac{2}{\sqrt{5}}, \sin\theta=\frac{1}{\sqrt{5}}$. 然后作转轴变换

$$\begin{cases} x=\frac{2}{\sqrt{5}}x'-\frac{1}{\sqrt{5}}y', \\ y=\frac{1}{\sqrt{5}}x'+\frac{2}{\sqrt{5}}y', \end{cases}$$

将原方程化为 $6x'^2+y'^2-12\sqrt{5}x'+18=6(x'-\sqrt{5})^2+y'^2-12=0$. 再作移轴变换

$$\begin{cases} x'=x''+\sqrt{5}, \\ y'=y'', \end{cases}$$

则得到曲线 C 的标准方程为：$\frac{x''^2}{2}+\frac{y''^2}{12}=1$，$C$ 是椭圆. 坐标变换公式为

$$\begin{cases} x = 2 + \dfrac{2}{\sqrt{5}}x'' - \dfrac{1}{\sqrt{5}}y'', \\ y = 1 + \dfrac{1}{\sqrt{5}}x'' + \dfrac{2}{\sqrt{5}}y'', \end{cases}$$

新坐标系的原点 O' 在原坐标系中坐标为(2,1)，$\boldsymbol{\eta}_1$，$\boldsymbol{\eta}_2$ 在$[\boldsymbol{\varepsilon}_1, \boldsymbol{\varepsilon}_2]$下的坐标分别为

$$\left(\frac{2}{\sqrt{5}},\frac{1}{\sqrt{5}}\right),\left(-\frac{1}{\sqrt{5}},\frac{2}{\sqrt{5}}\right).$$

例 1.4.2 判断如下二次曲线的类型与形状：

$$x^2 + 4y^2 + 4xy - 20x + 10y - 50 = 0.$$

解 因为 $I_1=5, I_2=0, I_3=-625$，所以曲线是抛物线. 其标准方程为

$$x^2 = \pm 2\sqrt{-\frac{I_3}{I_1^3}}y = \pm 2\sqrt{5}y,$$

抛物线的焦参数 $p=\sqrt{5}$.

练习 1.4.4 化简二次曲线 $2x^2+12xy-22x-12y-19=0$ 的方程，并判断它的类型.

练习 1.4.5 判断下列二次曲线的类型，并求出其标准方程.

(1) $x^2+y^2+6xy+6x+2y-1=0$；

(2) $3x^2+3y^2-2xy+4x+4y-4=0$；

(3) $8y^2+6xy-12x-26y+11=0$；

(4) $x^2+y^2+2xy-8x+4=0$；

(5) $4x^2-4xy+y^2-2x-14y+7=0$.

练习 1.4.6 试问当 λ 取何值时，方程 $\lambda x^2+y^2+4xy-4x-2y-3=0$ 表示两条直线？

练习 1.4.7 试按实数 λ 的取值讨论方程 $\lambda x^2+\lambda y^2-2xy-2x+2y+5=0$ 表示什么曲线？

练习 1.4.8 如果方程 $a_{11}x^2+a_{22}y^2+2a_{12}xy+2b_1x+2b_2y+c=0$ 表示一对平行直线，证明：两条直线间的距离 $d=\sqrt{-\dfrac{4K_1}{I_1^2}}$.

1.5 曲 面

1.5.1 曲面的方程

在仿射坐标系下，**曲面的一般方程**可写作 $F(x, y, z)=0$. 另外，也常用参数方程

$$\begin{cases} x = f(u, v), \\ y = g(u, v), \quad a \leqslant u \leqslant b,\ c \leqslant v \leqslant d \\ z = h(u, v), \end{cases}$$

来表示曲面. 通常，可以用足以刻画其几何本质的简单性质来建立曲面方程. 例如，球面可定义为到给定点的距离为定长的点的集合. 建立直角坐标系，设定点为 $o(x_0, y_0, z_0)$，定长为 r. 空间中一点 $p(x, y, z)$ 在球面上当且仅当 $\|\overrightarrow{op}\|=r$，因此球面方程为

$$(x-x_0)^2+(y-y_0)^2+(z-z_0)^2=r^2.$$

而圆柱面可定义为到给定直线的距离为定长的点的集合. 以这条直线为 z 轴建立直角坐标系,设定长为 r. 则空间中一点 $p(x, y, z)$ 在圆柱面上当且仅当它到 z 轴的距离

$$d(p, z) = r,$$

所以,圆柱面的方程为 $x^2 + y^2 = r^2$. 本节要介绍一些常见曲面,建立其方程,并研究其几何性质.

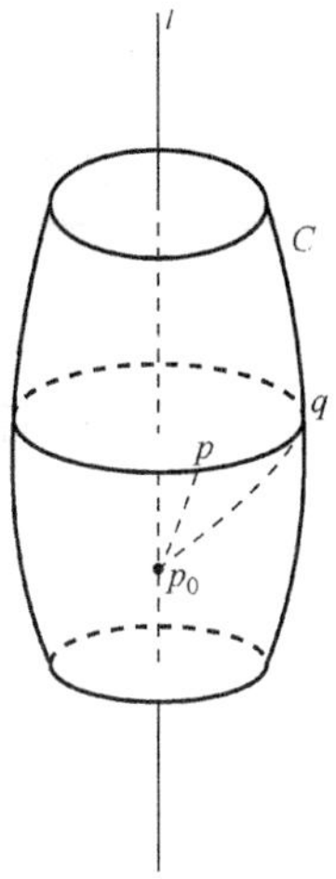

图 1.5.1

1.5.2 旋转面

定义 1.5.1 空间中一条曲线 C 绕一条直线 l 旋转所得的曲面 S 称为**旋转面**. 直线 l 称为旋转面 S 的**轴**,曲线 C 称为 S 的**母线**.

例如,球面可以看成是由一个圆绕着它自身任何一条直径所在直线旋转而成的;正圆柱面也可以看成是一条直线绕着另一条与之平行的直线旋转而成的;平面也是旋转面,可以看成由一条直线绕着与之垂直相交的直线旋转而成.

旋转面的母线不唯一,它与过轴 l 的半平面的交线都可以作为母线.

以下来推导旋转面的方程. 设旋转面 S 的轴 l 过点 p_0,方向向量为 $\boldsymbol{\alpha}$. 点 p 在曲面 S 上当且仅当 p 绕轴旋转出来的圆与母线 C 相交,如图 1.5.1 所示,即当且仅当存在一点 $q \in C$,使得 $\overrightarrow{pq}$ 正交于 S 的轴 l,且它们到点 p_0 的距离相等. 根据这两个条件就可建立旋转面 S 的方程.

以旋转面 S 的轴 l 为 z 轴建立直角坐标系. 将旋转面 S 与 $y \geqslant 0$ 的 yOz 半平面相交出来的曲线 C 选作 S 的母线,设其方程为

$$\begin{cases} f(y, z) = 0, \\ x = 0. \end{cases}$$

一点 $p(x, y, z)$ 在旋转面 S 上当且仅当存在曲线 C 上的一点 $q(0, y_0, z_0)$,使得

$$z = z_0, \text{且 } x^2 + y^2 + z^2 = y_0^2 + z_0^2.$$

第一个等式是因为 $\overrightarrow{pq}$ 要正交于 z 轴,后一个等式则由于这两点到原点的距离要相等. 因此点 p 的坐标 (x, y, z) 满足方程

$$f(\sqrt{x^2 + y^2}, z) = 0.$$

这就是旋转面 S 关于所选取的直角坐标系的方程.

其他坐标平面的曲线绕坐标轴旋转得到的旋转面的方程也可根据类似的方法写出. 例如,位于 $x \geqslant 0$ 的 xOy 半平面的曲线

$$\begin{cases} f(x, y) = 0, \\ z = 0 \end{cases}$$

绕 x 轴旋转所得的旋转面的方程是

$$f(x, \sqrt{y^2 + z^2}) = 0.$$

同一条曲线绕 y 轴旋转所得的旋转面的方程则是

$$f(\sqrt{x^2 + z^2}, y) = 0.$$

例 1.5.1 一个圆绕与之不相交的一根直线旋转而得的曲面称为环面,比如游泳圈的表面就是一个环面. 建立直角坐标系,设圆的方程为

$$\begin{cases}(y-a)^2+z^2=r^2,\ 0<r<a,\\ x=0.\end{cases}$$

将其绕 z 轴旋转所得的环面方程为

$$(\sqrt{x^2+y^2}-a)^2+z^2=r^2.$$

例 1.5.2 椭圆、双曲线、抛物线绕它们的对称轴旋转所得的曲面分别称为旋转椭球面、旋转双曲面、旋转抛物面，统称旋转二次曲面. 椭圆

$$\begin{cases}\dfrac{x^2}{a^2}+\dfrac{y^2}{b^2}=1,\\ z=0\end{cases}$$

绕 x 轴和 y 轴旋转所得的旋转椭球面的方程分别为

$$\frac{x^2}{a^2}+\frac{y^2+z^2}{b^2}=1,\ \frac{x^2+z^2}{a^2}+\frac{y^2}{b^2}=1.$$

由抛物线 $\begin{cases}x^2=2py,\\ z=0\end{cases}$ 绕 y 轴旋转所得的旋转抛物面的方程则是 $x^2+z^2=2py$.

练习 1.5.1 请写出由双曲线 $\begin{cases}\dfrac{x^2}{a^2}-\dfrac{y^2}{b^2}=1,\\ z=0\end{cases}$ 分别绕 x 轴和 y 轴旋转所得的旋转双曲面的方程.

练习 1.5.2 请写出由圆 $\begin{cases}(x-3)^2+y^2=4,\\ z=0\end{cases}$ 绕 x 轴和 y 轴旋转所得的旋转面的方程.

练习 1.5.3 请写出由直线 $\begin{cases}x-2z=1,\\ y-3z=-3\end{cases}$ 绕 z 轴旋转所得的旋转面的方程.

练习 1.5.4 请写出由直线 $\begin{cases}x=az,\\ y=b\end{cases}$ 绕 z 轴旋转所得的旋转面的方程.

练习 1.5.5 请问：曲面 $z=\dfrac{1}{x^2+y^2}$ 是不是一个旋转面？如果是，请求出它的轴和一条母线.

如果旋转面 S 的母线 C 是由参数方程

$$\begin{cases}x=f(t),\\ y=g(t),\quad a\leqslant t\leqslant b\\ z=h(t),\end{cases}$$

给出的，而旋转轴仍然取为 z 轴. 点 $p(x,\ y,\ z)$ 在旋转面 S 上当且仅当存在曲线 C 上的一点 $q(f(t),g(t),h(t))$，使得

$$z=h(t),\text{且 } x^2+y^2+z^2=f(t)^2+g(t)^2+h(t)^2.$$

所以旋转面 S 的参数方程为

$$\begin{cases}x=\sqrt{f(t)^2+g(t)^2}\cos\theta,\\ y=\sqrt{f(t)^2+g(t)^2}\sin\theta,\quad a\leqslant t\leqslant b,0\leqslant\theta\leqslant 2\pi,\\ z=h(t).\end{cases}$$

例 1.5.3 由圆

$$\begin{cases} x = 0, \\ y = a + r\cos\varphi, 0 \leqslant \varphi < 2\pi, \\ z = r\sin\varphi, \end{cases}$$

绕 z 轴旋转所得的环面的参数方程为

$$\begin{cases} x = (a + r\cos\varphi)\cos\theta, \\ y = (a + r\cos\varphi)\sin\theta, 0 \leqslant \varphi < 2\pi, 0 \leqslant \theta < 2\pi, \\ z = r\sin\theta. \end{cases}$$

1.5.3 柱面

定义 1.5.2 一条直线 l 沿空间曲线 C 平行移动时所形成的曲面 S 称为**柱面**. 直线 l 称为柱面 S 的**母线**，曲线 C 称为 S 的**准线**.

例如，圆柱面与平面都是柱面. 前者可以看成是一条直线沿着与之垂直相交的一个圆平行移动形成的；后者则可视为由一条直线沿着另一条与之相交（但不重合）的直线平行移动形成的.

显然，柱面的母线不唯一，但都平行（平面除外）；准线也不唯一，任何一条与所有母线都相交的曲线均可取作准线.

点 p 在柱面 S 上当且仅当存在准线 C 上一点 q，使得 $\overrightarrow{pq}$ 平行于 S 的母线 l，如图 1.5.2 所示. 据此就可建立柱面 S 的方程.

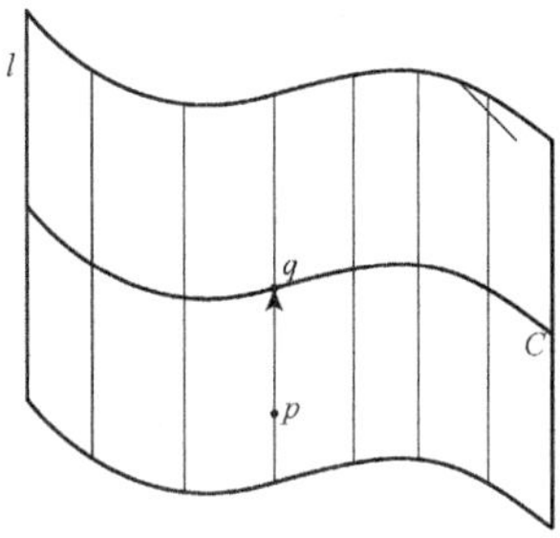

图 1.5.2

建立直角坐标系，使得 z 轴平行于柱面 S 的母线，选择柱面与 xOy 面相交的曲线 C 为准线，设准线方程为

$$\begin{cases} f(x, y) = 0, \\ z = 0. \end{cases}$$

点 $p(x, y, z)$ 在曲面 S 上当且仅当存在准线 C 上一点 $q(x_0, y_0, 0)$，使得 $\overrightarrow{pq}$ 平行于 z 轴，即当且仅当 $x=x_0$, $y=y_0$. 所以柱面方程为

$$f(x, y) = 0.$$

母线平行于 x 轴，y 轴的柱面的方程分别形如 $g(y, z)=0$ 和 $h(x, z)=0$. 反过来，如果一个曲面的方程不含 x（或 y, z），则它一定是母线平行于 x 轴（或 y 轴，z 轴）的柱面.

例 1.5.4 方程

$$\frac{x^2}{a^2} + \frac{y^2}{b^2} = 1, \ \frac{x^2}{a^2} - \frac{y^2}{b^2} = 1, \ x^2 = 2py$$

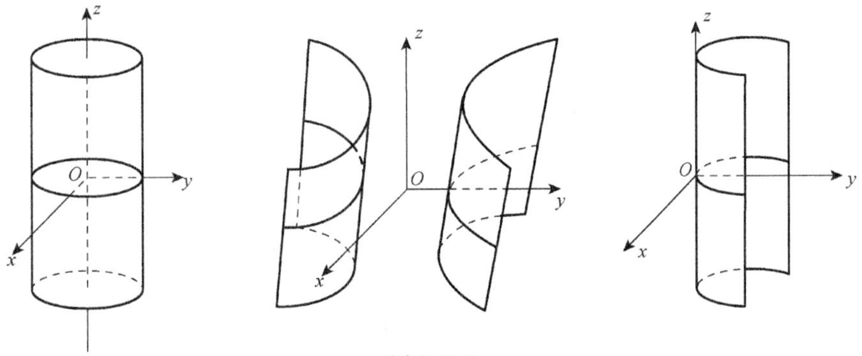

图 1.5.3

描述的都是母线平行于 z 轴的柱面，分别称为**椭圆柱面**、**双曲柱面**、**抛物柱面**，统称为**二次柱面**，如图 1.5.3 所示.

练习 1.5.6 如果柱面 S 的准线方程为

$$\begin{cases} x = f(t), \\ y = g(t), a \leqslant t \leqslant b, \\ z = h(t), \end{cases}$$

母线的方向向量为 (k, l, m)，请写出 S 的参数方程.

练习 1.5.7 求下列柱面的方程：

(1) 准线为 $\begin{cases} \dfrac{x^2}{4}+\dfrac{y^2}{9}-z^2=1, \\ y=3, \end{cases}$ 母线平行于 y 轴；

(2) 准线为 $\begin{cases} x^2+y^2=25, \\ z=1, \end{cases}$ 母线垂直于准线所在平面；

(3) 准线为 $\begin{cases} x^2+y^2=25, \\ z=1, \end{cases}$ 母线方向向量为 $(1, 2, 3)$；

(4) 准线为 $\begin{cases} x^2+y^2+z^2=1, \\ x+y+z=0, \end{cases}$ 母线平行于 z 轴；

(5) 准线为 $\begin{cases} xy=4, \\ z=0, \end{cases}$ 母线平行于 $(1,-1,1)$.

练习 1.5.8 试问：以 $\begin{cases} \dfrac{x^2}{4}+z^2=1, \\ y=0 \end{cases}$ 为准线的圆柱面有几个？

1.5.4 锥面

定义 1.5.3 点 o 不在空间曲线 C 上，由过 o 且与 C 相交的一切直线构成的曲面 S 称为**锥面**. 这些直线称为锥面 S 的**母线**，点 o 称为**顶点**，空间曲线 C 称为**准线**.

以锥面的顶点 o 为原点建立直角坐标系，设锥面的准线为

$$\begin{cases} F(x, y, z) = 0, \\ G(x, y, z) = 0. \end{cases}$$

点 $p(x, y, z)$ 在锥面 S 上当且仅当存在准线 C 上一点 $q(x_0, y_0, z_0)$，使得 $\overrightarrow{op}$ 平行于 $\overrightarrow{oq}$，如图 1.5.4 所示，即存在常数 t，使得 $(x_0, y_0, z_0)=(tx, ty, tz)$. 所以

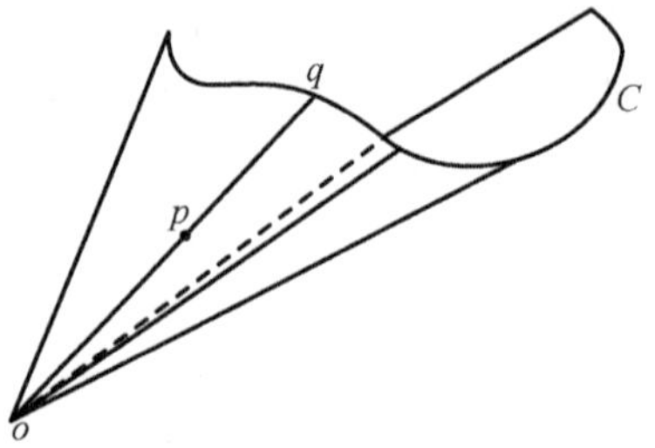

图 1.5.4

$$\begin{cases} F(tx, ty, tz) = 0, \\ G(tx, ty, tz) = 0. \end{cases}$$

消去上述两个方程中的 t 就可以得到锥面方程.

例 1.5.5 以原点为顶点，以曲线

$$\begin{cases} \dfrac{x^2}{a^2}+\dfrac{y^2}{b^2} = 1, \\ z = c \neq 0 \end{cases}$$

为准线的锥面的方程为

$$\frac{x^2}{a^2}+\frac{y^2}{b^2}-\frac{z^2}{c^2}=0,$$

这个锥面称为二次锥面.

对于一个函数 $F(x, y, z)$,如果存在正整数 n,使得

$$F(tx, ty, tz)=t^nF(x, y, z), \forall t\in\mathbf{R}$$

则称其为齐次函数,而称方程 $F(x, y, z)=0$ 为**齐次方程**. 比如,二次锥面的方程就是齐次方程. 其实,每个齐次方程都描述一个顶点在原点的锥面(但可能不包含原点). 事实上,如果一个不是原点的点 $p(x, y, z)$ 在齐次方程 $F(x, y, z)=0$ 描述的曲面上,由于 $F(tx, ty, tz)=t^nF(x, y, z)=0$,则过原点与 p 的直线上任何一点 (tx, ty, tz) 也在曲面上,这就证明了它是一个锥面. 反之,在以锥面的顶点为原点的直角坐标系中,锥面的方程也是齐次方程.

练习 1.5.9 求以下锥面的方程:

(1) 准线为 $\begin{cases}\dfrac{x^2}{4}+\dfrac{y^2}{9}=1,\\ z=1,\end{cases}$ 顶点在原点;

(2) 准线为 $\begin{cases}\dfrac{x^2}{a^2}-\dfrac{y^2}{b^2}=1,\\ z=c,\end{cases}$ 顶点在原点;

(3) 准线为 $\begin{cases}x^2+y^2+z^2=1,\\ x+y+z=0,\end{cases}$ 顶点在原点;

(4) 准线为 $\begin{cases}\dfrac{x^2}{4}+\dfrac{y^2}{9}=1,\\ z=1,\end{cases}$ 顶点为 $(1, 1, 1)$.

练习 1.5.10 求圆锥面 $xy+yz+zx=0$ 的直母线的方程.

1.5.5 二次曲面

在直角坐标系(或仿射坐标系)中,由三元二次方程

$$a_{11}x^2+a_{22}y^2+a_{33}z^2+2a_{12}xy+2a_{13}xz+2a_{23}yz+2b_1x+2b_2y+2b_3z+c=0$$

表示的曲面如果不是空集就称为二次曲面. 和平面二次曲线一样,可以通过直角坐标变换将上述一般方程进行化简,归结为标准形. 化简分类的过程留待学习了更多代数知识后再来介绍,在第 8 章将重新回到这个课题. 这里主要研究以下 5 种主要的二次曲面的几何性质.

1. 椭球面

椭球面(图 1.5.5)的标准方程为

$$\frac{x^2}{a^2}+\frac{y^2}{b^2}+\frac{z^2}{c^2}=1,\ a,\ b,\ c>0.$$

它具有以下一些性质.

(1) 对称性. 将椭球面上任一点 p 的坐标 (x, y, z) 置换为 $(x, y, -z)$,仍然满足椭球面方程,也就是说 p 关于 xOy 面的对称点也在椭球面上,所以 xOy 面是椭球面的对

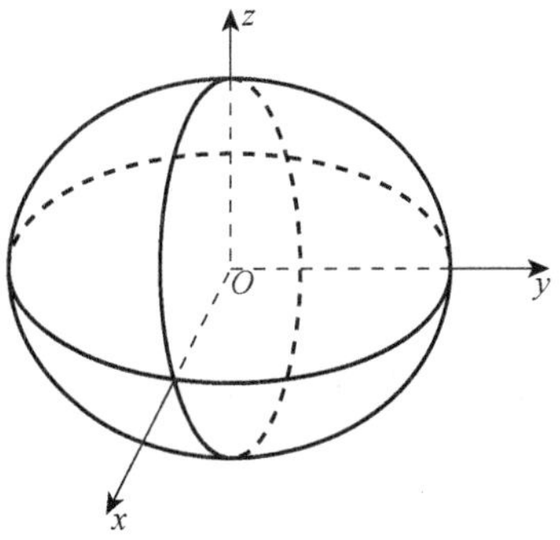

图 1.5.5

称平面.将椭球面上任一点 p 的坐标(x, y, z)置换为$(x, -y, -z)$,仍然满足椭球面方程,所以 x 轴是椭球面的对称轴.将椭球面上任一点 p 的坐标(x, y, z)置换为$(-x, -y, -z)$,仍然满足椭球面方程,所以原点是椭球面的对称中心.实际上,椭球面方程在变换

$$(x, y, z) \to (\pm x, \pm y, \pm z)$$

下都不变.所以,三个坐标平面都是椭球面的对称平面,三根坐标轴都是椭球面的对称轴,原点是它的对称中心.

(2) 范围.从方程的形式不难看出

$$|x| \leqslant a, |y| \leqslant b, |z| \leqslant c.$$

(3) 形状.以平行于 xOy 面的平面 $z=h(|h|<c)$截此椭球面所得的曲线(称为**截口**)

$$\begin{cases} \dfrac{x^2}{a^2}+\dfrac{y^2}{b^2}=1-\dfrac{h^2}{c^2}, \\ z=h \end{cases}$$

是一个椭圆,其长、短半轴

$$a'=a\sqrt{1-\frac{h^2}{c^2}}, b'=b\sqrt{1-\frac{h^2}{c^2}}$$

均随着$|h|$增大而逐渐变小.当$|h|=c$时,截口缩为一点$(0, 0, \pm c)$,这两点正是椭球面的顶点.如果$|h|>c$,平面 $z=h$ 与椭球面无交点,这从椭球面的范围也可以看出来.还可以用平行于另外两个坐标平面的平面去截椭球面,所得的截口也与上述类似.

练习 1.5.11 求平面 $x+4z-4=0$ 和椭球面$\dfrac{x^2}{16}+\dfrac{y^2}{12}+\dfrac{z^2}{4}=1$ 相交的椭圆的顶点与半轴长.

练习 1.5.12 求对称轴为坐标轴,且过点$(1, 2, \sqrt{23})$和椭圆$\begin{cases} \dfrac{x^2}{9}+\dfrac{y^2}{16}=1, \\ z=0 \end{cases}$的椭球面方程.

2. 单叶双曲面

单叶双曲面(图 1.5.6)的标准方程为

$$\frac{x^2}{a^2}+\frac{y^2}{b^2}-\frac{z^2}{c^2}=1, a, b, c>0. \qquad (1.5.1)$$

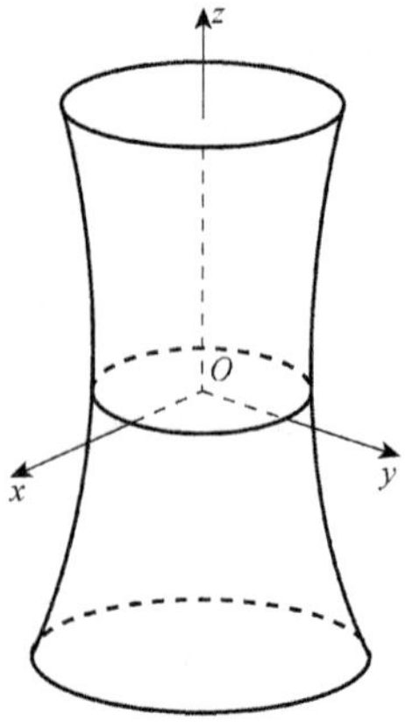

图 1.5.6

以下讨论它的一些性质.

(1) 对称性.和椭球面一样,三个坐标平面都是单叶双曲面的对称平面,三根坐标轴都是其对称轴,原点是它的对称中心.

(2) 范围.由方程(1.5.1)得

$$\frac{x^2}{a^2}+\frac{y^2}{b^2}=1+\frac{z^2}{c^2}\geqslant 1,$$

所以整张曲面都在椭圆柱面

$$\frac{x^2}{a^2}+\frac{y^2}{b^2}=1$$

之外,除了与 xOy 面的交线

$$\begin{cases}\dfrac{x^2}{a^2}+\dfrac{y^2}{b^2}=1,\\ z=0\end{cases}$$

落在圆柱面上. 除此而外，曲面方程对曲面上的点的坐标再没有限制，$|x|$，$|y|$，$|z|$都可以趋向无穷大，所以曲面是无界的.

（3）形状. 以平行于 xOy 面的平面 $z=h$ 截单叶双曲面所得的曲线

$$\begin{cases}\dfrac{x^2}{a^2}+\dfrac{y^2}{b^2}=1+\dfrac{h^2}{c^2},\\ z=h\end{cases}$$

是一个椭圆，称为单叶双曲面的腰椭圆. 腰椭圆的长、短半轴

$$a'=a\sqrt{1+\frac{h^2}{c^2}},\quad b'=b\sqrt{1+\frac{h^2}{c^2}}$$

均随着$|h|$增大而增大. 如果以平行于 yOz 面的平面 $x=h(|h|<a)$ 去截单叶双曲面，截口是双曲线

$$\begin{cases}\dfrac{y^2}{b^2}-\dfrac{z^2}{c^2}=1-\dfrac{h^2}{a^2},\\ x=h.\end{cases}$$

当$|h|=a$ 时，截口退化为一对相交直线 $y=\pm\dfrac{b}{c}z$，$x=a$. $|h|>a$ 时，截口仍然是双曲线，但实轴虚轴互换：

$$\begin{cases}\dfrac{z^2}{c^2}-\dfrac{y^2}{b^2}=\dfrac{h^2}{a^2}-1,\\ x=h.\end{cases}$$

用平行于 xOz 面的平面去截，结果类似.

（4）渐近锥面. 二次锥面

$$\frac{x^2}{a^2}+\frac{y^2}{b^2}-\frac{z^2}{c^2}=0$$

称为单叶双曲面$\dfrac{x^2}{a^2}+\dfrac{y^2}{b^2}-\dfrac{z^2}{c^2}=1$ 的**渐近锥面**. 以平行于 xOy 面的平面 $z=h$ 截渐近锥面所得的曲线为

$$\begin{cases}\dfrac{x^2}{a^2}+\dfrac{y^2}{b^2}=\dfrac{h^2}{c^2},\\ z=h\end{cases}$$

也是一个椭圆，它的长、短半轴

$$a''=a\frac{|h|}{c},\ b''=b\frac{|h|}{c}$$

与同在平面 $z=h$ 上的腰椭圆的长、短半轴之差

$$a'-a''=a\sqrt{1+\frac{h^2}{c^2}}-a\frac{|h|}{c}=a\frac{1}{\sqrt{1+\dfrac{h^2}{c^2}}+\dfrac{|h|}{c}}\xrightarrow{|h|\to\infty}0,$$

$$b'-b''=b\sqrt{1+\frac{h^2}{c^2}}-b\frac{|h|}{c}=b\frac{1}{\sqrt{1+\frac{h^2}{c^2}}+\frac{|h|}{c}}\xrightarrow{|h|\to\infty}0.$$

因此，当$|h|$无限增大时，渐近锥面的截口椭圆与同在一平面的单叶双曲面的腰椭圆任意接近.也即单叶双曲面与它的渐近锥面无限地任意接近.

(5) 直纹性.由一族直线构成的曲面称为**直纹面**，这些直线称为它的**直母线**.柱面和锥面都是直纹面，单叶双曲面也是，以下就来证明这点.首先将单叶双曲面的标准方程移项得

$$\frac{x^2}{a^2}-\frac{z^2}{c^2}=1-\frac{y^2}{b^2},$$

将上式因式分解得

$$\left(\frac{x}{a}+\frac{z}{c}\right)\left(\frac{x}{a}-\frac{z}{c}\right)=\left(1+\frac{y}{b}\right)\left(1-\frac{y}{b}\right). \tag{1.5.2}$$

对任意不全为零的数 u,v，方程

$$\begin{cases}u\left(\frac{x}{a}+\frac{z}{c}\right)=v\left(1-\frac{y}{b}\right),\\ v\left(\frac{x}{a}-\frac{z}{c}\right)=u\left(1+\frac{y}{b}\right)\end{cases} \tag{1.5.3}$$

表示一条直线.当 u,v 取遍一切不全为零的数，就得到一族直线.当 u,v 全不为零时，式(1.5.3)的两个等式相乘并消去 uv，即得式(1.5.2)；如果 u,v 有一个为零，设 $u=0$，那么

$$\begin{cases}1-\frac{y}{b}=0,\\ \frac{x}{a}-\frac{z}{c}=0\end{cases}$$

仍然满足式(1.5.2).这说明直线族中的任意一条直线都包含于方程为式(1.5.1)的单叶双曲面.反过来，对于该曲面上任意一点(x_0, y_0, z_0)，因为$1+\frac{y_0}{b}$,$1-\frac{y_0}{b}$不能全为零，设$1+\frac{y_0}{b}\neq 0$.如果$\frac{x_0}{a}-\frac{z_0}{c}\neq 0$，那么取 u, v 使得

$$v\left(\frac{x_0}{a}-\frac{z_0}{c}\right)=u\left(1+\frac{y_0}{b}\right),$$

即点(x_0, y_0, z_0)在对应的方程为式(1.5.3)的直线上.如果$\frac{x_0}{a}-\frac{z_0}{c}=0$，由方程式(1.5.2)，$1-\frac{y_0}{b}=0$，取 $u=0,v=1$，即为这族直线里过点(x_0, y_0, z_0)的直线.对于 $1-\frac{y_0}{b}\neq 0$ 也可类似讨论.这就证明了单叶双曲面是直纹面.单叶双曲面共有两族直母线，另外一族直母线为

$$\begin{cases}u\left(\frac{x}{a}+\frac{z}{c}\right)=v\left(1+\frac{y}{b}\right),\\ v\left(\frac{x}{a}-\frac{z}{c}\right)=u\left(1-\frac{y}{b}\right),\end{cases}$$

请读者自己证明.

练习 1.5.13 求证：直线族$\begin{cases} u\left(\dfrac{x}{a}+\dfrac{z}{c}\right)=v\left(1+\dfrac{y}{b}\right), \\ v\left(\dfrac{x}{a}-\dfrac{z}{c}\right)=u\left(1-\dfrac{y}{b}\right) \end{cases}$是单叶双曲面$\dfrac{x^2}{a^2}+\dfrac{y^2}{b^2}-\dfrac{z^2}{c^2}=1$的一族直母线.

练习 1.5.14 求证：单叶双曲面$\dfrac{x^2}{a^2}+\dfrac{y^2}{b^2}-\dfrac{z^2}{c^2}=1$的任意两条同族直母线异面；任意两条异族直母线共面，且经过一条直母线的平面必经过另一族的一条直母线.

3. 双叶双曲面

双叶双曲面(图 1.5.7)的标准方程为

$$\frac{x^2}{a^2}+\frac{y^2}{b^2}-\frac{z^2}{c^2}=-1,\ a,\ b,\ c>0. \qquad (1.5.4)$$

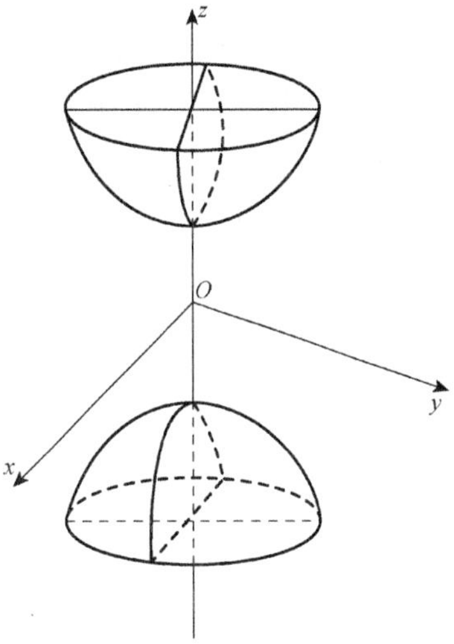

图 1.5.7

它的几何性质如下.

(1) 对称性. 三个坐标平面都是双叶双曲面的对称平面，三根坐标轴都是其对称轴，原点是它的对称中心.

(2) 范围. 由方程式(1.5.4)可得

$$\frac{z^2}{c^2}-1=\frac{x^2}{a^2}+\frac{y^2}{b^2}\geqslant 0,$$

所以曲面上的点的 z 轴坐标的绝对值$\geqslant c$.

(3) 形状. 以平行于 xOy 面的平面 $z=h(|h|\geqslant c)$截双叶双曲面所得的曲线

$$\begin{cases} \dfrac{x^2}{a^2}+\dfrac{y^2}{b^2}=-1+\dfrac{h^2}{c^2}, \\ z=h \end{cases}$$

是一个椭圆或一点. 如果以平行于 yOz 面的平面 $x=h$ 去截双叶双曲面，截口是双曲线

$$\begin{cases} \dfrac{z^2}{c^2}-\dfrac{y^2}{b^2}=1+\dfrac{h^2}{a^2}, \\ x=h. \end{cases}$$

用平行于 xOz 面的平面去截，结果类似.

(4) 渐近锥面. 二次锥面

$$\frac{x^2}{a^2}+\frac{y^2}{b^2}-\frac{z^2}{c^2}=0$$

也是这个双叶双曲面的渐近锥面.

练习 1.5.15 证明二次锥面

$$\frac{x^2}{a^2}+\frac{y^2}{b^2}-\frac{z^2}{c^2}=0$$

是双叶双曲面(1.5.4)的渐近锥面.

练习 1.5.16 求共轭双曲面$\dfrac{x^2}{a^2}+\dfrac{y^2}{b^2}-\dfrac{z^2}{c^2}=\pm 1$分别与 yOz 面的交线. 请问这两条交线

有何关系？它们与$\frac{x^2}{a^2}+\frac{y^2}{b^2}-\frac{z^2}{c^2}=0$和 yOz 面的交线又有何关系？

4. 椭圆抛物面

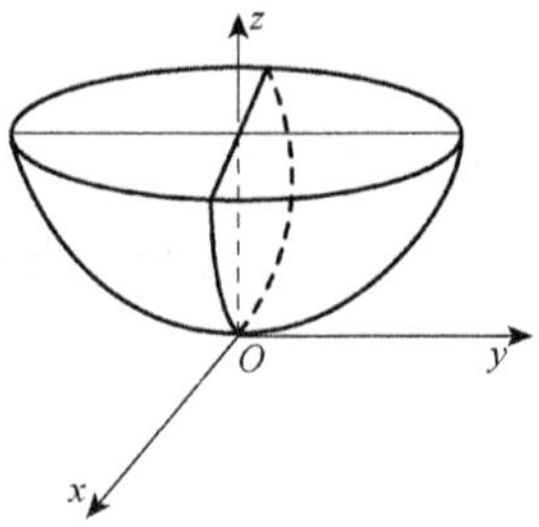

图 1.5.8

椭圆抛物面(图 1.5.8)的标准方程为

$$\frac{x^2}{a^2}+\frac{y^2}{b^2}=2z,\ a,\ b>0.$$

它的几何性质如下.

(1) 对称性. yOz 面和 xOz 面是对称平面, z 轴是对称轴,没有对称中心.

(2) 范围. 从其标准方程不难看出曲面上的点 z 轴坐标都大于等于 0.

(3) 形状. 以平行于 xOy 面的平面 $z=h(h\geqslant 0)$ 截椭圆抛物面所得的曲线

$$\begin{cases}\dfrac{x^2}{a^2}+\dfrac{y^2}{b^2}=2h,\\ z=h\end{cases}$$

是一个椭圆或一点. 如果以平行于 yOz 面的平面 $x=h$ 去截椭圆抛物面,截口是开口向上的抛物线

$$\begin{cases}\dfrac{y^2}{b^2}=2\left(z-\dfrac{h^2}{2a^2}\right),\\ x=h.\end{cases}$$

这些抛物线的顶点$\left(h,0,\dfrac{h^2}{2a^2}\right)$位于另一条开口向上的抛物线

$$\begin{cases}\dfrac{x^2}{a^2}=2z,\\ y=0\end{cases}$$

上,这正是椭圆抛物面与 xOz 面的交线. 可类似讨论用平行于 xOz 面的平面去截椭圆抛物面的截口.

5. 双曲抛物面

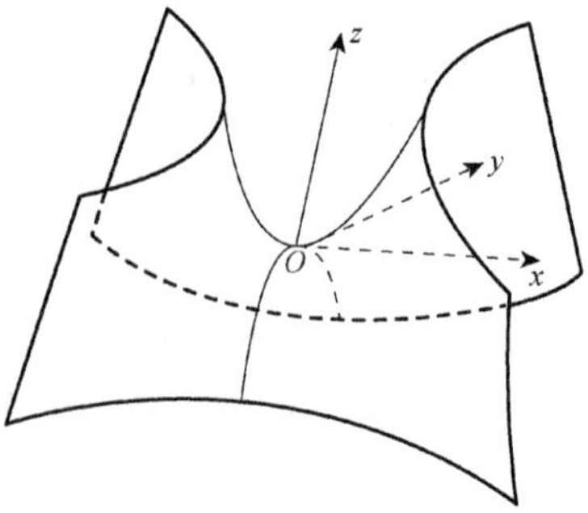

图 1.5.9

双曲抛物面(图 1.5.9)的标准方程为

$$\frac{x^2}{a^2}-\frac{y^2}{b^2}=2z,\ a,\ b>0. \qquad (1.5.5)$$

以下简短讨论一下它的几何性质.

(1) 对称性. yOz 面和 xOz 面是对称平面, z 轴是对称轴,没有对称中心.

(2) 形状. 以平行于 xOy 面的平面 $z=h$ 截双曲抛物面所得的曲线

$$\begin{cases}\dfrac{x^2}{a^2}-\dfrac{y^2}{b^2}=2h,\\ z=h\end{cases}$$

是双曲线或一对相交直线. 如果以平行于 yOz 面的平面 $x=h$ 去截双曲抛物面,截口是开口向下的抛物线

$$\begin{cases}\dfrac{y^2}{b^2}=-2\left(z-\dfrac{h^2}{2a^2}\right),\\ x=h.\end{cases}$$

这些抛物线的顶点 $\left(h,0,\dfrac{h^2}{2a^2}\right)$ 位于开口向上的抛物线

$$\begin{cases}\dfrac{x^2}{a^2}=2z,\\ y=0\end{cases}$$

上,这正是双曲抛物面与 xOz 面的交线. 用平行于 xOz 面的平面 $y=h$ 去截双曲抛物面的截口是开口向上的抛物线

$$\begin{cases}\dfrac{x^2}{a^2}=2\left(z+\dfrac{h^2}{2b^2}\right),\\ y=h.\end{cases}$$

其顶点 $\left(0,h,-\dfrac{h^2}{2b^2}\right)$ 位于开口向下的抛物线

$$\begin{cases}\dfrac{y^2}{b^2}=-2z,\\ x=0\end{cases}$$

上,这正是双曲抛物面与 yOz 面的交线.

(3) 直纹性. 双曲抛物面也是直纹面.

练习 1.5.17 证明:双曲抛物面[式(1.5.5)]是直纹面.

第2章 矩　阵

2.1 矩阵及其运算

2.1.1 数域

所谓数集，就是一些数的集合. 在讨论几何或代数问题中，通常要对有关的数集做一些限定. 比如上一章在研究解析几何时，总是假定参与运算的数是实数. 但是对于接下去要处理的大多数代数和几何问题来说，这个限制都不是必要的. 通常只要求这个数集是非空的，并且对一些基本的代数运算(加、减、乘、除等)封闭. 如果从一个非空数集中任取两个数，做完某种代数运算(加法、乘法等)后所得的结果仍然属于这个数集，则称数集对这种代数运算是封闭的. 例如，自然数对减法不是封闭的，整数集对除法不封闭. 而有理数集 $\mathbf{Q}$，实数集 $\mathbf{R}$，复数集 $\mathbf{C}$ 对加减乘除四则运算都封闭. 为此，下面引进数域的概念.

定义 2.1.1 F 是复数集的一个子集，如果

(1) $0, 1\in F$；

(2) $\forall a, b\in F$，则 $a\pm b, ab\in F$；

(3) $\forall a, b\in F$，且 $b\neq 0$，则 $\dfrac{a}{b}\in F$.

则称 F 是一个**数域**.

有理数集 $\mathbf{Q}$，实数集 $\mathbf{R}$，复数集 $\mathbf{C}$ 都是数域，而自然数集 $\mathbf{N}$ 和整数集 $\mathbf{Z}$ 则不是. 下面再看一个数域的例子.

例 2.1.1 求证：$Q(\sqrt{2})=\{a+b\sqrt{2}\mid a, b\in\mathbf{Q}\}$ 是一个数域.

证明 显然 $Q(\sqrt{2})\subset\mathbf{C}$，要证明它是一个数域，只须依次验证定义中的条件(1)、条件(2)、条件(3).

(1) $0=0+0\cdot\sqrt{2},\ 1=1+0\cdot\sqrt{2}\in Q(\sqrt{2})$.

(2) 取 $a+b\sqrt{2},\ c+d\sqrt{2}\in Q(\sqrt{2})$，则

$$(a+b\sqrt{2})\pm(c+d\sqrt{2})=(a\pm c)+(b\pm d)\sqrt{2}\in Q(\sqrt{2}),$$
$$(a+b\sqrt{2})(c+d\sqrt{2})=(ac+2bd)+(ad+bc)\sqrt{2}\in Q(\sqrt{2}).$$

(3) 设 $c+d\sqrt{2}\neq 0$. 如果 $c-d\sqrt{2}=0$，则或者 $c=d=0$，或者 $d\neq 0$，从而$\sqrt{2}=\dfrac{c}{d}\in\mathbf{Q}$，都会导致矛盾. 因此 $c-d\sqrt{2}\neq 0$. 所以

$$\frac{a+b\sqrt{2}}{c+d\sqrt{2}}=\frac{(a+b\sqrt{2})(c-d\sqrt{2})}{(c+d\sqrt{2})(c-d\sqrt{2})}=\frac{ac-2bd}{c^2-2d^2}+\frac{bc-ad}{c^2-2d^2}\sqrt{2}\in Q(\sqrt{2}).$$

综上，$Q(\sqrt{2})$是一个数域.

练习 2.1.1 对任意素数 p，求证：$Q(\sqrt{p})=\{a+b\sqrt{p}\mid a,b\in\mathbf{Q}\}$是一个数域.

练习 2.1.2 求证：两个数域的交集仍是一个数域.

两个数域的并集不一定是数域. 比如，$Q(\sqrt{2})$与 $Q(\sqrt{3})$都是数域，但 $Q(\sqrt{2})\cup Q(\sqrt{3})$不是数域，因为$\sqrt{2}\cdot\sqrt{3}\notin Q(\sqrt{2})\cup Q(\sqrt{3})$.

复数域是"最大"的数域，因为任何数域都包含于复数域. 那么是否有"最小"的数域呢？什么数域会包含于其他任何一个数域呢？

定理 2.1.1 任何数域都包含有理数域 $\mathbf{Q}$.

证明 设 F 是一个数域，则 $1\in F$. 将 1 重复与自身相加可以得到任意正整数 n，因此 $n\in F$. 又 $0\in F$，则 $-n=0-n\in F$. 所以，F 包含所有整数. 因为任意一个有理数都可以写成分数$\dfrac{q}{p}$（其中 p,q 是整数且 $p\neq 0$），而 F 是数域，故$\dfrac{q}{p}\in F$. 所以 $\mathbf{Q}$ 包含于 F.

由这个定理自然有以下推论.

推论 2.1.1 任何数域都含有无穷多个数.

2.1.2 矩阵的定义

定义 2.1.2 由数域 F 中的 mn 个数 a_{ij} 排成的 m 行 n 列的数表

$$\begin{pmatrix} a_{11} & a_{12} & \cdots & a_{1n} \\ a_{21} & a_{22} & \cdots & a_{2n} \\ \vdots & \vdots & & \vdots \\ a_{m1} & a_{m2} & \cdots & a_{mn} \end{pmatrix}$$

称为数域 F 上的一个 **$m\times n$ 矩阵**. a_{ij} 称为矩阵的**第 i 行第 j 列的元素**，i 和 j 分别称为 a_{ij} 的**行指标和列指标**.

通常用大写的拉丁字母 $\boldsymbol{A}$, $\boldsymbol{B}$, $\boldsymbol{C}$ 等来表示矩阵. 有时为了强调矩阵 $\boldsymbol{A}$ 的行数和列数，也将其记为 $\boldsymbol{A}_{m\times n}$. 矩阵

$$\boldsymbol{A}=\begin{pmatrix} a_{11} & a_{12} & \cdots & a_{1n} \\ a_{21} & a_{22} & \cdots & a_{2n} \\ \vdots & \vdots & & \vdots \\ a_{m1} & a_{m2} & \cdots & a_{mn} \end{pmatrix}$$

也简记为$(a_{ij})_{m\times n}$，或(a_{ij}).

所有元素都为零的矩阵称为零矩阵，记为 $\boldsymbol{O}_{m\times n}$或 $\boldsymbol{O}$. 行数等于列数的矩阵称为方阵. 也把 $\boldsymbol{A}_{n\times n}$写作 $\boldsymbol{A}_n$，称为 n 阶方阵. 方阵的元素 $a_{ii}(i=1,\ 2,\ \cdots,\ n)$称为对角元，方阵中由对角元构成的那条斜线称为对角线. 对角线下方的元素都为零的方阵称为上三角阵，对角线上方的元素都为零的方阵则称为下三角阵. 非对角元都为零的方阵称为对角阵，形如

$$\begin{pmatrix} a_1 & 0 & \cdots & 0 \\ 0 & a_2 & \cdots & 0 \\ \vdots & \vdots & & \vdots \\ 0 & 0 & \cdots & a_n \end{pmatrix},$$

记为 $\mathrm{diag}(a_1,a_2,\cdots,a_n)$. 特别地，$\mathrm{diag}(k,k,\cdots,k)$称为数量阵，$k=1$ 的数量阵

$$\begin{pmatrix} 1 & 0 & \cdots & 0 \\ 0 & 1 & \cdots & 0 \\ \vdots & \vdots & & \vdots \\ 0 & 0 & \cdots & 1 \end{pmatrix}$$

称为单位阵，记作 $\boldsymbol{I}$. $1\times n$ 矩阵$(a_1,a_2,\cdots,a_n)$称为 n 维行向量，$n\times 1$ 矩阵$\begin{pmatrix} a_1 \\ a_2 \\ \vdots \\ a_n \end{pmatrix}$称为 n 维列向量.

数域 F 上的 $m\times n$ 矩阵全体构成的集合记为 $F^{m\times n}$. 另外，$F^{n\times n}$也记作 $M_n(F)$.

如果两个矩阵有相同的行数和列数，则称这两个矩阵同型. 如果两个矩阵不仅同型，而且对应元素都相等，则称这两个矩阵相等. 注意，不同型的零矩阵是不相等的.

2.1.3 矩阵的线性运算

定义 2.1.3 设 $\boldsymbol{A}=(a_{ij}),\boldsymbol{B}=(b_{ij})\in F^{m\times n},k\in F$. 两个矩阵 $\boldsymbol{A}$ 与 $\boldsymbol{B}$ 的和，记为 $\boldsymbol{A}+\boldsymbol{B}$，指的是 $m\times n$ 矩阵$(a_{ij}+b_{ij})$，求矩阵的和的运算称为**矩阵的加法**. 数 k 与矩阵 $\boldsymbol{A}$ 的**数量积**，记为 $k\boldsymbol{A}$，指的是矩阵(ka_{ij})，求数 k 与矩阵 $\boldsymbol{A}$ 的数量积的运算称为**矩阵的数乘**. 这两种运算统称为矩阵的**线性运算**.

根据数乘的定义，数量阵 $\mathrm{diag}(k,k,\cdots,k)=k\boldsymbol{I}$.

练习 2.1.3 计算：$\begin{pmatrix} a_1 \\ a_2 \\ \vdots \\ a_n \end{pmatrix}+\begin{pmatrix} b_1 \\ b_2 \\ \vdots \\ b_n \end{pmatrix},k\begin{pmatrix} a_1 \\ a_2 \\ \vdots \\ a_n \end{pmatrix},(a_1,a_2,\cdots,a_n)+(b_1,b_2,\cdots,b_n),k(a_1,a_2,\cdots,a_n)$.

练习 2.1.4 计算：$\begin{pmatrix} a_1 & 0 & \cdots & 0 \\ 0 & a_2 & \cdots & 0 \\ \vdots & \vdots & & \vdots \\ 0 & 0 & \cdots & a_n \end{pmatrix}+\begin{pmatrix} b_1 & 0 & \cdots & 0 \\ 0 & b_2 & \cdots & 0 \\ \vdots & \vdots & & \vdots \\ 0 & 0 & \cdots & b_n \end{pmatrix},k\begin{pmatrix} a_1 & 0 & \cdots & 0 \\ 0 & a_2 & \cdots & 0 \\ \vdots & \vdots & & \vdots \\ 0 & 0 & \cdots & a_n \end{pmatrix}$.

如果 $\boldsymbol{A}=(a_{ij})$，记$(-a_{ij})$为$-\boldsymbol{A}$，称为 $\boldsymbol{A}$ 的负矩阵. 显然$-\boldsymbol{A}=(-1)\boldsymbol{A}$. 可以定义减法 $\boldsymbol{A}-\boldsymbol{B}$ 为 $\boldsymbol{A}+(-\boldsymbol{B})$.

根据定义容易推出以下运算律.

命题 2.1.1 设 $\boldsymbol{A}, \boldsymbol{B}, \boldsymbol{C}\in F^{m\times n}, k, l\in F$, $\boldsymbol{O}$ 是一个 $m\times n$ 的零矩阵，则

a1) $\boldsymbol{A}+\boldsymbol{B}=\boldsymbol{B}+\boldsymbol{A}$； m1) $k(l\boldsymbol{A})=(kl)\boldsymbol{A}$；

a2) $(\boldsymbol{A}+\boldsymbol{B})+\boldsymbol{C}=\boldsymbol{A}+(\boldsymbol{B}+\boldsymbol{C})$； m2) $k(\boldsymbol{A}+\boldsymbol{B})=k\boldsymbol{A}+k\boldsymbol{B}$；

a3) $\boldsymbol{A}+\boldsymbol{O}=\boldsymbol{A}$； m3) $(k+l)\boldsymbol{A}=k\boldsymbol{A}+l\boldsymbol{A}$；

a4) $\boldsymbol{A}+(-\boldsymbol{A})=\boldsymbol{O}$； m4) $1\boldsymbol{A}=\boldsymbol{A}$.

例 2.1.2 设 $\boldsymbol{A}=(a_{ij})\in F^{m\times n}$，$\boldsymbol{E}_{ij}$ 表示如下矩阵

$$
\begin{array}{c} \\ \\ \\ i \\ \\ \\ \\ \end{array}
\begin{pmatrix}
0 & 0 & \cdots & 0 & 0 & 0 & \cdots & 0 & 0 \\
\vdots & \vdots & & \vdots & \vdots & \vdots & & \vdots & \vdots \\
0 & 0 & \cdots & 0 & 0 & 0 & \cdots & 0 & 0 \\
0 & 0 & \cdots & 0 & 1 & 0 & \cdots & 0 & 0 \\
0 & 0 & \cdots & 0 & 0 & 0 & \cdots & 0 & 0 \\
\vdots & \vdots & & \vdots & \vdots & \vdots & & \vdots & \vdots \\
0 & 0 & \cdots & 0 & 0 & 0 & \cdots & 0 & 0
\end{pmatrix}_{m\times n}
$$

（第 j 列）

即除了第 i 行第 j 列元素为 1，其他元素都为 0 的矩阵. 求证：

$$\boldsymbol{A}=\sum_{i=1}^{m}\sum_{j=1}^{n}a_{ij}\boldsymbol{E}_{ij}.$$

证明 $\boldsymbol{A}=\begin{pmatrix} a_{11} & a_{12} & \cdots & a_{1n} \\ a_{21} & a_{22} & \cdots & a_{2n} \\ \vdots & \vdots & & \vdots \\ a_{m1} & a_{m2} & \cdots & a_{mn} \end{pmatrix}$

$$=\begin{pmatrix} a_{11} & 0 & \cdots & 0 \\ 0 & 0 & \cdots & 0 \\ \vdots & \vdots & & \vdots \\ 0 & 0 & \cdots & 0 \end{pmatrix}+\begin{pmatrix} 0 & a_{12} & \cdots & 0 \\ 0 & 0 & \cdots & 0 \\ \vdots & \vdots & & \vdots \\ 0 & 0 & \cdots & 0 \end{pmatrix}+\cdots+\begin{pmatrix} 0 & 0 & \cdots & 0 \\ 0 & 0 & \cdots & 0 \\ \vdots & \vdots & & \vdots \\ 0 & 0 & \cdots & a_{mn} \end{pmatrix}$$

$$=a_{11}\boldsymbol{E}_{11}+a_{12}\boldsymbol{E}_{12}+\cdots+a_{mn}\boldsymbol{E}_{mn}$$

$$=\sum_{i=1}^{m}\sum_{j=1}^{n}a_{ij}\boldsymbol{E}_{ij}.$$

2.1.4 矩阵的乘法

定义 2.1.4 数域 F 上的 $m\times n$ 矩阵 $\boldsymbol{A}=(a_{ij})$ 与 $n\times p$ 矩阵 $\boldsymbol{B}=(b_{ij})$ 的积，记为 $\boldsymbol{AB}$，指的是一个 $m\times p$ 矩阵 $\boldsymbol{C}=(c_{ij})$，其中

$$c_{ij}=\sum_{k=1}^{n}a_{ik}b_{kj},$$

求两个矩阵的积的运算称为**矩阵的乘法**.

上述乘法定义可以图示如下

$$
i\begin{pmatrix} & & & \\ \boxed{a_{i1} \quad a_{i2} \quad \cdots \quad a_{in}} \\ & & & \end{pmatrix}_{m\times n}
\begin{pmatrix} & \boxed{\begin{matrix} b_{1j} \\ b_{2j} \\ \vdots \\ b_{nj} \end{matrix}} & \end{pmatrix}_{n\times p}
= i\begin{pmatrix} & & \\ & \boxed{c_{ij}=\sum_{k=1}^{n}a_{ik}b_{kj}} & \\ & & \end{pmatrix}_{m\times p}.
$$

（第 j 列）

例 2.1.3 计算 $\begin{pmatrix} 4 & -1 & 0 \\ -3 & 0 & -2 \end{pmatrix}\begin{pmatrix} 1 & 0 & -2 \\ 3 & 4 & 5 \\ 0 & -1 & 1 \end{pmatrix}$.

解 $\begin{pmatrix}4 & -1 & 0\\ -3 & 0 & -2\end{pmatrix}\begin{pmatrix}1 & 0 & -2\\ 3 & 4 & 5\\ 0 & -1 & 1\end{pmatrix}$

$$=\begin{pmatrix}4\cdot 1+(-1)\cdot 3+0\cdot 0 & 4\cdot 0+(-1)\cdot 4+0\cdot(-1) & 4\cdot(-2)+(-1)\cdot 5+0\cdot 1\\ (-3)\cdot 1+0\cdot 3+(-2)\cdot 0 & (-3)\cdot 0+0\cdot 4+(-2)\cdot(-1) & (-3)\cdot(-2)+0\cdot 5+(-2)\cdot 1\end{pmatrix}$$

$$=\begin{pmatrix}1 & -4 & -13\\ -3 & 2 & 4\end{pmatrix}.$$

例 2.1.4 平面上点的直角坐标变换公式可以写成矩阵形式

$$\begin{pmatrix}x\\ y\end{pmatrix}=\begin{pmatrix}x_0\\ y_0\end{pmatrix}+\begin{pmatrix}\cos\theta & -\sin\theta\\ \sin\theta & \cos\theta\end{pmatrix}\begin{pmatrix}x'\\ y'\end{pmatrix}\quad 或\quad \begin{pmatrix}x\\ y\\ 1\end{pmatrix}=\begin{pmatrix}\cos\theta & -\sin\theta & x_0\\ \sin\theta & \cos\theta & y_0\\ 0 & 0 & 1\end{pmatrix}\begin{pmatrix}x'\\ y'\\ 1\end{pmatrix}.$$

平面二次曲线的一般方程 $a_{11}x^2+a_{22}y^2+2a_{12}xy+2b_1x+2b_2y+c=0$ 也可改写成

$$(x,\ y)\begin{pmatrix}a_{11} & a_{12}\\ a_{12} & a_{22}\end{pmatrix}\begin{pmatrix}x\\ y\end{pmatrix}+2(b_1,b_2)\begin{pmatrix}x\\ y\end{pmatrix}+c=0$$

或
$$(x,\ y,\ 1)\begin{pmatrix}a_{11} & a_{12} & b_1\\ a_{12} & a_{22} & b_2\\ b_1 & b_2 & c\end{pmatrix}\begin{pmatrix}x\\ y\\ 1\end{pmatrix}=0.$$

练习 2.1.5 计算$\begin{pmatrix}3 & -1 & 0 & 2\\ -2 & 0 & 1 & -4\end{pmatrix}\begin{pmatrix}1 & 3 & -2\\ 0 & 1 & -3\\ 3 & 0 & 5\\ 2 & -1 & 4\end{pmatrix}$.

练习 2.1.6 计算$\begin{pmatrix}1 & 0 & -2\\ 3 & 1 & -4\\ 5 & 2 & 0\end{pmatrix}\begin{pmatrix}1 & 0 & -1\\ 0 & 2 & 0\\ -1 & 0 & 3\end{pmatrix}\begin{pmatrix}1 & 0 & -2\\ 3 & 1 & -4\\ 5 & 2 & 0\end{pmatrix}$.

练习 2.1.7 计算$(a_1,a_2,\cdots,a_n)\begin{pmatrix}b_1\\ b_2\\ \vdots\\ b_n\end{pmatrix}$和$\begin{pmatrix}b_1\\ b_2\\ \vdots\\ b_n\end{pmatrix}(a_1,a_2,\cdots,a_n)$.

练习 2.1.8 计算$\begin{pmatrix}b_1 & 0 & \cdots & 0\\ 0 & b_2 & \cdots & 0\\ \vdots & \vdots & & \vdots\\ 0 & 0 & \cdots & b_n\end{pmatrix}\begin{pmatrix}a_1 & 0 & \cdots & 0\\ 0 & a_2 & \cdots & 0\\ \vdots & \vdots & & \vdots\\ 0 & 0 & \cdots & a_n\end{pmatrix}$.

练习 2.1.9 设Ⅰ,Ⅱ是都是右手空间直角坐标系,并且原点重合.从Ⅰ到Ⅱ的坐标变换可以用如图 2.1.1 所示的三个角 θ,φ,ψ(称为 Euler 角)来表示.

图中的 l 是 $x'Oy'$ 平面与 xOy 平面的交线.从Ⅰ到Ⅱ的直角坐标变换公式可通过如下方法得到:

(1) 将Ⅰ绕 z 轴逆时针转 θ 角,使 x 轴转到与直线 l 重合;接着绕此时的 x 轴逆时针转 φ 角,使 z 轴与 z' 轴重合;最后再绕 z' 轴逆时针转 ψ 角,使 x 轴、y 轴分别与 x' 轴、y' 轴重合.

请依次写出这三个坐标变换的公式;

(2) 合成上述三个坐标变换,写出从Ⅰ到Ⅱ的直角坐标变换公式.

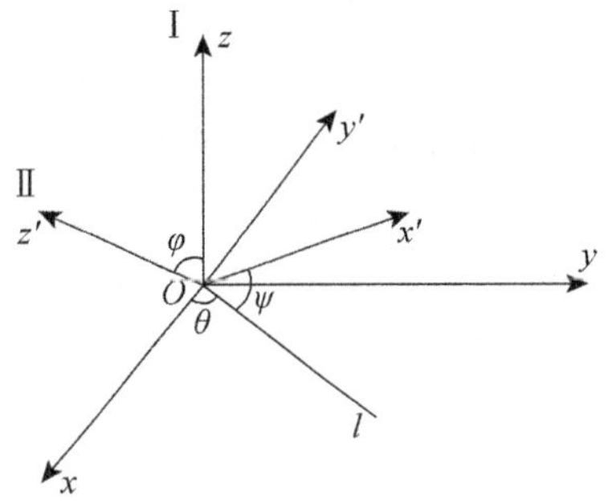

图 2.1.1

如果 $\boldsymbol{A}$ 是方阵,还可以定义幂:

$$\boldsymbol{A}^r = \underbrace{\boldsymbol{A}\,\boldsymbol{A}\cdots\boldsymbol{A}}_{r\text{个}},\ r\text{ 是正整数}.$$

并约定 $\boldsymbol{A}^0=\boldsymbol{I}$. 易证:$\boldsymbol{A}^n\boldsymbol{A}^m=\boldsymbol{A}^{n+m}$, $(\boldsymbol{A}^n)^m=\boldsymbol{A}^{mn}$.

练习 2.1.10 设 $\boldsymbol{A}=\begin{pmatrix}1&1&1\\0&1&1\\0&0&1\end{pmatrix}$,计算 $\boldsymbol{A}^2$, $\boldsymbol{A}^3$, $\boldsymbol{A}^4$.

练习 2.1.11 计算 $\begin{pmatrix}\cos\theta & -\sin\theta\\ \sin\theta & \cos\theta\end{pmatrix}^n$.

练习 2.1.12 计算 $\begin{pmatrix}1&-1&-1&-1\\-1&1&-1&-1\\-1&-1&1&-1\\-1&-1&-1&1\end{pmatrix}^{10}$.

练习 2.1.13 求出所有满足 $\boldsymbol{A}^2=\boldsymbol{O}$ 的 2 阶方阵;求出所有满足 $\boldsymbol{A}^2=\boldsymbol{I}$ 的 2 阶方阵.

命题 2.1.2 假定以下乘法都可以进行,则

(1) $(k\boldsymbol{A})\boldsymbol{B}=k(\boldsymbol{AB})=\boldsymbol{A}(k\boldsymbol{B})$;

(2) $(\boldsymbol{AB})\boldsymbol{C}=\boldsymbol{A}(\boldsymbol{BC})$;

(3) $\boldsymbol{A}(\boldsymbol{B}+\boldsymbol{C})=\boldsymbol{AB}+\boldsymbol{AC}$;

(4) $(\boldsymbol{B}+\boldsymbol{C})\boldsymbol{A}=\boldsymbol{BA}+\boldsymbol{CA}$;

(5) $\boldsymbol{IA}=\boldsymbol{A}$, $\boldsymbol{AI}=\boldsymbol{A}$;

(6) $\boldsymbol{OA}=\boldsymbol{O}$, $\boldsymbol{AO}=\boldsymbol{O}$.

证明 只证式(2),其余留作练习.在证明式(2)之前,先来证明如下等式

$$\sum_{i=1}^{m}\sum_{j=1}^{n}a_{ij}=\sum_{j=1}^{n}\sum_{i=1}^{m}a_{ij}.$$

这个等式不仅这里需要,以后也会经常用到.事实上

$$\begin{aligned}\sum_{i=1}^{m}\sum_{j=1}^{n}a_{ij} &= \sum_{i=1}^{m}(a_{i1}+a_{i2}+\cdots+a_{in})\\ &= a_{11}+a_{12}+\cdots+a_{1n}+a_{21}+a_{22}+\cdots+a_{2n}+\cdots+a_{m1}+a_{m2}+\cdots+a_{mn}\\ &= a_{11}+a_{21}+\cdots+a_{m1}+a_{12}+a_{22}+\cdots+a_{m2}+\cdots+a_{1n}+a_{2n}+\cdots+a_{mn}\\ &= \sum_{j=1}^{n}(a_{1j}+a_{2j}+\cdots a_{mj})=\sum_{j=1}^{n}\sum_{i=1}^{m}a_{ij}.\end{aligned}$$

以下开始证明式(2).要证$(\boldsymbol{AB})\boldsymbol{C}=\boldsymbol{A}(\boldsymbol{BC})$,只须证等式两端的对应元素相等即可.$(\boldsymbol{AB})\boldsymbol{C}$ 的第 i 行第 j 列元素

$$\sum_k\Big(\sum_l a_{il}b_{lk}\Big)c_{kj}=\sum_k\sum_l a_{il}b_{lk}c_{kj}=\sum_l\sum_k a_{il}b_{lk}c_{kj}=\sum_l a_{il}\Big(\sum_k b_{lk}c_{kj}\Big),$$

而 $\sum_l a_{il}\big(\sum_k b_{lk}c_{kj}\big)$ 恰为 $A(BC)$ 的第 i 行第 j 列元素.故等式成立.

练习 2.1.14 证明命题 2.1.2 其余 5 个等式.

练习 2.1.15 计算 $\begin{pmatrix}1\\-1\\-1\end{pmatrix}(2,\ 3,\ -1)\begin{pmatrix}1\\-1\\-1\end{pmatrix}$.

练习 2.1.16 计算 $\left[\begin{pmatrix}1\\2\\3\end{pmatrix}\left(1,\frac{1}{2},\frac{1}{3}\right)\right]^5$.

练习 2.1.17 计算 $\begin{pmatrix}k&1&0\\0&k&1\\0&0&k\end{pmatrix}^n$; $\begin{pmatrix}1&1&1\\0&1&1\\0&0&1\end{pmatrix}^n$.

练习 2.1.18 设 $\boldsymbol{A}=\frac{1}{2}(\boldsymbol{B}+\boldsymbol{I})$,求证:$\boldsymbol{A}^2=\boldsymbol{A}\Leftrightarrow\boldsymbol{B}^2=\boldsymbol{I}$.

细心的读者可能注意到了,上述命题中并没有列出交换律:$\boldsymbol{AB}=\boldsymbol{BA}$. 因为这个等式通常是不成立的! 有些能相乘的矩阵若交换了乘积的次序就不能相乘了. 即使交换次序后仍然能相乘,它们的乘积也可能不相等. 比如

$$\begin{pmatrix}1&2\\2&1\end{pmatrix}\begin{pmatrix}2&-3\\3&1\end{pmatrix}=\begin{pmatrix}8&-1\\7&-5\end{pmatrix},$$

$$\begin{pmatrix}2&-3\\3&1\end{pmatrix}\begin{pmatrix}1&2\\2&1\end{pmatrix}=\begin{pmatrix}-4&1\\5&7\end{pmatrix}.$$

当然,也不是所有矩阵的乘积都是不可交换次序的. 比如,对任意方阵 $\boldsymbol{A}$,都有 $\boldsymbol{IA}=\boldsymbol{AI}$;又比如,任意两个对角阵的乘积也是可交换次序的. 当两个矩阵 $\boldsymbol{A}$, $\boldsymbol{B}$ 的乘积满足交换律时,称它们为可交换的,或可对易的;否则就称为不可交换的,或不可对易的.

练习 2.1.19 设 $\boldsymbol{A}=\begin{pmatrix}a_1&0&\cdots&0\\0&a_2&\cdots&0\\\vdots&\vdots&&\vdots\\0&0&\cdots&a_n\end{pmatrix}$, $\boldsymbol{B}$ 是任意 n 阶方阵,计算 $\boldsymbol{AB}$ 和 $\boldsymbol{BA}$.

练习 2.1.20 设 $\boldsymbol{A}=\begin{pmatrix}0&1\\-1&0\end{pmatrix}$, $\boldsymbol{B}$ 和 $\boldsymbol{C}$ 也是 2 阶方阵. 求证:如果 $\boldsymbol{B}$ 和 $\boldsymbol{C}$ 都与 $\boldsymbol{A}$ 可交换,则 $\boldsymbol{B}$ 与 $\boldsymbol{C}$ 可交换.

练习 2.1.21 求所有与 $\begin{pmatrix}1&1\\0&1\end{pmatrix}$ 可交换的矩阵;求所有与 $\begin{pmatrix}0&1&0\\0&0&1\\0&0&0\end{pmatrix}$ 可交换的矩阵.

练习 2.1.22 设 $\boldsymbol{A}$ 是对角元互不相等的对角阵,求证:与 $\boldsymbol{A}$ 可交换的矩阵只能是对角阵.

练习 2.1.23 求所有与矩阵 $\boldsymbol{E}_{ij}$(参见例 2.1.2)可交换的矩阵.

练习 2.1.24 设 $\boldsymbol{A}$ 与 $\boldsymbol{E}_{ij}(i,\ j=1,\ 2,\ \cdots,\ n)$ 都是 n 阶方阵,求证:

(1) $\boldsymbol{A}$ 与所有 n 阶方阵都可交换当且仅当 $\boldsymbol{A}$ 与所有 $\boldsymbol{E}_{ij}$ 都可交换;

(2) $\boldsymbol{A}$ 与所有 n 阶方阵都可交换当且仅当 $\boldsymbol{A}$ 是数量阵.

由于矩阵的乘法通常不满足交换律,所以一些对实数来说成立的公式,比如完全平方公

式、平方差公式等,对矩阵来说一般就不再成立了:

$$(\boldsymbol{A}+\boldsymbol{B})(\boldsymbol{A}-\boldsymbol{B})=\boldsymbol{A}^2-\boldsymbol{B}^2+\boldsymbol{BA}-\boldsymbol{AB}\neq\boldsymbol{A}^2-\boldsymbol{B}^2,$$

$$(\boldsymbol{A}+\boldsymbol{B})^2=\boldsymbol{A}^2+\boldsymbol{B}^2+\boldsymbol{AB}+\boldsymbol{BA}\neq\boldsymbol{A}^2+2\boldsymbol{AB}+\boldsymbol{B}^2.$$

而且$(\boldsymbol{AB})^k=\underbrace{\boldsymbol{AB}\cdot\boldsymbol{AB}\cdots\boldsymbol{AB}}_{k个}\neq\boldsymbol{A}^k\boldsymbol{B}^k$.

两个非零矩阵的乘积可能为零矩阵,以下就是一例:

$$\begin{pmatrix}0&1\\0&0\end{pmatrix}\begin{pmatrix}1&0\\0&0\end{pmatrix}=\begin{pmatrix}0&0\\0&0\end{pmatrix}.$$

因此,一般地,由$\boldsymbol{AB}=\boldsymbol{O}$不能推出$\boldsymbol{A}=\boldsymbol{O}$或$\boldsymbol{B}=\boldsymbol{O}$. 与此相关,乘法消去律也不再成立. 也就是说,即使$\boldsymbol{AB}=\boldsymbol{AC}$且$\boldsymbol{A}\neq\boldsymbol{O}$,也不能由此推出$\boldsymbol{B}=\boldsymbol{C}$,以下就是一个反例:

$$\begin{pmatrix}0&1\\0&0\end{pmatrix}\begin{pmatrix}1&1\\1&1\end{pmatrix}=\begin{pmatrix}0&1\\0&0\end{pmatrix}\begin{pmatrix}0&1\\1&1\end{pmatrix}.$$

练习 2.1.25 请问:"$\boldsymbol{A}^2=\boldsymbol{I}\Rightarrow\boldsymbol{A}=\boldsymbol{I}$或$\boldsymbol{A}=-\boldsymbol{I}$"正确吗?

2.1.5 矩阵的转置

定义 2.1.5 把$m\times n$矩阵

$$\boldsymbol{A}=\begin{pmatrix}a_{11}&a_{12}&\cdots&a_{1n}\\a_{21}&a_{22}&\cdots&a_{2n}\\\vdots&\vdots&&\vdots\\a_{m1}&a_{m2}&\cdots&a_{mn}\end{pmatrix}$$

的行列对调所得到的$n\times m$矩阵

$$\begin{pmatrix}a_{11}&a_{21}&\cdots&a_{m1}\\a_{12}&a_{22}&\cdots&a_{m2}\\\vdots&\vdots&&\vdots\\a_{1n}&a_{2n}&\cdots&a_{mn}\end{pmatrix}$$

称为$\boldsymbol{A}$的**转置**,记为$\boldsymbol{A}^{\mathrm{T}}$.

依定义,$\boldsymbol{A}^{\mathrm{T}}$的第$i$行第$j$列元素等于$A$的第$j$行第$i$列元素. 通常$\boldsymbol{A}$与$\boldsymbol{A}^{\mathrm{T}}$不是同型矩阵,除非$\boldsymbol{A}$是方阵. n维行向量转置成为n维列向量,反之也对. 对角阵转置等于它本身;上(下)三角阵转置后成为同阶的下(上)三角阵.

练习 2.1.26 能否找到一个 2 阶实方阵$\boldsymbol{A}$,使得$\boldsymbol{AA}^{\mathrm{T}}=\begin{pmatrix}1&4\\4&1\end{pmatrix}$?

练习 2.1.27 设$\boldsymbol{A}$是n阶方阵,求证:如果$\boldsymbol{A}=\boldsymbol{A}^{\mathrm{T}}\boldsymbol{A}$,则$\boldsymbol{A}^2=\boldsymbol{A}$.

练习 2.1.28 设$\boldsymbol{A}$是n阶实方阵,求证:如果$\boldsymbol{A}^{\mathrm{T}}\boldsymbol{A}=\boldsymbol{O}$,则$\boldsymbol{A}=\boldsymbol{O}$.

练习 2.1.29 设$\boldsymbol{A}$是n阶复方阵($n>1$),如果$\boldsymbol{A}^{\mathrm{T}}\boldsymbol{A}=\boldsymbol{O}$,是否一定有$\boldsymbol{AA}^{\mathrm{T}}=\boldsymbol{O}$?

命题 2.1.3 设$\boldsymbol{A}$, $\boldsymbol{B}$是数域F上的$n\times p$矩阵,$k\in F$,则

(1) $(\boldsymbol{A}^{\mathrm{T}})^{\mathrm{T}}=\boldsymbol{A}$;

(2) $(\boldsymbol{A}+\boldsymbol{B})^{\mathrm{T}}=\boldsymbol{A}^{\mathrm{T}}+\boldsymbol{B}^{\mathrm{T}}$;

(3) $(k\boldsymbol{A})^{\mathrm{T}}=k\boldsymbol{A}^{\mathrm{T}}$;

(4) $(\boldsymbol{AB})^{\mathrm{T}}=\boldsymbol{B}^{\mathrm{T}}\boldsymbol{A}^{\mathrm{T}}$.

证明 从转置的定义很容易得出前三个等式，这里只证等式(4). 要证$(\boldsymbol{AB})^{\mathrm{T}}=\boldsymbol{B}^{\mathrm{T}}\boldsymbol{A}^{\mathrm{T}}$，只需证$(\boldsymbol{AB})^{\mathrm{T}}$的任意第$i$行第$j$列元素等于$\boldsymbol{B}^{\mathrm{T}}\boldsymbol{A}^{\mathrm{T}}$的相应元素即可. $(\boldsymbol{AB})^{\mathrm{T}}$的第$i$行第$j$列元素即是$\boldsymbol{AB}$的第$j$行第$i$列元素$a_{j1}b_{1i}+a_{j2}b_{2i}+\cdots+a_{jn}b_{ni}$. 而$a_{jk}$就是$\boldsymbol{A}^{\mathrm{T}}$的第$k$行第$j$列元素，$b_{ki}$则是$\boldsymbol{B}^{\mathrm{T}}$的第$i$行第$k$列的元素. 所以

$$a_{j1}b_{1i}+a_{j2}b_{2i}+\cdots+a_{jn}b_{ni}=b_{1i}a_{j1}+b_{2i}a_{j2}+\cdots+b_{ni}a_{jn}$$

也是$\boldsymbol{B}^{\mathrm{T}}\boldsymbol{A}^{\mathrm{T}}$的第$i$行第$j$列元素. 故$(\boldsymbol{AB})^{\mathrm{T}}=\boldsymbol{B}^{\mathrm{T}}\boldsymbol{A}^{\mathrm{T}}$.

上述命题的等式(2)和等式(4)还可以推广到n个矩阵的情形：

(2′)$(\boldsymbol{A}_1+\boldsymbol{A}_2+\cdots+\boldsymbol{A}_n)^{\mathrm{T}}=\boldsymbol{A}_1^{\mathrm{T}}+\boldsymbol{A}_2^{\mathrm{T}}+\cdots+\boldsymbol{A}_n^{\mathrm{T}}$；

(4′)$(\boldsymbol{A}_1\boldsymbol{A}_2\cdots\boldsymbol{A}_n)^{\mathrm{T}}=\boldsymbol{A}_n^{\mathrm{T}}\boldsymbol{A}_{n-1}^{\mathrm{T}}\cdots\boldsymbol{A}_1^{\mathrm{T}}$.

定义 2.1.6 设$\boldsymbol{A}$是n阶方阵. 如果$\boldsymbol{A}=\boldsymbol{A}^{\mathrm{T}}$，则称$\boldsymbol{A}$为$n$阶**对称阵**；如果$\boldsymbol{A}=-\boldsymbol{A}^{\mathrm{T}}$，则称$\boldsymbol{A}$为$n$阶**反对称阵**，或**反称阵**.

例如，对任意n阶方阵$\boldsymbol{A}$，$\boldsymbol{AA}^{\mathrm{T}}$和$\boldsymbol{A}^{\mathrm{T}}\boldsymbol{A}$都是对称阵，而$\boldsymbol{A}-\boldsymbol{A}^{\mathrm{T}}$是反对称阵. 对角阵是对称阵，零矩阵既是对称阵也是反对称阵.

根据定义，不难看出$\boldsymbol{A}$是对称阵当且仅当$a_{ij}=a_{ji}$，所以对称阵的元素关于对角线对称. 而$\boldsymbol{A}$是反对称阵当且仅当$a_{ij}=-a_{ji}$，因此反对称阵的对角元都等于零. 以下矩阵第一个是对称阵，后两个是反对称阵.

$$\begin{pmatrix}2&1&-1\\1&1&3\\-1&3&0\end{pmatrix},\begin{pmatrix}0&-1&2\\1&0&-3\\-2&3&0\end{pmatrix},\begin{pmatrix}0&-1\\1&0\end{pmatrix}.$$

练习 2.1.30 求证：任何一个n阶方阵都可以写成一个对称阵加一个反称阵.

练习 2.1.31 设$\boldsymbol{A}$和$\boldsymbol{B}$是对称阵，求证：$\boldsymbol{AB}$是对称阵$\Leftrightarrow\boldsymbol{AB}=\boldsymbol{BA}$.

练习 2.1.32 设$\boldsymbol{A}$是n阶实对称阵，求证：如果$\boldsymbol{A}^2=\boldsymbol{O}$，则$\boldsymbol{A}=\boldsymbol{O}$.

练习 2.1.33 求证：n阶实方阵$\boldsymbol{A}$是反对称阵当且仅当对任意n维列向量$\boldsymbol{\alpha}$，都有

$$\boldsymbol{\alpha}^{\mathrm{T}}\boldsymbol{A}\,\boldsymbol{\alpha}=0.$$

2.1.6 初等矩阵与初等变换

定义 2.1.7 以下三类矩阵分别称为**第一**、**第二**、**第三类初等矩阵**：

$$\boldsymbol{P}_{ij}=\begin{array}{c}\begin{matrix}&&&i&&&&j&&&\end{matrix}\\ \begin{pmatrix}1&&&&&&&&&&\\&\ddots&&&&&&&&&\\&&1&&&&&&&&\\&&&0&&\cdots&&1&&&\\&&&&1&&&&&&\\&&&\vdots&&\ddots&&\vdots&&&\\&&&&&&1&&&&\\&&&1&&\cdots&&0&&&\\&&&&&&&&1&&\\&&&&&&&&&\ddots&\\&&&&&&&&&&1\end{pmatrix}\end{array}\begin{matrix}\\ \\ \\ \\ i\\ \\ \\ \\ j\\ \\ \\ \\ \end{matrix};$$

$$
\boldsymbol{D}_i(k)=\begin{pmatrix}1&&&&&&\\&\ddots&&&&&\\&&1&&&&\\&&&k&&&\\&&&&1&&\\&&&&&\ddots&\\&&&&&&1\end{pmatrix} i;\quad \boldsymbol{T}_{ij}(k)=\begin{pmatrix}1&&&&&&\\&\ddots&&&&&\\&&1&\cdots&k&&\\&&&\ddots&\vdots&&\\&&&&1&&\\&&&&&\ddots&\\&&&&&&1\end{pmatrix} i.
$$

其中对角线上省略没写出来的元素都为 1,其他位置则为 0,而且 $\boldsymbol{D}_i(k)$ 的 $k\neq 0$.

例 2.1.5 假设以下乘法都可以进行(乘在矩阵 $\boldsymbol{A}$ 左边和右边的初等矩阵虽然用同样的符号表示,可能阶数是不同的),试计算:

$$
\boldsymbol{P}_{ij}\boldsymbol{A},\ \boldsymbol{A}\boldsymbol{P}_{ij},\ \boldsymbol{D}_i(k)\boldsymbol{A},\ \boldsymbol{A}\boldsymbol{D}_i(k),\ \boldsymbol{T}_{ij}(k)\boldsymbol{A},\ \boldsymbol{A}\boldsymbol{T}_{ij}(k).
$$

解

$$
\boldsymbol{P}_{ij}\boldsymbol{A}=\begin{pmatrix}a_{11}&a_{12}&\cdots&a_{1n}\\\vdots&\vdots&&\vdots\\a_{j1}&a_{j2}&\cdots&a_{jn}\\\vdots&\vdots&&\vdots\\a_{i1}&a_{i2}&\cdots&a_{in}\\\vdots&\vdots&&\vdots\\a_{m1}&a_{m2}&\cdots&a_{mn}\end{pmatrix};\ \boldsymbol{A}\boldsymbol{P}_{ij}=\begin{pmatrix}a_{11}&\cdots&a_{1j}&\cdots&a_{1i}&\cdots&a_{1n}\\a_{21}&\cdots&a_{2j}&\cdots&a_{2i}&\cdots&a_{2n}\\\vdots&&\vdots&&\vdots&&\vdots\\a_{m1}&\cdots&a_{mj}&\cdots&a_{mi}&\cdots&a_{mn}\end{pmatrix}.
$$

其中第一个矩阵只是将 $\boldsymbol{A}$ 的第 i 行和第 j 行交换了位置,其他各行不动;第二个矩阵只是将 $\boldsymbol{A}$ 的第 i 列和第 j 列交换了位置,其他各列不动.

$$
\boldsymbol{D}_i(k)\boldsymbol{A}=\begin{pmatrix}a_{11}&a_{12}&\cdots&a_{1n}\\\vdots&\vdots&&\vdots\\ka_{i1}&ka_{i2}&\cdots&ka_{in}\\\vdots&\vdots&&\vdots\\a_{m1}&a_{m2}&\cdots&a_{mn}\end{pmatrix};\ \boldsymbol{A}\boldsymbol{D}_i(k)=\begin{pmatrix}a_{11}&\cdots&ka_{1i}&\cdots&a_{1n}\\a_{21}&\cdots&ka_{2i}&\cdots&a_{2n}\\\vdots&&\vdots&&\vdots\\a_{m1}&\cdots&ka_{mi}&\cdots&a_{mn}\end{pmatrix}.
$$

其中前一个矩阵只是将 $\boldsymbol{A}$ 的第 i 行每个元素都乘以 k,其他各行不变;后一个矩阵只是将 $\boldsymbol{A}$ 的第 i 列每个元素都乘以 k,其他各列不变.

$$
\boldsymbol{T}_{ij}(k)\boldsymbol{A}=\begin{pmatrix}a_{11}&a_{12}&\cdots&a_{1n}\\\vdots&\vdots&&\vdots\\a_{i1}+ka_{j1}&a_{i2}+ka_{j2}&\cdots&a_{in}+ka_{jn}\\\vdots&\vdots&&\vdots\\a_{j1}&a_{j2}&\cdots&a_{jn}\\\vdots&\vdots&&\vdots\\a_{m1}&a_{m2}&\cdots&a_{mn}\end{pmatrix};
$$

$$AT_{ij}(k)=\begin{pmatrix} a_{11} & \cdots & a_{1i} & \cdots & ka_{1i}+a_{1j} & \cdots & a_{1n} \\ a_{21} & \cdots & a_{2i} & \cdots & ka_{2i}+a_{2j} & \cdots & a_{2n} \\ \vdots & & \vdots & & \vdots & & \vdots \\ a_{m1} & \cdots & a_{mi} & \cdots & ka_{mi}+a_{mj} & \cdots & a_{mn} \end{pmatrix}.$$

其中前一个矩阵只是将 $\boldsymbol{A}$ 的第 j 行每个元素都乘以 k 加到第 i 行的相应元素，其他各行（包括第 j 行）保持不变；后一个矩阵只是将 $\boldsymbol{A}$ 的第 i 列每个元素都乘以 k 加到第 j 列的相应元素，其他各列（包括第 i 列）保持不变.

通过上面例子的计算可以发现，对一个矩阵左乘或者右乘初等矩阵，就相当于对它进行了某种涉及行或者列的简单变换. 这些变换对以后计算行列式，求矩阵的秩，解线性方程组等都有重要应用.

定义 2.1.8 以下三类变换分别称为矩阵的**第一、第二、第三类初等行(列)变换**：

(1) 交换矩阵的第 i 行和第 j 行（第 i 列和第 j 列），记为 $r_i\leftrightarrow r_j$（$c_i\leftrightarrow c_j$）；

(2) 用一个非零数 k 去乘矩阵的第 i 行(列)，记为 kr_i（kc_i）；

(3) 将矩阵的第 j 行乘以数 k 加到第 i 行（第 j 列乘以数 k 加到第 i 列），记为 r_i+kr_j（c_i+kc_j）.

例 2.1.5 的计算结果总结起来就是以下定理.

定理 2.1.2 对矩阵 $\boldsymbol{A}$ 作一次初等行(列)变换就相当于对它左(右)乘一个初等矩阵. 具体地说，即

$$\boldsymbol{A}\xrightarrow{r_i\leftrightarrow r_j}\boldsymbol{P}_{ij}\boldsymbol{A},\ \boldsymbol{A}\xrightarrow{c_i\leftrightarrow c_j}\boldsymbol{A}\boldsymbol{P}_{ij};$$

$$\boldsymbol{A}\xrightarrow{kr_i}\boldsymbol{D}_i(k)\boldsymbol{A},\ \boldsymbol{A}\xrightarrow{kc_i}\boldsymbol{A}\boldsymbol{D}_i(k);$$

$$\boldsymbol{A}\xrightarrow{r_i+kr_j}\boldsymbol{T}_{ij}(k)\boldsymbol{A},\ \boldsymbol{A}\xrightarrow{c_j+kc_i}\boldsymbol{A}\boldsymbol{T}_{ij}(k).$$

因此，对一个矩阵做一系列初等变换，就相当于对它左乘右乘一系列初等矩阵.

另外，若 $\boldsymbol{A}$ 通过第一类初等行变换（比如，$r_i\leftrightarrow r_j$）化为 $\boldsymbol{B}$，反过来，$\boldsymbol{B}$ 也可以通过第一类初等行变换（仍然是 $r_i\leftrightarrow r_j$）化为 $\boldsymbol{A}$；若 $\boldsymbol{A}$ 通过第二类初等行变换（比如 kr_i）化为 $\boldsymbol{C}$，$\boldsymbol{C}$ 也可以通过第二类初等行变换 $\left(\frac{1}{k}r_i\right)$ 化为 $\boldsymbol{A}$；若 $\boldsymbol{A}$ 通过第三类初等行变换（比如 r_i+kr_j）化为 $\boldsymbol{D}$，$\boldsymbol{D}$ 也可以通过第三类初等行变换（r_i-kr_j）化为 $\boldsymbol{A}$. 对列变换也有如是结果. 所以，初等变换都是可逆的，并且逆变换仍是同类初等变换. 因此，如果矩阵 $\boldsymbol{A}$ 通过一系列初等变换化为 $\boldsymbol{A}'$，那么 $\boldsymbol{A}'$ 也可以通过一系列初等变换化为 $\boldsymbol{A}$.

对角阵

$$\begin{pmatrix} a_1 & 0 & \cdots & 0 \\ 0 & a_2 & \cdots & 0 \\ \vdots & \vdots & & \vdots \\ 0 & 0 & \cdots & a_n \end{pmatrix}=\boldsymbol{D}_1(a_1)\boldsymbol{D}_2(a_2)\cdots\boldsymbol{D}_n(a_n).$$

所以用对角阵左乘一个矩阵，就相当于将原矩阵的各行的元素依次乘上 $a_1,a_2,\cdots,a_n$. 如果是右乘，则是各列元素依次乘上 $a_1,a_2,\cdots,a_n$.

最后介绍一下初等阵的转置. 从初等阵的形式不难发现：

$$P_{ij}^{\mathrm{T}} = P_{ij}, D_i(k)^{\mathrm{T}} = D_i(k), T_{ij}(k)^{\mathrm{T}} = T_{ji}(k).$$

所以$(\boldsymbol{P}_{ij}\boldsymbol{A}^{\mathrm{T}})^{\mathrm{T}}=\boldsymbol{A}\boldsymbol{P}_{ij}$，$(\boldsymbol{D}_i(k)\boldsymbol{A}^{\mathrm{T}})^{\mathrm{T}}=\boldsymbol{A}\boldsymbol{D}_i(k)$，$(\boldsymbol{T}_{ij}(k)\boldsymbol{A}^{\mathrm{T}})^{\mathrm{T}}=\boldsymbol{A}\boldsymbol{T}_{ji}(k)$. 也就是说，对矩阵转置后做初等行变换再转置回来，相当于对它做同类的初等列变换.

2.1.7 分块矩阵

在矩阵的计算中有一种有用的技巧，叫做“矩阵的分块”，就是将一个矩阵视为由它的若干块较小的子矩阵构成的矩阵. 称这样的由其子矩阵所构成的矩阵为分块矩阵或分块阵. 例如，可把

$$\boldsymbol{A}=\begin{pmatrix} a_{11} & a_{12} & a_{13} \\ a_{21} & a_{22} & a_{23} \\ a_{31} & a_{32} & a_{33} \\ a_{41} & a_{42} & a_{43} \end{pmatrix}$$

分成四块

$$\left(\begin{array}{c:cc} a_{11} & a_{12} & a_{13} \\ a_{21} & a_{22} & a_{23} \\ \hdashline a_{31} & a_{32} & a_{33} \\ a_{41} & a_{42} & a_{43} \end{array}\right),$$

将其视为由子矩阵

$$\boldsymbol{A}_{11}=\begin{pmatrix} a_{11} \\ a_{21} \end{pmatrix},\ \boldsymbol{A}_{12}=\begin{pmatrix} a_{12} & a_{13} \\ a_{22} & a_{23} \end{pmatrix},\ \boldsymbol{A}_{21}=\begin{pmatrix} a_{31} \\ a_{41} \end{pmatrix},\ \boldsymbol{A}_{22}=\begin{pmatrix} a_{32} & a_{33} \\ a_{42} & a_{43} \end{pmatrix}$$

所构成的 2×2 分块矩阵

$$\begin{pmatrix} \boldsymbol{A}_{11} & \boldsymbol{A}_{12} \\ \boldsymbol{A}_{21} & \boldsymbol{A}_{22} \end{pmatrix}.$$

对矩阵分块的方法不是唯一的. 比如上述的 4×3 矩阵 $\boldsymbol{A}$ 也可被分为 2×1 分块矩阵

$$\left(\begin{array}{ccc} a_{11} & a_{12} & a_{13} \\ a_{21} & a_{22} & a_{23} \\ a_{31} & a_{32} & a_{33} \\ \hdashline a_{41} & a_{42} & a_{43} \end{array}\right)=\begin{pmatrix} \boldsymbol{B}_{11} \\ \boldsymbol{B}_{21} \end{pmatrix}$$

或者 3×2 分块矩阵

$$\left(\begin{array}{cc:c} a_{11} & a_{12} & a_{13} \\ \hdashline a_{21} & a_{22} & a_{23} \\ a_{31} & a_{32} & a_{33} \\ \hdashline a_{41} & a_{42} & a_{43} \end{array}\right)=\begin{pmatrix} \boldsymbol{C}_{11} & \boldsymbol{C}_{12} \\ \boldsymbol{C}_{21} & \boldsymbol{C}_{22} \\ \boldsymbol{C}_{31} & \boldsymbol{C}_{32} \end{pmatrix},$$

等. 把整个矩阵看成一个 1×1 分块矩阵也算一种分块方法.

在矩阵的众多分块方法中有两种特别有用，就是将矩阵按列分块和按行分块：

$$A=(\boldsymbol{\alpha}_1,\ \boldsymbol{\alpha}_2,\ \cdots,\ \boldsymbol{\alpha}_n)=\begin{pmatrix}\boldsymbol{\beta}_1\\ \boldsymbol{\beta}_2\\ \vdots\\ \boldsymbol{\beta}_m\end{pmatrix},$$

其中 $\boldsymbol{A}$ 是 $m\times n$ 矩阵，$\boldsymbol{\alpha}_i=(a_{1i},a_{2i},\cdots,a_{mi})^{\mathrm{T}}$，$\boldsymbol{\beta}_i=(a_{i1},a_{i2},\cdots,a_{in})$.

对一个矩阵采用什么分块法取决于它本身的特点，也取决于要进行哪种运算. 接下来介绍分块矩阵的运算.

1. 线性运算

设 $\boldsymbol{A}$，$\boldsymbol{B}$ 都是 F 上的 $m\times n$ 矩阵，并按相同的方法来分块：

$$\begin{pmatrix}\boldsymbol{A}_{11} & \cdots & \boldsymbol{A}_{1q}\\ \vdots & & \vdots\\ \boldsymbol{A}_{p1} & \cdots & \boldsymbol{A}_{pq}\end{pmatrix},\ \begin{pmatrix}\boldsymbol{B}_{11} & \cdots & \boldsymbol{B}_{1q}\\ \vdots & & \vdots\\ \boldsymbol{B}_{p1} & \cdots & \boldsymbol{B}_{pq}\end{pmatrix}.$$

设 $k\in F$，则依矩阵的加法和数乘的定义有

$$\boldsymbol{A}+\boldsymbol{B}=\begin{pmatrix}\boldsymbol{A}_{11}+\boldsymbol{B}_{11} & \cdots & \boldsymbol{A}_{1q}+\boldsymbol{B}_{1q}\\ \vdots & & \vdots\\ \boldsymbol{A}_{p1}+\boldsymbol{B}_{p1} & \cdots & \boldsymbol{A}_{pq}+\boldsymbol{B}_{pq}\end{pmatrix},$$

$$k\boldsymbol{A}=\begin{pmatrix}k\boldsymbol{A}_{11} & \cdots & k\boldsymbol{A}_{1q}\\ \vdots & & \vdots\\ k\boldsymbol{A}_{p1} & \cdots & k\boldsymbol{A}_{pq}\end{pmatrix}.$$

2. 乘法

设 $\boldsymbol{A}\in F^{m\times n}$，$\boldsymbol{B}\in F^{n\times p}$，分别如下分块：

$$\boldsymbol{A}=\begin{array}{c}\begin{matrix}n_1 & n_2 & \cdots & n_s\end{matrix}\\ \begin{pmatrix}\boldsymbol{A}_{11} & \boldsymbol{A}_{12} & \cdots & \boldsymbol{A}_{1s}\\ \boldsymbol{A}_{21} & \boldsymbol{A}_{22} & \cdots & \boldsymbol{A}_{2s}\\ \vdots & \vdots & & \vdots\\ \boldsymbol{A}_{r1} & \boldsymbol{A}_{r2} & \cdots & \boldsymbol{A}_{rs}\end{pmatrix}\begin{matrix}m_1\\ m_2\\ \vdots\\ m_r\end{matrix}\end{array},$$

其中，n_i 表示第 i 列的分块矩阵 $\boldsymbol{A}_{\cdot i}$ 的列数，m_i 表示第 i 行的分块矩阵 $\boldsymbol{A}_{i\cdot}$ 的行数，所以 $\sum_1^r m_i=m$，$\sum_1^s n_i=n$.

$$\boldsymbol{B}=\begin{array}{c}\begin{matrix}p_1 & p_2 & \cdots & p_t\end{matrix}\\ \begin{pmatrix}\boldsymbol{B}_{11} & \boldsymbol{B}_{12} & \cdots & \boldsymbol{B}_{1t}\\ \boldsymbol{B}_{21} & \boldsymbol{B}_{22} & \cdots & \boldsymbol{B}_{2t}\\ \vdots & \vdots & & \vdots\\ \boldsymbol{B}_{s1} & \boldsymbol{B}_{s2} & \cdots & \boldsymbol{B}_{st}\end{pmatrix}\begin{matrix}n_1\\ n_2\\ \vdots\\ n_s\end{matrix}\end{array},$$

其中，p_i 表示 $\boldsymbol{B}_{\cdot i}$ 的列数，n_i 表示 $\boldsymbol{B}_{i\cdot}$ 的行数，所以 $\sum_1^s n_i=n$，$\sum_1^t p_i=p$. 则 $\boldsymbol{A}$ 与 $\boldsymbol{B}$ 的积

$$\boldsymbol{AB}=\begin{array}{c}\begin{matrix} p_1 & p_2 & \cdots & p_t \end{matrix}\\ \begin{pmatrix} \boldsymbol{C}_{11} & \boldsymbol{C}_{12} & \cdots & \boldsymbol{C}_{1t} \\ \boldsymbol{C}_{21} & \boldsymbol{C}_{22} & \cdots & \boldsymbol{C}_{2t} \\ \vdots & \vdots & & \vdots \\ \boldsymbol{C}_{r1} & \boldsymbol{C}_{r2} & \cdots & \boldsymbol{C}_{rt} \end{pmatrix}\end{array}\begin{matrix} m_1 \\ m_2 \\ \vdots \\ m_r \end{matrix},$$

其中，$\boldsymbol{C}_{ij}=\sum\limits_{k=1}^{s}\boldsymbol{A}_{ik}\boldsymbol{B}_{kj}$.

例如，$\boldsymbol{A}=\left(\begin{array}{cc:c} a_{11} & a_{12} & a_{13} \\ a_{21} & a_{22} & a_{23} \\ \hdashline a_{31} & a_{32} & a_{33} \\ a_{41} & a_{42} & a_{43} \end{array}\right)=\begin{pmatrix} \boldsymbol{A}_{11} & \boldsymbol{A}_{12} \\ \boldsymbol{A}_{21} & \boldsymbol{A}_{22} \end{pmatrix}$，$\boldsymbol{B}=\left(\begin{array}{cc} b_{11} & b_{12} \\ b_{21} & b_{22} \\ \hdashline b_{31} & b_{32} \end{array}\right)=\begin{pmatrix} \boldsymbol{B}_{11} \\ \boldsymbol{B}_{21} \end{pmatrix}$，

则

$$\boldsymbol{AB}=\begin{pmatrix} \boldsymbol{A}_{11} & \boldsymbol{A}_{12} \\ \boldsymbol{A}_{21} & \boldsymbol{A}_{22} \end{pmatrix}\begin{pmatrix} \boldsymbol{B}_{11} \\ \boldsymbol{B}_{21} \end{pmatrix}=\begin{pmatrix} \boldsymbol{A}_{11}\boldsymbol{B}_{11}+\boldsymbol{A}_{12}\boldsymbol{B}_{21} \\ \boldsymbol{A}_{21}\boldsymbol{B}_{11}+\boldsymbol{A}_{22}\boldsymbol{B}_{21} \end{pmatrix}.$$

又如，若 $\boldsymbol{A}$ 和 $\boldsymbol{B}$ 都是 n 阶方阵，且

$$\boldsymbol{A}=(\boldsymbol{\alpha}_1,\ \boldsymbol{\alpha}_2,\ \cdots,\ \boldsymbol{\alpha}_n),\boldsymbol{B}=\begin{pmatrix} \boldsymbol{\beta}_1 \\ \boldsymbol{\beta}_2 \\ \vdots \\ \boldsymbol{\beta}_n \end{pmatrix},$$

则 $\boldsymbol{BA}=(\boldsymbol{B\alpha}_1,\ \boldsymbol{B\alpha}_2,\ \cdots,\ \boldsymbol{B\alpha}_n)=\begin{pmatrix} \boldsymbol{\beta}_1\boldsymbol{A} \\ \boldsymbol{\beta}_2\boldsymbol{A} \\ \vdots \\ \boldsymbol{\beta}_n\boldsymbol{A} \end{pmatrix}$，$\boldsymbol{AB}=\boldsymbol{\alpha}_1\boldsymbol{\beta}_1+\boldsymbol{\alpha}_2\boldsymbol{\beta}_2+\cdots+\boldsymbol{\alpha}_n\boldsymbol{\beta}_n$.

例 2.1.6 设

$$\boldsymbol{A}=\begin{pmatrix} 1 & 0 & 0 & 0 \\ 0 & 1 & 0 & 0 \\ -1 & 0 & 1 & 0 \\ 1 & 1 & 0 & 1 \end{pmatrix},\ \boldsymbol{B}=\begin{pmatrix} 1 & 0 & -1 & 2 \\ -1 & 2 & 0 & 1 \\ 1 & 0 & 0 & 1 \\ 0 & -1 & 2 & 5 \end{pmatrix}$$

求 $\boldsymbol{AB}$.

解 当然可以直接按乘法定义计算 $\boldsymbol{AB}$，但这里采用分块矩阵的方法来求解. 首先将 $\boldsymbol{A}$，$\boldsymbol{B}$ 按如下方式分块：

$$\boldsymbol{A}=\left(\begin{array}{cc:cc} 1 & 0 & 0 & 0 \\ 0 & 1 & 0 & 0 \\ \hdashline -1 & 0 & 1 & 0 \\ 1 & 1 & 0 & 1 \end{array}\right)=\begin{pmatrix} \boldsymbol{I} & \boldsymbol{O} \\ \boldsymbol{A}_{21} & \boldsymbol{I} \end{pmatrix},\ \boldsymbol{B}=\left(\begin{array}{cc:cc} 1 & 0 & -1 & 2 \\ -1 & 2 & 0 & 1 \\ \hdashline 1 & 0 & 0 & 1 \\ 0 & -1 & 2 & 5 \end{array}\right)=\begin{pmatrix} \boldsymbol{B}_{11} & \boldsymbol{B}_{12} \\ \boldsymbol{B}_{21} & \boldsymbol{B}_{22} \end{pmatrix},$$

其中 $\boldsymbol{I}$ 表示 2 阶单位阵，$\boldsymbol{O}$ 表示 2 阶零矩阵. 则

$$\boldsymbol{AB}=\begin{pmatrix} \boldsymbol{I} & \boldsymbol{O} \\ \boldsymbol{A}_{21} & \boldsymbol{I} \end{pmatrix}\begin{pmatrix} \boldsymbol{B}_{11} & \boldsymbol{B}_{12} \\ \boldsymbol{B}_{21} & \boldsymbol{B}_{22} \end{pmatrix}$$

$$=\begin{pmatrix} \boldsymbol{B}_{11} & \boldsymbol{B}_{12} \\ \boldsymbol{A}_{21}\boldsymbol{B}_{11}+\boldsymbol{B}_{21} & \boldsymbol{A}_{21}\boldsymbol{B}_{12}+\boldsymbol{B}_{22} \end{pmatrix}.$$

因为

$$\boldsymbol{A}_{21}\boldsymbol{B}_{11}+\boldsymbol{B}_{21}=\begin{pmatrix} -1 & 0 \\ 1 & 1 \end{pmatrix}\begin{pmatrix} 1 & 0 \\ -1 & 2 \end{pmatrix}+\begin{pmatrix} 1 & 0 \\ 0 & -1 \end{pmatrix}=\begin{pmatrix} 0 & 0 \\ 0 & 1 \end{pmatrix},$$

$$\boldsymbol{A}_{21}\boldsymbol{B}_{12}+\boldsymbol{B}_{22}=\begin{pmatrix} -1 & 0 \\ 1 & 1 \end{pmatrix}\begin{pmatrix} -1 & 2 \\ 0 & 1 \end{pmatrix}+\begin{pmatrix} 0 & 1 \\ 2 & 5 \end{pmatrix}=\begin{pmatrix} 1 & -1 \\ 1 & 8 \end{pmatrix}.$$

所以

$$\boldsymbol{AB}=\begin{pmatrix} 1 & 0 & -1 & 2 \\ -1 & 2 & 0 & 1 \\ 0 & 0 & 1 & -1 \\ 0 & 1 & 1 & 8 \end{pmatrix}.$$

练习 2.1.34 设 $\boldsymbol{A}=\begin{pmatrix} 1 & 0 & 1 & 0 \\ 0 & 1 & 1 & 0 \\ 1 & 1 & 0 & 0 \\ 1 & 0 & 0 & 1 \end{pmatrix}$, $\boldsymbol{B}=\begin{pmatrix} 1 & 0 & 1 & 0 \\ 0 & 1 & 0 & -1 \\ 1 & 0 & -1 & 0 \\ 0 & 1 & 0 & 1 \end{pmatrix}$,用分块矩阵法计算 $\boldsymbol{AB}$, $\boldsymbol{BA}$.

练习 2.1.35 设

$$\boldsymbol{T}_{21}(\boldsymbol{K})=\begin{pmatrix} \boldsymbol{I}_r & \boldsymbol{O} \\ \boldsymbol{K} & \boldsymbol{I}_s \end{pmatrix},\ \boldsymbol{T}_{12}(\boldsymbol{K})=\begin{pmatrix} \boldsymbol{I}_r & \boldsymbol{K} \\ \boldsymbol{O} & \boldsymbol{I}_s \end{pmatrix},$$

其中 $r+s=n$,又设 n 阶方阵

$$\boldsymbol{A}=\begin{pmatrix} \boldsymbol{A}_1 & \boldsymbol{A}_2 \\ \boldsymbol{A}_3 & \boldsymbol{A}_4 \end{pmatrix},$$

分块方法与上面两个分块矩阵相同. 计算 $\boldsymbol{T}_{21}(\boldsymbol{K})\boldsymbol{A}$, $\boldsymbol{A}\boldsymbol{T}_{21}(\boldsymbol{K})$, $\boldsymbol{T}_{12}(\boldsymbol{K})\boldsymbol{A}$ 以及 $\boldsymbol{A}\boldsymbol{T}_{12}(\boldsymbol{K})$. 说明这几个乘积相当于对 2×2 分块阵 $\boldsymbol{A}$ 作第三类分块初等变换,$\boldsymbol{T}_{ij}(\boldsymbol{K})$ 称为第三类分块初等矩阵. 请写出对应于另外两种分块初等变换的 2×2 分块初等阵.

练习 2.1.36 求证:$\boldsymbol{T}_{12}(\boldsymbol{K})$ 可以写成一系列第三类初等矩阵的乘积.

3. 转置

设 $\boldsymbol{A}$ 是 $m\times n$ 矩阵,并按如下方式分块

$$\boldsymbol{A}=\begin{pmatrix} \boldsymbol{A}_{11} & \boldsymbol{A}_{12} & \cdots & \boldsymbol{A}_{1q} \\ \boldsymbol{A}_{21} & \boldsymbol{A}_{22} & \cdots & \boldsymbol{A}_{2q} \\ \vdots & \vdots & & \vdots \\ \boldsymbol{A}_{p1} & \boldsymbol{A}_{p2} & \cdots & \boldsymbol{A}_{pq} \end{pmatrix},$$

则

$$\boldsymbol{A}^{\mathrm{T}}=\begin{pmatrix} \boldsymbol{A}_{11}^{\mathrm{T}} & \boldsymbol{A}_{21}^{\mathrm{T}} & \cdots & \boldsymbol{A}_{p1}^{\mathrm{T}} \\ \boldsymbol{A}_{12}^{\mathrm{T}} & \boldsymbol{A}_{22}^{\mathrm{T}} & \cdots & \boldsymbol{A}_{p2}^{\mathrm{T}} \\ \vdots & \vdots & & \vdots \\ \boldsymbol{A}_{1q}^{\mathrm{T}} & \boldsymbol{A}_{2q}^{\mathrm{T}} & \cdots & \boldsymbol{A}_{pq}^{\mathrm{T}} \end{pmatrix}.$$

所以,分块矩阵转置可总结为一句口诀:"先大转置(分块矩阵的行列互换),再小转置(每一

子块转置)”.

例 2.1.7 形如

$$A=\begin{pmatrix} A_1 & 0 & \cdots & 0 \\ 0 & A_2 & \cdots & 0 \\ \vdots & \vdots & & \vdots \\ 0 & 0 & \cdots & A_s \end{pmatrix}$$

的分块矩阵称为**分块对角阵**或**准对角阵**,其中 A_i 是 n_i 阶方阵. 设 B 是分法相同的分块对角阵,$k\in F$. 则

$$A+B=\begin{pmatrix} A_1+B_1 & 0 & \cdots & 0 \\ 0 & A_2+B_2 & \cdots & 0 \\ \vdots & \vdots & & \vdots \\ 0 & 0 & \cdots & A_s+B_s \end{pmatrix},\ kA=\begin{pmatrix} kA_1 & 0 & \cdots & 0 \\ 0 & kA_2 & \cdots & 0 \\ \vdots & \vdots & & \vdots \\ 0 & 0 & \cdots & kA_s \end{pmatrix},$$

$$AB=\begin{pmatrix} A_1B_1 & 0 & \cdots & 0 \\ 0 & A_2B_2 & \cdots & 0 \\ \vdots & \vdots & & \vdots \\ 0 & 0 & \cdots & A_sB_s \end{pmatrix},\ A^{\mathrm{T}}=\begin{pmatrix} A_1^{\mathrm{T}} & 0 & \cdots & 0 \\ 0 & A_2^{\mathrm{T}} & \cdots & 0 \\ \vdots & \vdots & & \vdots \\ 0 & 0 & \cdots & A_s^{\mathrm{T}} \end{pmatrix}.$$

2.1.8 迹

定义 2.1.9 设 $A\in M_n(F)$,称对角元之和 $\sum_{i=1}^{n}a_{ii}$ 为 A 的迹,记为 $\mathrm{tr}A$.

命题 2.1.4 设 $A, B\in M_n(F)$, $k\in F$,则

(1) $\mathrm{tr}(A+B)=\mathrm{tr}(A)+\mathrm{tr}(B)$;

(2) $\mathrm{tr}(kA)=k\mathrm{tr}(A)$;

(3) $\mathrm{tr}(A^{\mathrm{T}})=\mathrm{tr}(A)$;

(4) $\mathrm{tr}(AB)=\mathrm{tr}(BA)$.

证明 从迹的定义很容易推出前三个等式,这里只证等式(4). 因为 $\mathrm{tr}(AB)=\sum_{i=1}^{n}\sum_{k=1}^{n}a_{ik}b_{ki}$,而 $\mathrm{tr}(BA)=\sum_{k=1}^{n}\sum_{i=1}^{n}b_{ki}a_{ik}$,由于两个求和号可交换,所以 $\mathrm{tr}(AB)=\mathrm{tr}(BA)$.

练习 2.1.37 求证:

$$\mathrm{tr}\begin{pmatrix} A_1 & & & \\ & A_2 & & \\ & & \ddots & \\ & & & A_s \end{pmatrix}=\sum_{i=1}^{s}\mathrm{tr}A_i.$$

练习 2.1.38 设 A 是 n 阶实方阵,求证:如果 $\mathrm{tr}(A^{\mathrm{T}}A)=0$,则 $A=O$.

练习 2.1.39 设 $A, B\in M_n(F)$,求证:$AB-BA\neq I$.

例 2.1.8 在例 2.1.4 中已将平面上点的直角坐标变换公式写成了矩阵形式

$$\begin{pmatrix} x \\ y \end{pmatrix}=\begin{pmatrix} x_0 \\ y_0 \end{pmatrix}+\begin{pmatrix} \cos\theta & -\sin\theta \\ \sin\theta & \cos\theta \end{pmatrix}\begin{pmatrix} x' \\ y' \end{pmatrix},$$

平面二次曲线的一般方程 $a_{11}x^2+a_{22}y^2+2a_{12}xy+2b_1x+2b_2y+c=0$ 也改写成了

$$(x,\ y)\begin{pmatrix}a_{11} & a_{12}\\ a_{12} & a_{22}\end{pmatrix}\begin{pmatrix}x\\ y\end{pmatrix}+2(b_1,b_2)\begin{pmatrix}x\\ y\end{pmatrix}+c=0.$$

记 $\boldsymbol{X}=\begin{pmatrix}x\\ y\end{pmatrix}$, $\boldsymbol{A}=\begin{pmatrix}a_{11} & a_{12}\\ a_{12} & a_{22}\end{pmatrix}$, $\boldsymbol{B}=\begin{pmatrix}b_1\\ b_2\end{pmatrix}$, $\boldsymbol{D}=\begin{pmatrix}x_0\\ y_0\end{pmatrix}$, $\boldsymbol{R}=\begin{pmatrix}\cos\theta & -\sin\theta\\ \sin\theta & \cos\theta\end{pmatrix}$,上面两式重新写成

$$\boldsymbol{X}=\boldsymbol{R}\boldsymbol{X}'+\boldsymbol{D},$$

$$\boldsymbol{X}^{\mathrm{T}}\boldsymbol{A}\boldsymbol{X}+2\boldsymbol{B}^{\mathrm{T}}\boldsymbol{X}+c=0.$$

设经过直角坐标变换后二次曲线方程为 $\boldsymbol{X}'^{\mathrm{T}}\boldsymbol{A}'\boldsymbol{X}'+2\boldsymbol{B}'^{\mathrm{T}}\boldsymbol{X}'+c'=0$(带撇的矩阵其元素也相应带撇),那么 $\boldsymbol{A}'=\boldsymbol{R}^{\mathrm{T}}\boldsymbol{A}\boldsymbol{R}$. $I_1=a_{11}+a_{22}=\mathrm{tr}\boldsymbol{A}$,因为

$$\mathrm{tr}(\boldsymbol{A}')=\mathrm{tr}(\boldsymbol{R}^{\mathrm{T}}\boldsymbol{A}\boldsymbol{R})=\mathrm{tr}(\boldsymbol{A}\boldsymbol{R}\boldsymbol{R}^{\mathrm{T}})=\mathrm{tr}(\boldsymbol{A}),$$

其中第三个等号是因为 $\boldsymbol{R}\boldsymbol{R}^{\mathrm{T}}=\boldsymbol{I}$,所以 I_1 是不变量.

2.2 方阵的行列式

2.2.1 排列

第 1 章在介绍向量的叉积和混合积时引入了二阶和三阶行列式,它们如下定义

$$\begin{vmatrix}a_{11} & a_{12}\\ a_{21} & a_{22}\end{vmatrix}=a_{11}a_{22}-a_{12}a_{21},$$

$$\begin{vmatrix}a_{11} & a_{12} & a_{13}\\ a_{21} & a_{22} & a_{23}\\ a_{31} & a_{32} & a_{33}\end{vmatrix}=a_{11}a_{22}a_{33}+a_{13}a_{21}a_{32}+a_{12}a_{23}a_{31}-a_{13}a_{22}a_{31}-a_{11}a_{23}a_{32}-a_{12}a_{21}a_{33}.$$

现在引进 n 阶行列式的定义.

为此,需要先介绍排列以及反序数的概念. 由 n 个数字 1, 2, …, n 组成的有序数组称为一个 n 阶排列. 比如,6753421 就是一个 7 阶排列. 一般地,我们用 $i_1i_2\cdots i_n$ 表示一个 n 阶排列. n 个数字总共有 $n!$ 个不同的排列.

在一个排列中,如果有某个较大的数字排在一个较小的数字之前,那么就称这两个数字构成一个反序. 比如,3 阶排列 132 中,3 比 2 大却排在 2 之前,那么 3 与 2 就构成一个反序. 一个排列 $i_1i_2\cdots i_n$ 中反序的数目称为这个排列的反序数,记为 $\pi(i_1i_2\cdots i_n)$. 例如 $\pi(132)=1$. 计算反序数的方法很简单,就是从左往右依次计算排在每个数字后面却比该数字小的数字的数目,然后把这些数目相加. 即

$$\pi(i_1i_2\cdots i_n)=m(i_1)+m(i_2)+\cdots+m(i_n),$$

其中 $m(i_k)$ 表示排在 i_k 后面却比 i_k 小的数字的数目. 例如,

$$\begin{aligned}\pi(6753421)&=m(6)+m(7)+m(5)+m(3)+m(4)+m(2)+m(1)\\ &=5+5+4+2+2+1+0\\ &=19.\end{aligned}$$

练习 2.2.1 计算 $\pi(896721543)$.

练习 2.2.2 计算 $\pi(n,n-1,\cdots,3,2,1)$.

一个排列的反序数若为奇数则称为奇排列,若为偶数则称为偶排列.

交换一个排列中的两个数字而其他数字保持不变的变换称为对换. 比如,只交换排列 $i_1i_2\cdots i_n$ 中 i_k 与 i_l 的位置,这就是一个对换,记为$(i_k,\ i_l)$. 对换会改变排列的反序数,比如 $\pi(6753421)=19$,交换 5 和 2 的位置后,反序数 $\pi(6723451)=14$.

定理 2.2.1 每一个对换都改变排列的奇偶性.

证明 假设对排列 $i_1i_2\cdots i_n$ 作变换$(i_k,\ i_{k+s})$,$1\leqslant s\leqslant n-k$,$1\leqslant k<n$.

若 $s=1$,原排列 $i_1\cdots i_ki_{k+1}\cdots i_n$ 做完对换$(i_k,\ i_{k+1})$后变为 $i_1\cdots i_{k+1}i_k\cdots i_n$. 如果 $i_k>i_{k+1}$,则 $\pi(i_1\cdots i_{k+1}i_k\cdots i_n)$就等于 $\pi(i_1\cdots i_ki_{k+1}\cdots i_n)$减 1,反之则加 1. 因此奇偶性变了.

若 $s>1$,则

$$i_1\cdots i_k\cdots i_{k+s}\cdots i_n$$

通过对换$(i_k,\ i_{k+s})$变为

$$i_1\cdots i_{k+s}\cdots i_k\cdots i_n$$

就相当于 i_k 先依次与 i_{k+1}, i_{k+2}, $\cdots$, i_{k+s} 对换,然后 i_{k+s} 再依次与 i_{k+s-1}, $\cdots$, i_{k+2}, i_{k+1} 对换. 其间共经过 $2s-1$ 次相邻数字的对换. 如上所证,每次这样的对换都改变奇偶性,因此总共改变了 $2s-1$ 次奇偶性. 若原来是奇排列,现在则为偶排列;若原来是偶排列,现在则为奇排列.

推论 2.2.1 当 $n\geqslant 2$ 时,n 阶排列中奇、偶排列各占一半.

证明 设奇、偶排列分别有 r,s 个. 将 r 个奇排列施行同一个对换得到 r 个偶排列,因此 $r\leqslant s$. 同理 $s\leqslant r$. 故 $r=s$.

2.2.2 行列式的定义

在做了上述准备后,以下给出 n 阶行列式的定义.

定义 2.2.1 n 阶行列式

$$\begin{vmatrix} a_{11} & a_{12} & \cdots & a_{1n} \\ a_{21} & a_{22} & \cdots & a_{2n} \\ \vdots & \vdots & & \vdots \\ a_{n1} & a_{n2} & \cdots & a_{nn} \end{vmatrix} = \sum_{i_1,\ i_2,\cdots,\ i_n} (-1)^{\pi(i_1i_2\cdots i_n)} a_{1i_1}a_{2i_2}\cdots a_{ni_n},$$

其中,a_{ij} 是数域 F 中的元素, $\sum\limits_{i_1,\ i_2,\cdots,\ i_n}$ 表示对 1, 2, $\cdots$, n 的一切可能的排列求和.

也就是说,n 阶行列式就定义为 $n!$ 项取自不同行不同列的元素的乘积 $a_{1i_1}a_{2i_2}\cdots a_{ni_n}$ 的代数和,项 $a_{1i_1}a_{2i_2}\cdots a_{ni_n}$ 的符号为$(-1)^{\pi(i_1i_2\cdots i_n)}$. 列指标的排列 $i_1i_2\cdots i_n$ 是偶排列的项符号为正,是奇排列的符号为负,二者各占一半(如果 $n>1$ 的话),各有$\dfrac{n!}{2}$项. 根据这个定义,一阶行列式$|a_{11}|=a_{11}$,而二阶、三阶行列式恰是本节一开始给出的形式.

方阵和行列式看起来形式有些相似,但它们却是完全不同的概念. 方阵

$$\boldsymbol{A}=\begin{pmatrix} a_{11} & a_{12} & \cdots & a_{1n} \\ a_{21} & a_{22} & \cdots & a_{2n} \\ \vdots & \vdots & & \vdots \\ a_{n1} & a_{n2} & \cdots & a_{nn} \end{pmatrix}$$

是由 n^2 个数域 F 中的数 a_{ij} 排成的数表. 而行列式

$$\begin{vmatrix} a_{11} & a_{12} & \cdots & a_{1n} \\ a_{21} & a_{22} & \cdots & a_{2n} \\ \vdots & \vdots & & \vdots \\ a_{n1} & a_{n2} & \cdots & a_{nn} \end{vmatrix}$$

则是一个数，是这个数表中取自不同行不同列的元素的乘积的代数和，记之为$|\boldsymbol{A}|$.

练习 2.2.3 设 $\boldsymbol{A}, \boldsymbol{B}$ 是 n 阶方阵，请举例说明 $|\boldsymbol{A}+\boldsymbol{B}| \neq |\boldsymbol{A}|+|\boldsymbol{B}|$，$|k\boldsymbol{A}| \neq k|\boldsymbol{A}|$.

例 2.2.1 计算行列式

$$\begin{vmatrix} 0 & 0 & 0 & 1 \\ 0 & 0 & 2 & 0 \\ 0 & 3 & 0 & 0 \\ 4 & 0 & 0 & 0 \end{vmatrix}.$$

解 按定义，该行列式应该有 $4!=24$ 项. 但实际上绝大多数项的乘积中含有 0，因此不等于零的项很少，只须考虑这些非零项. 第 1 行不为 0 的元素是 $a_{14}=1$，其他各行唯一非零元素分别是 $a_{23}=2$，$a_{32}=3$，$a_{41}=4$，而它们也恰好都不同列. 因此它们的乘积 $a_{14}a_{23}a_{32}a_{41}$ 是行列式展开式中唯一的非零项. 所以

$$\begin{vmatrix} 0 & 0 & 0 & 1 \\ 0 & 0 & 2 & 0 \\ 0 & 3 & 0 & 0 \\ 4 & 0 & 0 & 0 \end{vmatrix} = (-1)^{\pi(4321)} 1 \cdot 2 \cdot 3 \cdot 4 = (-1)^6 \cdot 24 = 24.$$

练习 2.2.4 计算 $\begin{vmatrix} 0 & 1 & 0 & \cdots & 0 & 0 \\ 0 & 0 & 2 & \cdots & 0 & 0 \\ \vdots & \vdots & \vdots & & \vdots & \vdots \\ 0 & 0 & 0 & \cdots & 0 & n-1 \\ n & 0 & 0 & \cdots & 0 & 0 \end{vmatrix}$；$\begin{vmatrix} 0 & a & 0 & 0 & 0 \\ b & 0 & 0 & 0 & 0 \\ 0 & 0 & c & 0 & 0 \\ 0 & 0 & 0 & 0 & d \\ 0 & 0 & 0 & e & 0 \end{vmatrix}$.

例 2.2.2 计算行列式

$$\boldsymbol{D} = \begin{vmatrix} a & 0 & 0 & b \\ 0 & c & d & 0 \\ 0 & e & f & 0 \\ g & 0 & 0 & h \end{vmatrix}.$$

解 依定义这个行列式中只有 4 项不等于 0，分别是

$$acfh,\ adeh,\ bdeg,\ bcfg.$$

其列指标分别为 1234，1324，4321，4231. 第 1 项和第 3 项是偶排列，第 2 项和第 4 项是奇排列，所以 $D=acfh-adeh+bdeg-bcfg$.

练习 2.2.5 计算行列式 $\begin{vmatrix} 0 & 0 & 3 & 4 \\ 1 & 0 & 0 & 0 \\ 0 & 2 & 0 & 0 \\ 0 & 2 & 3 & 4 \end{vmatrix}$；$\begin{vmatrix} x & y & & & \\ & x & y & & \\ & & \ddots & \ddots & \\ & & & x & y \\ y & & & & x \end{vmatrix}$（空白部分元素为 0）.

例 2.2.3 计算下三角行列式

$$D=\begin{vmatrix} a_{11} & 0 & 0 & \cdots & 0 \\ a_{21} & a_{22} & 0 & \cdots & 0 \\ a_{31} & a_{32} & a_{33} & \cdots & 0 \\ \vdots & \vdots & \vdots & & \vdots \\ a_{n1} & a_{n2} & a_{n3} & \cdots & a_{nn} \end{vmatrix}.$$

解 设 $a_{1j_1}a_{2j_2}\cdots a_{nj_n}$ 是 D 的一个没有显含零元素的项，则 $j_1=1$，因为 $j_2\neq j_1$ 所以 $j_2=2$. 同理 $j_3=3,j_4=4,\cdots,j_n=n$. 故 D 只含有一个不显含零元素的项 $a_{11}a_{22}\cdots a_{nn}$.

因此

$$D=(-1)^{\pi(12\cdots n)}a_{11}a_{22}\cdots a_{nn}=a_{11}a_{22}\cdots a_{nn}.$$

练习 2.2.6 证明：上三角行列式 $\begin{vmatrix} a_{11} & a_{12} & a_{13} & \cdots & a_{1n} \\ 0 & a_{22} & a_{23} & \cdots & a_{2n} \\ 0 & 0 & a_{33} & \cdots & a_{3n} \\ \vdots & \vdots & \vdots & & \vdots \\ 0 & 0 & 0 & \cdots & a_{nn} \end{vmatrix}=a_{11}a_{22}\cdots a_{nn}$.

练习 2.2.7 计算对角行列式 $\begin{vmatrix} d_1 & & & \\ & d_2 & & \\ & & \ddots & \\ & & & d_n \end{vmatrix}$.

练习 2.2.8 计算行列式

$$\begin{vmatrix} a_{11} & \cdots & a_{1n-2} & a_{1n-1} & a_{1n} \\ a_{21} & \cdots & a_{2n-2} & a_{2n-1} & 0 \\ a_{31} & \cdots & a_{3n-2} & 0 & 0 \\ \vdots & & \vdots & \vdots & \vdots \\ a_{n1} & \cdots & 0 & 0 & 0 \end{vmatrix};\quad \begin{vmatrix} 0 & \cdots & 0 & 0 & a_{1n} \\ 0 & \cdots & 0 & a_{2n-1} & a_{2n} \\ 0 & \cdots & a_{3n-2} & a_{3n-1} & a_{3n} \\ \vdots & & \vdots & \vdots & \vdots \\ a_{n1} & \cdots & a_{nn-2} & a_{nn-1} & a_{nn} \end{vmatrix}.$$

练习 2.2.9 计算行列式

$$\begin{vmatrix} 0 & \cdots & 0 & 0 & a_{1n} \\ 0 & \cdots & 0 & a_{2n-1} & 0 \\ 0 & \cdots & a_{3n-2} & 0 & 0 \\ \vdots & & \vdots & \vdots & \vdots \\ a_{n1} & \cdots & 0 & 0 & 0 \end{vmatrix}.$$

2.2.3 行列式的性质

引理 2.2.1 行列式 D 中的一项

$$a_{i_1j_1}a_{i_2j_2}\cdots a_{i_nj_n}$$

的符号是 $(-1)^{\pi(i_1i_2\cdots i_n)+\pi(j_1j_2\cdots j_n)}$.

证明 $a_{i_1j_1}a_{i_2j_2}\cdots a_{i_nj_n}$ 是 D 中的一项，交换它的因子的次序将它变为 $a_{1k_1}a_{2k_2}\cdots a_{nk_n}$. 交换因子的次序不会改变乘积，所以

$$a_{i_1j_1}a_{i_2j_2}\cdots a_{i_nj_n}=a_{1k_1}a_{2k_2}\cdots a_{nk_n},$$

它的符号根据定义应该是$(-1)^{\pi(k_1k_2\cdots k_n)}$. 另外，当交换 $a_{i_1j_1}a_{i_2j_2}\cdots a_{i_nj_n}$ 的一对因子时，就相当于同时对它的行指标排列 $i_1, i_2, \cdots, i_n$ 和列指标排列 $j_1, j_2, \cdots, j_n$ 都施行了一次对换，因此，$\pi(i_1i_2\cdots i_n)$和 $\pi(j_1j_2\cdots j_n)$的奇偶性都发生了改变. 但是它们的和

$$\pi(i_1i_2\cdots i_n)+\pi(j_1j_2\cdots j_n)$$

则奇偶不变. 无论施行多少次对换，这个和的奇偶性都不变，所以

$$(-1)^{\pi(i_1i_2\cdots i_n)+\pi(j_1j_2\cdots j_n)}=(-1)^{\pi(12\cdots n)+\pi(k_1k_2\cdots k_n)}=(-1)^{\pi(k_1k_2\cdots k_n)}.$$

定理 2.2.2 设 $\boldsymbol{A}$ 是 n 阶方阵，则

$$|\boldsymbol{A}^{\mathrm{T}}|=|\boldsymbol{A}|.$$

证明 设 $\boldsymbol{A}=(a_{ij})$，$\boldsymbol{A}^{\mathrm{T}}=(b_{ij})$，则 $b_{ij}=a_{ji}$. 则

$$\begin{aligned}|\boldsymbol{A}^{\mathrm{T}}|&=\sum_{j_1,j_2,\cdots,j_n}(-1)^{\pi(j_1j_2\cdots j_n)}b_{1j_1}b_{2j_2}\cdots b_{nj_n}\\&=\sum_{j_1,j_2,\cdots,j_n}(-1)^{\pi(j_1j_2\cdots j_n)}a_{j_11}a_{j_22}\cdots a_{j_nn}.\end{aligned}$$

交换每一项 $a_{j_11}a_{j_22}\cdots a_{j_nn}$ 的因子的顺序，可将它变为 $a_{1i_1}a_{2i_2}\cdots a_{ni_n}$. 即

$$a_{j_11}a_{j_22}\cdots a_{j_nn}=a_{1i_1}a_{2i_2}\cdots a_{ni_n}.$$

所以 $a_{j_11}a_{j_22}\cdots a_{j_nn}$ 也是行列式 $|\boldsymbol{A}|$ 中的一项. 由引理 2.2.1，其在 $|A|$ 中的符号为 $(-1)^{\pi(j_1j_2\cdots j_n)+\pi(12\cdots n)}$. 而它同时又是 $a_{1i_1}a_{2i_2}\cdots a_{ni_n}$，故它在$|\boldsymbol{A}|$中的符号也应为$(-1)^{\pi(i_1i_2\cdots i_n)}$. 所以

$$(-1)^{\pi(i_1i_2\cdots i_n)}=(-1)^{\pi(j_1j_2\cdots j_n)+\pi(12\cdots n)}=(-1)^{\pi(j_1j_2\cdots j_n)}.$$

综上，$|\boldsymbol{A}^{\mathrm{T}}|=\sum\limits_{i_1i_2\cdots i_n}(-1)^{\pi(i_1i_2\cdots i_n)}a_{1i_1}a_{2i_2}\cdots a_{ni_n}=|\boldsymbol{A}|$.

这个定理说明，将行列式的行列互换所得的新行列式与原行列式相等.

命题 2.2.1 交换行列式的两行(列)，行列式变号. 即

$$|\boldsymbol{P}_{ij}\boldsymbol{A}|=-|\boldsymbol{A}|,\ |\boldsymbol{A}\boldsymbol{P}_{ij}|=-|\boldsymbol{A}|.$$

证明 依定义

$$\begin{aligned}\begin{vmatrix}a_{11}&a_{12}&\cdots&a_{1n}\\\vdots&\vdots&&\vdots\\a_{i1}&a_{i2}&\cdots&a_{in}\\\vdots&\vdots&&\vdots\\a_{j1}&a_{j2}&\cdots&a_{jn}\\\vdots&\vdots&&\vdots\\a_{n1}&a_{n2}&\cdots&a_{nn}\end{vmatrix}&=\sum(-1)^{\pi(k_1\cdots k_i\cdots k_j\cdots k_n)}a_{1k_1}\cdots a_{ik_i}\cdots a_{jk_j}\cdots a_{nk_n}\\&=\sum-(-1)^{\pi(k_1\cdots k_j\cdots k_i\cdots k_n)}a_{1k_1}\cdots a_{jk_j}\cdots a_{ik_i}\cdots a_{nk_n}\end{aligned}$$

$$=-\begin{vmatrix} a_{11} & a_{12} & \cdots & a_{1n} \\ \vdots & \vdots & & \vdots \\ a_{j1} & a_{j2} & \cdots & a_{jn} \\ \vdots & \vdots & & \vdots \\ a_{i1} & a_{i2} & \cdots & a_{in} \\ \vdots & \vdots & & \vdots \\ a_{n1} & a_{n2} & \cdots & a_{nn} \end{vmatrix}.$$

交换行列式两列相当于对它转置后交换两行再转置回来，由于转置不改变行列式，而交换两行会改变行列式符号，所以交换两列也会改变行列式符号.

当证明了一个性质对行成立后，要证明它对列也成立时，总可以像上述一样处理. 因为定理 2.2.2 的缘故，行列式的性质，凡是对行成立的，对列也一样成立. 所以以下几个命题都只证行的情形.

推论 2.2.2 如果行列式有两行(列)完全相同，则行列式等于 0.

证明 行列式 D 有两行(列)完全相同，交换这两行(列)，由命题 2.2.1，得 $-D$. 但这两行是完全相同的，交换之后行列式不变，故又应等于 D. 所以 $D=-D=0$.

命题 2.2.2 把行列式的某行(列)所有元素同乘以数 k，所得的新行列式等于原行列式乘以数 k. 即 $|\boldsymbol{D}_i(k)\boldsymbol{A}|=k|\boldsymbol{A}|$，$|\boldsymbol{A}\boldsymbol{D}_i(k)|=k|\boldsymbol{A}|$.

证明 依定义

$$\begin{vmatrix} a_{11} & a_{12} & \cdots & a_{1n} \\ \vdots & \vdots & & \vdots \\ ka_{i1} & ka_{i2} & \cdots & ka_{in} \\ \vdots & \vdots & & \vdots \\ a_{n1} & a_{n2} & \cdots & a_{nn} \end{vmatrix} = \sum(-1)^{\pi(j_1\cdots j_i\cdots j_n)}a_{1j_1}\cdots(ka_{ij_i})\cdots a_{nj_n}$$

$$= k\sum(-1)^{\pi(j_1\cdots j_i\cdots j_n)}a_{1j_1}\cdots a_{ij_i}\cdots a_{nj_n}$$

$$= k\begin{vmatrix} a_{11} & a_{12} & \cdots & a_{1n} \\ \vdots & \vdots & & \vdots \\ a_{i1} & a_{i2} & \cdots & a_{in} \\ \vdots & \vdots & & \vdots \\ a_{n1} & a_{n2} & \cdots & a_{nn} \end{vmatrix}.$$

这个命题也可以这样理解：行列式某一行(列)的公因子可提到行列式外.

练习 2.2.10 设 $\boldsymbol{A}$ 是数域 F 上的 n 阶方阵，$k\in F$，证明：$|k\boldsymbol{A}|=k^n|\boldsymbol{A}|$.

从命题 2.2.2 不难推出如下两个推论.

推论 2.2.3 如果一个行列式中有一行(列)所有元素全为 0，则行列式等于 0.

推论 2.2.4 如果一个行列式中有两行(列)的对应元素成比例，那么行列式等于 0.

命题 2.2.3 行列式关于某一行(列)是可加的. 以行为例，即

$$\begin{vmatrix} a_{11} & a_{12} & \cdots & a_{1n} \\ \vdots & \vdots & & \vdots \\ b_{i1}+c_{i1} & b_{i2}+c_{i2} & \cdots & b_{in}+c_{in} \\ \vdots & \vdots & & \vdots \\ a_{n1} & a_{n2} & \cdots & a_{nn} \end{vmatrix} = \begin{vmatrix} a_{11} & a_{12} & \cdots & a_{1n} \\ \vdots & \vdots & & \vdots \\ b_{i1} & b_{i2} & \cdots & b_{in} \\ \vdots & \vdots & & \vdots \\ a_{n1} & a_{n2} & \cdots & a_{nn} \end{vmatrix} + \begin{vmatrix} a_{11} & a_{12} & \cdots & a_{1n} \\ \vdots & \vdots & & \vdots \\ c_{i1} & c_{i2} & \cdots & c_{in} \\ \vdots & \vdots & & \vdots \\ a_{n1} & a_{n2} & \cdots & a_{nn} \end{vmatrix}.$$

证明

$$\begin{aligned} &\begin{vmatrix} a_{11} & a_{12} & \cdots & a_{1n} \\ \vdots & \vdots & & \vdots \\ b_{i1}+c_{i1} & b_{i2}+c_{i2} & \cdots & b_{in}+c_{in} \\ \vdots & \vdots & & \vdots \\ a_{n1} & a_{n2} & \cdots & a_{nn} \end{vmatrix} \\ &= \sum (-1)^{\pi(k_1\cdots k_i\cdots k_n)} a_{1k_1}\cdots(b_{ik_i}+c_{ik_i})\cdots a_{nk_n} \\ &= \sum (-1)^{\pi(k_1\cdots k_i\cdots k_n)} a_{1k_1}\cdots b_{ik_i}\cdots a_{nk_n} + \sum (-1)^{\pi(k_1\cdots k_i\cdots k_n)} a_{1k_1}\cdots c_{ik_i}\cdots a_{nk_n} \\ &= \begin{vmatrix} a_{11} & a_{12} & \cdots & a_{1n} \\ \vdots & \vdots & & \vdots \\ b_{i1} & b_{i2} & \cdots & b_{in} \\ \vdots & \vdots & & \vdots \\ a_{n1} & a_{n2} & \cdots & a_{nn} \end{vmatrix} + \begin{vmatrix} a_{11} & a_{12} & \cdots & a_{1n} \\ \vdots & \vdots & & \vdots \\ c_{i1} & c_{i2} & \cdots & c_{in} \\ \vdots & \vdots & & \vdots \\ a_{n1} & a_{n2} & \cdots & a_{nn} \end{vmatrix}. \end{aligned}$$

命题 2.2.4 把一个行列式的某一行(列)乘以一个数加到另一行(列),所得的行列式与原行列式相等.即$|\boldsymbol{T}_{ij}(k)\boldsymbol{A}|=|\boldsymbol{A}|$,$|\boldsymbol{A}\boldsymbol{T}_{ij}(k)|=|\boldsymbol{A}|$.

证明 设原行列式

$$D = \begin{vmatrix} a_{11} & a_{12} & \cdots & a_{1n} \\ \vdots & \vdots & & \vdots \\ a_{i1} & a_{i2} & \cdots & a_{in} \\ \vdots & \vdots & & \vdots \\ a_{j1} & a_{j2} & \cdots & a_{jn} \\ \vdots & \vdots & & \vdots \\ a_{n1} & a_{n2} & \cdots & a_{nn} \end{vmatrix},$$

将第 j 行乘以数 k 加到第 i 行,得

$$\overline{D} = \begin{vmatrix} a_{11} & a_{12} & \cdots & a_{1n} \\ \vdots & \vdots & & \vdots \\ a_{i1}+ka_{j1} & a_{i2}+ka_{j2} & \cdots & a_{in}+ka_{jn} \\ \vdots & \vdots & & \vdots \\ a_{j1} & a_{j2} & \cdots & a_{jn} \\ \vdots & \vdots & & \vdots \\ a_{n1} & a_{n2} & \cdots & a_{nn} \end{vmatrix}.$$

根据上一个命题

$$\overline{D}=\begin{vmatrix} a_{11} & a_{12} & \cdots & a_{1n} \\ \vdots & \vdots & & \vdots \\ a_{i1} & a_{i2} & \cdots & a_{in} \\ \vdots & \vdots & & \vdots \\ a_{j1} & a_{j2} & \cdots & a_{jn} \\ \vdots & \vdots & & \vdots \\ a_{n1} & a_{n2} & \cdots & a_{nn} \end{vmatrix}+\begin{vmatrix} a_{11} & a_{12} & \cdots & a_{1n} \\ \vdots & \vdots & & \vdots \\ ka_{j1} & ka_{j2} & \cdots & ka_{jn} \\ \vdots & \vdots & & \vdots \\ a_{j1} & a_{j2} & \cdots & a_{jn} \\ \vdots & \vdots & & \vdots \\ a_{n1} & a_{n2} & \cdots & a_{nn} \end{vmatrix}.$$

等式右边第一个行列式就是 D;第二个行列式的第 i 行与第 j 行的对应元素成比例,根据推论 2.2.4,该行列式等于零.所以,$\overline{D}=D$.

例 2.2.4 计算行列式

$$D=\begin{vmatrix} 1 & -1 & 2 & -3 & 1 \\ -3 & 3 & -7 & 9 & -5 \\ 2 & 0 & 4 & -2 & 1 \\ 3 & -5 & 7 & -14 & 6 \\ 4 & -4 & 10 & -10 & 2 \end{vmatrix}.$$

解

$$D\xlongequal{r_2+3r_1}\begin{vmatrix} 1 & -1 & 2 & -3 & 1 \\ 0 & 0 & -1 & 0 & -2 \\ 2 & 0 & 4 & -2 & 1 \\ 3 & -5 & 7 & -14 & 6 \\ 4 & -4 & 10 & -10 & 2 \end{vmatrix},$$

记号 r_2+3r_1 表示将行列式第 1 行乘以 3 加到第 2 行,以下总用这些记号来表示对行列式所做的变换.由于这种变换不改变行列式的值,所以前后两个行列式相等.接下来继续对行列式进行化简:

$$D\xlongequal[r_5-4r_1]{\substack{r_3-2r_1\\ r_4-3r_1}}\begin{vmatrix} 1 & -1 & 2 & -3 & 1 \\ 0 & 0 & -1 & 0 & -2 \\ 0 & 2 & 0 & 4 & -1 \\ 0 & -2 & 1 & -5 & 3 \\ 0 & 0 & 2 & 2 & -2 \end{vmatrix},$$

等号之上从上往下共写了三种变换:r_3-2r_1,r_4-3r_1,r_5-4r_1,表示先对行列式施行变换 r_3-2r_1,然后再做 r_4-3r_1,最后 r_5-4r_1.以下当出现多个变换时,总是规定按从上往下的顺序施行变换.

$$D\xlongequal{\substack{r_2\leftrightarrow r_3\\ r_4+r_2}}-\begin{vmatrix} 1 & -1 & 2 & -3 & 1 \\ 0 & 2 & 0 & 4 & -1 \\ 0 & 0 & -1 & 0 & -2 \\ 0 & 0 & 1 & -1 & 2 \\ 0 & 0 & 2 & 2 & -2 \end{vmatrix}.$$

注意,这里是先将第 2 行与第 3 行互换,然后再用“新”的第 2 行去加第 4 行,所以这里不能

将 $r_2 \leftrightarrow r_3$ 与 $r_4 + r_2$ 这两个变换的次序随意改变.

$$D \xlongequal[r_5+2r_3]{r_4+r_3} -\begin{vmatrix} 1 & -1 & 2 & -3 & 1 \\ 0 & 2 & 0 & 4 & -1 \\ 0 & 0 & -1 & 0 & -2 \\ 0 & 0 & 0 & -1 & 0 \\ 0 & 0 & 0 & 2 & -6 \end{vmatrix}$$

$$\xlongequal{r_5+2r_4} -\begin{vmatrix} 1 & -1 & 2 & -3 & 1 \\ 0 & 2 & 0 & 4 & -1 \\ 0 & 0 & -1 & 0 & -2 \\ 0 & 0 & 0 & -1 & 0 \\ 0 & 0 & 0 & 0 & -6 \end{vmatrix}.$$

上三角行列式的值等于主对角线上元素的乘积,所以 $D=-1\cdot 2\cdot(-1)\cdot(-1)\cdot(-6)=12$.

这道例题的求解过程很具有典型性,通过初等变换将行列式化为上(下)三角行列式是计算行列式的常用方法.

练习 2.2.11 计算行列式 $\begin{vmatrix} 3 & 1 & -1 & 2 \\ -5 & 1 & 3 & -4 \\ 2 & 0 & 1 & -1 \\ 1 & -5 & 3 & -3 \end{vmatrix}$; $\begin{vmatrix} -2 & 5 & -1 & 3 \\ 1 & -9 & 13 & 7 \\ 3 & -1 & 5 & -5 \\ 2 & 8 & -7 & -10 \end{vmatrix}$.

例 2.2.5 计算行列式

$$D=\begin{vmatrix} 3 & 1 & 1 & 1 \\ 1 & 3 & 1 & 1 \\ 1 & 1 & 3 & 1 \\ 1 & 1 & 1 & 3 \end{vmatrix}.$$

解

$$D \xlongequal[\frac{1}{6}r_1]{r_1+\sum_{i=2}^{4} r_i} 6\begin{vmatrix} 1 & 1 & 1 & 1 \\ 1 & 3 & 1 & 1 \\ 1 & 1 & 3 & 1 \\ 1 & 1 & 1 & 3 \end{vmatrix},$$

其中 $r_1+\sum\limits_{i=2}^{4} r_i$ 的意思是将 r_2, r_3, r_4 统统加到 r_1. 做完这个变换后,再将第 1 行的公共因子 6 提到行列式外,这个变换用 $\frac{1}{6}r_1$ 表示.

$$D \xlongequal[i=2,3,4]{r_i-r_1} 6\begin{vmatrix} 1 & 1 & 1 & 1 \\ 0 & 2 & 0 & 0 \\ 0 & 0 & 2 & 0 \\ 0 & 0 & 0 & 2 \end{vmatrix}=48,$$

其中 $r_i - r_1$ 表示用第 i 行减去第 1 行, $i=2,3,4$.

练习 2.2.12 计算行列式

$$D=\begin{vmatrix} a & 1 & 1 & \cdots & 1 \\ 1 & a & 1 & \cdots & 1 \\ 1 & 1 & a & \cdots & 1 \\ \vdots & \vdots & \vdots & & \vdots \\ 1 & 1 & 1 & \cdots & a \end{vmatrix};\begin{vmatrix} x-a & a & a & \cdots & a \\ a & x-a & a & \cdots & a \\ a & a & x-a & \cdots & a \\ \vdots & \vdots & \vdots & & \vdots \\ a & a & a & \cdots & x-a \end{vmatrix}.$$

虽然化行列式为上(下)三角行列式求解是计算行列式的一种常用方法,但并非总是最好的方法,碰到具体问题时,首先要观察行列式的特点,再利用性质化简它.

例 2.2.6 计算行列式

$$D=\begin{vmatrix} 1+a_1 & 2+a_1 & 3+a_1 \\ 1+a_2 & 2+a_2 & 3+a_2 \\ 1+a_3 & 2+a_3 & 3+a_3 \end{vmatrix}.$$

解 方法一,将行列式依第一列拆项:

$$D=\begin{vmatrix} 1 & 2+a_1 & 3+a_1 \\ 1 & 2+a_2 & 3+a_2 \\ 1 & 2+a_3 & 3+a_3 \end{vmatrix}+\begin{vmatrix} a_1 & 2+a_1 & 3+a_1 \\ a_2 & 2+a_2 & 3+a_2 \\ a_3 & 2+a_3 & 3+a_3 \end{vmatrix},$$

其中

$$\begin{vmatrix} 1 & 2+a_1 & 3+a_1 \\ 1 & 2+a_2 & 3+a_2 \\ 1 & 2+a_3 & 3+a_3 \end{vmatrix}\xlongequal[c_3-3c_1]{c_2-2c_1}\begin{vmatrix} 1 & a_1 & a_1 \\ 1 & a_2 & a_2 \\ 1 & a_3 & a_3 \end{vmatrix}=0,$$

$$\begin{vmatrix} a_1 & 2+a_1 & 3+a_1 \\ a_2 & 2+a_2 & 3+a_2 \\ a_3 & 2+a_3 & 3+a_3 \end{vmatrix}\xlongequal[i=2,3]{c_i-c_1}\begin{vmatrix} a_1 & 2 & 3 \\ a_2 & 2 & 3 \\ a_3 & 2 & 3 \end{vmatrix}=0,$$

所以 $D=0$.

方法二,

$$D\xlongequal[i=3,2]{c_i-c_{i-1}}\begin{vmatrix} 1+a_1 & 1 & 1 \\ 1+a_2 & 1 & 1 \\ 1+a_3 & 1 & 1 \end{vmatrix}=0,$$

其中 c_i-c_{i-1}, $i=3,2$ 表示的是先做 c_3-c_2,再做 c_2-c_1,这里写 $i=3,2$ 时特别将 3 写在 2 之前,就是为突出施行变换的次序,以下当需要突出施行变换的次序时总是这样来写.

练习 2.2.13 计算行列式 $D=\begin{vmatrix} 103 & 100 & 204 \\ 199 & 200 & 395 \\ 301 & 300 & 600 \end{vmatrix}$.

练习 2.2.14 计算行列式

$$D=\begin{vmatrix} 1 & 4 & 9 & 16 \\ 4 & 9 & 16 & 25 \\ 9 & 16 & 25 & 36 \\ 16 & 25 & 36 & 49 \end{vmatrix}.$$

例 2.2.7 计算 n 阶行列式

$$D=\begin{vmatrix}1-x_1 & 2 & 3 & \cdots & n\\ 1 & 2-x_2 & 3 & \cdots & n\\ 1 & 2 & 3-x_3 & \cdots & n\\ \vdots & \vdots & \vdots & & \vdots\\ 1 & 2 & 3 & \cdots & n-x_n\end{vmatrix},$$

其中 $x_1,x_2,\cdots,x_n$ 都不为 0.

解

$$D\xlongequal[i=2,3,\cdots,n]{r_i-r_1}\begin{vmatrix}1-x_1 & 2 & 3 & \cdots & n\\ x_1 & -x_2 & 0 & \cdots & 0\\ x_1 & 0 & -x_3 & \cdots & 0\\ \vdots & \vdots & \vdots & & \vdots\\ x_1 & 0 & 0 & \cdots & -x_n\end{vmatrix}$$

$$\xlongequal[i=2,3,\cdots,n]{c_1+\frac{x_1}{x_i}c_i}\begin{vmatrix}1-x_1+\sum\limits_{i=2}^{n}\dfrac{ix_1}{x_i} & 2 & 3 & \cdots & n\\ 0 & -x_2 & 0 & \cdots & 0\\ 0 & 0 & -x_3 & \cdots & 0\\ \vdots & \vdots & \vdots & & \vdots\\ 0 & 0 & 0 & \cdots & -x_n\end{vmatrix}$$

$$=(-1)^{n-1}x_2x_3\cdots x_n\left(1-x_1+\frac{2}{x_2}x_1+\frac{3}{x_3}x_1+\cdots+\frac{n}{x_n}x_1\right)$$

$$=(-1)^{n-1}x_1x_2x_3\cdots x_n\left(\frac{1}{x_1}+\frac{2}{x_2}+\cdots+\frac{n}{x_n}-1\right).$$

练习 2.2.15 计算 n 阶行列式

$$D=\begin{vmatrix}1+a_1 & 1 & 1 & \cdots & 1\\ 1 & 1+a_2 & 1 & \cdots & 1\\ 1 & 1 & 1+a_3 & \cdots & 1\\ \vdots & \vdots & \vdots & & \vdots\\ 1 & 1 & 1 & \cdots & 1+a_n\end{vmatrix},$$

其中 $a_1,a_2,\cdots,a_n$ 都不为 0.

例 2.2.8 设 $\boldsymbol{A}$ 是奇数阶反对称矩阵,求证:$|\boldsymbol{A}|=0$.

证明 $\boldsymbol{A}$ 是反对称矩阵,故 $\boldsymbol{A}=-\boldsymbol{A}^{\mathrm{T}}$. 设 $\boldsymbol{A}$ 是 $2n+1$ 阶方阵,那么

$$|\boldsymbol{A}|=|-\boldsymbol{A}^{\mathrm{T}}|=(-1)^{2n+1}|\boldsymbol{A}^{\mathrm{T}}|=-|\boldsymbol{A}|.$$

其中,第二个等号用到了练习 2.2.10 的结果(若 $\boldsymbol{A}$ 是 n 阶方阵,则 $|k\boldsymbol{A}|=k^n|\boldsymbol{A}|$). 所以 $|\boldsymbol{A}|=0$.

2.2.3 行列式的展开

在第 1 章已经介绍过三阶行列式的如下展开式

$$\begin{vmatrix} a_{11} & a_{12} & a_{13} \\ a_{21} & a_{22} & a_{23} \\ a_{31} & a_{32} & a_{33} \end{vmatrix} = a_{11}\begin{vmatrix} a_{22} & a_{23} \\ a_{32} & a_{33} \end{vmatrix} - a_{12}\begin{vmatrix} a_{21} & a_{23} \\ a_{31} & a_{33} \end{vmatrix} + a_{13}\begin{vmatrix} a_{21} & a_{22} \\ a_{31} & a_{32} \end{vmatrix}, \qquad (2.2.1)$$

这样,三阶行列式的计算就归结为二阶行列式的计算.特别是如果第一行的元素中有两个为0,依上式,则计算三阶行列式就转化为仅计算一个二阶行列式.所以这个公式提供了一种将行列式降阶计算的思路.然而它的意义并不仅限于此,它还具有重要的理论意义.所以下面将把这个公式推广到 n 阶行列式.

为此,先引入子式、余子式及代数余子式等概念.

定义 2.2.2 设 $\boldsymbol{A}=(a_{ij})\in F^{m\times n}$,从 $\boldsymbol{A}$ 中选取位于第 $i_1, i_2,\cdots, i_k$ 行($i_1<i_2<\cdots<i_k$)与第 $j_1,j_2,\cdots,j_l$ 列($j_1<j_2<\cdots<j_l$)相交处的元素构成的一个 $k\times l$ 矩阵

$$\begin{pmatrix} a_{i_1j_1} & \cdots & a_{i_1j_l} \\ \vdots & & \vdots \\ a_{i_kj_1} & \cdots & a_{i_kj_l} \end{pmatrix}$$

称为 $\boldsymbol{A}$ 的一个**子矩阵**,记为 $\boldsymbol{A}(i_1, i_2,\cdots, i_k;j_1,j_2,\cdots,j_l)$.当 $k=l$ 时,行列式 $|\boldsymbol{A}(i_1, i_2,\cdots, i_k;j_1,j_2,\cdots,j_k)|$ 称为 $\boldsymbol{A}$ 的一个 **k 阶子式**.如果 $i_1=j_1,\cdots, i_k=j_k$,则子矩阵 $\boldsymbol{A}(i_1, i_2,\cdots, i_k;j_1,j_2,\cdots,j_k)$ 称为 $\boldsymbol{A}$ 的一个**主子矩阵**,其行列式称为**主子式**.特别地,$\boldsymbol{A}(1, 2, \cdots, k;1, 2, \cdots, k)$ 称为**顺序主子矩阵**,其行列式称为**顺序主子式**.

定义 2.2.3 设 $\boldsymbol{A}=(a_{ij})$ 是 n 阶方阵,划去 $\boldsymbol{A}$ 的第 i 行与第 j 列后得到 $n-1$ 阶子式 $|\boldsymbol{A}(1,\cdots, i-1, i+1,\cdots,n;1,j-1,j+1,\cdots,n)|$ 称为 $\boldsymbol{A}$ 的元素 a_{ij} 的**余子式**,记为 M_{ij},即

$$M_{ij}=\begin{vmatrix} a_{11} & \cdots & a_{1j-1} & a_{1j+1} & \cdots & a_{1n} \\ \vdots & & \vdots & \vdots & & \vdots \\ a_{i-11} & \cdots & a_{i-1j-1} & a_{i-1j+1} & \cdots & a_{i-1n} \\ a_{i+11} & \cdots & a_{i+1j-1} & a_{i+1j+1} & \cdots & a_{i+1n} \\ \vdots & & \vdots & \vdots & & \vdots \\ a_{n1} & \cdots & a_{nj-1} & a_{nj+1} & \cdots & a_{nn} \end{vmatrix}.$$

余子式乘上 $(-1)^{i+j}$ 称为 a_{ij} 的**代数余子式**,记为 A_{ij},即 $A_{ij}=(-1)^{i+j}M_{ij}$.

例如,三阶方阵 $\boldsymbol{A}=\begin{pmatrix} a_{11} & a_{12} & a_{13} \\ a_{21} & a_{22} & a_{23} \\ a_{31} & a_{32} & a_{33} \end{pmatrix}$ 第1行各元素的代数余子式分别为

$$A_{11}=\begin{vmatrix} a_{22} & a_{23} \\ a_{32} & a_{33} \end{vmatrix}, A_{12}=-\begin{vmatrix} a_{21} & a_{23} \\ a_{31} & a_{33} \end{vmatrix}, A_{13}=\begin{vmatrix} a_{21} & a_{22} \\ a_{31} & a_{32} \end{vmatrix}.$$

因此展开公式(2.2.1)可写为

$$|\boldsymbol{A}|=a_{11}A_{11}+a_{12}A_{12}+a_{13}A_{13}.$$

引理 2.2.2 设 $\boldsymbol{A}$ 是 n 阶方阵,且第 i 行除 a_{ij} 外其他元素全部为0,则

$$|\boldsymbol{A}|=a_{ij}A_{ij}.$$

证明 首先考虑 $i=j=1$ 的情况.此时

$$|\boldsymbol{A}|=\begin{vmatrix} a_{11} & 0 & \cdots & 0 \\ a_{21} & a_{22} & \cdots & a_{2n} \\ \vdots & \vdots & & \vdots \\ a_{n1} & a_{n2} & \cdots & a_{nn} \end{vmatrix}.$$

依定义有

$$|\boldsymbol{A}|=\sum_{i_2,\cdots,i_n}(-1)^{\pi(1i_2\cdots i_n)}a_{11}a_{2i_2}\cdots a_{ni_n}=a_{11}\sum_{i_2,\cdots,i_n}(-1)^{\pi(i_2\cdots i_n)}a_{2i_2}\cdots a_{ni_n}$$

$$=a_{11}\begin{vmatrix} a_{22} & \cdots & a_{2n} \\ \vdots & & \vdots \\ a_{n2} & \cdots & a_{nn} \end{vmatrix}.$$

所以，

$$|\boldsymbol{A}|=a_{11}M_{11}=a_{11}(-1)^{1+1}M_{11}=a_{11}A_{11}.$$

接下来考虑一般情况

$$|\boldsymbol{A}|=\begin{vmatrix} a_{11} & \cdots & a_{1j} & \cdots & a_{1n} \\ \vdots & & \vdots & & \vdots \\ 0 & \cdots & a_{ij} & \cdots & 0 \\ \vdots & & \vdots & & \vdots \\ a_{n1} & \cdots & a_{nj} & \cdots & a_{nn} \end{vmatrix}.$$

将第 i 行依次与第 $i-1$ 行，$i-2$ 行，…，第 2 行，第 1 行交换，然后再将第 j 列依次与第 $j-1$ 列，第 $j-2$ 列，…，第 2 列，第 1 列交换，最后得

$$|\boldsymbol{A}|=(-1)^{i+j}\begin{vmatrix} a_{ij} & 0 & \cdots & 0 & 0 & \cdots & 0 \\ a_{1j} & a_{11} & \cdots & a_{1j-1} & a_{1j+1} & \cdots & a_{1n} \\ \vdots & \vdots & & \vdots & \vdots & & \vdots \\ a_{i-1j} & a_{i-11} & \cdots & a_{i-1j-1} & a_{i-1j+1} & \cdots & a_{i-1n} \\ a_{i+1j} & a_{i+11} & \cdots & a_{i+1j-1} & a_{i+1j+1} & & a_{i+1n} \\ \vdots & \vdots & & \vdots & \vdots & & \vdots \\ a_{nj} & a_{n1} & \cdots & a_{nj-1} & a_{nj+1} & \cdots & a_{nn} \end{vmatrix},$$

因为进行了 $i-1$ 次行交换，$j-1$ 次列交换，故所得的行列式改变了 $i+j-2$ 次符号，所以有符号 $(-1)^{i+j-2}=(-1)^{i+j}$. 根据之前的证明

$$|\boldsymbol{A}|=(-1)^{i+j}a_{ij}\begin{vmatrix} a_{11} & \cdots & a_{1j-1} & a_{1j+1} & \cdots & a_{1n} \\ \vdots & & \vdots & \vdots & & \vdots \\ a_{i-11} & \cdots & a_{i-1j-1} & a_{i-1j+1} & \cdots & a_{i-1n} \\ a_{i+11} & \cdots & a_{i+1j-1} & a_{i+1j+1} & \cdots & a_{i+1n} \\ \vdots & & \vdots & \vdots & & \vdots \\ a_{n1} & \cdots & a_{nj-1} & a_{nj+1} & \cdots & a_{nn} \end{vmatrix}$$

$$=a_{ij}(-1)^{i+j}M_{ij}$$

$$=a_{ij}A_{ij}.$$

定理 2.2.3 设 $\boldsymbol{A}$ 是 n 阶方阵，则有

$$|\boldsymbol{A}|=a_{i1}A_{i1}+a_{i2}A_{i2}+\cdots+a_{in}A_{in}=\sum_{k=1}^{n}a_{ik}A_{ik}\,(1\leqslant i\leqslant n) \tag{2.2.2}$$

以及

$$|\boldsymbol{A}|=a_{1j}A_{1j}+a_{2j}A_{2j}+\cdots+a_{nj}A_{nj}=\sum_{k=1}^{n}a_{kj}A_{kj}\,(1\leqslant j\leqslant n). \tag{2.2.3}$$

证明 首先,因为

$$|\boldsymbol{A}|=\begin{vmatrix} a_{11} & a_{12} & \cdots & a_{1n} \\ \vdots & \vdots & & \vdots \\ a_{i1}+0+\cdots+0 & 0+a_{i2}+\cdots+0 & \cdots & 0+0+\cdots+a_{in} \\ \vdots & \vdots & & \vdots \\ a_{n1} & a_{n2} & \cdots & a_{nn} \end{vmatrix}$$

$$=\begin{vmatrix} a_{11} & a_{12} & \cdots & a_{1n} \\ \vdots & \vdots & & \vdots \\ a_{i1} & 0 & \cdots & 0 \\ \vdots & \vdots & & \vdots \\ a_{n1} & a_{n2} & \cdots & a_{nn} \end{vmatrix}+\begin{vmatrix} a_{11} & a_{12} & \cdots & a_{1n} \\ \vdots & \vdots & & \vdots \\ 0 & a_{i2} & \cdots & 0 \\ \vdots & \vdots & & \vdots \\ a_{n1} & a_{n2} & \cdots & a_{nn} \end{vmatrix}+\cdots$$

$$+\begin{vmatrix} a_{11} & a_{12} & \cdots & a_{1n} \\ \vdots & \vdots & & \vdots \\ 0 & 0 & \cdots & a_{in} \\ \vdots & \vdots & & \vdots \\ a_{n1} & a_{n2} & \cdots & a_{nn} \end{vmatrix}.$$

再由引理 2.2.2,有

$$|\boldsymbol{A}|=a_{i1}A_{i1}+a_{i2}A_{i2}+\cdots+a_{in}A_{in}=\sum_{k=1}^{n}a_{ik}A_{ik}.$$

又$|\boldsymbol{A}|=|\boldsymbol{A}^{\mathrm{T}}|$,对$|\boldsymbol{A}^{\mathrm{T}}|$的第 j 行应用上述公式,则

$$|\boldsymbol{A}^{\mathrm{T}}|=a_{1j}(\boldsymbol{A}^{\mathrm{T}})_{j1}+a_{2j}(\boldsymbol{A}^{\mathrm{T}})_{j2}+\cdots+a_{nj}(\boldsymbol{A}^{\mathrm{T}})_{jn},$$

因为$(\boldsymbol{A}^{\mathrm{T}})_{ij}=\boldsymbol{A}_{ji}$,故

$$|\boldsymbol{A}|=|\boldsymbol{A}^{\mathrm{T}}|=a_{1j}A_{1j}+a_{2j}A_{2j}+\cdots+a_{nj}A_{nj}=\sum_{k=1}^{n}a_{kj}A_{kj}.$$

公式(2.2.2)称为将行列式$|\boldsymbol{A}|$按第 i 行展开,公式(2.2.3)称为将行列式$|\boldsymbol{A}|$按第 j 列展开.

推论 2.2.5 设 $\boldsymbol{A}$ 是 n 阶方阵,则有

$$a_{i1}A_{k1}+a_{i2}A_{k2}+\cdots+a_{in}A_{kn}=0,\quad i\neq k,$$

以及

$$a_{1j}A_{1k}+a_{2j}A_{2k}+\cdots+a_{nj}A_{nk}=0,\quad j\neq k.$$

证明 令

$$|\boldsymbol{B}|=\begin{vmatrix} a_{11} & \cdots & a_{1n} \\ \vdots & & \vdots \\ a_{i1} & \cdots & a_{in} \\ \vdots & & \vdots \\ a_{i1} & \cdots & a_{in} \\ \vdots & & \vdots \\ a_{n1} & \cdots & a_{nn} \end{vmatrix}\begin{matrix} \\ \\ i \\ \\ k \\ \\ \\ \end{matrix},$$

也就是说$|\boldsymbol{B}|$是将$|\boldsymbol{A}|$的第k行元素用第i行元素代替后所得到的行列式.因为$|\boldsymbol{B}|$有两行完全相同,所以$|\boldsymbol{B}|=0$.根据定理2.2.3,将$|\boldsymbol{B}|$按第k行展开,则

$$|\boldsymbol{B}|=a_{i1}B_{k1}+a_{i2}B_{k2}+\cdots+a_{in}B_{kn}.$$

由于$|\boldsymbol{B}|$与$|\boldsymbol{A}|$除第k行外其他部分完全相同,而$B_{kl}(l=1,2,\cdots,n)$恰好不含$|\boldsymbol{B}|$的第k行元素,所以$B_{kl}=A_{kl}(l=1,2,\cdots,n)$,故

$$a_{i1}A_{k1}+a_{i2}A_{k2}+\cdots+a_{in}A_{kn}=|\boldsymbol{B}|=0.$$

另一个公式同理可证.

综合上述结论有以下统一的公式

$$\sum_{i=1}^{n}a_{il}A_{kl}=\delta_{ik}|\boldsymbol{A}|,\ \sum_{l=1}^{n}a_{lj}A_{lk}=\delta_{jk}|\boldsymbol{A}|.$$

其中,δ_{ij}称为克罗内克(Kronecker)符号,定义为

$$\delta_{ij}=\begin{cases}1, & i=j,\\ 0, & i\neq j.\end{cases}$$

例 2.2.9 计算行列式

$$D=\begin{vmatrix} 2 & 2 & -1 & 1 \\ -4 & 1 & 3 & -4 \\ 2 & 0 & 1 & -1 \\ 1 & -5 & 2 & -3 \end{vmatrix}.$$

解

$$D\xlongequal[c_4+c_3]{c_1-2c_3}\begin{vmatrix} 4 & 2 & -1 & 0 \\ -10 & 1 & 3 & -1 \\ 0 & 0 & 1 & 0 \\ -3 & -5 & 2 & -1 \end{vmatrix},$$

然后按第3行展开

$$D=1\cdot(-1)^{3+3}\begin{vmatrix} 4 & 2 & 0 \\ -10 & 1 & -1 \\ -3 & -5 & -1 \end{vmatrix}$$

$$\xlongequal{r_3-r_2}\begin{vmatrix} 4 & 2 & 0 \\ -10 & 1 & -1 \\ 7 & -6 & 0 \end{vmatrix},$$

接着按第3列展开

$$D=(-1)\cdot(-1)^{2+3}\begin{vmatrix}4 & 2\\ 7 & -6\end{vmatrix}$$
$$=-38.$$

练习 2.2.16 计算行列式

$$\begin{vmatrix}5 & 3 & -1 & 2 & 0\\ 1 & 7 & 2 & 5 & 2\\ 0 & -2 & 3 & 1 & 0\\ 0 & -4 & -1 & 4 & 0\\ 0 & 2 & 3 & 5 & 0\end{vmatrix};\quad \begin{vmatrix}0 & 1 & -1 & 1\\ -5 & 1 & 3 & -4\\ 2 & 2 & 1 & -1\\ 1 & -3 & 1 & -3\end{vmatrix}.$$

例 2.2.10 计算 n 阶行列式

$$D_n=\begin{vmatrix}1+a_1 & a_2 & a_3 & \cdots & a_n\\ a_1 & 1+a_2 & a_3 & \cdots & a_n\\ a_1 & a_2 & 1+a_3 & \cdots & a_n\\ \vdots & \vdots & \vdots & & \vdots\\ a_1 & a_2 & a_3 & \cdots & 1+a_n\end{vmatrix}.$$

解

$$D_n=\begin{vmatrix}1 & a_2 & a_3 & \cdots & a_n\\ 0 & 1+a_2 & a_3 & \cdots & a_n\\ 0 & a_2 & 1+a_3 & \cdots & a_n\\ \vdots & \vdots & \vdots & & \vdots\\ 0 & a_2 & a_3 & \cdots & 1+a_n\end{vmatrix}+\begin{vmatrix}a_1 & a_2 & a_3 & \cdots & a_n\\ a_1 & 1+a_2 & a_3 & \cdots & a_n\\ a_1 & a_2 & 1+a_3 & \cdots & a_n\\ \vdots & \vdots & \vdots & & \vdots\\ a_1 & a_2 & a_3 & \cdots & 1+a_n\end{vmatrix}.$$

将第一个行列式按第 1 列展开,等于

$$\begin{vmatrix}1+a_2 & a_3 & \cdots & a_n\\ a_2 & 1+a_3 & \cdots & a_n\\ \vdots & \vdots & & \vdots\\ a_2 & a_3 & \cdots & 1+a_n\end{vmatrix}.$$

这个行列式与 D_n 形式相同,只是降了 1 阶,是 $n-1$ 阶行列式,记为 D_{n-1}. 另一个行列式

$$\begin{vmatrix}a_1 & a_2 & a_3 & \cdots & a_n\\ a_1 & 1+a_2 & a_3 & \cdots & a_n\\ a_1 & a_2 & 1+a_3 & \cdots & a_n\\ \vdots & \vdots & \vdots & & \vdots\\ a_1 & a_2 & a_3 & \cdots & 1+a_n\end{vmatrix}\xlongequal{\frac{1}{a_1}c_1}a_1\begin{vmatrix}1 & a_2 & a_3 & \cdots & a_n\\ 1 & 1+a_2 & a_3 & \cdots & a_n\\ 1 & a_2 & 1+a_3 & \cdots & a_n\\ \vdots & \vdots & \vdots & & \vdots\\ 1 & a_2 & a_3 & \cdots & 1+a_n\end{vmatrix}$$

$$\xlongequal[i=2,3,\cdots,n]{c_i-a_ic_1}a_1\begin{vmatrix}1 & 0 & 0 & \cdots & 0\\ 1 & 1 & 0 & \cdots & 0\\ 1 & 0 & 1 & \cdots & 0\\ \vdots & \vdots & \vdots & & \vdots\\ 1 & 0 & 0 & \cdots & 1\end{vmatrix}$$

$$=a_1.$$

所以有递推公式

$$D_n = D_{n-1} + a_1.$$

依次递推得

$$\begin{aligned} D_n &= D_{n-2} + a_2 + a_1 \\ &= D_{n-3} + a_3 + a_2 + a_1 \\ &\vdots \\ &= D_1 + a_{n-1} + \cdots + a_2 + a_1. \end{aligned}$$

又 $D_1 = |1+a_n| = 1+a_n$，故

$$\begin{aligned} D_n &= 1 + a_n + a_{n-1} + \cdots + a_2 + a_1 \\ &= 1 + \sum_{i=1}^{n} a_i. \end{aligned}$$

例 2.2.11(范德蒙德(Vandermonde)行列式) 计算如下 n 阶行列式

$$V_n = \begin{vmatrix} 1 & 1 & 1 & \cdots & 1 \\ a_1 & a_2 & a_3 & \cdots & a_n \\ a_1^2 & a_2^2 & a_3^2 & \cdots & a_n^2 \\ \vdots & \vdots & \vdots & & \vdots \\ a_1^{n-1} & a_2^{n-1} & a_3^{n-1} & \cdots & a_n^{n-1} \end{vmatrix}.$$

解

$$V_n \xlongequal[i=n,\ n-1,\ \cdots,\ 2]{r_i - a_1 r_{i-1}} \begin{vmatrix} 1 & 1 & 1 & \cdots & 1 \\ 0 & a_2 - a_1 & a_3 - a_1 & \cdots & a_n - a_1 \\ 0 & a_2(a_2 - a_1) & a_3(a_3 - a_1) & \cdots & a_n(a_n - a_1) \\ \vdots & \vdots & \vdots & & \vdots \\ 0 & a_2^{n-2}(a_2 - a_1) & a_3^{n-2}(a_3 - a_1) & \cdots & a_n^{n-2}(a_n - a_1) \end{vmatrix}.$$

将其按第 1 列展开得

$$V_n = \begin{vmatrix} a_2 - a_1 & a_3 - a_1 & \cdots & a_n - a_1 \\ a_2(a_2 - a_1) & a_3(a_3 - a_1) & \cdots & a_n(a_n - a_1) \\ \vdots & \vdots & & \vdots \\ a_2^{n-2}(a_2 - a_1) & a_3^{n-2}(a_3 - a_1) & \cdots & a_n^{n-2}(a_n - a_1) \end{vmatrix},$$

从各列依次提出公因子 $a_2 - a_1, a_3 - a_1, \cdots, a_n - a_1$，得

$$V_n = (a_2 - a_1)(a_3 - a_1)\cdots(a_n - a_1) \begin{vmatrix} 1 & 1 & \cdots & 1 \\ a_2 & a_3 & \cdots & a_n \\ \vdots & \vdots & & \vdots \\ a_2^{n-2} & a_3^{n-2} & \cdots & a_n^{n-2} \end{vmatrix}.$$

等式右边的行列式与 V_n 形式相同，只是降了 1 阶，记之为 V_{n-1}. 故

$$V_n = \prod_{i=2}^{n} (a_i - a_1) \cdot V_{n-1},$$

其中 $\prod$ 表示求积(与 $\sum$ 表示求和类似). 依上述公式递推，

$$V_n = \prod_{i=2}^{n}(a_i - a_1) \cdot \prod_{j=3}^{n}(a_j - a_1)V_{n-2}$$

$$= \prod_{i=2}^{n}(a_i - a_1) \cdot \prod_{j=3}^{n}(a_j - a_2) \cdot \prod_{k=4}^{n}(a_k - a_3)V_{n-3}$$

$$\cdots$$

$$= \prod_{i>j}(a_i - a_j).$$

练习 2.2.17 用递推法重做练习 2.2.15.

练习 2.2.18 计算行列式 $\begin{vmatrix} 1-a_1 & a_2 & 0 & \cdots & 0 & 0 \\ -1 & 1-a_2 & a_3 & \cdots & 0 & 0 \\ 0 & -1 & 1-a_3 & \cdots & 0 & 0 \\ \vdots & \vdots & \vdots & & \vdots & \vdots \\ 0 & 0 & 0 & \cdots & 1-a_{n-1} & a_n \\ 0 & 0 & 0 & \cdots & -1 & 1-a_n \end{vmatrix}$.

2.2.4 行列式的乘积公式

下面研究两个方阵乘积的行列式. 先考虑一种特殊情况，设

$$\boldsymbol{A} = \begin{pmatrix} d_1 & & & \\ & d_2 & & \\ & & \ddots & \\ & & & d_n \end{pmatrix}, \boldsymbol{B} = (b_{ij}).$$

因为

$$\boldsymbol{AB} = \begin{pmatrix} d_1b_{11} & d_1b_{12} & \cdots & d_1b_{1n} \\ d_2b_{21} & d_2b_{22} & \cdots & d_2b_{2n} \\ \vdots & \vdots & & \vdots \\ d_nb_{n1} & d_nb_{n2} & \cdots & d_nb_{nn} \end{pmatrix},$$

那么

$$|\boldsymbol{AB}| = \begin{vmatrix} d_1b_{11} & d_1b_{12} & \cdots & d_1b_{1n} \\ d_2b_{21} & d_2b_{22} & \cdots & d_2b_{2n} \\ \vdots & \vdots & & \vdots \\ d_nb_{n1} & d_nb_{n2} & \cdots & d_nb_{nn} \end{vmatrix}$$

$$= d_1d_2\cdots d_n \begin{vmatrix} b_{11} & b_{12} & \cdots & b_{1n} \\ b_{21} & b_{22} & \cdots & b_{2n} \\ \vdots & \vdots & & \vdots \\ b_{n1} & b_{n2} & \cdots & b_{nn} \end{vmatrix}$$

$$= d_1d_2\cdots d_n |\boldsymbol{B}|.$$

另外，又知道 $|\boldsymbol{A}| = d_1d_2\cdots d_n$，所以

$$|\boldsymbol{AB}| = |\boldsymbol{A}||\boldsymbol{B}|.$$

这个公式并不限于 $\boldsymbol{A}$ 是对角阵的情形才成立，它对任意两个方阵乘积都是成立的. 不

过,要证明此结论,还需要一个引理.

引理 2.2.3 n 阶方阵 $\boldsymbol{A}$ 总可以通过第三类初等变换化为对角阵

$$\begin{pmatrix} d_1 & & & \\ & d_2 & & \\ & & \ddots & \\ & & & d_n \end{pmatrix},$$

而且 $|\boldsymbol{A}|=d_1d_2\cdots d_n$.

证明 设

$$\boldsymbol{A}=\begin{pmatrix} a_{11} & a_{12} & \cdots & a_{1n} \\ a_{21} & a_{22} & \cdots & a_{2n} \\ \vdots & \vdots & & \vdots \\ a_{n1} & a_{n2} & \cdots & a_{nn} \end{pmatrix}.$$

若 $a_{11}\neq 0$,经第三类初等行变换 $r_i-\dfrac{a_{i1}}{a_{11}}r_1(i=2,3,\cdots,n)$ 和第三类初等列变换 $c_j-\dfrac{a_{1j}}{a_{11}}c_1(j=2,3,\cdots,n)$ 可将第 1 行与第 1 列除 a_{11} 外的其他元素全变为 0. 当 $a_{11}=0$ 时,若有 $a_{i1}\neq 0$,则做变换 r_1+r_i;若有 $a_{1j}\neq 0$,则做变换 c_1+c_j. 总之可通过适当的第三类初等变换使得第 1 行第 1 列的元素不为 0,然后再重复上述讨论. 因此,可通过第三类初等行和列变换,将 $\boldsymbol{A}$ 变为

$$\begin{pmatrix} d_1 & 0 & \cdots & 0 \\ 0 & & & \\ \vdots & & \boldsymbol{A}_1 & \\ 0 & & & \end{pmatrix},$$

其中 $\boldsymbol{A}_1$ 是一个 $n-1$ 阶方阵. 如果 $\boldsymbol{A}$ 的第 1 行和第 1 列所有元素都为 0,则已自动具有上述形式. 然后对 $\boldsymbol{A}_1$ 做与上面类似的变换,矩阵可进一步化为

$$\begin{pmatrix} d_1 & 0 & \cdots & 0 \\ 0 & d_2 & \cdots & 0 \\ \vdots & \vdots & \boldsymbol{A}_2 & \\ 0 & 0 & & \end{pmatrix}.$$

依此类推,经过一系列第三类初等行(列)变换后,A 化简为

$$\begin{pmatrix} d_1 & & & \\ & d_2 & & \\ & & \ddots & \\ & & & d_n \end{pmatrix}.$$

由于第三类初等变换不改变行列式的值(命题 2.2.4),所以 $|\boldsymbol{A}|=d_1d_2\cdots d_n$.

如果 $\boldsymbol{A}$ 可通过一系列第三类初等行(列)变换化为对角阵

$$\begin{pmatrix} d_1 & & & \\ & d_2 & & \\ & & \ddots & \\ & & & d_n \end{pmatrix},$$

那么，后者也可以通过一系列第三类初等行(列)变换化为 $\boldsymbol{A}$. 所以，存在一系列第三类初等矩阵 $\boldsymbol{T}_1, \cdots, \boldsymbol{T}_s, \boldsymbol{T}_{s+1}, \cdots, \boldsymbol{T}_t$，使得

$$\boldsymbol{A} = \boldsymbol{T}_1 \cdots \boldsymbol{T}_s \begin{pmatrix} d_1 & & & \\ & d_2 & & \\ & & \ddots & \\ & & & d_n \end{pmatrix} \boldsymbol{T}_{s+1} \cdots \boldsymbol{T}_t.$$

定理 2.2.4 设 $\boldsymbol{A}$, $\boldsymbol{B}$ 是 n 阶方阵，则

$$|\boldsymbol{AB}| = |\boldsymbol{A}||\boldsymbol{B}|.$$

证明 根据引理 2.2.3，设 $\boldsymbol{A}$ 通过一系列第三类初等变换化为

$$\begin{pmatrix} d_1 & & & \\ & d_2 & & \\ & & \ddots & \\ & & & d_n \end{pmatrix}.$$

依之前的讨论，存在一系列第三类初等矩阵 $\boldsymbol{T}_1, \cdots, \boldsymbol{T}_s, \boldsymbol{T}_{s+1}, \cdots, \boldsymbol{T}_t$，使得

$$\boldsymbol{A} = \boldsymbol{T}_1 \cdots \boldsymbol{T}_s \begin{pmatrix} d_1 & & & \\ & d_2 & & \\ & & \ddots & \\ & & & d_n \end{pmatrix} \boldsymbol{T}_{s+1} \cdots \boldsymbol{T}_t.$$

因此

$$|\boldsymbol{AB}| = \left| \boldsymbol{T}_1 \cdots \boldsymbol{T}_s \begin{pmatrix} d_1 & & & \\ & d_2 & & \\ & & \ddots & \\ & & & d_n \end{pmatrix} \boldsymbol{T}_{s+1} \cdots \boldsymbol{T}_t \boldsymbol{B} \right|.$$

第三类初等变换不改变行列式的值，所以

$$|\boldsymbol{AB}| = \left| \begin{pmatrix} d_1 & & & \\ & d_2 & & \\ & & \ddots & \\ & & & d_n \end{pmatrix} \boldsymbol{T}_{s+1} \cdots \boldsymbol{T}_t \boldsymbol{B} \right|.$$

由于

$$\left| \begin{pmatrix} d_1 & & & \\ & d_2 & & \\ & & \ddots & \\ & & & d_n \end{pmatrix} \boldsymbol{T}_{s+1} \cdots \boldsymbol{T}_t \boldsymbol{B} \right| = d_1 d_2 \cdots d_n |\boldsymbol{T}_{s+1} \cdots \boldsymbol{T}_t \boldsymbol{B}| = d_1 d_2 \cdots d_n |\boldsymbol{B}|,$$

所以 $|\boldsymbol{AB}| = |\boldsymbol{A}||\boldsymbol{B}|$.

练习 2.2.19 设 $\boldsymbol{A}^2 = \boldsymbol{B}^2 = \boldsymbol{I}$，且 $|\boldsymbol{A}| + |\boldsymbol{B}| = 0$，求证：$|\boldsymbol{A} + \boldsymbol{B}| = 0$.

例 2.2.12 证明分块矩阵

$$\begin{pmatrix} \boldsymbol{A} & \boldsymbol{O} \\ \boldsymbol{C} & \boldsymbol{B} \end{pmatrix}$$

的行列式等于$|\boldsymbol{A}||\boldsymbol{B}|$，其中$\boldsymbol{A}$，$\boldsymbol{B}$分别是$n$阶和$m$阶方阵.

证明 因为

$$\begin{pmatrix}\boldsymbol{A}&\boldsymbol{O}\\\boldsymbol{C}&\boldsymbol{B}\end{pmatrix}=\begin{pmatrix}\boldsymbol{A}&\boldsymbol{O}\\\boldsymbol{O}&\boldsymbol{I}_m\end{pmatrix}\begin{pmatrix}\boldsymbol{I}_n&\boldsymbol{O}\\\boldsymbol{C}&\boldsymbol{I}_m\end{pmatrix}\begin{pmatrix}\boldsymbol{I}_n&\boldsymbol{O}\\\boldsymbol{O}&\boldsymbol{B}\end{pmatrix},$$

所以

$$\begin{vmatrix}\boldsymbol{A}&\boldsymbol{O}\\\boldsymbol{C}&\boldsymbol{B}\end{vmatrix}=\begin{vmatrix}\boldsymbol{A}&\boldsymbol{O}\\\boldsymbol{O}&\boldsymbol{I}_m\end{vmatrix}\begin{vmatrix}\boldsymbol{I}_n&\boldsymbol{O}\\\boldsymbol{C}&\boldsymbol{I}_m\end{vmatrix}\begin{vmatrix}\boldsymbol{I}_n&\boldsymbol{O}\\\boldsymbol{O}&\boldsymbol{B}\end{vmatrix}.$$

行列式$\begin{vmatrix}\boldsymbol{I}_n&\boldsymbol{O}\\\boldsymbol{O}&\boldsymbol{B}\end{vmatrix}$按第1行展开等于$\begin{vmatrix}\boldsymbol{I}_{n-1}&\boldsymbol{O}\\\boldsymbol{O}&\boldsymbol{B}\end{vmatrix}$，然后继续对后一个行列式按第1行展开得$\begin{vmatrix}\boldsymbol{I}_{n-2}&\boldsymbol{O}\\\boldsymbol{O}&\boldsymbol{B}\end{vmatrix}$，依此类推，最终等于$|\boldsymbol{B}|$. 同理，$\begin{vmatrix}\boldsymbol{A}&\boldsymbol{O}\\\boldsymbol{O}&\boldsymbol{I}_m\end{vmatrix}=|\boldsymbol{A}|$. 而中间那个行列式$\begin{vmatrix}\boldsymbol{I}_n&\boldsymbol{O}\\\boldsymbol{C}&\boldsymbol{I}_m\end{vmatrix}$是一个对角线元素都是1的下三角行列式，等于1. 所以$\begin{vmatrix}\boldsymbol{A}&\boldsymbol{O}\\\boldsymbol{C}&\boldsymbol{B}\end{vmatrix}=|\boldsymbol{A}||\boldsymbol{B}|$.

作为这个例题的推论，有

$$\begin{vmatrix}\boldsymbol{A}&\boldsymbol{O}\\\boldsymbol{O}&\boldsymbol{B}\end{vmatrix}=|\boldsymbol{A}||\boldsymbol{B}|,\quad\begin{vmatrix}\boldsymbol{A}_1&&&\\&\boldsymbol{A}_2&&\\&&\ddots&\\&&&\boldsymbol{A}_s\end{vmatrix}=|\boldsymbol{A}_1||\boldsymbol{A}_2|\cdots|\boldsymbol{A}_s|.$$

练习 2.2.20 计算行列式$\begin{vmatrix}\boldsymbol{O}&\boldsymbol{A}\\\boldsymbol{B}&\boldsymbol{C}\end{vmatrix}$.

练习 2.2.21 设$\boldsymbol{A}$，$\boldsymbol{B}\in M_n(F)$，证明：$\begin{vmatrix}\boldsymbol{A}&\boldsymbol{B}\\\boldsymbol{B}&\boldsymbol{A}\end{vmatrix}=|\boldsymbol{A}+\boldsymbol{B}|\cdot|\boldsymbol{A}-\boldsymbol{B}|$.

练习 2.2.22 设$\boldsymbol{A}$，$\boldsymbol{B}\in M_n(F)$，且$\boldsymbol{AB}=\boldsymbol{BA}$，证明：$\begin{vmatrix}\boldsymbol{A}&-\boldsymbol{B}\\\boldsymbol{B}&\boldsymbol{A}\end{vmatrix}=|\boldsymbol{A}^2+\boldsymbol{B}^2|$.

练习 2.2.23 设$\boldsymbol{A}\in F^{n\times m}$，$\boldsymbol{B}\in F^{m\times n}$，证明：

(1) $\begin{vmatrix}\boldsymbol{I}_n&\boldsymbol{A}\\\boldsymbol{B}&\boldsymbol{I}_m\end{vmatrix}=|\boldsymbol{I}_m-\boldsymbol{BA}|=|\boldsymbol{I}_n-\boldsymbol{AB}|$；

(2) 如果$\lambda\neq0$，$|\lambda\boldsymbol{I}_m-\boldsymbol{BA}|=\lambda^{m-n}|\lambda\boldsymbol{I}_n-\boldsymbol{AB}|$.

例 2.2.13 在例 2.1.8 中，已经看到由二次曲线方程的二次项系数构成的矩阵$\boldsymbol{A}$在直角坐标变换下变为$\boldsymbol{A}'=\boldsymbol{R}^{\mathrm{T}}\boldsymbol{AR}$. $\boldsymbol{I}_2=a_{11}a_{22}-a_{12}^2=|\boldsymbol{A}|$，由于$|\boldsymbol{R}|=1$，所以

$$|\boldsymbol{A}'|=|\boldsymbol{R}^{\mathrm{T}}\boldsymbol{AR}|=|\boldsymbol{R}^{\mathrm{T}}||\boldsymbol{A}||\boldsymbol{R}|=|\boldsymbol{A}|,$$

即$\boldsymbol{I}_2'=\boldsymbol{I}_2$. 这就证明了$\boldsymbol{I}_2$是不变量. 为了证$\boldsymbol{I}_3$是不变量，将直角坐标变换和二次曲线方程重新写成如下分块矩阵形式

$$\begin{pmatrix}\boldsymbol{X}\\1\end{pmatrix}=\begin{pmatrix}\boldsymbol{R}&\boldsymbol{D}\\\boldsymbol{0}&1\end{pmatrix}\begin{pmatrix}\boldsymbol{X}'\\1\end{pmatrix},\begin{pmatrix}\boldsymbol{X}^{\mathrm{T}}&1\end{pmatrix}\begin{pmatrix}\boldsymbol{A}&\boldsymbol{B}\\\boldsymbol{B}^{\mathrm{T}}&c\end{pmatrix}\begin{pmatrix}\boldsymbol{X}\\1\end{pmatrix}=0.$$

符号的含义与例 2.1.8 相同. 记

$$\mathcal{A}=\begin{pmatrix}\boldsymbol{A}&\boldsymbol{B}\\\boldsymbol{B}^{\mathrm{T}}&c\end{pmatrix},$$

则

$$\boldsymbol{A}'=\begin{pmatrix}\boldsymbol{R} & \boldsymbol{D}\\ \boldsymbol{0} & 1\end{pmatrix}^{\mathrm{T}}\boldsymbol{A}\begin{pmatrix}\boldsymbol{R} & \boldsymbol{D}\\ \boldsymbol{0} & 1\end{pmatrix}.$$

根据定义，$\boldsymbol{I}_3=|\boldsymbol{A}|$，而

$$|\boldsymbol{A}'|=\left|\begin{pmatrix}\boldsymbol{R} & \boldsymbol{D}\\ \boldsymbol{0} & 1\end{pmatrix}^{\mathrm{T}}\boldsymbol{A}\begin{pmatrix}\boldsymbol{R} & \boldsymbol{D}\\ \boldsymbol{0} & 1\end{pmatrix}\right|=\begin{vmatrix}\boldsymbol{R} & \boldsymbol{D}\\ \boldsymbol{0} & 1\end{vmatrix}^2|\boldsymbol{A}|=|\boldsymbol{A}|$$

（第二个等号用到了乘积公式以及转置不改变矩阵的行列式的值，最后一个等号则是因为 $\begin{vmatrix}\boldsymbol{R} & \boldsymbol{D}\\ \boldsymbol{0} & 1\end{vmatrix}=|\boldsymbol{R}|\cdot 1=1$），所以 $\boldsymbol{I}_3=\boldsymbol{I}_3'$，从而是不变量.

2.3 矩阵的秩

2.3.1 秩的定义

定义 2.3.1 矩阵 $\boldsymbol{A}$ 的非零子式的最大阶数称作矩阵 $\boldsymbol{A}$ 的**秩**，记作 $r(\boldsymbol{A})$. 若 $\boldsymbol{A}$ 没有不等于零的子式，则称 $\boldsymbol{A}$ 的秩为零，记作 $r(\boldsymbol{A})=0$.

因为 $\boldsymbol{A}$ 的每个元素都是 $\boldsymbol{A}$ 的 1 阶子式，若 $\boldsymbol{A}$ 没有不等于零的子式，那么 $\boldsymbol{A}$ 的每个元素都要等于零，所以 $\boldsymbol{A}$ 是零矩阵. 因此，

$$r(\boldsymbol{A})=0\Leftrightarrow\boldsymbol{A}=\boldsymbol{O}.$$

如果 $\boldsymbol{A}\in F^{m\times n}$，根据定义，$r(\boldsymbol{A})\leqslant\min\{m,n\}$. 如果 $r(\boldsymbol{A})=m$，称为行满秩；如果 $r(\boldsymbol{A})=n$，则称为列满秩.

练习 2.3.1 求证：矩阵增加一行或一列，秩不减且至多加 1.

练习 2.3.2 求证：$r(\boldsymbol{A},\ \boldsymbol{B})\geqslant\max\{r(\boldsymbol{A}),r(\boldsymbol{B})\}$.

练习 2.3.3 求证：$r\begin{pmatrix}\boldsymbol{A} & \boldsymbol{O}\\ \boldsymbol{O} & \boldsymbol{B}\end{pmatrix}=r(\boldsymbol{A})+r(\boldsymbol{B})$.

练习 2.3.4 求证：

$$r\begin{pmatrix}\boldsymbol{A} & \boldsymbol{C}\\ \boldsymbol{O} & \boldsymbol{B}\end{pmatrix}\geqslant r(\boldsymbol{A})+r(\boldsymbol{B});r\begin{pmatrix}\boldsymbol{C} & \boldsymbol{A}\\ \boldsymbol{B} & \boldsymbol{O}\end{pmatrix}\geqslant r(\boldsymbol{A})+r(\boldsymbol{B}).$$

例 2.3.1 求矩阵 $\boldsymbol{A}=\begin{pmatrix}1 & 2 & 3\\ 2 & 3 & -5\\ 4 & 7 & 1\end{pmatrix}$ 的秩.

解 在 $\boldsymbol{A}$ 中，2 阶子式

$$\begin{vmatrix}1 & 2\\ 2 & 3\end{vmatrix}=-1\neq 0,$$

另外，$\boldsymbol{A}$ 只有一个 3 阶子式，即 $|\boldsymbol{A}|$，而 $|\boldsymbol{A}|=0$. 所以，$r(\boldsymbol{A})=2$.

定理 2.3.1 转置不改变矩阵的秩，即 $r(\boldsymbol{A})=r(\boldsymbol{A}^{\mathrm{T}})$.

证明 设 $r(\boldsymbol{A})=k$，令 $|\boldsymbol{A}_k|$ 表示 $\boldsymbol{A}$ 的一个不等于零的 k 阶子式，其中 $\boldsymbol{A}_k$ 是 $\boldsymbol{A}$ 的 k 阶子矩阵. 因此，$\boldsymbol{A}_k^{\mathrm{T}}$ 是 $\boldsymbol{A}^{\mathrm{T}}$ 的 k 阶子矩阵，从而 $|\boldsymbol{A}_k^{\mathrm{T}}|$ 是 $\boldsymbol{A}^{\mathrm{T}}$ 的 k 阶子式. 由于 $|\boldsymbol{A}_k^{\mathrm{T}}|=|\boldsymbol{A}_k|\neq 0$，所以 $r(\boldsymbol{A}^{\mathrm{T}})\geqslant k$，即 $r(\boldsymbol{A}^{\mathrm{T}})\geqslant r(\boldsymbol{A})$. 因此，$r(\boldsymbol{A})=r((\boldsymbol{A}^{\mathrm{T}})^{\mathrm{T}})\geqslant r(\boldsymbol{A}^{\mathrm{T}})$. 综上

$$r(\boldsymbol{A}) = r(\boldsymbol{A}^{\mathrm{T}}).$$

2.3.2 行阶梯矩阵

直接用定义求一个矩阵的秩并不是一个好办法，特别是当矩阵的行数和列数比较大时，它的子式很多，逐一检验它们是否等于零计算量很大，所以需要另想他法．先来看以下这个例子．

例 2.3.2 求矩阵

$$\boldsymbol{B} = \begin{pmatrix} 2 & 1 & 0 & 3 & -2 \\ 0 & 3 & 1 & -2 & 5 \\ 0 & 0 & 0 & 4 & -3 \\ 0 & 0 & 0 & 0 & 0 \end{pmatrix}$$

的秩．

解 $\boldsymbol{B}$ 的所有 4 阶子式都必含有第 4 行的元素，因此 4 阶子式都等于零．而 3 阶子式

$$\begin{vmatrix} 2 & 1 & 3 \\ 0 & 3 & -2 \\ 0 & 0 & 4 \end{vmatrix} = 24 \neq 0,$$

所以 $r(\boldsymbol{B})=3$.

像 $\boldsymbol{B}$ 这种形式的矩阵的秩很容易求，它就等于矩阵的非零行（即元素不全为 0 的行）的行数．下面给出"像 $\boldsymbol{B}$ 这种形式的矩阵"的准确定义．

定义 2.3.2 具有以下特点的矩阵称为**行阶梯矩阵**：

(1) 零行都位于矩阵下方；

(2) 由上而下，非零行的主元（即该行的第一个非零元素）的列指标组成一个严格递增序列．

其一般形式如下

$$\begin{pmatrix} & a_{1j_1} & \cdots & \cdots & \cdots & \cdots & \cdots \\ & & & a_{2j_2} & \cdots & \cdots & \cdots \\ & & & & \cdots & \cdots & \cdots \\ & & & & & a_{rj_r} & \cdots \\ & & & & & & \end{pmatrix},$$

其中，$j_1<j_2<\cdots<j_r$，且 a_{ij_i} 都不等于 0，而空白部分的元素都是 0.

行阶梯矩阵的高于 r 阶的子式全为 0，而其中一个 r 阶子式

$$\begin{vmatrix} a_{1j_1} & & & \\ & a_{2j_2} & * & \\ & & \ddots & \\ & & & a_{rj_r} \end{vmatrix} = a_{1j_1}a_{2j_2}\cdots a_{rj_r} \neq 0.$$

所以行阶梯矩阵的秩为 r，等于它的非零行数．

这样就有了一种求秩的新思路：如果能把一个矩阵通过一些变换化简为行阶梯矩阵，并

且化简过程不改变矩阵的秩，那么矩阵的秩就等于这个行阶梯矩阵的非零行数. 事实上，这种化简过程并不复杂，就是上一节介绍过的初等变换.

定理 2.3.2 任一矩阵 $\boldsymbol{A}$ 都可以通过有限次初等行变换化为行阶梯矩阵.

证明 若 $\boldsymbol{A}$ 是零矩阵，那么它已是一个行阶梯矩阵. 否则，设 $\boldsymbol{A}$ 的第一个非零列为第 j_1 列. 若 $a_{1j_1}=0$，则可以通过第二类初等行变换将该列第 i 行的非零元 a_{ij_1} 换到第 1 行，并重新将 a_{ij_1} 记为 a_{1j_1}. 接着作第三类初等行变换，将第 1 行乘以 $-\dfrac{a_{kj_1}}{a_{1j_1}}$ 加到以下各行，从而将 $\boldsymbol{A}$ 化为

$$\begin{pmatrix} 0 & \cdots & 0 & a_{1j_1} & \cdots \\ 0 & \cdots & 0 & 0 & \\ \vdots & & \vdots & \vdots & \boldsymbol{A}_1 \\ 0 & \cdots & 0 & 0 & \end{pmatrix}.$$

然后对 $\boldsymbol{A}_1$ 重复上述步骤. 以此类推，经过有限步可将 $\boldsymbol{A}$ 化为行阶梯矩阵.

定理 2.3.3 初等变换不改变矩阵的秩.

证明 对 $\boldsymbol{A}$ 做一次列变换等价于对 $\boldsymbol{A}^{\mathrm{T}}$ 做一次相应的行变换再转置回来，由于转置不改变矩阵的秩，所以归结起来，只需证明行变换不改变矩阵的秩即可. 三类初等行变换的证明过程类似，这里只证第一类初等行变换不改变矩阵的秩，其他两类留给读者自己完成.

交换 $\boldsymbol{A}$ 的第 i 行和第 j 行（假设 $i<j$）化为 $\boldsymbol{B}$，设 $r(\boldsymbol{A})=k$，

$$D_k=|\boldsymbol{A}(p_1,p_2,\cdots,p_k;q_1,q_2,\cdots,q_k)|$$

是 $\boldsymbol{A}$ 的一个不为零的 k 阶子式. 以下分三种情况证明 $r(\boldsymbol{B})\geqslant k$.

(1) 若 $i,j\notin\{p_1,p_2,\cdots,p_k\}$，$D_k$ 也是 $\boldsymbol{B}$ 的 k 阶子式.

(2) 若 $i,j\in\{p_1,p_2,\cdots,p_k\}$，设 $i=p_s$，$j=p_t$，$\boldsymbol{B}$ 的 k 阶子式

$$|\boldsymbol{B}(p_1,\cdots,j,\cdots,i,\cdots,p_k;q_1,q_2,\cdots,q_k)|$$

就是 D_k 交换第 s 行和第 t 行得到的，所以等于 $-D_k$.

(3) 若仅有 $i\in\{p_1,p_2,\cdots,p_k\}$，则 $\boldsymbol{B}$ 含有 k 阶子式

$$|\boldsymbol{B}(p_1,\cdots,\hat{i},\cdots,j,\cdots,p_k;q_1,q_2,\cdots,q_k)|=\pm D_k,$$

或

$$|\boldsymbol{B}(p_1,\cdots,\hat{i},\cdots,p_k,j;q_1,q_2,\cdots,q_k)|=\pm D_k,$$

其中记号 $\hat{i}$ 表示缺 i. 若仅有 $j\in\{p_1,p_2,\cdots,p_k\}$，同理 $\boldsymbol{B}$ 含有等于 $\pm D_k$ 的 k 阶子式.

综上，经过第一类初等行变换，$r(\boldsymbol{B})\geqslant r(\boldsymbol{A})$. 然而，$\boldsymbol{B}$ 也可以通过第一类初等行变换（只需交换 $\boldsymbol{B}$ 的第 i 行和第 j 行）变为 $\boldsymbol{A}$，所以 $r(\boldsymbol{B})\leqslant r(\boldsymbol{A})$. 因此 $r(\boldsymbol{A})=r(\boldsymbol{B})$.

有了上述两个定理，就可以通过初等行变换来求矩阵的秩.

例 2.3.3 求矩阵

$$\boldsymbol{A}=\begin{pmatrix} 1 & 1 & 2 & 5 & 7 \\ 1 & 2 & 3 & 7 & 10 \\ 1 & 3 & 4 & 9 & 13 \\ 1 & 4 & 5 & 11 & 16 \end{pmatrix}$$

的秩.

解

$$A \xrightarrow[i=4,3,2]{r_i - r_{i-1}} \begin{pmatrix} 1 & 1 & 2 & 5 & 7 \\ 0 & 1 & 1 & 2 & 3 \\ 0 & 1 & 1 & 2 & 3 \\ 0 & 1 & 1 & 2 & 3 \end{pmatrix}$$

$$\xrightarrow[i=4,3]{r_i - r_{i-1}} \begin{pmatrix} 1 & 1 & 2 & 5 & 7 \\ 0 & 1 & 1 & 2 & 3 \\ 0 & 0 & 0 & 0 & 0 \\ 0 & 0 & 0 & 0 & 0 \end{pmatrix}.$$

此时已是行阶梯矩阵，$r(\boldsymbol{A})=2$.

练习 2.3.5 求以下矩阵的秩

$$\begin{pmatrix} 1 & 1 & 1 & 2 \\ 2 & 0 & -1 & 2 \\ 1 & 1 & 1 & 2 \end{pmatrix};\begin{pmatrix} 3 & 2 & 0 & 5 & 0 \\ 3 & -2 & 3 & 6 & -1 \\ 2 & 0 & 1 & 5 & -3 \\ 1 & 6 & -4 & -1 & 4 \end{pmatrix}.$$

练习 2.3.6 设 $\boldsymbol{A}=\begin{pmatrix} 1 & -1 & 1 & 2 \\ 3 & \lambda & -1 & 2 \\ 5 & 3 & \mu & 6 \end{pmatrix}$，已知 $r(\boldsymbol{A})=2$，求 λ 与 μ.

2.3.3 矩阵乘积的秩

定理 2.3.2 表明每个矩阵都可以通过初等行变换化为行阶梯矩阵. 实际上，化简还可以继续进行下去. 对行阶梯矩阵

$$\begin{pmatrix} a_{1j_1} & \cdots & \cdots & \cdots & \cdots & \cdots \\ & & a_{2j_2} & \cdots & \cdots & \cdots \\ & & & \cdots & \cdots & \cdots \\ & & & & a_{rj_r} & \cdots \\ & & & & & \end{pmatrix}$$

做第二类初等行变换，将前 r 行分别乘以 $\dfrac{1}{a_{kj_k}}$ $(k=1, 2, \cdots, r)$，可将它进一步化简为

$$\begin{pmatrix} 1 & \cdots & \cdots & \cdots & \cdots & \cdots \\ & & 1 & \cdots & \cdots & \cdots \\ & & & \cdots & \cdots & \cdots \\ & & & & 1 & \cdots \\ & & & & & \end{pmatrix}.$$

再做第三类初等列变换，分别用第 $j_1, j_2, \cdots, j_r$ 列乘以适当的数加到其余各列，则将前 r 行除主元 1 以外的其他数全化为 0，得到

$$\begin{pmatrix} & 1 & 0 & \cdots & 0 & 0 & \cdots & 0 & \cdots & \cdots & 0 \\ & & & & 1 & 0 & \cdots & 0 & \cdots & \cdots & 0 \\ & & & & & & & \cdots & \cdots & \cdots & \cdots \\ & & & & & & & 1 & \cdots & \cdots & 0 \\ & & & & & & & & & & \end{pmatrix}.$$

最后再把第 $j_1, j_2, \cdots, j_r$ 列依次换到第 1, 2, …, r 列，得

$$\begin{pmatrix} \boldsymbol{I}_r & \boldsymbol{O} \\ \boldsymbol{O} & \boldsymbol{O} \end{pmatrix}.$$

从而有如下定理.

定理 2.3.4 任一 $m\times n$ 矩阵 $\boldsymbol{A}$ 都可以通过有限次初等变换化为

$$\begin{pmatrix} \boldsymbol{I}_r & \boldsymbol{O}_{r\times(n-r)} \\ \boldsymbol{O}_{(m-r)\times r} & \boldsymbol{O}_{m\times(n-r)} \end{pmatrix},$$

其中 $r=r(\boldsymbol{A})$.

既然矩阵 $\boldsymbol{A}$ 可以通过一系列初等变换化为

$$\begin{pmatrix} \boldsymbol{I}_r & \boldsymbol{O} \\ \boldsymbol{O} & \boldsymbol{O} \end{pmatrix},$$

那么这个矩阵也可以通过一系列初等变换化为 $\boldsymbol{A}$. 也就是说，存在初等矩阵 $\boldsymbol{E}_1\cdots\boldsymbol{E}_s, \boldsymbol{E}_{s+1}, \cdots \boldsymbol{E}_t$，使得

$$\boldsymbol{A}=\boldsymbol{E}_1\cdots\boldsymbol{E}_s\begin{pmatrix} \boldsymbol{I}_r & \boldsymbol{O} \\ \boldsymbol{O} & \boldsymbol{O} \end{pmatrix}\boldsymbol{E}_{s+1}\cdots\boldsymbol{E}_t.$$

练习 2.3.7 求证：一个秩为 r 的矩阵总可以写成 r 个秩为 1 的矩阵的和.

练习 2.3.8 设 $m\times n$ 的矩阵 $\boldsymbol{A}$ 的秩为 r，求证：存在 $m\times r$ 的列满秩矩阵 $\boldsymbol{P}$ 和 $r\times n$ 的行满秩矩阵 $\boldsymbol{Q}$，使得 $\boldsymbol{A}=\boldsymbol{PQ}$.

练习 2.3.9 设 n 阶方阵 $\boldsymbol{A}$ 的秩 $=1$. 求证：

(1) $\boldsymbol{A}$ 可以写成一个 $n\times 1$ 矩阵与一个 $1\times n$ 矩阵的乘积；

(2) $\boldsymbol{A}^2=c\boldsymbol{A}$，$c$ 是一个常数.

练习 2.3.10 设 $\boldsymbol{A}$ 是二阶方阵，如果存在整数 $k>2$，使得 $\boldsymbol{A}^k=\boldsymbol{O}$，求证：$\boldsymbol{A}^2=\boldsymbol{O}$.

练习 2.3.11 设 $\boldsymbol{A}$, $\boldsymbol{B}$ 分别是 $m\times n$ 和 $n\times p$ 矩阵，且 $r(\boldsymbol{B})=n$，求证：如果 $\boldsymbol{AB}=\boldsymbol{O}$，则 $\boldsymbol{A}=\boldsymbol{O}$.

定理 2.3.5 两个矩阵乘积的秩不大于其中任何一个矩阵的秩，即

$$r(\boldsymbol{AB})\leqslant\min(r(\boldsymbol{A}), r(\boldsymbol{B})).$$

证明 设 $r(\boldsymbol{A})=r$，则存在初等矩阵 $\boldsymbol{E}_1, \cdots, \boldsymbol{E}_s, \boldsymbol{E}_{s+1}, \cdots, \boldsymbol{E}_t$，使得

$$\boldsymbol{A}=\boldsymbol{E}_1\cdots\boldsymbol{E}_s\begin{pmatrix} \boldsymbol{I}_r & \boldsymbol{O} \\ \boldsymbol{O} & \boldsymbol{O} \end{pmatrix}\boldsymbol{E}_{s+1}\cdots\boldsymbol{E}_t.$$

所以

$$r(\boldsymbol{AB})=r\left[\boldsymbol{E}_1\cdots\boldsymbol{E}_s\begin{pmatrix} \boldsymbol{I}_r & \boldsymbol{O} \\ \boldsymbol{O} & \boldsymbol{O} \end{pmatrix}\boldsymbol{E}_{s+1}\cdots\boldsymbol{E}_t\boldsymbol{B}\right].$$

因为 $\boldsymbol{E}_1\cdots\boldsymbol{E}_s\begin{pmatrix} \boldsymbol{I}_r & \boldsymbol{O} \\ \boldsymbol{O} & \boldsymbol{O} \end{pmatrix}\boldsymbol{E}_{s+1}\cdots\boldsymbol{E}_t\boldsymbol{B}$ 是由矩阵 $\begin{pmatrix} \boldsymbol{I}_r & \boldsymbol{O} \\ \boldsymbol{O} & \boldsymbol{O} \end{pmatrix}\boldsymbol{E}_{s+1}\cdots\boldsymbol{E}_t\boldsymbol{B}$ 通过一系列初等行变换得到的，

而初等变换不改变矩阵的秩，故

$$r(\boldsymbol{AB}) = r\left(\begin{pmatrix}\boldsymbol{I}_r & \boldsymbol{O}\\ \boldsymbol{O} & \boldsymbol{O}\end{pmatrix}\boldsymbol{E}_{s+1}\cdots\boldsymbol{E}_t\boldsymbol{B}\right).$$

记 $\boldsymbol{C}=\boldsymbol{E}_{s+1}\cdots\boldsymbol{E}_t\boldsymbol{B}$，并对它作适当分块，得

$$\boldsymbol{C} = \begin{pmatrix}\boldsymbol{C}_1 & \boldsymbol{C}_2\\ \boldsymbol{C}_3 & \boldsymbol{C}_4\end{pmatrix}.$$

那么

$$\begin{pmatrix}\boldsymbol{I}_r & \boldsymbol{O}\\ \boldsymbol{O} & \boldsymbol{O}\end{pmatrix}\boldsymbol{C} = \begin{pmatrix}\boldsymbol{I}_r & \boldsymbol{O}\\ \boldsymbol{O} & \boldsymbol{O}\end{pmatrix}\begin{pmatrix}\boldsymbol{C}_1 & \boldsymbol{C}_2\\ \boldsymbol{C}_3 & \boldsymbol{C}_4\end{pmatrix} = \begin{pmatrix}\boldsymbol{C}_1 & \boldsymbol{C}_2\\ \boldsymbol{O} & \boldsymbol{O}\end{pmatrix}.$$

$\begin{pmatrix}\boldsymbol{C}_1 & \boldsymbol{C}_2\\ \boldsymbol{O} & \boldsymbol{O}\end{pmatrix}$中的非零子式也是$\begin{pmatrix}\boldsymbol{C}_1 & \boldsymbol{C}_2\\ \boldsymbol{C}_3 & \boldsymbol{C}_4\end{pmatrix}$的非零子式，故

$$r\begin{pmatrix}\boldsymbol{C}_1 & \boldsymbol{C}_2\\ \boldsymbol{O} & \boldsymbol{O}\end{pmatrix} \leqslant r\begin{pmatrix}\boldsymbol{C}_1 & \boldsymbol{C}_2\\ \boldsymbol{C}_3 & \boldsymbol{C}_4\end{pmatrix} = r(\boldsymbol{C}).$$

所以，

$$r(\boldsymbol{AB}) \leqslant r(\boldsymbol{C}) = r(\boldsymbol{E}_{s+1}\cdots\boldsymbol{E}_t\boldsymbol{B}) = r(\boldsymbol{B}).$$

同理可证 $r(\boldsymbol{AB})\leqslant r(\boldsymbol{A})$. 因此 $r(\boldsymbol{AB})\leqslant \min(r(\boldsymbol{A}), r(\boldsymbol{B}))$.

练习 2.3.12 求证：$r(\boldsymbol{A}, \boldsymbol{B})\leqslant r(\boldsymbol{A})+r(\boldsymbol{B})$.

练习 2.3.13 求证：$r(\boldsymbol{A}+\boldsymbol{B})\leqslant r(\boldsymbol{A})+r(\boldsymbol{B})$.

练习 2.3.14 设 $\boldsymbol{A}, \boldsymbol{B}$ 分别是 $m\times n$ 和 $n\times p$ 矩阵，若 $\boldsymbol{AB}=\boldsymbol{O}$，求证：$r(\boldsymbol{A})+r(\boldsymbol{B})\leqslant n$.

练习 2.3.15 $\boldsymbol{A}$ 是 n 阶方阵，且 $\boldsymbol{A}^2=\boldsymbol{I}$，求证：$r(\boldsymbol{I}-\boldsymbol{A})+r(\boldsymbol{I}+\boldsymbol{A})=n$.

练习 2.3.16 设 $\boldsymbol{A}, \boldsymbol{B}$ 分别是 $m\times n$ 和 $n\times p$ 矩阵，求证：$r(\boldsymbol{AB})\geqslant r(\boldsymbol{A})+r(\boldsymbol{B})-n$.

练习 2.3.17 设 $\boldsymbol{A}, \boldsymbol{B}$ 是 n 阶方阵，求证：$r(\boldsymbol{I}-\boldsymbol{AB})=r(\boldsymbol{I}-\boldsymbol{BA})$.

2.4 可逆矩阵

2.4.1 可逆矩阵的定义与性质

定义 2.4.1 设 $\boldsymbol{A}\in M_n(F)$，如果存在 $\boldsymbol{B}\in M_n(F)$，使得

$$\boldsymbol{AB} = \boldsymbol{BA} = \boldsymbol{I},$$

则称 $\boldsymbol{A}$ 为可逆矩阵，称 $\boldsymbol{B}$ 为 $\boldsymbol{A}$ 的逆矩阵.

$\boldsymbol{A}$ 的逆矩阵是唯一的. 事实上，若 $\boldsymbol{C}$ 也是 $\boldsymbol{A}$ 的逆矩阵，那么

$$\boldsymbol{C} = \boldsymbol{C}(\boldsymbol{AB}) = (\boldsymbol{CA})\boldsymbol{B} = \boldsymbol{B}.$$

记 $\boldsymbol{A}$ 的逆矩阵为 $\boldsymbol{A}^{-1}$.

单位阵 $\boldsymbol{I}$ 可逆，$\boldsymbol{I}^{-1}=\boldsymbol{I}$. 零矩阵 $\boldsymbol{O}$ 不可逆，因为任何矩阵与 $\boldsymbol{O}$ 相乘都等于 $\boldsymbol{O}$，不会等于 $\boldsymbol{I}$. 在 2.1 节曾提到矩阵乘法的消去律一般是不成立的，但是，如果 $\boldsymbol{A}$ 为可逆矩阵，则从 $\boldsymbol{AB}=\boldsymbol{AC}$ 可以推出 $\boldsymbol{B}=\boldsymbol{C}$，因为可以在等式两边同时左乘 $\boldsymbol{A}^{-1}$.

练习 2.4.1 设 $\boldsymbol{A}\in M_n(F)$，且存在一个正整数 k，使得 $\boldsymbol{A}^k=\boldsymbol{O}$，求证：$\boldsymbol{I}-\boldsymbol{A}$ 可逆.

练习 2.4.2 设 $\boldsymbol{A}^2=\boldsymbol{A}$，证明：$\boldsymbol{I}+\boldsymbol{A}$，$\boldsymbol{I}-2\boldsymbol{A}$ 都可逆.

练习 2.4.3 设 $\boldsymbol{A}, \boldsymbol{B}$ 可逆，且 $\boldsymbol{A}+\boldsymbol{B}$ 可逆，求证：$\boldsymbol{A}^{-1}+\boldsymbol{B}^{-1}$ 也可逆.

练习 2.4.4 设 $\boldsymbol{A}^2=\boldsymbol{I}$，且 $\boldsymbol{I}+\boldsymbol{A}$ 可逆，求证：$\boldsymbol{A}=\boldsymbol{I}$.

练习 2.4.5 求证：可逆上（下）三角阵的逆依然是上（下）三角阵.

例 2.4.1 求证：初等矩阵 $\boldsymbol{P}_{ij}$，$\boldsymbol{D}_i(k)$，$\boldsymbol{T}_{ij}(k)$ 都可逆.

证明 任取一个可逆阵 $\boldsymbol{A}$，因为将 $\boldsymbol{A}$ 的第 i 行和第 j 行连续交换两次所得到的仍是原矩阵，故

$$\boldsymbol{P}_{ij}\boldsymbol{P}_{ij}\boldsymbol{A}=\boldsymbol{A}.$$

上式等号两边同时右乘 $\boldsymbol{A}^{-1}$，便得

$$\boldsymbol{P}_{ij}\boldsymbol{P}_{ij}=\boldsymbol{I}.$$

所以 $\boldsymbol{P}_{ij}$ 可逆，$\boldsymbol{P}_{ij}^{-1}=\boldsymbol{P}_{ij}$. 另外，因为

$$\boldsymbol{D}_i\left(\frac{1}{k}\right)\boldsymbol{D}_i(k)\boldsymbol{A}=\boldsymbol{A},\ \boldsymbol{D}_i(k)\boldsymbol{D}_i\left(\frac{1}{k}\right)\boldsymbol{A}=\boldsymbol{A},$$

$$\boldsymbol{T}_{ij}(-k)\boldsymbol{T}_{ij}(k)\boldsymbol{A}=\boldsymbol{A},\ \boldsymbol{T}_{ij}(k)\boldsymbol{T}_{ij}(-k)\boldsymbol{A}=\boldsymbol{A},$$

所以 $\boldsymbol{D}_i(k)$，$\boldsymbol{T}_{ij}(k)$ 都可逆，且

$$\boldsymbol{D}_i(k)^{-1}=\boldsymbol{D}_i\left(\frac{1}{k}\right),\ \boldsymbol{T}_{ij}(k)^{-1}=\boldsymbol{T}_{ij}(-k).$$

练习 2.4.6 求证：对角元都不等于 0 的对角阵可逆.

练习 2.4.7 设 $\boldsymbol{A}_1$，$\boldsymbol{A}_2$，…，$\boldsymbol{A}_s$ 都是可逆阵，求证：分块对角阵 $\begin{pmatrix}\boldsymbol{A}_1 & & & \\ & \boldsymbol{A}_2 & & \\ & & \ddots & \\ & & & \boldsymbol{A}_s\end{pmatrix}$ 也可逆，并求出它的逆矩阵.

练习 2.4.8 设 $\boldsymbol{A}$，$\boldsymbol{B}$ 可逆，求证：$\begin{pmatrix}\boldsymbol{O} & \boldsymbol{A}\\ \boldsymbol{B} & \boldsymbol{O}\end{pmatrix}$ 可逆. 并求出它的逆矩阵.

命题 2.4.1 设 $\boldsymbol{A}$，$\boldsymbol{B}\in M_n(F)$，$k\in F$，且 $k\neq 0$. 则

(1) 若 $\boldsymbol{A}$ 可逆，则 $k\boldsymbol{A}$ 可逆，且 $(k\boldsymbol{A})^{-1}=\dfrac{1}{k}\boldsymbol{A}^{-1}$；

(2) 若 $\boldsymbol{A}$ 可逆，则 $\boldsymbol{A}^{\mathrm{T}}$ 可逆，且 $(\boldsymbol{A}^{\mathrm{T}})^{-1}=(\boldsymbol{A}^{-1})^{\mathrm{T}}$；

(3) 若 $\boldsymbol{A}$，$\boldsymbol{B}$ 可逆，则 $\boldsymbol{AB}$ 可逆，且 $(\boldsymbol{AB})^{-1}=\boldsymbol{B}^{-1}\boldsymbol{A}^{-1}$.

证明

(1) $(k\boldsymbol{A})\left(\dfrac{1}{k}\boldsymbol{A}^{-1}\right)=\left(k\cdot\dfrac{1}{k}\right)(\boldsymbol{AA}^{-1})=\boldsymbol{I}$；$\left(\dfrac{1}{k}\boldsymbol{A}^{-1}\right)(k\boldsymbol{A})=\left(\dfrac{1}{k}\cdot k\right)(\boldsymbol{A}^{-1}\boldsymbol{A})=\boldsymbol{I}$.

(2) $\boldsymbol{A}^{\mathrm{T}}(\boldsymbol{A}^{-1})^{\mathrm{T}}=(\boldsymbol{A}^{-1}\boldsymbol{A})^{\mathrm{T}}=\boldsymbol{I}^{\mathrm{T}}=\boldsymbol{I}$；$(\boldsymbol{A}^{-1})^{\mathrm{T}}\boldsymbol{A}^{\mathrm{T}}=(\boldsymbol{AA}^{-1})^{\mathrm{T}}=\boldsymbol{I}^{\mathrm{T}}=\boldsymbol{I}$.

(3) $(\boldsymbol{AB})(\boldsymbol{B}^{-1}\boldsymbol{A}^{-1})=\boldsymbol{A}(\boldsymbol{BB}^{-1})\boldsymbol{A}^{-1}=\boldsymbol{AA}^{-1}=\boldsymbol{I}$；

$(\boldsymbol{B}^{-1}\boldsymbol{A}^{-1})(\boldsymbol{AB})=\boldsymbol{B}^{-1}(\boldsymbol{AA}^{-1})\boldsymbol{B}=\boldsymbol{B}^{-1}\boldsymbol{B}=\boldsymbol{I}$.

练习 2.4.9 设 $\boldsymbol{A}_1$，$\boldsymbol{A}_2$，…，$\boldsymbol{A}_s$ 可逆，求证：$\boldsymbol{A}_1\boldsymbol{A}_2\cdots\boldsymbol{A}_s$ 可逆，且

$$(\boldsymbol{A}_1\boldsymbol{A}_2\cdots\boldsymbol{A}_s)^{-1}=\boldsymbol{A}_s^{-1}\cdots\boldsymbol{A}_2^{-1}\boldsymbol{A}_1^{-1}.$$

练习 2.4.10 求证：可逆对称阵的逆也是对称阵；可逆反对称阵的逆也是反对称阵.

命题 2.4.2 初等变换不会改变矩阵的可逆性.

证明 假设 $\boldsymbol{A}$ 可通过一系列初等变换化为 $\boldsymbol{B}$，所以，存在一系列初等阵 $\boldsymbol{E}_1$，$\boldsymbol{E}_2$，…，

$\boldsymbol{E}_s, \boldsymbol{E}_{s+1}, \cdots, \boldsymbol{E}_t$,使得

$$\boldsymbol{B}=\boldsymbol{E}_1\cdots\boldsymbol{E}_s\boldsymbol{A}\boldsymbol{E}_{s+1}\cdots\boldsymbol{E}_t.$$

若 $\boldsymbol{A}$ 可逆,由于初等矩阵 $\boldsymbol{E}_1, \boldsymbol{E}_2, \cdots, \boldsymbol{E}_s, \boldsymbol{E}_{s+1}, \cdots, \boldsymbol{E}_t$ 都可逆,所以 $\boldsymbol{B}$ 可逆.反之,

$$\boldsymbol{A}=\boldsymbol{E}_s^{-1}\cdots\boldsymbol{E}_1^{-1}\boldsymbol{B}\boldsymbol{E}_t^{-1}\cdots\boldsymbol{E}_{s+1}^{-1},$$

$\boldsymbol{B}$ 可逆时,$\boldsymbol{A}$ 也可逆.

2.4.2 可逆的充要条件

定理 2.4.1 $\boldsymbol{A}$ 是可逆阵$\Leftrightarrow|\boldsymbol{A}|\neq 0$.

证明 必要性.若 $\boldsymbol{A}$ 可逆,则存在 $\boldsymbol{B}$,使得 $\boldsymbol{AB}=\boldsymbol{I}$,根据乘积公式

$$|\boldsymbol{A}||\boldsymbol{B}|=|\boldsymbol{AB}|=|\boldsymbol{I}|=1,$$

所以 $|\boldsymbol{A}|\neq 0$.

充分性.构造矩阵

$$\operatorname{adj}\boldsymbol{A}=\begin{pmatrix}\boldsymbol{A}_{11} & \boldsymbol{A}_{21} & \cdots & \boldsymbol{A}_{n1}\\ \boldsymbol{A}_{12} & \boldsymbol{A}_{22} & \cdots & \boldsymbol{A}_{n2}\\ \vdots & \vdots & \vdots & \vdots\\ \boldsymbol{A}_{1n} & \boldsymbol{A}_{2n} & \cdots & \boldsymbol{A}_{nn}\end{pmatrix},$$

根据行列式的展开公式有 $\boldsymbol{A}\cdot\operatorname{adj}\boldsymbol{A}=\operatorname{adj}\boldsymbol{A}\cdot\boldsymbol{A}=|\boldsymbol{A}|\boldsymbol{I}$.如果 $|\boldsymbol{A}|\neq 0$,那么

$$\boldsymbol{A}\cdot\frac{1}{|\boldsymbol{A}|}\operatorname{adj}\boldsymbol{A}=\frac{1}{|\boldsymbol{A}|}\operatorname{adj}\boldsymbol{A}\cdot\boldsymbol{A}=\boldsymbol{I},$$

即 $\boldsymbol{A}^{-1}=\frac{1}{|\boldsymbol{A}|}\operatorname{adj}\boldsymbol{A}$.

上述证明过程中构造的矩阵 $\operatorname{adj}\boldsymbol{A}$ 称为 $\boldsymbol{A}$ 的**伴随矩阵**.

行列式等于零的矩阵称为**奇异矩阵**,不等于零的称为**非奇异矩阵**.所以矩阵可逆当且仅当它非奇异.

练习 2.4.11 求证:若 $\boldsymbol{AB}$ 可逆,则 $\boldsymbol{A}$, $\boldsymbol{B}$ 都可逆.

练习 2.4.12 求证:奇数阶反对称阵不可逆.

练习 2.4.13 设 $\boldsymbol{A}=\begin{pmatrix}\cos\theta & \sin\theta\\ -\sin\theta & \cos\theta\end{pmatrix}$,利用公式 $\boldsymbol{A}^{-1}=\frac{1}{|\boldsymbol{A}|}\operatorname{adj}\boldsymbol{A}$ 求 $\boldsymbol{A}^{-1}$.

练习 2.4.14 求证:$|\operatorname{adj}\boldsymbol{A}|=|\boldsymbol{A}|^{n-1}$.

练习 2.4.15 求证:当 $r(\boldsymbol{A})$ 分别等于 $n, n-1$ 以及小于 $n-1$ 时,$r(\operatorname{adj}\boldsymbol{A})$ 分别为 n,1 和 0.

定理 2.4.2 n 阶方阵 $\boldsymbol{A}$ 是可逆阵$\Leftrightarrow r(\boldsymbol{A})=n$.

证明 设 $r(\boldsymbol{A})=r$,则 $\boldsymbol{A}$ 可以通过初等变换化为

$$\begin{pmatrix}\boldsymbol{I}_r & \boldsymbol{O}\\ \boldsymbol{O} & \boldsymbol{O}\end{pmatrix}.$$

初等变换不会改变可逆性,$\boldsymbol{A}$ 可逆当且仅当 $\begin{pmatrix}\boldsymbol{I}_r & \boldsymbol{O}\\ \boldsymbol{O} & \boldsymbol{O}\end{pmatrix}$ 可逆,根据上一个定理即当且仅当

$$\begin{vmatrix}\boldsymbol{I}_r & \boldsymbol{O}\\ \boldsymbol{O} & \boldsymbol{O}\end{vmatrix}\neq 0.$$

而上述行列式不等于零的充要条件是 $r=n$.故 $\boldsymbol{A}$ 可逆当且可当 $r(\boldsymbol{A})=n$.

定理 2.4.3 $\boldsymbol{A}$ 是可逆阵当且仅当 $\boldsymbol{A}$ 可写成初等矩阵的乘积.

证明 若 $\boldsymbol{A}$ 可写成初等矩阵的乘积,因为初等矩阵都可逆则它们的乘积 $\boldsymbol{A}$ 也可逆. 反之,设

$$\boldsymbol{A}=\boldsymbol{E}_1\cdots\boldsymbol{E}_s\begin{pmatrix}\boldsymbol{I}_r & \boldsymbol{O}\\ \boldsymbol{O} & \boldsymbol{O}\end{pmatrix}\boldsymbol{E}_{s+1}\cdots\boldsymbol{E}_t,$$

其中 $r=r(\boldsymbol{A})$. 因为 $\boldsymbol{A}$ 可逆,故 $r(\boldsymbol{A})=n$. 所以

$$\boldsymbol{A}=\boldsymbol{E}_1\cdots\boldsymbol{E}_s\boldsymbol{I}_n\boldsymbol{E}_{s+1}\cdots\boldsymbol{E}_t=\boldsymbol{E}_1\cdots\boldsymbol{E}_t.$$

练习 2.4.16 矩阵 $\boldsymbol{A}$ 的秩为 r 当且仅当存在可逆阵 $\boldsymbol{S}$, $\boldsymbol{T}$,使得

$$\boldsymbol{SAT}=\begin{pmatrix}\boldsymbol{I}_r & \boldsymbol{O}\\ \boldsymbol{O} & \boldsymbol{O}\end{pmatrix}.$$

推论 2.4.1 设 $\boldsymbol{A}$, $\boldsymbol{B}$ 分别是 m 阶和 n 阶可逆阵,$\boldsymbol{P}$ 是 $m\times n$ 矩阵,则

$$r(\boldsymbol{AP})=r(\boldsymbol{P}), r(\boldsymbol{PB})=r(\boldsymbol{P}).$$

证明 因为 $\boldsymbol{A}$ 是可逆阵,所以可设 $\boldsymbol{A}=\boldsymbol{E}_1\cdots\boldsymbol{E}_t$,则

$$r(\boldsymbol{AP})=r(\boldsymbol{E}_1\cdots\boldsymbol{E}_t\boldsymbol{P}).$$

因为 $\boldsymbol{E}_1\cdots\boldsymbol{E}_t\boldsymbol{P}$ 是对矩阵 $\boldsymbol{P}$ 施行一系列初等行变换所得的结果,而初等变换不改变矩阵的秩,所以 $r(\boldsymbol{AP})=r(\boldsymbol{E}_1\cdots\boldsymbol{E}_t\boldsymbol{P})=r(\boldsymbol{P})$. 同理可证 $r(\boldsymbol{PB})=r(\boldsymbol{P})$.

上述推论也可以用另一种方法证明. 因为两个矩阵乘积的秩不大于其中任何一个矩阵的秩,所以 $r(\boldsymbol{AP})\leqslant r(\boldsymbol{P})$. 又 $\boldsymbol{P}=\boldsymbol{A}^{-1}\cdot\boldsymbol{AP}$,故 $r(\boldsymbol{P})\leqslant r(\boldsymbol{AP})$. 因此有 $r(\boldsymbol{AP})=r(\boldsymbol{P})$.

例 2.4.2 可以通过一系列初等行(列)变换把可逆阵 $\boldsymbol{A}$ 变为 $\boldsymbol{I}$.

证明 因为 $\boldsymbol{A}$ 可逆,所以

$$\boldsymbol{A}=\boldsymbol{E}_1\cdots\boldsymbol{E}_t$$

其中 $\boldsymbol{E}_1$, …, $\boldsymbol{E}_t$ 是初等阵. 所以

$$\boldsymbol{E}_t^{-1}\cdots\boldsymbol{E}_1^{-1}\boldsymbol{A}=\boldsymbol{I},$$

而 $\boldsymbol{E}_1^{-1}$, …, $\boldsymbol{E}_t^{-1}$ 也是初等阵. 这就表明可对 $\boldsymbol{A}$ 施行一系列初等行变换得到 $\boldsymbol{I}$. 列变换同理.

练习 2.4.17 设 $\boldsymbol{A}$ 是 $m\times n$ 矩阵,求证:

(1) $\boldsymbol{A}$ 是列满秩矩阵当且仅当存在可逆阵 $\boldsymbol{P}$,使得 $\boldsymbol{A}=\boldsymbol{P}\begin{pmatrix}\boldsymbol{I}_n\\ \boldsymbol{O}\end{pmatrix}$;

(2) $\boldsymbol{A}$ 是行满秩矩阵当且仅当存在可逆阵 $\boldsymbol{Q}$,使得 $\boldsymbol{A}=(\boldsymbol{I}_m, \boldsymbol{O})\boldsymbol{Q}$.

2.4.3 求逆矩阵的初等变换法

若 $\boldsymbol{A}$ 可逆,可以利用公式 $\boldsymbol{A}^{-1}=\dfrac{1}{|\boldsymbol{A}|}\operatorname{adj}\boldsymbol{A}$ 来求 $\boldsymbol{A}$ 的逆矩阵. 但是这种方法对高阶矩阵计算起来很不方便. 下面介绍一种比较简便的通过初等行变换来求逆矩阵的方法.

因为

$$\boldsymbol{A}^{-1}(\boldsymbol{A}, \boldsymbol{I})=(\boldsymbol{A}^{-1}\boldsymbol{A}, \boldsymbol{A}^{-1}\boldsymbol{I})=(\boldsymbol{I}, \boldsymbol{A}^{-1}).$$

又 $\boldsymbol{A}^{-1}$ 可写成初等矩阵的乘积,设 $\boldsymbol{A}^{-1}=\boldsymbol{E}_1\cdots\boldsymbol{E}_s$,所以

$$\boldsymbol{E}_1\cdots\boldsymbol{E}_s(\boldsymbol{A}, \boldsymbol{I})=(\boldsymbol{I}, \boldsymbol{A}^{-1}).$$

即 $(\boldsymbol{A}, \boldsymbol{I})$ 可通过一系列初等行变换化为 $(\boldsymbol{I}, \boldsymbol{A}^{-1})$.

例 2.4.3 求矩阵

$$A=\begin{pmatrix}1&2&-1\\3&4&-2\\5&-3&1\end{pmatrix}$$

的逆.

解 $\begin{pmatrix}1&2&-1&1&0&0\\3&4&-2&0&1&0\\5&-3&1&0&0&1\end{pmatrix}\xrightarrow[r_3-5r_1]{r_2-3r_1}\begin{pmatrix}1&2&-1&1&0&0\\0&-2&1&-3&1&0\\0&-13&6&-5&0&1\end{pmatrix}$

$$\xrightarrow[-\frac{1}{2}r_2]{\substack{r_1+r_2\\ r_3-\frac{13}{2}r_2}}\begin{pmatrix}1&0&0&-2&1&0\\0&1&-\frac{1}{2}&\frac{3}{2}&-\frac{1}{2}&0\\0&0&-\frac{1}{2}&\frac{29}{2}&-\frac{13}{2}&1\end{pmatrix}$$

$$\xrightarrow[-2r_3]{r_2-r_3}\begin{pmatrix}1&0&0&-2&1&0\\0&1&0&-13&6&-1\\0&0&1&-29&13&-2\end{pmatrix}.$$

所以

$$A^{-1}=\begin{pmatrix}-2&1&0\\-13&6&-1\\-29&13&-2\end{pmatrix}.$$

练习 2.4.18 分别用伴随矩阵法和初等变换法求矩阵 $A=\begin{pmatrix}1&2&-1\\3&1&0\\-1&0&-2\end{pmatrix}$ 的逆矩阵.

练习 2.4.19 用初等变换法求以下矩阵的逆矩阵：

$$\begin{pmatrix}1&-2&3\\&1&-2\\&&1\end{pmatrix};\begin{pmatrix}1&0&0&\cdots&0\\1&1&0&\cdots&0\\1&1&1&\cdots&0\\\vdots&\vdots&\vdots&&\vdots\\1&1&1&\cdots&1\end{pmatrix};\begin{pmatrix}0&1&0&\cdots&0&0\\0&0&2&\cdots&0&0\\\vdots&\vdots&\vdots&&\vdots&\vdots\\0&0&0&\cdots&0&n-1\\n&0&0&\cdots&0&0\end{pmatrix}.$$

练习 2.4.20 设 $AX=B$，求 X. 其中

$$A=\begin{pmatrix}1&1&-1\\0&2&2\\1&-1&0\end{pmatrix},\ B=\begin{pmatrix}1&-1\\1&1\\2&1\end{pmatrix}.$$

练习 2.4.21 设 n 阶方阵 A，B 都可逆，证明：$\begin{pmatrix}A&C\\O&B\end{pmatrix}$可逆. 并求出$\begin{pmatrix}A&C\\O&B\end{pmatrix}^{-1}$.

2.5 线性方程组

2.5.1 线性方程组的可解条件

定义 2.5.1 数域 F 上的具有 n 个未知量 $x_1, x_2, \cdots, x_n$ 的线性方程组的一般形式为

$$\begin{cases} a_{11}x_1 + a_{12}x_2 + \cdots + a_{1n}x_n = b_1, \\ a_{21}x_1 + a_{22}x_2 + \cdots + a_{2n}x_n = b_2, \\ \qquad\qquad\qquad\qquad\vdots \\ a_{m1}x_1 + a_{m2}x_2 + \cdots + a_{mn}x_n = b_m. \end{cases}$$

其中,$a_{ij} \in F$ 称为方程组的**系数**,$b_i \in F$ 称为**常数项**. 矩阵 $\boldsymbol{A}=(a_{ij})$称为线性方程组的**系数矩阵**,

$$\boldsymbol{Z} = \begin{pmatrix} x_1 \\ x_2 \\ \vdots \\ x_n \end{pmatrix}, \ \boldsymbol{b} = \begin{pmatrix} b_1 \\ b_2 \\ \vdots \\ b_m \end{pmatrix}$$

分别称为方程组的**未知量向量**和**常数项向量**. 分块矩阵$(\boldsymbol{A}, \boldsymbol{b})$称为**增广矩阵**,记作$\overline{\boldsymbol{A}}$. 线性方程组也可以写成矩阵形式 $\boldsymbol{AZ}=\boldsymbol{b}$.

解线性方程组在本门课程中会多次出现,比如第 1 章,求两个平面的交线归结为求解一个三元线性方程组. 又比如后面要学到的判断向量的线性相关性,求矩阵的特征向量等,最终也都归结为求解线性方程组. 在中学阶段,我们曾学过二元线性方程组的求解方法. 第 1 章的例 1.2.2 中也证明了含有三个方程的三元线性方程组的克拉默法则. 这都是一些特例,本节将给出求解线性方程组的一般方法.

首先,不难发现线性方程组

$$\boldsymbol{AZ} = \boldsymbol{b}$$

可以改写成如下等价形式

$$(\boldsymbol{A}, \boldsymbol{b})\begin{pmatrix} \boldsymbol{Z} \\ -1 \end{pmatrix} = \boldsymbol{0}, \quad 或 \quad \overline{\boldsymbol{A}}\begin{pmatrix} \boldsymbol{Z} \\ -1 \end{pmatrix} = \boldsymbol{0}.$$

在 2.3 节曾证明过:任何一个矩阵都可以通过初等行变换化为主元都为 1 的行阶梯矩阵. 所以存在初等矩阵 $\boldsymbol{E}_1, \boldsymbol{E}_2, \cdots, \boldsymbol{E}_s$,使得 $\boldsymbol{E}_1\boldsymbol{E}_2\cdots\boldsymbol{E}_s\overline{\boldsymbol{A}}$是主元都为 1 的行阶梯矩阵. 这个行阶梯矩阵根据最后一个主元是否在第 $n+1$ 列可分为以下两种形式:

$$\begin{pmatrix} 1 & \cdots & \cdots & \cdots & \cdots & \cdots & b_1' \\ & 1 & \cdots & \cdots & \cdots & \cdots & b_2' \\ & & \cdots & \cdots & \cdots & \cdots & \cdots \\ & & & 1 & \cdots & \cdots & b_r' \\ & & & & & & \end{pmatrix} \quad 和 \quad \begin{pmatrix} 1 & \cdots & \cdots & \cdots & \cdots & \cdots & b_1' \\ & 1 & \cdots & \cdots & \cdots & \cdots & b_2' \\ & & \cdots & \cdots & \cdots & \cdots & \cdots \\ & & & 1 & \cdots & \cdots & b_r' \\ & & & & & & 1 \\ & & & & & & \end{pmatrix}.$$

无论是哪一种形式,行阶梯矩阵的前 n 列都是 $\boldsymbol{E}_1\boldsymbol{E}_2\cdots\boldsymbol{E}_s\boldsymbol{A}$,因为

$$\boldsymbol{E}_1\boldsymbol{E}_2\cdots\boldsymbol{E}_s\overline{\boldsymbol{A}} = \boldsymbol{E}_1\boldsymbol{E}_2\cdots\boldsymbol{E}_s(\boldsymbol{A}, \boldsymbol{b}) = (\boldsymbol{E}_1\boldsymbol{E}_2\cdots\boldsymbol{E}_s\boldsymbol{A}, \boldsymbol{E}_1\boldsymbol{E}_2\cdots\boldsymbol{E}_s\boldsymbol{b}).$$

初等变换不会改变矩阵的秩,所以,$\overline{\boldsymbol{A}}$经过变换后是第一种形式当且仅当 $r(\boldsymbol{A})=r(\overline{\boldsymbol{A}})$;是第

二种形式当且仅当 $r(\overline{\mathbf{A}})=r(\mathbf{A})+1$.

现在回到方程组

$$\overline{\mathbf{A}}\begin{pmatrix} \boldsymbol{Z} \\ -1 \end{pmatrix} = \mathbf{0}.$$

在等式两边左乘 $\boldsymbol{E}_1\boldsymbol{E}_2\cdots\boldsymbol{E}_s$，得

$$\boldsymbol{E}_1\boldsymbol{E}_2\cdots\boldsymbol{E}_s\overline{\mathbf{A}}\begin{pmatrix} \boldsymbol{Z} \\ -1 \end{pmatrix} = \mathbf{0}.$$

如果 $\boldsymbol{E}_1\boldsymbol{E}_2\cdots\boldsymbol{E}_s\overline{\mathbf{A}}$是上面所列的第二种行阶梯矩阵，那么，由于最后一个非零行的缘故，将会出现一个矛盾方程

$$0-1=0 \quad 或 \quad 0=1.$$

所以方程组要有解，$\boldsymbol{E}_1\boldsymbol{E}_2\cdots\boldsymbol{E}_s\overline{\mathbf{A}}$必须是上面所列的第一种行阶梯矩阵，也就是说必须有

$$r(\mathbf{A}) = r(\overline{\mathbf{A}}).$$

这个条件不仅是有解的必要条件，实际上也是充分条件.

接下来假定 $r(\mathbf{A})=r(\overline{\mathbf{A}})$，而且为了讨论方便，还假定 $\mathbf{A}$ 的左上角的 r(即 $\mathbf{A}$ 的秩)阶子式

$$|\mathbf{A}(1,\ 2,\ \cdots,\ r;1,\ 2,\ \cdots,\ r)|\neq 0.$$

当然，它也是$\overline{\mathbf{A}}$左上角的 r 阶子式. 因此，由$\overline{\mathbf{A}}$前 r 列构成的子矩阵的秩为 r. 在通过初等变换将$\overline{\mathbf{A}}$化为主元都为 1 的行阶梯形时，这个子矩阵也跟着被化成了主元都为 1 的行阶梯矩阵，且它与$\overline{\mathbf{A}}$具有同样多的非零行：

$$\left(\begin{array}{|cccc|cccc} \hline 1 & \cdots & \cdots & \cdots & \cdots & \cdots & \cdots & \cdots \\ & 1 & \cdots & \cdots & \cdots & \cdots & \cdots & \cdots \\ & & \ddots & \cdots & \cdots & \cdots & \cdots & \cdots \\ & & & 1 & \cdots & \cdots & \cdots & \cdots \\ \hline & & & & & & & \\ \end{array}\right),$$

其中左上角方框里是一个对角元都为 1 的 r 阶上三角阵. 然后进一步通过第三类初等行变换将每个对角元 1 所在列的其他元素统统变为零：

$$\begin{pmatrix} 1 & & & c_{1r+1} & c_{1r+2} & \cdots & c_{1n} & d_1 \\ & 1 & & c_{2r+1} & c_{1r+2} & \cdots & c_{2n} & d_2 \\ & & \ddots & \vdots & \vdots & & \vdots & \vdots \\ & & 1 & c_{rr+1} & c_{rr+2} & \cdots & c_{rn} & d_r \\ & & & & & & & \end{pmatrix}.$$

所以，只要在$\overline{\mathbf{A}}\begin{pmatrix} \boldsymbol{Z} \\ -1 \end{pmatrix}=\mathbf{0}$ 左边乘上适当的一系列初等矩阵，就可以将之化为

$$\begin{pmatrix} 1 & & & c_{1r+1} & c_{1r+2} & \cdots & c_{1n} & d_1 \\ & 1 & & c_{2r+1} & c_{1r+2} & \cdots & c_{2n} & d_2 \\ & & \ddots & \vdots & \vdots & & \vdots & \vdots \\ & & 1 & c_{rr+1} & c_{rr+2} & \cdots & c_{rn} & d_r \\ & & & & & & & \end{pmatrix}\begin{pmatrix} x_1 \\ x_2 \\ \vdots \\ x_n \\ -1 \end{pmatrix} = \begin{pmatrix} 0 \\ 0 \\ \vdots \\ 0 \\ 0 \end{pmatrix}.$$

如果 $r(\mathbf{A})=r(\overline{\mathbf{A}})=n$，方程组具有如下形式：

$$\begin{cases} x_1 \qquad\qquad = d_1, \\ \quad x_2 \qquad = d_2, \\ \qquad\qquad \vdots \\ \qquad\quad x_n = d_n. \end{cases}$$

因此有唯一解：$x_1=d_1, x_2=d_2, \cdots, x_n=d_n$.

如果 $r(\mathbf{A})=r(\overline{\mathbf{A}})<n$，方程组有无穷多解：

$$\begin{cases} x_1 = d_1 - c_{1r+1}x_{r+1} - \cdots - c_{1n}x_n, \\ x_2 = d_2 - c_{2r+1}x_{r+1} - \cdots - c_{2n}x_n, \\ \quad\vdots \\ x_r = d_r - c_{rr+1}x_{r+1} - \cdots - c_{rn}x_n. \end{cases}$$

这个表达式称为线性方程组的**一般解**. 在方程组的一般解中，变量 $x_{r+1}, \cdots, x_n$ 可以取数域 F 中的任意值，称为**自由变量**. 每当自由变量取定一组值，变量 $x_1, x_2, \cdots, x_r$ 也随之确定，这样就得到了方程组的一个**特解**. 由于每个自由变量都可以取遍数域 F 的一切值，而数域 F 含有无穷多个数，因此方程组有无穷多个解.

综上所述，就得到线性方程组可解的充要条件.

定理 2.5.1 线性方程组 $\boldsymbol{AZ}=\boldsymbol{b}$ 有解当且仅当 $r(\mathbf{A})=r(\overline{\mathbf{A}})$. 若 $r(\mathbf{A})=r(\overline{\mathbf{A}})=n$，方程组有唯一解；若 $r(\mathbf{A})=r(\overline{\mathbf{A}})<n$，则方程组有无穷多解.

练习 2.5.1 求证：线性方程组 $\begin{cases} x_1 - x_2 = b_1, \\ x_2 - x_3 = b_2, \\ x_3 - x_4 = b_3, \\ x_4 - x_1 = b_4 \end{cases}$ 有解当且仅当 $\sum_{i=1}^{4} b_i = 0$.

练习 2.5.2 考虑线性方程组：

$$\begin{cases} x_1 + x_2 = a_1, \\ x_3 + x_4 = a_2, \\ x_1 + x_3 = b_1, \\ x_2 + x_4 = b_2, \end{cases}$$

其中 $a_1+a_2=b_1+b_2$. 求证：上述方程组有解.

2.5.2 高斯(Gauss)消元法

在证明可解条件时，实际上已给出了求解线性方程组的一般方法：通过行初等变换将增广矩阵化为主元为 1 并且所在列其他元素都为 0 的行阶梯形，就可以判断它是否有解，并在有解的情况下写出其一般解(在定理 2.5.1 的证明中曾假设 $\overline{\mathbf{A}}$ 左上角的 r 阶子式不为 0，但这只是为了讨论方便，在实际计算中并不需要真的去找出一个非零的子式). 这种求解线性方程组的方法叫做**高斯消元法**. 下面通过计算几个具体例子来进一步熟悉这种方法.

例 2.5.1 解线性方程组：

$$\begin{cases}\frac{1}{2}x_1+\frac{1}{3}x_2+x_3=1,\\ x_1+\frac{5}{3}x_2+3x_3=3,\\ 2x_1+\frac{4}{3}x_2+5x_3=2.\end{cases}$$

解 首先写出线性方程组的增广矩阵

$$\overline{\mathbf{A}}=\begin{pmatrix}\frac{1}{2} & \frac{1}{3} & 1 & 1\\ 1 & \frac{5}{3} & 3 & 3\\ 2 & \frac{4}{3} & 5 & 2\end{pmatrix}.$$

然后对它作初等行变换:

$$\begin{pmatrix}\frac{1}{2} & \frac{1}{3} & 1 & 1\\ 1 & \frac{5}{3} & 3 & 3\\ 2 & \frac{4}{3} & 5 & 2\end{pmatrix}\xrightarrow[r_3-2r_2]{r_1-\frac{1}{2}r_2}\begin{pmatrix}0 & -\frac{1}{2} & -\frac{1}{2} & -\frac{1}{2}\\ 1 & \frac{5}{3} & 3 & 3\\ 0 & -2 & -1 & -4\end{pmatrix}$$

$$\xrightarrow[r_1\leftrightarrow r_2]{-2r_1}\begin{pmatrix}1 & \frac{5}{3} & 3 & 3\\ 0 & 1 & 1 & 1\\ 0 & -2 & -1 & -4\end{pmatrix}$$

$$\xrightarrow[r_3+2r_2]{r_1-\frac{5}{3}r_2}\begin{pmatrix}1 & 0 & \frac{4}{3} & \frac{4}{3}\\ 0 & 1 & 1 & 1\\ 0 & 0 & 1 & -2\end{pmatrix}$$

$$\xrightarrow[r_2-r_3]{r_1-\frac{4}{3}r_2}\begin{pmatrix}1 & 0 & 0 & 4\\ 0 & 1 & 0 & 3\\ 0 & 0 & 1 & -2\end{pmatrix}$$

所以方程组的解唯一:

$$\begin{cases}x_1=4,\\ x_2=3,\\ x_3=-2.\end{cases}$$

练习 2.5.3 用高斯消元法求解线性方程组

$$\begin{cases}x_1-x_2-2x_3-5x_4=10,\\ -2x_1+7x_2+6x_3-12x_4=6,\\ x_1-2x_2-5x_3-17x_4=31,\\ -5x_1-2x_2+9x_3+27x_4=-63.\end{cases}$$

例 2.5.2 求解线性方程组

$$\begin{cases}x_1-2x_2+2x_3=2,\\ x_1-x_2+3x_3-x_4=4,\\ 2x_1-x_2+7x_3-3x_4=10,\\ -2x_1+6x_2-2x_3-3x_4=3.\end{cases}$$

解 方程组的增广矩阵为

$$\overline{\boldsymbol{A}}=\begin{pmatrix}1&-2&2&0&2\\1&-1&3&-1&4\\2&-1&7&-3&10\\-2&6&-2&-3&3\end{pmatrix}$$

接下来对$\overline{\boldsymbol{A}}$作行初等变换：

$$\overline{\boldsymbol{A}}\xrightarrow[r_4+2r_1]{\substack{r_2-r_1\\r_3-2r_1}}\begin{pmatrix}1&-2&2&0&2\\0&1&1&-1&2\\0&3&3&-3&6\\0&2&2&-3&7\end{pmatrix}$$

$$\xrightarrow[r_4-2r_2]{\substack{r_1+2r_2\\r_3-3r_2}}\begin{pmatrix}1&0&4&-2&6\\0&1&1&-1&2\\0&0&0&0&0\\0&0&0&-1&3\end{pmatrix}$$

$$\xrightarrow[r_3\leftrightarrow r_4]{(-1)\cdot r_4}\begin{pmatrix}1&0&4&-2&6\\0&1&1&-1&2\\0&0&0&1&-3\\0&0&0&0&0\end{pmatrix}$$

$$\xrightarrow[r_2+r_3]{r_1+2r_3}\begin{pmatrix}1&0&4&0&0\\0&1&1&0&-1\\0&0&0&1&-3\\0&0&0&0&0\end{pmatrix}.$$

所以，方程组的一般解为

$$\begin{cases}x_1=-4x_3,\\ x_2=-1-x_3,\\ x_4=-3.\end{cases}$$

例 2.5.3 求解方程组

$$\begin{cases}5x_1-x_2+2x_3+x_4=7,\\ 2x_1+x_2+4x_3-2x_4=1,\\ x_1-3x_2-6x_3+5x_4=0.\end{cases}$$

解 方程组的增广矩阵为

$$\overline{\boldsymbol{A}}=\begin{pmatrix}5&-1&2&1&7\\2&1&4&-2&1\\1&-3&-6&5&0\end{pmatrix}$$

对$\overline{\mathbf{A}}$施行初等行变换

$$\overline{\mathbf{A}}\xrightarrow[r_3-5r_1]{\substack{r_1\leftrightarrow r_3\\ r_2-2r_1}}\begin{bmatrix}1&-3&-6&5&0\\0&7&16&-12&1\\0&14&32&-24&7\end{bmatrix}$$

$$\xrightarrow{r_3-2r_2}\begin{bmatrix}1&-3&-6&5&0\\0&7&16&-12&1\\0&0&0&0&5\end{bmatrix}.$$

此时已经可以判断方程组无解,因为有一个矛盾方程:0=5.

练习 2.5.4 求解线性方程组

$$\begin{cases}x_1-x_2-x_3+x_4=0,\\ x_1-x_2+x_3-3x_4=1,\\ x_1-x_2-2x_3+3x_4=-\dfrac{1}{2}.\end{cases}$$

练习 2.5.5 求解线性方程组

$$\begin{cases}2x_1-5x_2+3x_3=-3,\\ x_1-2x_2+x_3=5,\\ x_1-4x_2+5x_3=10.\end{cases}$$

练习 2.5.6 试讨论当 k 取何值时,下列方程组

$$\begin{cases}x_1+2x_2+4x_3+4x_4=7,\\ x_2+x_3+2x_4=3,\\ x_1+2x_3=k.\end{cases}$$

有解?并在有解的情况下,求出其一般解.

练习 2.5.7 当 λ 取何值时,线性方程组

$$\begin{cases}\lambda x_1+x_2+2x_3-3x_4=2,\\ \lambda^2x_1-3x_2+2x_3+x_4=-1,\\ \lambda^3x_1-x_2+2x_3-x_4=-1\end{cases}$$

有解?

练习 2.5.8 求通过以下五点的二次曲线的方程:

$$(0,0),(1,0),(2,1),(1,1),(1,4).$$

2.5.3 齐次线性方程组

如果一个线性方程组的常数项都为0,则称之为**齐次线性方程组**.齐次线性方程组一定有解.实际上,$x_1=0,x_2=0,\cdots,x_n=0$ 就是方程组的一个解,这个解称为**零解**.根据线性方程组的可解条件,若 $r(\mathbf{A})=r(\overline{\mathbf{A}})=n$,则方程组有唯一解,这个解就是零解;要使齐次方程组有非零解,则它必须要有无穷多解.

推论 2.5.1 齐次线性方程组 $\mathbf{AZ}=\mathbf{0}$ 有非零解当且仅当 $r(\mathbf{A})<n$.

特别地,如果齐次线性方程组的方程个数 m 小于未知量的个数 n,那么因为

$$r(\mathbf{A})\leqslant m<n,$$

所以进一步有如下推论.

推论 2.5.2 当方程个数小于未知量的个数时,齐次线性方程组必有非零解.

用高斯消元法求解齐次线性方程组时,只须对其系数矩阵施行初等行变换,因为增广矩阵只比系数矩阵多了一个零列,它在初等行变换过程中始终是零列,对求解不起任何作用.

例 2.5.4 求解齐次线性方程组

$$\begin{cases} x_1+2x_2+x_3+x_4+x_5=0, \\ 2x_1+4x_2+3x_3+x_4+x_5=0, \\ -x_1-2x_2+x_3+3x_4-3x_5=0, \\ 2x_3+5x_4-2x_5=0. \end{cases}$$

解 方程组的系数矩阵 $\boldsymbol{A}=\begin{pmatrix} 1 & 2 & 1 & 1 & 1 \\ 2 & 4 & 3 & 1 & 1 \\ -1 & -2 & 1 & 3 & -3 \\ 0 & 0 & 2 & 5 & -2 \end{pmatrix}$,施行初等行变换

$$\boldsymbol{A}\xrightarrow[r_3+r_1]{r_2-2r_1}\begin{pmatrix} 1 & 2 & 1 & 1 & 1 \\ 0 & 0 & 1 & -1 & -1 \\ 0 & 0 & 2 & 4 & -2 \\ 0 & 0 & 2 & 5 & -2 \end{pmatrix}$$

$$\xrightarrow[\substack{r_3-2r_2 \\ r_4-2r_2}]{r_1-r_2}\begin{pmatrix} 1 & 2 & 0 & 2 & 2 \\ 0 & 0 & 1 & -1 & -1 \\ 0 & 0 & 0 & 6 & 0 \\ 0 & 0 & 0 & 7 & 0 \end{pmatrix}$$

$$\xrightarrow[\substack{r_1-2r_3 \\ r_2+r_3 \\ r_4-7r_3}]{\frac{1}{6}\cdot r_3}\begin{pmatrix} 1 & 2 & 0 & 0 & 2 \\ 0 & 0 & 1 & 0 & -1 \\ 0 & 0 & 0 & 1 & 0 \\ 0 & 0 & 0 & 0 & 0 \end{pmatrix}.$$

所以,方程组的一般解为

$$\begin{cases} x_1=-2x_2-2x_5, \\ x_3=x_5, \\ x_4=0. \end{cases}$$

2.5.4 克拉默法则

定理 2.5.2(克拉默法则) 线性方程组

$$\begin{cases} a_{11}x_1+a_{12}x_2+\cdots+a_{1n}x_n=b_1, \\ a_{21}x_1+a_{22}x_2+\cdots+a_{2n}x_n=b_2, \\ \qquad\qquad\vdots \\ a_{n1}x_1+a_{n2}x_2+\cdots+a_{nn}x_n=b_n \end{cases}$$

当且仅当系数行列式 $D=|\boldsymbol{A}|$ 不等于零时有唯一解,且解为

$$x_1=\frac{D_1}{D}, x_2=\frac{D_2}{D}, \cdots, x_n=\frac{D_n}{D},$$

其中，D_i 就是将 D 的第 i 列用 $\begin{pmatrix} b_1 \\ b_2 \\ \vdots \\ b_n \end{pmatrix}$ 取代所得的行列式：

$$D_i=\begin{vmatrix} a_{11} & \cdots & \overset{i}{b_1} & \cdots & a_{1n} \\ a_{21} & \cdots & b_2 & \cdots & a_{2n} \\ \vdots & & \vdots & & \vdots \\ a_{n1} & \cdots & b_n & \cdots & a_{nn} \end{vmatrix}.$$

证明 线性方程组可写成 $\boldsymbol{AZ}=\boldsymbol{b}$. 若 $|\boldsymbol{A}|\neq 0$，则 $\boldsymbol{A}$ 可逆，所以有唯一解：

$$\boldsymbol{Z}=\boldsymbol{A}^{-1}\boldsymbol{b}.$$

又 $\boldsymbol{A}^{-1}=\frac{1}{|\boldsymbol{A}|}\operatorname{adj}\boldsymbol{A}$，所以

$$\boldsymbol{Z}=\frac{1}{|\boldsymbol{A}|}\operatorname{adj}\boldsymbol{A}\cdot\boldsymbol{b}.$$

根据行列式的展开公式，则

$$\begin{aligned} x_i &= \frac{1}{|\boldsymbol{A}|}(b_1\boldsymbol{A}_{1i}+b_2\boldsymbol{A}_{2i}+\cdots+b_n\boldsymbol{A}_{ni}) \\ &= \frac{1}{|\boldsymbol{A}|}\begin{vmatrix} a_{11} & \cdots & b_1 & \cdots & a_{1n} \\ a_{21} & \cdots & b_2 & \cdots & a_{2n} \\ \vdots & & \vdots & & \vdots \\ a_{n1} & \cdots & b_n & \cdots & a_{nn} \end{vmatrix} \\ &= \frac{D_i}{D}. \end{aligned}$$

反之，若方程组有唯一解，根据可解条件，$r(\boldsymbol{A})=r(\overline{\boldsymbol{A}})=n$，所以 $D=|\boldsymbol{A}|\neq 0$.

例 2.5.5 讨论当 λ 取何值时，下列方程组

$$\begin{cases} \lambda x_1+x_2+x_3=1, \\ x_1+\lambda x_2+x_3=\lambda, \\ x_1+x_2+\lambda x_3=\lambda^2 \end{cases}$$

无解？有唯一解？有无穷多解？在有解时，求出方程组的解.

解 根据克拉默法则，当系数行列式

$$\begin{vmatrix} \lambda & 1 & 1 \\ 1 & \lambda & 1 \\ 1 & 1 & \lambda \end{vmatrix}\neq 0,$$

即 $\lambda\neq 1, -2$ 时有唯一解. 解得

$$\begin{cases} x_1 = -\dfrac{1+\lambda}{2+\lambda}, \\ x_2 = \dfrac{1}{2+\lambda}, \\ x_3 = \dfrac{(1+\lambda)^2}{2+\lambda}. \end{cases}$$

当 $\lambda=1$ 时,增广矩阵

$$\overline{\mathbf{A}} = \begin{pmatrix} 1 & 1 & 1 & 1 \\ 1 & 1 & 1 & 1 \\ 1 & 1 & 1 & 1 \end{pmatrix} \xrightarrow[i=2,3]{r_i - r_1} \begin{pmatrix} 1 & 1 & 1 & 1 \\ 0 & 0 & 0 & 0 \\ 0 & 0 & 0 & 0 \end{pmatrix},$$

所以方程组有无穷多解,一般解为 $x_1 = 1 - x_2 - x_3$.

当 $\lambda=-2$ 时,增广矩阵

$$\overline{\mathbf{A}} = \begin{pmatrix} -2 & 1 & 1 & 1 \\ 1 & -2 & 1 & -2 \\ 1 & 1 & -2 & 4 \end{pmatrix} \xrightarrow{r_3 + r_1 + r_2} \begin{pmatrix} -2 & 1 & 1 & 1 \\ 1 & -2 & 1 & -2 \\ 0 & 0 & 0 & 3 \end{pmatrix}.$$

出现一个矛盾方程 $0=3$,故方程组无解.

练习 2.5.9 试讨论当 λ,μ 取何值时,齐次线性方程组

$$\begin{cases} \lambda x_1 + x_2 + x_3 = 0, \\ x_1 + \mu x_2 + x_3 = 0, \\ x_1 + 2\mu x_2 + x_3 = 0 \end{cases}$$

有非零解?

第3章 一元多项式

3.1 基本概念

3.1.1 一元多项式的定义

首先给出多项式的定义并介绍一些相关的基本概念.

定义 3.1.1 数域 F 上一个文字 x 的多项式,或称为数域 F 上的**一元多项式**,指的是如下形式表达式

$$a_nx^n + a_{n-1}x^{n-1} + \cdots + a_1x + a_0, \tag{3.1.1}$$

其中 n 是非负整数,而 $a_0, a_1, \cdots, a_{n-1}, a_n$ 都属于数域 F.

一元多项式通常用记号 $f(x), g(x), \cdots$ 等表示.

在多项式(3.1.1)中,a_ix^i 称为多项式的 i 次项,而 a_i 称为 i 次项的系数.特别地,a_0 称为零次项或常数项.所有系数都为 0 的多项式称为零多项式,可直接写作 0.两个多项式 $f(x)$ 与 $g(x)$ 如果同次项的系数全相等,就称 $f(x)$ 与 $g(x)$ 相等,记为 $f(x)=g(x)$.

多项式中系数不为 0 的最高次项称为多项式的首项,其系数称为首项系数.例如,式(3.1.1)中的 a_n 若不等于 0,则 a_nx^n 便是多项式(3.1.1)的首项,a_n 就是首项系数.首项系数等于 1 的多项式称为首一多项式.

一个多项式 $f(x)$ 如果系数不全为 0,则其首项的次数称为多项式 $f(x)$ 的次数,记为 $\partial(f(x))$ 或 ∂f.数域 F 上任意一个非零数都是一个零次多项式.至于零多项式,为了以后讨论方便,通常规定其次数为 $-\infty$,即 $\partial 0=-\infty$.

3.1.2 多项式的运算

可以对多项式定义加法和乘法.

定义 3.1.2 设 $f(x), g(x)$ 是数域 F 上的两个多项式,分别记为

$$\begin{aligned} f(x) &= a_nx^n + a_{n-1}x^{n-1} + \cdots + a_0, \\ g(x) &= b_mx^m + b_{m-1}x^{m-1} + \cdots + b_0, \end{aligned} \tag{3.1.2}$$

其中 $m \leqslant n$. $f(x)$ 与 $g(x)$ 的和记为 $f(x)+g(x)$,指的是如下多项式

$$(a_n+b_n)x^n + (a_{n-1}+b_{n-1})x^{n-1} + \cdots + (a_m+b_m)x^m + \cdots + (a_0+b_0),$$

这里当 $i>m$ 时,$b_i=0$.

简言之,两个多项式相加就是将同次项的系数相加;如果两个多项式的次数不相等,就给次数低的那个多项式补上一些系数为 0 的高次项,然后二者再合并同次项.

练习 3.1.1 证明:$0+f(x)=f(x)$.

不难验证如上述定义的多项式加法满足交换律和结合律.

练习 3.1.2 证明加法交换律：$f(x)+g(x)=g(x)+f(x)$.

练习 3.1.3 证明加法结合律：$(f(x)+g(x))+h(x)=f(x)+(g(x)+h(x))$.

定义 3.1.3 设 $f(x)$，$g(x)$ 是数域 F 上的多项式，形如式(3.1.2). 它们的积记为 $f(x)g(x)$，指的是多项式

$$c_{n+m}x^{n+m}+\cdots+c_1x+c_0,$$

其中 $c_k=\sum\limits_{i+j=k}a_ib_j=a_0b_k+a_1b_{k-1}+\cdots+a_kb_0(k=0,1,\cdots,n+m)$，并规定当 $i>n,j>m$ 时，$a_i=0,b_j=0$.

例如，$2x^3-x+3$ 与 x^2+1 的积

$$\begin{aligned}(2x^3-x+3)(x^2+1)&=2\cdot 1x^5+[2\cdot 1+(-1)\cdot 1]x^3+3\cdot 1x^2+(-1)\cdot 1x+3\cdot 1\\&=2x^5+x^3+3x^2-x+3.\end{aligned}$$

当 n 是正整数时，记 $f(x)^n=\underbrace{f(x)\cdots f(x)}_{n}$，称为 $f(x)$ 的 n 次幂. 并规定 $f(x)^0=1$.

多项式的乘法满足交换律，结合律以及对加法的分配律，这些都可以从乘法及加法的定义中推导出来.

练习 3.1.4 证明乘法交换律：$f(x)g(x)=g(x)f(x)$.

练习 3.1.5 证明乘法结合律：$[f(x)g(x)]h(x)=f(x)[g(x)h(x)]$.

练习 3.1.6 证明乘法分配律：$[f(x)+g(x)]h(x)=f(x)h(x)+g(x)h(x)$.

练习 3.1.7 计算：$(x^2+ax-b)(x^2-1)+(x^2-ax+b)(x^2+1)$.

练习 3.1.8 设 $f(x)=3x^2-5x+3$，$g(x)=ax(x-1)+b(x+2)(x-1)+cx(x+2)$，求 a,b,c，使得 $f(x)=g(x)$.

结合加法与乘法的定义，定义 $f(x)$ 与 $g(x)$ 的差

$$f(x)-g(x)=f(x)+(-1)g(x).$$

$f(x)=g(x)$ 当且仅当 $f(x)-g(x)=0$.

多项式的次数在讨论中经常起重要的作用，以下给出这方面的一个常用的结果.

定理 3.1.1 设 $f(x)$，$g(x)$ 是数域 F 上的非零多项式(即 $f(x)\neq 0,g(x)\neq 0$)，那么

(1) $\partial(f(x)+g(x))\leqslant\max\{\partial(f(x)),\partial(g(x))\}$，

(2) $\partial(f(x)g(x))=\partial(f(x))+\partial(g(x))$.

证明 设 $f(x)$，$g(x)$ 形如式(3.1.2)，其中 $a_n\neq 0,b_m\neq 0$，且 $n\geqslant m$. 则

$$f(x)+g(x)=(a_n+b_n)x^n+\cdots+(a_0+b_0),$$

$$f(x)g(x)=a_nb_mx^{n+m}+\cdots+a_0b_0.$$

对于式(1)，若 $f(x)+g(x)=0$，则 $\partial(f(x)+g(x))=-\infty$，自然小于任意正整数. 若 $f(x)+g(x)\neq 0$，由上式可以看到次数也不可能超过 n，而 $n=\max\{\partial(f(x)),\partial(g(x))\}$.

对于式(2)，因为 $a_nb_m\neq 0$，所以 $f(x)g(x)$ 的次数为 $n+m$，即

$$\partial(f(x)g(x))=\partial(f(x))+\partial(g(x)).$$

推论 3.1.1 设 $f(x)$，$g(x)$，$h(x)$ 是数域 F 上多项式，且 $h(x)\neq 0$. 若

$$f(x)h(x)=g(x)h(x),$$

则 $f(x)=g(x)$.

证明 由 $f(x)h(x)=g(x)h(x)$，可得 $(f(x)-g(x))h(x)=0$. 若 $f(x)-g(x)\neq 0$，那么由定理 3.1.1 的式(2)，则 $\partial[(f(x)-g(x))h(x)]=\partial(f(x)-g(x))+\partial(h(x))\neq -\infty$，矛盾！所以 $f(x)-g(x)=0$，即 $f(x)=g(x)$.

上述推论成立说明多项式乘法满足消去律.

练习 3.1.9 设 $f(x)$，$g(x)$ 是数域 F 上的非零多项式，且 $\partial(f(x)g(x))=\partial(g(x))$，求证：$f(x)$ 是一个非零常数.

练习 3.1.10 设 $f(x)$，$g(x)$，$h(x)$ 是实数域上的多项式，求证：若

$$f(x)^2 = xg(x)^2 + xh(x)^2,$$

那么 $f(x)=g(x)=h(x)=0$. 试问：如果这三个多项式是复数域上的多项式，上述结果依然成立吗？如果是，请证明；如果不是，请举出反例.

数域 F 上的一元多项式全体构成的集合记作 $F[x]$. 这个集合上定义了加法和乘法运算，称为数域 F 上的一元多项式环.

3.1.3 多项式函数

之前，我们一直把多项式 $f(x)$ 当成是数域 F 上的一个形式表达式，如果把文字 x 换成变量，取值于数域 F，则 $f(x)$ 可视为数域 F 上的函数，称为多项式函数. 特别地，如果 $F=\mathbf{R}$，这就是大家所熟悉的实多项式函数.

两个多项式相等，则它们作为多项式函数也相等. 因为既然它们的形式完全相同，当 x 取 F 中的任意数时，所得的函数值自然也都相等. 反之，如果两个多项式作为函数相等，则它们也相等. 这一结论将在 3.3 节给出证明.

3.2 因式分解

3.2.1 带余除法

整数 a 除以非零整数 b，得到唯一的商与余数：q，r. 即 $a=bq+r$，其中 $0\leqslant r<|b|$. 这就是整数的带余除法. 多项式也有类似的带余除法.

定理 3.2.1 设 $f(x)$，$g(x)\in F[x]$，且 $g(x)\neq 0$，则存在唯一的 $q(x)$，$r(x)\in F[x]$，使得

$$f(x) = g(x)q(x) + r(x), \tag{3.2.1}$$

其中，$\partial(r(x))<\partial(g(x))$. $q(x)$，$r(x)$ 分别称为被除式 $f(x)$ 除以除式 $g(x)$（或 $g(x)$ 去除 $f(x)$）所得的商式与余式.

证明 首先证明存在性. 若 $\partial f<\partial g$，只需取 $q(x)=0$，$r(x)=f(x)$. 以下只需再证 $\partial f\geqslant \partial g$ 的情况. 设 $f(x)$，$g(x)$ 形如式(3.1.2)且 $a_n\neq 0$，$b_m\neq 0$，下面对 n 应用归纳法.

当 $n=0$ 时，因为 $m=\partial g\leqslant \partial f=n$ 且 $g(x)\neq 0$，所以 $m=0$. 此时取

$$q(x) = \frac{a_0}{b_0}, r(x) = 0.$$

假设当 $n<k$ 时都存在 $q(x)$，$r(x)$ 使得式(3.2.1)成立，且 $\partial r<\partial g$. 当 $n=k$ 时，令 $f_1(x)=f(x)-\dfrac{a_n}{b_m}x^{n-m}g(x)$，则 $\partial f_1<k$. 依归纳假设，存在 $q_1(x)$，$r_1(x)$，使得

$$f_1(x)=g(x)q_1(x)+r_1(x),\ \partial r_1<\partial g.$$

因此,只需取 $q(x)=\dfrac{a_n}{b_m}x^{n-m}+q_1(x)$,$r(x)=r_1(x)$,就有

$$f(x)=g(x)q(x)+r(x),$$

且 $\partial r<\partial g$. 存在性得证.

下面证明唯一性. 假设另有 $q'(x),r'(x)\in F[x]$,使得

$$f(x)=g(x)q'(x)+r'(x)$$

且 $\partial r'<\partial g$. 比较该式与式(3.2.1)即得

$$g(x)q(x)+r(x)=g(x)q'(x)+r'(x).$$

若 $q(x)\neq q'(x)$,移项整理得

$$g(x)[q(x)-q'(x)]=r'(x)-r(x).$$

根据定理 3.1.1 的(2),$\partial(r'-r)=\partial g+\partial(q-q')\geqslant\partial g$. 这与

$$\partial(r'-r)\leqslant\max\{\partial r,\partial r'\}<\partial g$$

矛盾. 故 $q'(x)=q(x)$,所以 $r'(x)=r(x)$.

上述定理的证明实际上已经蕴含了计算商式与余式的方法. 下面用一个具体的例子来更清楚地说明商式与余式的计算过程.

例 3.2.1 设 $f(x)=x^5-x^3+3x^2-1$,$g(x)=x^3-3x+2$,求 $f(x)$ 除以 $g(x)$ 所得的商式 $q(x)$ 与余式 $r(x)$.

解 按下面的格式做除法(称为直式除法)

$$\begin{array}{r|l}
x^5-x^3+3x^2-1 & \underline{x^3-3x+2} \\
\underline{x^5-3x^3+2x^2} & x^2+2 \\
2x^3+x^2-1 & \\
\underline{2x^3-6x+4} & \\
x^2+6x-5 &
\end{array}$$

将被除式列在竖线左边,除式在右边,除式下面划一横线,下方用来写商式. 首先,用 x^2 去乘除式 x^3-3x+2 得 $x^5-3x^3+2x^2$,将之写在被除式 $x^5-x^3+3x^2-1$ 下方,并划一条横线. 然后上下两式相减消去被除式的最高次项,所得的差 $2x^3+x^2-1$ 写在横线下方. 由于$2x^3+x^2-1$ 次数与除式的次数相等,因此不是余式. 再用 2 去乘除式得 $2x^3-6x+4$,继续写在 $2x^3+x^2-1$ 下方,并划一条横线. 照样上下两式相减,消去最高项得 x^2+6x-5,它的次数小于除式. 于是,所求的商式 $q(x)=x^2+2$,余式 $r(x)=x^2+6x-5$.

练习 3.2.1 用直式除法求 x^2-3x-1 去除 x^4-4x^3-1 所得的商式与余式.

当除式 $g(x)=x-c$ 时,还有一种称为“综合除法”的更简便的算法来求商式与余式. 设被除式 $f(x)=a_nx^n+a_{n-1}x^{n-1}+\cdots+a_0$,商式 $q(x)=b_{n-1}x^{n-1}+b_{n-2}x^{n-2}+\cdots+b_0$,余式此时是个常数,设为 r. 因此有

$$\begin{aligned}a_nx^n+a_{n-1}x^{n-1}+\cdots+a_0&=(b_{n-1}x^{n-1}+b_{n-2}x^{n-2}+\cdots+b_0)(x-c)+r\\&=b_{n-1}x^n+(b_{n-2}-cb_{n-1})x^{n-1}+\cdots+(r-cb_0).\end{aligned}$$

比较等式两边系数得

$$b_{n-1}=a_n,$$
$$b_{n-2}=a_{n-1}+cb_{n-1},$$

$$\vdots$$

$$b_0 = a_1 + cb_1,$$

$$r = a_0 + cb_0.$$

这样就求得了 $q(x)$ 及 r.

计算时,采用如下格式

$$\begin{array}{c|ccccc} c & a_n & a_{n-1} & \cdots & a_1 & a_0 \\ + & & cb_{n-1} & \cdots & cb_1 & cb_0 \\ \hline & b_{n-1} & b_{n-2} & \cdots & b_0 & r \end{array}$$

先在第一行按从左往右依次降幂的顺序写下被除式 $f(x)$ 的所有系数,缺项要补上 0. 然后横线下左首第一个数字是 b_{n-1},它等于 a_n;第二个数是 b_{n-2},它等于 $a_{n-1}+cb_{n-1}$;依此类推. 最后一个数 $r=a_0+cb_0$ 是余式,不是商式的系数.

例 3.2.2 求用 $x-2$ 去除 $2x^4-x^3+4x+1$ 所得的商式与余式.

解 作综合除法

$$\begin{array}{c|ccccc} 2 & 2 & -1 & 0 & 4 & 1 \\ + & & 4 & 6 & 12 & 32 \\ \hline & 2 & 3 & 6 & 16 & 33 \end{array}$$

所得的商式为 $2x^3+3x^2+6x+16$,余式等于 33.

练习 3.2.2 用综合除法求 $x+3$ 去除 $2x^5-3x^4-5x^3+1$ 所得的商式与余式.

练习 3.2.3 设 $2x^3-x^2+3x-5=a(x-2)^3+b(x-2)^2+c(x-2)+d$,求 a,b,c,d.

练习 3.2.4 将 x^4-2x^2+3 表示成 $(x+2)$ 的多项式.

如果把多项式 $f(x)$ 视为数域 F 上的函数,也可以用综合除法来求 $f(x)$ 在 $x=c$ 处的函数值 $f(c)$.

定理 3.2.2(余式定理) 设 $f(x)\in F[x]$,$c\in F$,r 是 $f(x)$ 除以 $x-c$ 的余式,则 $r=f(c)$.

练习 3.2.5 证明余式定理.

练习 3.2.6 设 $f(x)=2x^5-3x^4-5x^3+1$,用综合除法求 $f(-2)$,$f(3)$.

练习 3.2.7 求 $f(c)$ 也可以直接将 c 代入 $f(x)$ 计算,比较代入法和综合除法哪一种求 $f(c)$ 的计算量更小?

例 3.2.3 求一个二次多项式使得它在 $x=0,\frac{\pi}{2},\pi$ 处与函数 $\sin x$ 有相同的值.

解 设这个多项式为 $f(x)$. 因为 $f(0)=\sin 0=0$,根据余式定理,设

$$f(x) = xq_1(x).$$

又 $f(\pi)=\sin\pi=0$,所以 $\pi q_1(\pi)=0$,即 $q_1(\pi)=0$,因此设

$$q_1(x) = (x-\pi)q_2(x).$$

$f(x)$ 是二次多项式,故 $q_2(x)$ 是常数. 不妨设 $q_2(x)=a$,则 $f(x)=ax(x-\pi)$. 最后,因为 $f\left(\frac{\pi}{2}\right)=\sin\frac{\pi}{2}=1$,得 $a=-\frac{4}{\pi^2}$. 综上,$f(x)=-\frac{4}{\pi^2}x(x-\pi)$.

练习 3.2.8

(1) 求一个首一 3 次多项式 $f(x)$,使得 $f(1)=1, f(2)=2, f(3)=3$;

(2) 求一个次数尽可能低的多项式 $f(x)$,使得

$$f(0)=1, f(1)=2, f(2)=5, f(3)=10.$$

3.2.2 整除

根据定理 3.2.1,用非零多项式 $g(x)$ 去除多项式 $f(x)$,得到商式 $q(x)$ 和次数低于 $g(x)$ 的余式 $r(x)$. 因此,在一元多项式环内除法并不是总能施行的,除非余式 $r(x)=0$. 对于这种特殊情况,我们引入整除的概念.

定义 3.2.1 设 $f(x), g(x)\in F[x]$,如果存在 $h(x)\in F[x]$,使得

$$f(x)=g(x)h(x),$$

则称 $g(x)$ **整除** $f(x)$,记为 $g(x)\mid f(x)$,并称 $g(x)$ 为 $f(x)$ 的**因式**. 否则称 $g(x)$ **不整除** $f(x)$,记为 $g(x)\nmid f(x)$.

0 可以被任意多项式整除,被 0 整除的多项式只有 0.

命题 3.2.1 假设以下提到的多项式 f, g, h, g_i 都属于 $F[x]$,则

(1) $h\mid g,\ g\mid f\Rightarrow h\mid f$;

(2) $h\mid f,\ h\mid g\Rightarrow h\mid (f\pm g)$;

(3) $h\mid f,\ \forall g\Rightarrow h\mid fg$;

(4) $h\mid f_i,\ \forall g_i,\ i=1, 2, \cdots, n\Rightarrow h\mid (f_1g_1\pm\cdots\pm f_ng_n)$;

(5) $\forall c\in F$ 且 $c\neq 0, \forall f\Rightarrow c\mid f$;

(6) $\forall c\in F$ 且 $c\neq 0, \forall f\Rightarrow cf\mid f$;

(7) $f\mid g, g\mid f\Rightarrow f=kg$,其中 $k\in F$ 且 $k\neq 0$.

证明 (1) 由题设 $g=hu,\ f=gv$,故 $f=h(uv)$,即 $h\mid f$.

(2) 因为 $f=hu,\ g=hv$,故 $f\pm g=h(u\pm v)$,所以 $h\mid (f\pm g)$.

(3) 由于 $f=hu$,则 $fg=h(ug)$,所以 $h\mid fg$.

综合式(2),式(3)可得式(4).

(5) 因为 $c\neq 0, f=c\left(\frac{1}{c}f\right)$,所以 $c\mid f$.

(6) 由于 $c\neq 0, f=cf\cdot\frac{1}{c}$,故 $cf\mid f$.

(7) 如果 $f=0$,那么 $g=0$, k 可以取任意非零常数. 否则设 $f=gu,\ g=fv$. 将后式代入前式得到 $f=f(uv)$. 比较两边的次数可得 $\partial(uv)=\partial u+\partial v=0$,即 $\partial u=\partial v=0$. 因此 u 是一个非零常数.

练习 3.2.9 设 $a\in F$,求证:$(x-a)\mid (x^n-a^n)$.

练习 3.2.10 设 d, n 是正整数,求证:$(x^d-1)\mid (x^n-1)\Leftrightarrow d\mid n$.

练习 3.2.11 k 是大于 1 的整数,求证:$x\mid f(x)^k\Rightarrow x\mid f(x)$.

练习 3.2.12 设 $f_1, f_2, g_1, g_2\in F[x]$,其中 $f_1\neq 0$,且 $g_1g_2\mid f_1f_2,\ f_1\mid g_1$. 求证:$g_2\mid f_2$.

3.2.3 最大公因式

定义 3.2.2 设 $f(x), g(x), h(x)\in F[x]$,如果 $h(x)\mid f(x)$ 且 $h(x)\mid g(x)$,则称 $h(x)$

为 $f(x)$ 与 $g(x)$ 的**公因式**.

定义 3.2.3 设 $f(x)$, $g(x)$, $d(x)\in F[x]$, 且 $d(x)$ 为 $f(x)$ 与 $g(x)$ 的公因式, 如果 $d(x)$ 能被 $f(x)$ 与 $g(x)$ 的任一公因式整除, 则称 $d(x)$ 是 $f(x)$ 与 $g(x)$ 的**最大公因式**.

两个多项式的最大公因式通常不是唯一的, 但它们之间最多只差一个非零常数因子. 事实上, 如果 $d_1(x)$ 和 $d_2(x)$ 都是 $f(x)$ 与 $g(x)$ 的最大公因式, 依定义就有 $d_2(x)\mid d_1(x)$ 且 $d_1(x)\mid d_2(x)$. 根据命题 3.2.1 的式(7), 则存在一个非零常数 c, 使得 $d_2(x)=cd_1(x)$. 以下用记号 $(f(x),\ g(x))$ 表示 $f(x)$ 与 $g(x)$ 的首一最大公因式, 即首项系数为 1 的最大公因式, 它是唯一确定的. 0 与 0 只有唯一的最大公因式, 就是 0 本身. 约定 $(0,\ 0)=0$.

任给两个多项式是否一定存在最大公因式呢? 如果两个多项式都是 0, 最大公因式就是 0 本身. 但如果两个多项式不全为 0 呢? 下面证明这种情况下最大公因式也存在.

引理 3.2.1 如果在 $F[x]$ 中有如下等式

$$f(x)=g(x)q(x)+r(x),$$

则 $g(x)$, $r(x)$ 与 $f(x)$, $g(x)$ 有相同的最大公因式.

证明 设 $d(x)$ 是 $f(x)$ 与 $g(x)$ 的最大公因式, 则 $d(x)\mid f(x)$, $d(x)\mid g(x)$. 根据命题 3.2.1的式(4), 则有 $d(x)\mid[f(x)-g(x)q(x)]$, 即 $d(x)\mid r(x)$. 所以 $d(x)$ 是 $g(x)$ 与 $r(x)$ 的公因式. 如果 $h(x)$ 是 $g(x)$ 与 $r(x)$ 的任意一个公因式, 那么 $h(x)\mid[g(x)q(x)+r(x)]$, 故 $h(x)\mid f(x)$, 从而它是 $f(x)$ 与 $g(x)$ 的公因式, 所以 $h(x)\mid d(x)$. 因此 $d(x)$ 是 $g(x)$ 与 $r(x)$ 的最大公因式. 同理可证 $g(x)$, $r(x)$ 的最大公因式也是 $f(x)$, $g(x)$ 最大公因式.

练习 3.2.13 设 f, g, $h\in F[x]$. 求证: 若 $h\mid(f-g)$, 则 $(f,\ h)=(g,\ h)$.

定理 3.2.3 $F[x]$ 中的任意两个多项式 $f(x)$, $g(x)$ 的最大公因式一定存在. 并且, 如果 $d(x)$ 是 $f(x)$, $g(x)$ 的一个最大公因式, 那么存在 $u(x)$, $v(x)\in F[x]$, 使得

$$f(x)u(x)+g(x)v(x)=d(x). \tag{3.2.2}$$

证明 先证存在性. 如果 $f(x)=g(x)=0$, 它们的最大公因式为 0. 以下假设 $f(x)$, $g(x)$ 不全为 0. 不妨设 $g(x)\neq 0$. $g(x)$ 去除 $f(x)$ 得商式 $q_1(x)$ 及余式 $r_1(x)$; 如果 $r_1(x)\neq 0$, 继续做带余除法, 以 $r_1(x)$ 去除 $g(x)$, 得商式 $q_2(x)$ 及余式 $r_2(x)$; 余下类推, 只要所得余式不为 0 就继续做带余除法. 因为所得余式次数单调递减, 经过有限步后必有余式等于 0. 设 $r_k(x)$ 是最后一个不为 0 的余式, 则有以下一系列等式

$$\begin{aligned} f(x) &= g(x)q_1(x)+r_1(x), \\ g(x) &= r_1(x)q_2(x)+r_2(x), \\ r_1(x) &= r_2(x)q_3(x)+r_3(x), \\ &\ \vdots \\ r_{k-3}(x) &= r_{k-2}(x)q_{k-1}(x)+r_{k-1}(x), \\ r_{k-2}(x) &= r_{k-1}(x)q_k(x)+r_k(x), \\ r_{k-1}(x) &= r_k(x)q_{k+1}(x). \end{aligned} \tag{3.2.3}$$

根据引理 3.2.1, $f(x)$, $g(x)$ 与 $g(x)$, $r_1(x)$ 有相同的最大公因式, 而后者又与 $r_1(x)$, $r_2(x)$ 有相同的最大公因式, 而 $r_1(x)$, $r_2(x)$ 又与 $r_2(x)$, $r_3(x)$ 有相同的最大公因式, 依次类推. 最终, $f(x)$, $g(x)$ 与 $r_{k-1}(x)$, $r_k(x)$ 有相同的最大公因式. 因为 $r_k(x)\mid r_{k-1}(x)$, 所以 $r_k(x)$ 是 $r_k(x)$ 与 $r_{k-1}(x)$ 的最大公因式, 从而是 $f(x)$ 与 $g(x)$ 的一个最大公因式. 这就证明

了最大公因式的存在性.

接下来再证等式(3.2.2). 如果 $f(x)=g(x)=0$,只需令 $u(x)=v(x)=0$. 否则,由式(3.2.3)的倒数第二个等式得

$$r_k(x)=r_{k-2}(x)-r_{k-1}(x)q_k(x).$$

令 $u_1(x)=1, v_1(x)=-q_k(x)$,得

$$r_{k-2}(x)u_1(x)+r_{k-1}(x)v_1(x)=r_k(x).$$

再由式(3.2.3)倒数第三个等式得 $r_{k-1}(x)=r_{k-3}(x)-r_{k-2}(x)q_{k-1}(x)$. 将此式再代入上式有

$$r_{k-3}(x)v_1(x)+r_{k-2}(x)(u_1(x)-v_1(x)q_{k-1}(x))=r_k(x).$$

令 $u_2(x)=v_1(x), v_2(x)=u_1(x)-v_1(x)q_{k-1}(x)$,

$$r_{k-3}(x)u_2(x)+r_{k-2}(x)v_2(x)=r_k(x).$$

如此依次逆序利用式(3.2.3)的每个等式,最终就会得到

$$f(x)u_k(x)+g(x)v_k(x)=r_k(x).$$

如果 $d(x)$也是 $f(x)$,$g(x)$的最大公因式,那么它与 $r_k(x)$至多只差一个非零常数因子. 设 $d(x)=cr_k(x)$,并令 $u(x)=cu_k(x), v(x)=cv_k(x)$,便得到等式(3.2.2).

采用式(3.2.3)的形式来求得两个多项式的最大公因式的方法称为辗转相除法.

例 3.2.4 用辗转相除法求 $R[x]$中的多项式

$$f(x)=4x^4-2x^3-16x^2+5x+9,$$
$$g(x)=2x^3-x^2-5x+4,$$

的首一最大公因式 $(f(x),g(x))$.

解 采用如下格式来做辗转相除法(其实质就是反复做直式除法):

$$q_2(x)=-\frac{1}{3}x+\frac{1}{3}$$

	$g(x)$	$f(x)$	
	$2x^3-x^2-5x+4$	$4x^4-2x^3-16x^2+5x+9$	$2x=q_1(x)$
	$2x^3+x^2-3x$	$4x^4-2x^3-10x^2+8x$	
$q_2(x)=-\frac{1}{3}x+\frac{1}{3}$	$-2x^2-2x+4$	$r_1(x)=-6x^2-3x+9$	$6x+9=q_3(x)$
	$-2x^2-x+3$	$-6x^2+6x$	
	$r_2(x)=-x+1$	$-9x+9$	
		$-9x+9$	
		$r_3(x)=0$	

所以$(f(x),g(x))=x-1$.

练习 3.2.14 用辗转相除法求 $R[x]$中的多项式

$$f(x)=3x^3-x^2+x+2, g(x)=x^2-x+1$$

的首一最大公因式 $(f(x),g(x))$.

练习 3.2.15 用辗转相除法求 $R[x]$中的多项式

$$f(x)=x^3+2x^2+2x+1, g(x)=x^4+x^3+2x^2+x+1$$

的首一最大公因式 $(f(x),g(x))$.

根据定理 3.2.3,若 $d(x)$是 $f(x)$,$g(x)$的最大公因式,那么存在 $u(x)$,$v(x)\in F[x]$,使得 $d(x)=f(x)u(x)+g(x)v(x)$. 反过来,仅由这个等式并不能推出 $d(x)$是 $f(x)$,$g(x)$的最大公因式. 比如,取 $f(x)=x$,$g(x)=x+1$,并令 $u(x)=x+2$,$v(x)=x-1$,则

$$f(x)u(x)+g(x)v(x)=x(x+2)+(x+1)(x-1)=2x^2+2x-1.$$

而 $2x^2+2x-1$ 显然不是 x 与 $x+1$ 的最大公因式. 因此还必须添上一个条件:$d(x)\mid f(x)$且 $d(x)\mid g(x)$.

练习 3.2.16 求证:$(f,g)h$ 是 fh,gh 的最大公因式.

练习 3.2.17 设 $f(x)$,$g(x)\in F[x]$,$a,b,c,d\in F$,且 $ad-bc\neq 0$. 求证:

$$(af(x)+bg(x),cf(x)+dg(x))=(f(x),g(x)).$$

定义 3.2.4 如果 $F[x]$中的多项式 $f(x)$,$g(x)$有$(f(x),g(x))=1$,则称它们**互素**.

定理 3.2.4 $F[x]$中的两个多项式 $f(x)$与 $g(x)$互素的充要条件是存在 $F[x]$中的多项式 $u(x)$,$v(x)$,使得 $f(x)u(x)+g(x)v(x)=1$.

证明 若 $f(x)$与 $g(x)$互素,依定义$(f(x),g(x))=1$,所以存在 $u(x)$,$v(x)\in F[x]$,使得 $f(x)u(x)+g(x)v(x)=1$. 反之,因为

$$f(x)u(x)+g(x)v(x)=1,$$

$f(x)$,$g(x)$的公因式都必须整除 1,所以$(f(x),g(x))=1$.

练习 3.2.18 如果 $f(x)$,$g(x)$不全为零,且 $f(x)u(x)+g(x)v(x)=(f(x),g(x))$,求证:$(u(x),v(x))=1$.

练习 3.2.19 设$(f(x),g(x))=1$,求证:$(f(x^m),g(x^m))=1$,m 是正整数.

练习 3.2.20 如果 $a_n\neq 0$,求证:多项式 $x^n+a_1x^{n-1}+\cdots+a_n$ 与 $x^{n-1}+a_1x^{n-2}+\cdots+a_{n-1}$互素.

命题 3.2.2 设 f, g, $h\in F[x]$,则

(1) $(f,h)=(g,h)=1\Rightarrow(fg,h)=1$;

(2) $h\mid fg$,$(f,h)=1\Rightarrow h\mid g$;

(3) $g\mid f$, $h\mid f$, $(g,h)=1\Rightarrow gh\mid f$.

证明 (1) 由题设,存在 $u_1(x)$, $u_2(x)$, $v_1(x)$, $v_2(x)\in F[x]$,使得

$$fu_1+hv_1=1,$$
$$gu_2+hv_2=1.$$

将上述两式相乘,整理得

$$fg(u_1u_2)+h(fu_1v_2+gu_2v_1+hv_1v_2)=1.$$

根据定理 3.2.4 即得$(fg,h)=1$.

(2) 因为$(f,h)=1$,所以存在 $u(x)$, $v(x)\in F[x]$,使得 $fu+hv=1$. 等式两边同乘 g 得

$$fgu+hgv=g.$$

又 $h\mid fg$,故 $h\mid(fgu+hgv)$,即 $h\mid g$.

(3) 因为 $g\mid f$, $h\mid f$,设 $f=gq_1=hq_2$. 又由于$(g,h)=1$,故存在 $u(x)$,$v(x)\in F[x]$,使得 $gu+hv=1$. 等式两边同乘 f,得 $gu(hq_2)+hv(gq_1)=f$,或 $gh(uq_2+vq_1)=f$. 故 $gh\mid f$.

练习 3.2.21 设$(f,g)=1$,求证:$(f+g,fg)=1$.

练习 3.2.22 设$(f,g)=1$,求证:对任意的正整数 n,$(f,g^n)=1$. 由此更进一步证明:

对任意的正整数 $m,n,(f^m,g^n)=1$.

练习 3.2.23 设 $f=df_1,g=dg_1$，其中 d 是首一多项式. 证明：

$$(f,g)=d \Leftrightarrow (f_1,g_1)=1.$$

练习 3.2.24 求证：对任意的正整数 $n,(f^n,g^n)=(f,g)^n$.

最大公因式与互素的概念可以推广到任意有限个多项式的情形. 设有 n 个多项式

$$f_1(x),f_2(x),\cdots,f_n(x)\in F[x],$$

若对 $i=1,2,\cdots,n,d(x)\mid f_i(x)$，且只要 $h(x)\mid f_i(x)$ 就有 $h(x)\mid d(x)$，则称 $d(x)$ 是 $f_1(x)$，$f_2(x),\cdots,f_n(x)$ 的最大公因式. 记 $(f_1(x),f_2(x),\cdots,f_n(x))$ 为 $f_1(x),f_2(x),\cdots,f_n(x)$ 的首一最大公因式. 如果 $(f_1(x),f_2(x),\cdots,f_n(x))=1$，则称 $f_1(x),f_2(x),\cdots,f_n(x)$ 互素. 定理 3.2.3 和定理 3.2.4 都可推广到任意有限个多项式的情形.

练习 3.2.25 设 $f_1(x),f_2(x),\cdots,f_n(x)\in F[x]$，则有

(1) $(f_1(x),f_2(x),\cdots,f_n(x))$ 存在，且

$$(f_1(x),f_2(x),\cdots,f_{n-1}(x),f_n(x))=((f_1(x),f_2(x),\cdots,f_{n-1}(x)),f_n(x));$$

(2) 若 $d(x)$ 是 $f_1(x),f_2(x),\cdots,f_n(x)$ 的最大公因式，存在 $u_1(x),u_2(x),\cdots,u_n(x)\in F[x]$，使得

$$f_1(x)u_1(x)+f_2(x)u_2(x)+\cdots+f_n(x)u_n(x)=d(x);$$

(3) $f_1(x),f_2(x),\cdots,f_n(x)$ 互素当且仅当存在 $u_1(x),u_2(x),\cdots,u_n(x)\in F[x]$，使得

$$f_1(x)u_1(x)+f_2(x)u_2(x)+\cdots+f_n(x)u_n(x)=1.$$

3.2.4 因式分解定理

除 1 以外的每个正整数都可以分解成一系列素数的乘积，如果不计这些素因数的排列顺序，这样的分解是唯一的. 在多项式理论中也有类似结果. 但在证明这个结论之前，先要在多项式理论中引进与"素数"相对应的概念：不可约多项式.

定义 3.2.5 $p(x)$ 是数域 F 上的次数不小于 1 的多项式，如果存在两个次数都比它小的多项式 $f(x),g(x)\in F[x]$，使得 $p(x)=f(x)g(x)$，则称 $p(x)$ 是**可约多项式**. 否则称 $p(x)$ 是**不可约多项式**.

一次多项式都是不可约多项式. 不可约多项式的因式要么是非零常数，要么与它本身只差一个非零因子.

命题 3.2.3 设 $p(x)$ 为 $F[x]$ 中的不可约多项式，则

(1) 任取数域 F 中的一个非零数 c，$cp(x)$ 也不可约；

(2) 任取 $f(x)\in F[x]$，则要么 $p(x)\mid f(x)$，要么 $(p(x),f(x))=1$；

(3) 若 $p(x)\mid f(x)g(x)$，则 $p(x)$ 至少能整除两个多项式 $f(x),g(x)$ 中的一个.

证明 (1) 若 $cp(x)$ 可约，则存在两个次数较小的多项式 $f(x),g(x)\in F[x]$，使得

$$cp(x)=f(x)g(x).$$

那么 $p(x)=\frac{1}{c}f(x)g(x)$，而 $\partial\left(\frac{1}{c}f(x)\right)=\partial(f(x))<\partial(p(x)),\partial(g(x))<\partial(p(x))$，这就与 $p(x)$ 不可约矛盾了.

(2) 设 $(p(x),f(x))=d(x)$. 由于不可约多项式的因式要么是非零常数，要么与它本身只差一个非零因子，而 $p(x)$ 又不整除 $f(x)$，所以 $d(x)$ 只能是常数. 又由于它是首一的，所以 $d(x)=1$.

(3) 若 $p(x)\nmid f(x)$ 且 $p(x)\nmid g(x)$，由(2)得 $(p(x),f(x))=(p(x),g(x))=1$，根据命题 3.2.2 的(1)，则 $(p(x),f(x)g(x))=1$，这与 $p(x)\mid f(x)g(x)$ 矛盾.

上述的式(3)还可以推广.

练习 3.2.26 若 $p(x)$ 是不可约多项式，且 $p(x)\mid f_1(x)f_2(x)\cdots f_n(x)$，则 $p(x)$ 必整除某个 $f_i(x)$.

练习 3.2.27 求证：

(1) $p(x)$ 是不可约因式，$p(x)^{2k}\mid f(x)^2\Rightarrow p(x)^k\mid f(x)$，$k$ 是正整数；

(2) $g(x)^2\mid f(x)^2\Rightarrow g(x)\mid f(x)$.

下面来证明多项式的因式分解定理.

定理 3.2.5 $F[x]$ 中的任意一个次数大于 0 的多项式 $f(x)$ 都可以分解为一系列不可约多项式的乘积. 并且如果它有以下两种分解式(其中 $p_i(x)$，$q_j(x)$ 都是不可约多项式)

$$f(x)=p_1(x)p_2(x)\cdots p_r(x)=q_1(x)q_2(x)\cdots q_s(x),$$

则 $r=s$，且在适当调整 $q_j(x)$ 的次序后有 $q_i(x)=c_ip_i(x)$，$i=1,2,\cdots,r$.

证明 先证明因式分解的存在性. 若 $f(x)$ 不可约，定理已得证. 若 $f(x)$ 可约，设 $f(x)=g(x)h(x)$，其中 $\partial g,\partial h<\partial f$. 若 $g(x)$，$h(x)$ 都不可约，定理得证. 否则，继续将可约多项式分解成两个次数较低的多项式的乘积. 如此一直分解下去. 由于 $f(x)$ 至多可以分解成 ∂f 个不可约多项式的乘积，这种分解过程作了有限次后必然终止. 所以有

$$f(x)=p_1(x)p_2(x)\cdots p_r(x),$$

其中每一个 $p_i(x)$ 是 $F[x]$ 中的不可约多项式.

接下来对不可约因式的个数 r 进行归纳. $r=1$ 时，$f(x)$ 是不可约多项式，此时它的分解是唯一的，所以 $r=s=1$，且 $q_1(x)=p_1(x)$. 假设定理对于能分解成 $r-1(r>1)$ 个不可约因式的乘积的多项式成立. 若 $f(x)$ 能分解成 r 个不可约因式的乘积，设

$$f(x)=p_1(x)p_2(x)\cdots p_r(x)=q_1(x)q_2(x)\cdots q_s(x). \tag{3.2.4}$$

因此 $p_1(x)\mid q_1(x)q_2(x)\cdots q_s(x)$. 根据练习 3.2.26，则 $p_1(x)$ 必整除某个 $q_i(x)$. 适当调整 $q_1(x)q_2(x)\cdots q_s(x)$ 的排列次序，可假定 $p_1(x)\mid q_1(x)$. 由于 $q_1(x)$ 也是不可约因式，所以它与 $p_1(x)$ 只差一个非零因子. 设 $q_1(x)=c_1p_1(x)$，将之代入式(3.2.4)，有

$$p_1(x)p_2(x)\cdots p_r(x)=c_1p_1(x)q_2(x)\cdots q_s(x).$$

消去 $p_1(x)$ 得

$$p_2(x)\cdots p_r(x)=[c_1q_2(x)]\cdots q_s(x).$$

记上述多项式为 $f_1(x)$. 由于 $f_1(x)$ 能分解成 $r-1(r>1)$ 个不可约因式的乘积，根据归纳假设，$r-1=s-1$，即 $r=s$. 并且

$$c_1q_2(x)=c'_2p_2(x),$$

$$q_i(x)=c_ip_i(x),\ i=3,4,\cdots,r.$$

令 $c_2=\dfrac{c'_2}{c_1}$，就有 $q_i(x)=c_ip_i(x)$，$i=1,2,\cdots,r$.

这个定理只是说每个多项式都可以因式分解，但并没有说明如何进行分解. 实际上，分解多项式为不可约因式的乘积的一般方法尚未找到.

如果将因式分解中的每个不可约因式的首项系数都提出来，并把那些相同的不可约因式的乘积写成幂的形式，$f(x)$ 可写成

$$ap_1(x)^{k_1}p_2(x)^{k_2}\cdots p_t(x)^{k_t}.$$

其中 a 是 $f(x)$ 的首项系数，$p_1(x), p_2(x), \cdots, p_t(x)$ 是互不相同的首一不可约多项式. 这称为多项式 $f(x)$ 的标准分解式.

练习 3.2.28 求 $f(x)=x^5-x^4-2x^3+2x^2+x-1$ 在 $R[x]$ 内的标准分解式.

练习 3.2.29 设 $f(x), g(x)$ 的标准分解式为

$$f(x) = ap_1(x)^{r_1}p_2(x)^{r_2}\cdots p_t(x)^{r_t}, g(x) = bp_1(x)^{s_1}p_2(x)^{s_2}\cdots p_t(x)^{s_t}.$$

求证：

$$(f(x), g(x)) = p_1(x)^{\min(r_1, s_1)}p_2(x)^{\min(r_2, s_2)}\cdots p_t(x)^{\min(r_t, s_t)}.$$

3.2.5 重因式

定义 3.2.6 设 $f(x)\in F[x]$，$p(x)$ 是它的一个不可约因式，如果存在正整数 k 使得 $p(x)^k \mid f(x)$，但 $p(x)^{k+1}\nmid f(x)$，则称 $p(x)$ 是 $f(x)$ 的 **k 重因式**. 1 重因式称为**单因式**，重数大于 1 的因式称为**重因式**.

为了判断一个多项式是否有重因式，这里引入一个新的概念：多项式的导数.

定义 3.2.7 $F[x]$ 中的多项式

$$f(x) = a_nx^n + a_{n-1}x^{n-1} + \cdots + a_1x + a_0$$

的**导数**，或称 **1 阶导数**，指的是如下多项式

$$na_nx^{n-1} + (n-1)a_{n-1}x^{n-2} + \cdots + 2a_2x + a_1.$$

记之为 $f'(x)$，或 $f^{(1)}(x)$. 一阶导数的导数称为 **2 阶导数**，记为 $f''(x)$，或 $f^{(2)}(x)$. 一般地，$k-1$ 阶导数的导数称为 **k 阶导数**，记为 $f^{(k)}(x)$.

不难验证：

$$[f(x)\pm g(x)]' = f'(x)\pm g'(x),$$
$$[f(x)g(x)]' = f'(x)g(x) + f(x)g'(x),$$
$$[f(x)^k]' = kf(x)^{k-1}f'(x).$$

定理 3.2.6 如果 $p(x)$ 是 $f(x)$ 的 k 重因式，则它是 $f'(x)$ 的 $k-1$ 重因式.

证明 设 $f(x)=p(x)^kg(x)$，因为 $p(x)^{k+1}$ 不整除 $f(x)$，故 $p(x)$ 不整除 $g(x)$. 对 $f(x)$ 求导得

$$\begin{aligned} f'(x) &= [p(x)^k]'g(x) + p(x)^kg'(x) \\ &= kp(x)^{k-1}p'(x)g(x) + p(x)^kg'(x) \\ &= p(x)^{k-1}[kp'(x)g(x) + p(x)g'(x)]. \end{aligned}$$

因为 $kp'(x)$ 的次数比 $p(x)$ 低，故 $p(x)\nmid kp'(x)$，又 $p(x)\nmid g(x)$，所以 $p(x)\nmid kp'(x)g(x)$. 因此 $p(x)$ 不能整除 $kp'(x)g(x)+p(x)g'(x)$. 依定义，$p(x)$ 是 $f'(x)$ 的 $k-1$ 重因式.

这个定理的逆命题"$p(x)$ 是 $f'(x)$ 的 $k-1$ 重因式，则它是 $f(x)$ 的 k 重因式"不一定成立. 比如，x 是 $(x^2+1)'=2x$ 的 1 重因式，但却不是 x^2+1 的 2 重因式.

这个定理给出了定义之外的另一种求不可约因式 $p(x)$ 的重数的方法.

推论 3.2.1 若 $p(x)$ 能整除 $f(x), f'(x), \cdots, f^{(k-1)}(x)$，但不能整除 $f^{(k)}(x)$，则 $p(x)$ 是 $f(x)$ 的 k 重因式.

证明 设 $p(x)$ 是 $f(x)$ 的 s 重因式，根据定理 3.2.6，$p(x)$ 分别是 $f'(x), f''(x), \cdots, f^{(k-1)}(x)$ 的 $s-1$ 重，$s-2$ 重，$\cdots$，$s-k+1$ 重因式. 因为 $p(x)\nmid f^{(k)}(x)$，故 $p(x)$ 只能是

$f^{(k-1)}(x)$的 1 重因式，所以 $s-k+1=1$，即 $s=k$. 命题得证.

推论 3.2.2 若 $f(x)$的标准分解式为 $ap_1(x)^{r_1}p_2(x)^{r_2}\cdots p_t(x)^{r_t}$，则$(f(x),f'(x))=p_1(x)^{r_1-1}p_2(x)^{r_2-1}\cdots p_t(x)^{r_t-1}$.

证明 设$(f(x),f'(x))=d(x)$. 因为每个 $p_i(x)$是 $f(x)$的 r_i 重因式，所以它们分别是 $f'(x)$的 r_i-1 重因式，由此可设

$$f'(x)=p_1(x)^{r_1-1}p_2(x)^{r_2-1}\cdots p_t(x)^{r_t-1}g(x),$$

其中 $p_i(x)\nmid g(x)$, $i=1, 2, \cdots, t$. 根据练习 3.2.29 有

$$(f(x),f'(x))=p_1(x)^{r_1-1}p_2(x)^{r_2-1}\cdots p_t(x)^{r_t-1}.$$

从上述推论可以知道

$$\frac{f(x)}{(f(x),f'(x))}=ap_1(x)p_2(x)\cdots p_t(x).$$

也就是说多项式$\dfrac{f(x)}{(f(x),f'(x))}$含有 $f(x)$的所有不可约因式. 如果已经将它因式分解，只需再分别求出每个不可约因式 $p_i(x)$的重数，就可以得出 $f(x)$的标准分解式.

练习 3.2.30 设 $f(x)\in F[x]$，且 $\partial f>0$. 求证：$f'(x)\mid f(x)\Leftrightarrow$存在 $a,b\in F$，使得 $f(x)=a(x-b)^n$.

定理 3.2.7 $f(x)$没有重因式当且仅当$(f(x),f'(x))=1$.

证明 由推论 3.2.2，设 $f(x)=ap_1(x)^{r_1}p_2(x)^{r_2}\cdots p_t(x)^{r_t}$，那么

$$(f(x),f'(x))=p_1(x)^{r_1-1}p_2(x)^{r_2-1}\cdots p_t(x)^{r_t-1},$$

则$(f(x),f'(x))=1$ 当且仅当 $r_1=r_2=\cdots=r_t=1$，即 $f(x)$没有重因式.

例 3.2.5 求证 $R[x]$中的多项式

$$f(x)=1+\frac{x}{1!}+\frac{x^2}{2!}+\cdots+\frac{x^n}{n!}$$

没有重因式.

证明 因为 $f'(x)=1+\dfrac{x}{1!}+\dfrac{x^2}{2!}+\cdots+\dfrac{x^{n-1}}{(n-1)!}$，所以

$$f(x)-f'(x)=\frac{x^n}{n!}.$$

设$(f(x),f'(x))=d(x)$，则 $d(x)\mid[f(x)-f'(x)]$，即 $d(x)\mid x^n$. 故 $d(x)=x^k$，$0\leqslant k\leqslant n$. 但从 $f(x)$的形式容易看出，除非 $k=0$，否则除以 x^k 的余式不为 0，故 $d(x)=x^0=1$. 所以 $f(x)$无重因式.

练习 3.2.31 判断以下多项式有无重因式. 如果有，又是几重的？

$$x^4+4x^2-4x-3.$$

一个多项式是否可约与所在的数域有关. 比如，x^2+1 在 $\mathbf{C}[x]$中可约，因为 $x^2+1=(x+\mathrm{i})(x-\mathrm{i})$. 但 x^2+1 在 $\mathbf{R}[x]$中不可约. 事实上，若它可分解为$(x+a)(x+b)$. 则 $a+b=0$ 且 $ab=1$，即 $a^2=-1$，与 $a\in\mathbf{R}$ 矛盾！由代数基本定理，每个复系数多项式都可以分解为一次不可约因式的乘积，而因式分解相当于求根. 对于实系数多项式，因式分解也与求根有关. 所以 3.3 节将介绍多项式的根.

3.3 多项式的根

3.3.1 根

$F[x]$中的多项式 $f(x)$可视为 F 上的函数，$f(c)$表示当 x 取 F 中的数 c 时的函数值.

定义 3.3.1 若 $f(c)=0$，则称 c 为 $f(x)$在数域 F 中的**根**.

依 3.1 节中的余数定理，$f(c)=r$，所以有如下命题.

命题 3.3.1 $c\in F$ 是 $F[x]$中多项式 $f(x)$的根当且仅当$(x-c)\mid f(x)$.

练习 3.3.1 求证：$x\mid f(x)^k\Rightarrow x\mid f(x)$，其中 k 是大于 1 的整数.

练习 3.3.2 求证：$(x-1)\mid f(x^k)\Rightarrow(x^k-1)\mid f(x^k)$，其中 k 是大于 1 的整数.

定义 3.3.2 若 $x-c$ 是 $f(x)$的 k 重因式，则称 c 为 $f(x)$的 $\boldsymbol{k}$ **重根**. 若 $k=1$，则称为**单根**，否则称为**重根**.

练习 3.3.3 求证：若 c 为 $f(x)$的 k 重根，则 c 为 $f'(x)$的 $k-1$ 重根.

练习 3.3.4 求证：若 $f(c)=f'(c)=\cdots=f^{(k-1)}(c)=0$，但 $f^{(k)}(c)\neq0$，则 c 为 $f(x)$的 k 重根.

若一个多项式 $f(x)$在 F 中有重根 c，则 $x-c$ 是它的重因式. 但是有重因式却不一定有重根. 比如，$(x^2+1)^2$ 在 $\mathbf{R}[x]$中有重因式 x^2+1，但它在 $\mathbf{R}$ 中没有根，也就没有重根.

例 3.3.1 求证：$f(x)=1+\dfrac{x}{1!}+\dfrac{x^2}{2!}+\cdots+\dfrac{x^n}{n!}$在 $\mathbf{R}$ 上无重根.

证明 (方法一)在例 3.2.5 中已证明 $f(x)$在 $\mathbf{R}[x]$中无重因式，因此 $f(x)$在 $\mathbf{R}$ 上无重根.

(方法二)假设 c 是 $f(x)$的重根，因此，它至少是 2 重根. 根据练习 3.3.3，c 为 $f'(x)$的根，所以 $f(c)=f'(c)=0$. 但 $f(x)-f'(x)=\dfrac{x^n}{n!}$. 故 $c^n=0$，即 $c=0$. 可是 $f(0)=1\neq0$，矛盾！

定理 3.3.1 $F[x]$中的 $n(n\geqslant0)$次多项式 $f(x)$在 F 上至多有 n 个根，其中重根按重数计算.

证明 对 n 应用归纳法. 当 $n=0$ 时，$f(x)$是非零常数，在 F 上有 0 个根，定理成立. 假设当 $n=k-1$ 时 $f(x)$在 F 上至多有 $k-1$ 个根. 当 $n=k$ 时，若 $f(x)$在 F 上没有根，定理已成立. 若 $f(x)$在 F 上至少有一个根 c，根据命题 3.3.1，令 $f(x)=(x-c)g(x)$. $f(x)$的根就是 c 以及 $g(x)$的根. 因为 $\partial g=\partial f-1=k-1$，由归纳假设 $g(x)$在 F 上至多有 $k-1$ 个根. 所以 $f(x)$在 F 上至多有 $1+k-1=k$ 个根.

例 3.3.2 证明 $\sin x$ 不是多项式.

证明 若 $\sin x$ 是 $n(n\geqslant0)$次多项式，则 $\sin x$ 至多有 n 个根. 但无论 k 取何整数，$\sin(k\pi)$都等于 0，矛盾！所以 $\sin x$ 不是多项式.

练习 3.3.5 设 $f(x)\in\mathbf{C}[x]$，$f(x)\neq0$，且 $f(x)\mid f(x^n)$，n 是大于 1 的正整数. 求证：$f(x)$的根只能是零或单位根(即模为 1 的复根).

推论 3.3.1 $F[x]$中的两个多项式 $f(x)$，$g(x)$的次数都不超过 n，若有 $n+1$ 个互不相同的数 $a_1,a_2,\cdots,a_{n+1}\in F$ 使得

$$f(a_i)=g(a_i),\ i=1,2,\cdots,n+1,$$

则 $f(x)=g(x)$.

证明 令 $\varphi(x)=f(x)-g(x)$. 若 $\varphi(x)\neq 0$,因为 $\partial\varphi=\partial(f-g)\leqslant\max\{\partial f,\partial g\}\leqslant n$, $\varphi(x)$在 F 上的根的个数不超过 n. 但是

$$\varphi(a_i)=f(a_i)-g(a_i)=0,\ i=1,\ 2,\ \cdots,\ n+1.$$

所以,$\varphi(x)=0$,即 $f(x)=g(x)$.

在 3.1 节最后曾提到:如果两个多项式相等,则它们作为函数也相等. 反之,如果它们作为函数相等,也就是说无论 x 取什么值它们的函数值都相等,依据推论 3.3.1,则它们作为多项式也相等.

3.3.2 复数域上的多项式

数域 F 上的 n 次($n\geqslant 0$)多项式至多 n 个根,但也可能一个根也没有. 然而对于复数域上的多项式,根必定存在.

定理 3.3.2(代数基本定理) $\mathbf{C}[x]$中的 n ($n>0$)次多项式至少有一个根.

这个定理有多种证明,但多数方法要用到一些分析工具,其他的则需要目前还未接触到的代数理论. 所以这里就不给出证明了.

推论 3.3.2 $\mathbf{C}[x]$中的 n ($n>0$)次多项式有 n 个根(重根按重数计算).

证明 设 $f(x)$是 $\mathbf{C}[x]$中一个 n ($n>0$)次多项式,由代数基本定理,存在 $c_1\in\mathbf{C}$,使得 $f(c_1)=0$. 令 $f(x)=(x-c_1)f_1(x)$,则 $\partial f_1=n-1$. 若 $n-1>0$, $f_1(x)$在 $\mathbf{C}$ 上至少有一个根 c_2,所以 $f_1(x)=(x-c_2)f_2(x)$,因此 $f(x)=(x-c_1)(x-c_2)f_2(x)$. 若 $\partial f_2=n-2>0$,继续上述分解. 依此类推,最后 $f(x)$可分解成

$$a(x-c_1)(x-c_2)\cdots(x-c_n),$$

所以 $f(x)$有 n 个根.

推论 3.3.3 $\mathbf{C}[x]$中 $n(n>0)$次多项式都可以分解成一次因式的乘积. $\mathbf{C}[x]$中次数大于 1 的多项式都可约.

练习 3.3.6 写出 $\mathbf{C}[x]$中的多项式的标准分解式.

练习 3.3.7 将 $x^4+x^3+x^2+x+1\in\mathbf{C}[x]$分解成一次因式的乘积.

练习 3.3.8 设 $f(x)\in\mathbf{C}[x]$,如果存在 $a\in\mathbf{C}$ 使得 $f(x)=f(x-a)$,求证:$f(x)$是常数.

设 $f(x)=a_nx^n+a_{n-1}x^{n-1}+\cdots+a_0$ 在 $\mathbf{C}$ 上的 n 个根为 $c_1,c_2,\cdots,c_n$,则

$$f(x)=a_n(x-c_1)(x-c_2)\cdots(x-c_n).$$

将之展开,与原式比较系数,即得下列公式

$$\sum_{i=1}^{n}c_i=c_1+c_2+\cdots+c_n=-\frac{a_{n-1}}{a_n},$$

$$\sum_{i<j=2}^{n}c_ic_j=c_1c_2+c_1c_3+\cdots+c_{n-1}c_n=\frac{a_{n-2}}{a_n},$$

$$\vdots$$

$$\sum_{i_1<i_2<\cdots<i_k}c_{i_1}c_{i_2}\cdots c_{i_k}=(-1)^k\frac{a_{n-k}}{a_n},$$

$$\vdots$$

$$c_1c_2\cdots c_n=(-1)^n\frac{a_0}{a_n}.$$

练习 3.3.9 设 $\mathbf{C}[x]$ 中多项式 $f(x)=a_nx^n+a_{n-1}x^{n-1}+\cdots+a_0$ 的 n 个根分别为 c_1，c_2，…，c_n，且都不为 0. 求以 $\frac{1}{c_1}$，$\frac{1}{c_2}$，…，$\frac{1}{c_n}$ 为根的多项式.

3.3.3 实数域上的多项式

定理 3.3.3 若 c 是实系数多项式 $f(x)$ 的一个非实复根，则 $\overline{c}$ 也是 $f(x)$ 的根，并且 c 与 $\overline{c}$ 的重数相同.

证明 设 $f(x)=a_nx^n+a_{n-1}x^{n-1}+\cdots+a_0$. 因为 c 是 $f(x)$ 的根，故

$$a_nc^n+a_{n-1}c^{n-1}+\cdots+a_0=0.$$

对上述等式的两边同时取共轭，得 $\overline{a}_n\,\overline{c}^n+\overline{a}_{n-1}\overline{c}^{n-1}+\cdots+\overline{a}_0=0$. 因为 $a_n,a_{n-1},\cdots,a_0$ 都是实数，所以有

$$a_n\,\overline{c}_n+a_{n-1}\,\overline{c}^{n-1}+\cdots+a_0=0.$$

即 $\overline{c}$ 也是 $f(x)$ 的根. 因此，$f(x)=(x-c)(x-\overline{c})g(x)$. 因为

$$(x-c)(x-\overline{c})=x^2-(c+\overline{c})x+c\,\overline{c}$$

是实系数多项式，所以 $g(x)$ 也是实系数多项式. 假设当 c 是 $f(x)$ 的 $k-1$ 重根时，$\overline{c}$ 也是 $f(x)$ 的 $k-1$ 重根. 当 c 是 $f(x)$ 的 k 重根时，根据上式，c 应是 $g(x)$ 的 $k-1$ 重根，所以 $\overline{c}$ 也是 $g(x)$ 的 $k-1$ 重根，故它是 $f(x)$ 的 k 重根. 这就证明了 c 与 $\overline{c}$ 的重数相同.

练习 3.3.10 设 $F[x]$ 中的多项式 $f(x)=a_nx^n+a_{n-1}x^{n-1}+\cdots+a_1x+a_0$，用 $\overline{f}(x)$ 表示如下多项式

$$\overline{a}_nx^n+\overline{a}_{n-1}x^{n-1}+\cdots+\overline{a}_0.$$

求证：(1) 若 $g(x)\mid f(x)$，则 $\overline{g}(x)\mid\overline{f}(x)$；

(2) $(f(x),\ \overline{f}(x))$ 是实系数多项式.

推论 3.3.4 $\mathbf{R}[x]$ 中的多项式都可以分解成一次因式及有一对共轭复根的二次因式的乘积. $\mathbf{R}[x]$ 中的不可约因式只有一次因式和含有一对共轭复根的二次因式.

证明 根据推论 3.3.2，$f(x)$ 有 n 个复根，又由定理 3.3.3，它的根只有两类：实根，或成对的共轭复根. 设 $f(x)$ 的全部根为

$$c_1,c_2,\cdots,c_k,d_1,\overline{d}_1,\cdots,d_l,\overline{d}_l,$$

其中，c_i 是实根，d_j，$\overline{d}_j$ 是共轭复根，并且 $k+2l=n$. 所以 $f(x)$ 可分解成

$$a(x-c_1)\cdots(x-c_k)[x^2-(d_1+\overline{d}_1)x+d_1\,\overline{d}_1]\cdots[x^2-(d_l+\overline{d}_l)x+d_l\,\overline{d}_l].$$

练习 3.3.11 写出四次实系数多项式的所有不同类型的标准分解式.

练习 3.3.12 设实系数多项式 $f(x)$ 仅有实根，a 是 $f'(x)$ 的重根，求证：$f(a)=0$.

第4章 向量空间

4.1 基本概念

首先介绍本章最基本的概念:向量空间.

定义 4.1.1 设 V 是一个非空集合,F 是一个数域.如果在 V 上定义了如下两种运算,则称 V 是数域 F 上的**向量空间**,并称 V 中的元素为**向量**.

(1) 加法:任取 $\boldsymbol{\alpha}, \boldsymbol{\beta} \in V$,在 V 中都有唯一元素与之对应,记作 $\boldsymbol{\alpha}+\boldsymbol{\beta}$,称其为 $\boldsymbol{\alpha}$ 与 $\boldsymbol{\beta}$ 的**和**,如果它满足(以下 $\boldsymbol{\alpha}, \boldsymbol{\beta}, \boldsymbol{\gamma}$ 是 V 中的任意元素):

a1) $\boldsymbol{\alpha}+\boldsymbol{\beta}=\boldsymbol{\beta}+\boldsymbol{\alpha}$;

a2) $(\boldsymbol{\alpha}+\boldsymbol{\beta})+\boldsymbol{\gamma}=\boldsymbol{\alpha}+(\boldsymbol{\beta}+\boldsymbol{\gamma})$;

a3) 存在唯一的零元素,记为 $\mathbf{0}$,对任意元素 $\boldsymbol{\alpha}$,有

$$\boldsymbol{\alpha}+\mathbf{0}=\mathbf{0}+\boldsymbol{\alpha}=\boldsymbol{\alpha};$$

a4) 对任意元素 $\boldsymbol{\alpha}$,都存在唯一的负元素 $-\boldsymbol{\alpha}$,使得

$$\boldsymbol{\alpha}+(-\boldsymbol{\alpha})=(-\boldsymbol{\alpha})+\boldsymbol{\alpha}=\mathbf{0}.$$

(2) 数乘:任取 $\boldsymbol{\alpha} \in V$, $k \in F$,在 V 中都有唯一元素与之对应,记为 $k\boldsymbol{\alpha}$,称其为 k 与 $\boldsymbol{\alpha}$ 的**数量积**,如果它满足(以下 $\boldsymbol{\alpha}, \boldsymbol{\beta}$ 是 V 中的任意元素,k, l 是 F 中的任意数):

m1) $k(\boldsymbol{\alpha}+\boldsymbol{\beta})=k\boldsymbol{\alpha}+k\boldsymbol{\beta}$;

m2) $(k+l)\boldsymbol{\alpha}=k\boldsymbol{\alpha}+l\boldsymbol{\alpha}$;

m3) $k(l\alpha)=(kl)\alpha$;

m4) $1\alpha=\alpha$.

通常用小写希腊字母 $\boldsymbol{\alpha}, \boldsymbol{\beta}, \boldsymbol{\gamma}$ 等表示向量,而用小写拉丁字母 k, l, m 等来表示数.上述定义中的零元素 0 称为向量空间 V 的**零向量**,向量 $\boldsymbol{\alpha}$ 的负元素 $-\boldsymbol{\alpha}$ 称为 $\boldsymbol{\alpha}$ 的**负向量**.

定义向量的**减法** $\boldsymbol{\alpha}-\boldsymbol{\beta}$ 为 $\alpha+(-\boldsymbol{\beta})$.

从定义可立即推出以下性质.

命题 4.1.1 任取 $\boldsymbol{\alpha} \in V$, $k \in F$,有

(1) $0\boldsymbol{\alpha}=\mathbf{0}$, $k\mathbf{0}=\mathbf{0}$;

(2) $k(-\boldsymbol{\alpha})=(-k)\boldsymbol{\alpha}=-k\boldsymbol{\alpha}$;

(3) $k\boldsymbol{\alpha}=\mathbf{0} \Rightarrow k=0$ 或 $\boldsymbol{\alpha}=\mathbf{0}$.

证明 (1) 因为

$$0\boldsymbol{\alpha}+0\boldsymbol{\alpha}=(0+0)\boldsymbol{\alpha}=0\boldsymbol{\alpha}.$$

在等式两边同加 $-0\boldsymbol{\alpha}$,由式(a2)和式(a4)即得 $0\boldsymbol{\alpha}=\mathbf{0}$.另一个等式同理.

(2) 利用分配律 m1)

$$k(-\boldsymbol{\alpha})+k\boldsymbol{\alpha}=k(-\boldsymbol{\alpha}+\boldsymbol{\alpha})=k\mathbf{0}=\mathbf{0}.$$

所以 $k(-\boldsymbol{\alpha})=-k\boldsymbol{\alpha}$. 同理，由分配律 m2)

$$(-k)\boldsymbol{\alpha}+k\boldsymbol{\alpha}=(-k+k)\boldsymbol{\alpha}=0\boldsymbol{\alpha}=\mathbf{0}.$$

因此，$(-k)\boldsymbol{\alpha}=-k\boldsymbol{\alpha}$.

(3) 若 $k\neq 0$，那么

$$\boldsymbol{\alpha}=\frac{1}{k}\cdot k\boldsymbol{\alpha}=\frac{1}{k}\cdot\mathbf{0}=\mathbf{0}.$$

练习 4.1.1 求证：对任意 $\boldsymbol{\alpha}\in V$，$-(-\boldsymbol{\alpha})=\boldsymbol{\alpha}$.

练习 4.1.2 任取 $\boldsymbol{\alpha},\ \boldsymbol{\beta}\in V,\ k,\ l\in F$，求证：

(1) $(k-l)\boldsymbol{\alpha}=k\boldsymbol{\alpha}-l\boldsymbol{\alpha}$； (2) $k(\boldsymbol{\alpha}-\boldsymbol{\beta})=k\boldsymbol{\alpha}-k\boldsymbol{\beta}$.

练习 4.1.3 求证：对任意正整数 n，有

$$n\boldsymbol{\alpha}=\boldsymbol{\alpha}+\boldsymbol{\alpha}+\cdots+\boldsymbol{\alpha},$$

等式右边的求和式共有 n 个 $\boldsymbol{\alpha}$.

练习 4.1.4 求证：若向量空间 V 含有一个非零向量，则 V 含无穷多个向量.

如果一个向量空间不含非零向量，则称为**零空间**. 零空间只含一个向量 $\mathbf{0}$.

例 4.1.1 数域 F 关于自身的加法与乘法可视为自身上的向量空间. 比如，$\mathbf{C}$，$\mathbf{R}$ 分别是 $\mathbf{C}$ 和 $\mathbf{R}$ 上的向量空间. 另外，$\mathbf{C}$ 也是 $\mathbf{R}$ 上的向量空间. 并且它与 $\mathbf{C}$ 作为 $\mathbf{C}$ 上的向量空间是不同的，因为它们建立在不同数域上. 有时为了区分它们，分别记之为 $\mathbf{C}_{\mathbf{C}}$，$\mathbf{C}_{\mathbf{R}}$.

例 4.1.2 $F^{m\times n}$ 关于矩阵的乘法与加法构成 F 上的向量空间. 特别地，$F^{n\times n}$（也记为 $M_n(F)$），$F^{1\times n}$，$F^{n\times 1}$ 都是 F 上的向量空间. $F^{1\times n}$，$F^{n\times 1}$ 分别称为 n 维行空间和 n 维列空间，以下统一将它们记为 F^n.

例 4.1.3 解析几何中，起于平面上或空间中同一点（称为原点）的一切向量，关于向量的加法与数乘，构成 $\mathbf{R}$ 上的向量空间. 分别记为 E_2，E_3.

例 4.1.4 $F[x]$ 关于多项式的加法与数乘构成 F 上的向量空间.

例 4.1.5 $\mathrm{C}[a,b]$ 表示区间 $[a,b]$ 上的一切连续函数的集合，它关于函数的加法与数乘构成 $\mathbf{R}$ 上的向量空间.

练习 4.1.5 令

$$S_n(F)=\{\boldsymbol{A}\in M_n(F)\mid \boldsymbol{A}=\boldsymbol{A}^{\mathrm{T}}\},A_n(F)=\{\boldsymbol{A}\in M_n(F)\mid \boldsymbol{A}=-\boldsymbol{A}^{\mathrm{T}}\}.$$

验证 $S_n(F)$ 和 $A_n(F)$ 构成数域 F 上的向量空间.

例 4.1.6 任取 $x,\ y\in\mathbf{R}^+,\ k\in\mathbf{R}$，定义

$$x\oplus y=xy,\ k\circ x=x^k.$$

求证：$\mathbf{R}^+$ 关于运算 $\oplus$，$\circ$ 构成 $\mathbf{R}$ 上的向量空间.

证明 只须验证上述定义的 $\oplus$，$\circ$ 是否满足加法及数乘的八条运算律.

a1) $\boldsymbol{x}\oplus\boldsymbol{y}=\boldsymbol{xy}=\boldsymbol{yx}=\boldsymbol{y}\oplus\boldsymbol{x}$.

a2) $(\boldsymbol{x}\oplus\boldsymbol{y})\oplus\boldsymbol{z}=\boldsymbol{xy}\oplus\boldsymbol{z}=(\boldsymbol{xy})\boldsymbol{z}=\boldsymbol{x}(\boldsymbol{yz})=\boldsymbol{x}\oplus\boldsymbol{yz}=\boldsymbol{x}\oplus(\boldsymbol{y}\oplus\boldsymbol{z})$.

a3) 设 $\boldsymbol{t}$ 是零元素，即 $\boldsymbol{x}\oplus\boldsymbol{t}=\boldsymbol{t}\oplus\boldsymbol{x}=\boldsymbol{x}$. 因此 $\boldsymbol{xt}=\boldsymbol{tx}=\boldsymbol{x}$，故 $\boldsymbol{t}=1$. 从求解过程可知它是唯一的.

a4) 对任意 $\boldsymbol{x}$，设 $\boldsymbol{y}$ 是 $\boldsymbol{x}$ 的负元素. 则 $\boldsymbol{x}\oplus\boldsymbol{y}=\boldsymbol{y}\oplus\boldsymbol{x}=1$（注意：此时的零元素是 1!）因此 $\boldsymbol{xy}=\boldsymbol{yx}=1$，$\boldsymbol{x}$ 的唯一负元素 $\boldsymbol{y}=\dfrac{1}{\boldsymbol{x}}$.

m1) $k\circ(x\oplus y)=(x\oplus y)^k=(xy)^k=x^ky^k=x^k\oplus y^k=k\circ x\oplus k\circ y$.

m2) $(k+l)\circ x=x^{k+l}=x^kx^l=x^k\oplus x^l=k\circ x\oplus l\circ x$.

m3) $k\circ(l\circ x)=(l\circ x)^k=(x^l)^k=x^{lk}=x^{kl}=(kl)\circ x$.

m4) $1\circ x=x^1=x$.

练习 4.1.6 任取$(a,b),(c,d)\in\mathbf{Q}^2$,$x+y\sqrt{2}\in\mathbf{Q}[\sqrt{2}]$,定义

$$(a,b)\oplus(c,d)=(a+c,b+d),$$

$$(x+y\sqrt{2})\circ(a,b)=(ax+2by,ay+bx).$$

试问:$\mathbf{Q}^2$ 关于运算$\oplus$,$\circ$能否构成 $\mathbf{Q}[\sqrt{2}]$ 上的向量空间?

练习 4.1.7 任取$(a,b),(c,d)\in\mathbf{R}^2$, $k\in\mathbf{R}$,定义

$$(a,b)\oplus(c,d)=(a+c+1,b+d),$$

$$k\circ(a,b)=(ka+k-1,\ kb).$$

试问:$\mathbf{R}^2$ 关于运算$\oplus$,$\circ$能否构成 $\mathbf{R}$ 上的向量空间?

练习 4.1.8 在集合 $V=(-1,1)$上定义如下两种运算:

$$x\oplus y=\frac{x+y}{1+xy},\ k\circ x=\frac{(1+x)^k-(1-x)^k}{(1+x)^k+(1-x)^k}.$$

其中 x, $y\in V$, $k\in\mathbf{R}$. 试问:V 关于上述运算能否构成 $\mathbf{R}$ 上的向量空间?

4.2 基与维数

4.2.1 线性关系

定义 4.2.1 设 $\boldsymbol{\alpha}_1, \boldsymbol{\alpha}_2, \cdots, \boldsymbol{\alpha}_r\in V$, $k_1, k_2, \cdots, k_r\in F$,称向量

$$k_1\boldsymbol{\alpha}_1+k_2\boldsymbol{\alpha}_2+\cdots+k_r\boldsymbol{\alpha}_r$$

为向量 $\boldsymbol{\alpha}_1, \boldsymbol{\alpha}_2, \cdots, \boldsymbol{\alpha}_r$ 的**线性组合**. 如果向量 $\boldsymbol{\beta}\in V$ 写成向量 $\boldsymbol{\alpha}_1, \boldsymbol{\alpha}_2, \cdots, \boldsymbol{\alpha}_r$ 的线性组合,则称 $\boldsymbol{\beta}$ 可由向量 $\boldsymbol{\alpha}_1, \boldsymbol{\alpha}_2, \cdots, \boldsymbol{\alpha}_r$ **线性表示**.

零向量可由任意一组向量线性表示.

练习 4.2.1 取 $\boldsymbol{\alpha}_1=(1,-1,0)$,$\boldsymbol{\alpha}_2=(0,2,1)$,$\boldsymbol{\alpha}_3=(1,-1,2)\in\mathbf{R}^3$,求证:$\boldsymbol{\beta}=(5,-7,5)$可由 $\boldsymbol{\alpha}_1, \boldsymbol{\alpha}_2, \boldsymbol{\alpha}_3$ 线性表示.

定义 4.2.2 设 $\boldsymbol{\alpha}_1, \boldsymbol{\alpha}_2, \cdots, \boldsymbol{\alpha}_r\in V$,如果存在不全为零的数 $k_1, k_2, \cdots, k_r\in F$,使得

$$k_1\boldsymbol{\alpha}_1+k_2\boldsymbol{\alpha}_2+\cdots+k_r\boldsymbol{\alpha}_r=\mathbf{0},$$

则称向量 $\boldsymbol{\alpha}_1, \boldsymbol{\alpha}_2, \cdots, \boldsymbol{\alpha}_r$ **线性相关**. 如果上述等式当且仅当 $k_1=k_2=\cdots=k_r=0$ 时才成立,就称向量 $\boldsymbol{\alpha}_1, \boldsymbol{\alpha}_2, \cdots, \boldsymbol{\alpha}_r$ **线性无关**.

一组向量中若含有零向量必定线性相关. 单独一个向量 $\boldsymbol{\alpha}$ 线性无关当且仅当 $\boldsymbol{\alpha}\neq\mathbf{0}$.

练习 4.2.2 已知向量 $\boldsymbol{\alpha}, \boldsymbol{\beta}, \boldsymbol{\gamma}$ 线性无关,求证:$\boldsymbol{\alpha}+\boldsymbol{\beta}, \boldsymbol{\beta}+\boldsymbol{\gamma}, \boldsymbol{\gamma}+\boldsymbol{\alpha}$ 也线性无关.

练习 4.2.3 已知向量 $\boldsymbol{\alpha}_1, \boldsymbol{\alpha}_2, \cdots, \boldsymbol{\alpha}_r$ 线性无关,任取 $k_1, k_2, \cdots, k_{r-1}\in F$,求证:

$$\boldsymbol{\alpha}_1+k_1\boldsymbol{\alpha}_r,\boldsymbol{\alpha}_2+k_2\boldsymbol{\alpha}_r,\cdots,\boldsymbol{\alpha}_{r-1}+k_{r-1}\boldsymbol{\alpha}_r,\boldsymbol{\alpha}_r$$

线性无关.

练习 4.2.4 任取数域 F 上的向量空间 V 中的三个向量 $\boldsymbol{\alpha}, \boldsymbol{\beta}, \boldsymbol{\gamma}$,试问:对任意 $x, y, z\in F$,向量 $x\boldsymbol{\beta}-y\boldsymbol{\alpha}$,$y\boldsymbol{\gamma}-z\boldsymbol{\beta}$,$z\boldsymbol{\alpha}-x\boldsymbol{\gamma}$ 是否一定线性相关?

练习 4.2.5 证明：在一组向量 $\boldsymbol{\alpha}_1, \boldsymbol{\alpha}_2, \cdots, \boldsymbol{\alpha}_r$ 里，如果有两个向量 $\boldsymbol{\alpha}_i$ 与 $\boldsymbol{\alpha}_j$ 成比例，即 $\boldsymbol{\alpha}_i = k\boldsymbol{\alpha}_j, k \in F$，那么 $\boldsymbol{\alpha}_1, \boldsymbol{\alpha}_2, \cdots, \boldsymbol{\alpha}_r$ 线性相关.

练习 4.2.6 证明：如果向量组$\{\boldsymbol{\alpha}_1, \boldsymbol{\alpha}_2, \cdots, \boldsymbol{\alpha}_r\}$的某个非空部分组$\{\boldsymbol{\alpha}_{i_1}, \boldsymbol{\alpha}_{i_2}, \cdots, \boldsymbol{\alpha}_{i_s}\}$线性相关，则这个向量组本身也线性相关；如果向量组$\{\boldsymbol{\alpha}_1, \boldsymbol{\alpha}_2, \cdots, \boldsymbol{\alpha}_r\}$线性无关，则它的任意部分组$\{\boldsymbol{\alpha}_{i_1}, \boldsymbol{\alpha}_{i_2}, \cdots, \boldsymbol{\alpha}_{i_s}\}$也线性无关.

练习 4.2.7 取 $\boldsymbol{\alpha}_1=(1, 2, 3), \boldsymbol{\alpha}_2=(2,4,6), \boldsymbol{\alpha}_3=(3,5,-4) \in \mathbf{R}^3$，求证：$\boldsymbol{\alpha}_1, \boldsymbol{\alpha}_2, \boldsymbol{\alpha}_3$ 线性相关.

例 4.2.1 取

$$\boldsymbol{\alpha}_1 = (a_{1i}, a_{2i}, \cdots, a_{ni})^{\mathrm{T}} \in F^n, \ i = 1, 2, \cdots, n.$$

求证：n 维列向量 $\boldsymbol{\alpha}_1, \boldsymbol{\alpha}_2, \cdots, \boldsymbol{\alpha}_n$ 线性相关当且仅当

$$\begin{vmatrix} a_{11} & a_{12} & \cdots & a_{1n} \\ a_{21} & a_{22} & \cdots & a_{2n} \\ \vdots & \vdots & & \vdots \\ a_{n1} & a_{n2} & \cdots & a_{nn} \end{vmatrix} = 0.$$

证明 向量 $\boldsymbol{\alpha}_1, \boldsymbol{\alpha}_2, \cdots, \boldsymbol{\alpha}_n$ 线性相关当且仅当存在不全为零的数 $x_1, x_2, \cdots, x_n \in F$，使得

$$x_1\boldsymbol{\alpha}_1 + x_2\boldsymbol{\alpha}_2 + \cdots + x_n\boldsymbol{\alpha}_n = \mathbf{0}.$$

即当且仅当 n 元齐次线性方程组

$$\begin{cases} a_{11}x_1 + a_{12}x_2 + \cdots a_{1n}x_n = 0, \\ a_{21}x_1 + a_{22}x_2 + \cdots a_{2n}x_n = 0, \\ \qquad\qquad\qquad\qquad \vdots \\ a_{n1}x_1 + a_{n2}x_2 + \cdots a_{nn}x_n = 0 \end{cases}$$

有非零解. 根据克拉默法则，上述方程组有非零解的充要条件是系数行列式等于零，即

$$\begin{vmatrix} a_{11} & a_{12} & \cdots & a_{1n} \\ a_{21} & a_{22} & \cdots & a_{2n} \\ \vdots & \vdots & & \vdots \\ a_{n1} & a_{n2} & \cdots & a_{nn} \end{vmatrix} = 0.$$

这个结果对于 n 维行向量组自然也是成立的.

练习 4.2.8 判断下面两组向量是否线性相关：

(1) $\boldsymbol{\alpha}_1=(1, 0, 0), \boldsymbol{\alpha}_2=(1, 1, 0), \boldsymbol{\alpha}_3=(1, 1, 1)$；

(2) $\boldsymbol{\beta}_1=(1,-2,3), \boldsymbol{\beta}_2=(2, 1, 0), \boldsymbol{\beta}_3=(1,-7,9)$.

练习 4.2.9 取

$$\boldsymbol{\alpha}_i = (a_{1i}, a_{2i}, \cdots, a_{mi})^{\mathrm{T}} \in F^m, \ i = 1, 2, \cdots, n.$$

试给出向量 $\boldsymbol{\alpha}_1, \boldsymbol{\alpha}_2, \cdots, \boldsymbol{\alpha}_n$ 线性相关和线性无关的充要条件.

例 4.2.2 求证：在向量空间 $F[x]$中，对任意非负整数 n，向量

$$1, x, \cdots, x^n$$

线性无关.

证明 取 $a_0, a_1, \cdots, a_n \in F$，令

$$a_0 1 + a_1 x + \cdots + a_n x^n = 0.$$

根据多项式相等的定义，$a_0 = a_1 = \cdots = a_n = 0$. 所以 $1, x, \cdots, x^n$ 线性无关.

练习 4.2.10 在向量空间 $F[x]$ 中判断以下两组向量是否线性相关：

$$x-1, 1-x^2, x^2-x; 1+x, 1-x, x^2, 1.$$

练习 4.2.11 在向量空间 $C[0,2\pi]$ 上判断以下两组向量是否线性相关：

$$1, \cos^2 t, \cos 2t;\ 1, \sin t, \cos t.$$

练习 4.2.12 在向量空间 $C[-1,1]$ 上判断向量 $x^2, |x|x$ 是否线性相关.

引理 4.2.1 向量 $\boldsymbol{\alpha}_1, \boldsymbol{\alpha}_2, \cdots, \boldsymbol{\alpha}_r (\boldsymbol{\alpha}_1 \neq \mathbf{0})$ 线性相关当且仅当存在向量 $\boldsymbol{\alpha}_j (2 \leqslant j \leqslant r)$ 可由排在它之前的向量 $\boldsymbol{\alpha}_1, \boldsymbol{\alpha}_2, \cdots, \boldsymbol{\alpha}_{j-1}$ 线性表示.

证明 如果已知 $\boldsymbol{\alpha}_j = k_1\boldsymbol{\alpha}_1 + k_2\boldsymbol{\alpha}_2 + \cdots + k_{j-1}\boldsymbol{\alpha}_{j-1}$，那么由 $k_1\boldsymbol{\alpha}_1 + \cdots + k_{j-1}\boldsymbol{\alpha}_{j-1} - \boldsymbol{\alpha}_j = \mathbf{0}$ 可知 $\boldsymbol{\alpha}_1, \boldsymbol{\alpha}_2, \cdots, \boldsymbol{\alpha}_r$ 线性相关. 反之，如果 $\boldsymbol{\alpha}_1, \boldsymbol{\alpha}_2, \cdots, \boldsymbol{\alpha}_r$ 线性相关，则存在不全为零的数 $k_1, k_2, \cdots, k_r \in F$，使得 $k_1\boldsymbol{\alpha}_1 + k_2\boldsymbol{\alpha}_2 + \cdots + k_r\boldsymbol{\alpha}_r = \mathbf{0}$. 取 $j = \max\{i \mid k_i \neq 0,\ 1 \leqslant i \leqslant r\}$，则

$$k_1\boldsymbol{\alpha}_1 + k_2\boldsymbol{\alpha}_2 + \cdots + k_j\boldsymbol{\alpha}_j = \mathbf{0}.$$

由于 $\boldsymbol{\alpha}_1 \neq 0$，所以 $j > 1$，又 $k_j \neq 0$，因此

$$\boldsymbol{\alpha}_j = -\frac{k_1}{k_j}\boldsymbol{\alpha}_1 - \frac{k_2}{k_j}\boldsymbol{\alpha}_2 - \cdots - \frac{k_{j-1}}{k_j}\boldsymbol{\alpha}_{j-1}.$$

练习 4.2.13 证明：向量 $\boldsymbol{\alpha}_1, \boldsymbol{\alpha}_2, \cdots, \boldsymbol{\alpha}_r$ 线性相关当且仅当存在某个向量 $\boldsymbol{\alpha}_i$ 可由其他向量线性表示.

练习 4.2.14 证明：如果 $\boldsymbol{\alpha}_1, \boldsymbol{\alpha}_2, \cdots, \boldsymbol{\alpha}_r$ 线性无关，而 $\boldsymbol{\alpha}_1, \boldsymbol{\alpha}_2, \cdots, \boldsymbol{\alpha}_r, \boldsymbol{\alpha}_{r+1}$ 线性相关，那么 $\boldsymbol{\alpha}_{r+1}$ 可由 $\boldsymbol{\alpha}_1, \boldsymbol{\alpha}_2, \cdots, \boldsymbol{\alpha}_r$ 线性表示.

练习 4.2.15 证明：如果 $\boldsymbol{\alpha}_1, \boldsymbol{\alpha}_2, \cdots, \boldsymbol{\alpha}_r$ 线性无关，而 $\boldsymbol{\alpha}_{r+1}$ 不能由 $\boldsymbol{\alpha}_1, \boldsymbol{\alpha}_2, \cdots, \boldsymbol{\alpha}_r$ 线性表示，那么 $\boldsymbol{\alpha}_1, \boldsymbol{\alpha}_2, \cdots, \boldsymbol{\alpha}_r, \boldsymbol{\alpha}_{r+1}$ 线性无关.

引理 4.2.2 如果向量 $\boldsymbol{\alpha}$ 可由向量 $\boldsymbol{\beta}_1, \boldsymbol{\beta}_2, \cdots, \boldsymbol{\beta}_s$ 线性表示，而每一个 $\boldsymbol{\beta}_i (1 \leqslant i \leqslant s)$ 又都可由向量 $\boldsymbol{\gamma}_1, \boldsymbol{\gamma}_2, \cdots, \boldsymbol{\gamma}_t$ 线性表示，那么 $\boldsymbol{\alpha}$ 可由 $\boldsymbol{\gamma}_1, \boldsymbol{\gamma}_2, \cdots, \boldsymbol{\gamma}_t$ 线性表示.

练习 4.2.16 证明上述引理.

定理 4.2.1 向量 $\boldsymbol{\alpha}_1, \boldsymbol{\alpha}_2, \cdots, \boldsymbol{\alpha}_r$ 线性无关，且其中每一个 $\boldsymbol{\alpha}_i$ 都可由向量 $\boldsymbol{\beta}_1, \boldsymbol{\beta}_2, \cdots, \boldsymbol{\beta}_s$ 线性表示. 那么 $r \leqslant s$；并且在适当重排第二组向量的下标后，将其前 r 个向量替换为 $\boldsymbol{\alpha}_1, \boldsymbol{\alpha}_2, \cdots, \boldsymbol{\alpha}_r$ 所得的新向量组：$\boldsymbol{\alpha}_1, \cdots, \boldsymbol{\alpha}_r, \boldsymbol{\beta}_{r+1}, \cdots, \boldsymbol{\beta}_s$ 可以线性表示每一个 $\boldsymbol{\beta}_i (1 \leqslant i \leqslant s)$.

证明 对 r 应用归纳法. $r=1$ 时，显然有 $r \leqslant s$. 由于 $\boldsymbol{\alpha}_1$ 可由 $\boldsymbol{\beta}_1, \boldsymbol{\beta}_2, \cdots, \boldsymbol{\beta}_s$ 线性表示，所以 $\boldsymbol{\alpha}_1, \boldsymbol{\beta}_1, \cdots, \boldsymbol{\beta}_s$ 线性相关. 因为 $\boldsymbol{\alpha}_1$ 线性无关，所以 $\boldsymbol{\alpha}_1 \neq \mathbf{0}$. 依引理 4.2.1，存在 $\boldsymbol{\beta}_j (1 \leqslant j \leqslant s)$ 可由它前面的向量线性表示. 将之从上述向量组中剔除，必要的话将这些 $\boldsymbol{\beta}_i$ 的下标重排，使得剩下的向量为 $\boldsymbol{\alpha}_1, \boldsymbol{\beta}_2, \cdots, \boldsymbol{\beta}_s$. 所得的这个向量组可以线性表示每一个 $\boldsymbol{\beta}_i (1 \leqslant i \leqslant s)$. 假设对于$r-1$个线性无关向量 $\boldsymbol{\alpha}_1, \boldsymbol{\alpha}_2, \cdots, \boldsymbol{\alpha}_{r-1}$ 定理成立. 对于 r 个向量 $\boldsymbol{\alpha}_1, \boldsymbol{\alpha}_2, \cdots, \boldsymbol{\alpha}_r$，如果它们线性无关且每一个都可由 $\boldsymbol{\beta}_1, \boldsymbol{\beta}_2, \cdots, \boldsymbol{\beta}_s$ 线性表示，那么部分组 $\boldsymbol{\alpha}_1, \boldsymbol{\alpha}_2, \cdots, \boldsymbol{\alpha}_{r-1}$ 也线性无关(练习4.2.6)，且每一个向量都可由 $\boldsymbol{\beta}_1, \boldsymbol{\beta}_2, \cdots, \boldsymbol{\beta}_s$ 线性表示. 依归纳假设，$r-1 \leqslant s$，并且 $\boldsymbol{\alpha}_1, \cdots, \boldsymbol{\alpha}_{r-1}, \boldsymbol{\beta}_r, \cdots, \boldsymbol{\beta}_s$ 可线性表示每一个 $\boldsymbol{\beta}_i$ $(1 \leqslant i \leqslant s)$. 若 $r-1 = s$，$\boldsymbol{\alpha}_1, \boldsymbol{\alpha}_2, \cdots, \boldsymbol{\alpha}_{r-1}$ 可线性表示每一个 $\boldsymbol{\beta}_i (1 \leqslant i \leqslant s)$，根据引理 4.2.2，从而也可线性表示 $\boldsymbol{\alpha}_r$，这就与 $\boldsymbol{\alpha}_1, \boldsymbol{\alpha}_2, \cdots, \boldsymbol{\alpha}_r$ 线性无关矛盾. 所以$r-1 < s$，因而 $r \leqslant s$. 另外，$\boldsymbol{\alpha}_r$ 可由 $\boldsymbol{\beta}_1, \boldsymbol{\beta}_2, \cdots, \boldsymbol{\beta}_s$ 线性表示，从而可由 $\boldsymbol{\alpha}_1, \cdots, \boldsymbol{\alpha}_{r-1}, \boldsymbol{\beta}_r, \cdots, \boldsymbol{\beta}_s$ 线性表示，所以 $\boldsymbol{\alpha}_1, \cdots, \boldsymbol{\alpha}_{r-1}, \boldsymbol{\alpha}_r, \boldsymbol{\beta}_r, \cdots, \boldsymbol{\beta}_s$ 线性相关. 因此存在 $\boldsymbol{\beta}_j (r \leqslant$

$j \leqslant s$)可由排在它前面的向量线性表示. 将之从这个向量组中剔除，必要的话重排这些 $\boldsymbol{\beta}_i$ 的下标，使得剩下的向量为

$$\boldsymbol{\alpha}_1, \cdots, \boldsymbol{\alpha}_{r-1}, \boldsymbol{\alpha}_r, \boldsymbol{\beta}_{r+1}, \cdots, \boldsymbol{\beta}_s.$$

所得的这个向量组可以线性表示每一个 $\boldsymbol{\beta}_i (1 \leqslant i \leqslant s)$.

练习 4.2.17 设向量 $\boldsymbol{\beta}$ 可以由 $\boldsymbol{\alpha}_1, \boldsymbol{\alpha}_2, \cdots, \boldsymbol{\alpha}_r$ 线性表示，但不能由 $\boldsymbol{\alpha}_1, \boldsymbol{\alpha}_2, \cdots, \boldsymbol{\alpha}_{r-1}$ 线性表示. 证明：向量 $\boldsymbol{\alpha}_r$ 可由向量组 $\{\boldsymbol{\alpha}_1, \boldsymbol{\alpha}_2, \cdots, \boldsymbol{\alpha}_{r-1}, \boldsymbol{\beta}\}$ 线性表示.

练习 4.2.18 已知向量 $\boldsymbol{\alpha}_1, \boldsymbol{\alpha}_2, \cdots, \boldsymbol{\alpha}_r$ 线性无关，但 $\boldsymbol{\alpha}_1+\boldsymbol{\beta}, \boldsymbol{\alpha}_2+\boldsymbol{\beta}, \cdots, \boldsymbol{\alpha}_r+\boldsymbol{\beta}$ 线性相关，求证：$\boldsymbol{\alpha}_1, \boldsymbol{\alpha}_2, \cdots, \boldsymbol{\alpha}_r, \boldsymbol{\beta}$ 线性相关.

4.2.2 基

定义 4.2.3 向量空间 V 中的一组向量 $\boldsymbol{\alpha}_1, \boldsymbol{\alpha}_2, \cdots, \boldsymbol{\alpha}_r$ 称为 V 的一个**基**，如果它们线性无关并且 V 中的每一个向量都可由它们线性表示.

例如，E_2 中的任意两个不共线向量构成一个基，E_3 中的任意三个不共面向量构成一个基. 而零空间没有基，因为零向量本身是线性相关的.

例 4.2.3 向量

$$\boldsymbol{\varepsilon}_i = (0, \cdots, 0, \overset{i}{1}, 0, \cdots 0) \quad (i = 1, 2, \cdots, n)$$

构成 F^n 的一个基，称之为 F^n 的标准基.

证明 任取 $\boldsymbol{\alpha} = (a_1, a_2, \cdots, a_n) \in F^n$，则

$$\boldsymbol{\alpha} = a_1\boldsymbol{\varepsilon}_1 + a_2\boldsymbol{\varepsilon}_2 + \cdots + a_n\boldsymbol{\varepsilon}_n.$$

并且，如果 $a_1\boldsymbol{\varepsilon}_1 + a_2\boldsymbol{\varepsilon}_2 + \cdots + a_n\boldsymbol{\varepsilon}_n = \mathbf{0}$，则

$$(a_1, a_2, \cdots, a_n) = (0, 0, \cdots, 0),$$

从而 $a_1 = a_2 = \cdots = a_n = 0$. 所以 $\boldsymbol{\varepsilon}_1, \boldsymbol{\varepsilon}_2, \cdots, \boldsymbol{\varepsilon}_n$ 线性无关. 因此，$\boldsymbol{\varepsilon}_1, \boldsymbol{\varepsilon}_2, \cdots, \boldsymbol{\varepsilon}_n$ 构成 F^n 的一个基.

例 4.2.4 矩阵

$$E_{ij} = \begin{pmatrix} & & & \overset{i}{0} & & & \\ & & & \vdots & & & \\ & & & 0 & & & \\ 0 & \cdots & 0 & 1 & 0 & \cdots & 0 \\ & & & 0 & & & \\ & & & \vdots & & & \\ & & & 0 & & & \end{pmatrix} j \ (1 \leqslant i \leqslant m, 1 \leqslant j \leqslant n).$$

构成 $F^{m \times n}$ 的一个基，称之为 $F^{m \times n}$ 的标准基.

证明 任取 $\mathbf{A} = (a_{ij}) \in F^{m \times n}$，则由例 2.1.2，有

$$\mathbf{A} = \sum_{i, j} a_{ij}\boldsymbol{E}_{ij}.$$

并且，如果 $\sum\limits_{i, j} a_{ij}\boldsymbol{E}_{ij} = \boldsymbol{O}$，则

$$(a_{ij}) = \boldsymbol{O},$$

因此 $a_{ij} = 0 \ (1 \leqslant i \leqslant m, 1 \leqslant j \leqslant n)$，所以 $\boldsymbol{E}_{11}, \boldsymbol{E}_{12}, \cdots, \boldsymbol{E}_{mn}$ 线性无关，从而构成 $F^{m \times n}$ 的一个基.

零空间以及拥有一个仅含有限个向量的基的向量空间都称为**有限维向量空间**，除此之外，则称为**无限维向量空间**. 如果一个向量空间有一个含 n 个向量的基，那么根据替换定理，其他的线性无关向量组所含向量的个数都不会超过 n. 所以有限维向量空间的所有基都仅含有限个向量. 而无限维向量空间则可以找到任意多个线性无关向量. 因此 E_2, E_3, F^n，$F^{m\times n}$都是有限维空间，而 $F[x]$是无限维空间，因为对任意正整数 n，向量 $1, x, x^2, \cdots, x^n$ 线性无关. $C[a, b]$也是无限维空间，这一点请读者自己证明. 本书后面章节将只限于研究有限维空间，提到向量空间，一律指有限维空间.

4.2.3 维数

命题 4.2.1 向量空间不同的基所含向量的个数相等.

证明 设 $\boldsymbol{\alpha}_1, \boldsymbol{\alpha}_2, \cdots, \boldsymbol{\alpha}_r$ 与 $\boldsymbol{\beta}_1, \boldsymbol{\beta}_2, \cdots, \boldsymbol{\beta}_s$ 是向量空间 V 的两个基. 由于前一组向量线性无关，且每一个向量都可由后一组向量线性表示，由替换定理，则 $r\leqslant s$. 反之同理，有 $s\leqslant r$. 故$r=s$.

定义 4.2.4 数域 F 上的向量空间 V 的基所含向量的个数称为 V 的**维数**，记作$\dim_F V$，或 $\dim V$. 零空间的维数规定为 0.

例如，$\dim E_2=2$，$\dim E_3=3$，$\dim F^n=n$，$\dim F^{m\times n}=mn$，等等. 一个向量空间的维数等于零当且仅当它是零空间. 以下，当我们在定义、定理或命题中提到“n 维向量空间”时，为了免去为 $n=0$ 这种特例做额外的讨论，总是假定 $n>0$，虽然在多数情况下即使 $n=0$ 也完全没问题.

练习 4.2.19 求证：$\dim_{\mathbf{C}}\mathbf{C}=1$，$\dim_{\mathbf{R}}\mathbf{C}=2$（前者表示 $\mathbf{C}$ 作为复数域上的向量空间的维数，后者表示它作为实数域上的向量空间的维数）.

练习 4.2.20 求例 4.1.6 定义的向量空间 $\mathbf{R}^+$ 的维数.

定理 4.2.2(扩基定理) n 维向量空间 V 中的任意一组线性无关向量 $\boldsymbol{\alpha}_1, \boldsymbol{\alpha}_2, \cdots, \boldsymbol{\alpha}_r$ 都有 $r\leqslant n$，且可以扩充为 V 的一个基.

证明 设 $\boldsymbol{\beta}_1, \boldsymbol{\beta}_2, \cdots, \boldsymbol{\beta}_n$ 是 V 的一个基，由于 $\boldsymbol{\alpha}_1, \boldsymbol{\alpha}_2, \cdots, \boldsymbol{\alpha}_r$ 线性无关且都可由这个基线性表示，依替换定理，$r\leqslant n$. 对基的下标适当重排后，用 $\boldsymbol{\alpha}_1, \boldsymbol{\alpha}_2, \cdots, \boldsymbol{\alpha}_r$ 替换基的前 r 个向量 $\boldsymbol{\beta}_1, \boldsymbol{\beta}_2, \cdots, \boldsymbol{\beta}_r$ 所得的一组向量 $\boldsymbol{\alpha}_1, \cdots, \boldsymbol{\alpha}_r, \boldsymbol{\beta}_{r+1}, \cdots, \boldsymbol{\beta}_n$ 可以线性表示每一个基向量 $\boldsymbol{\beta}_i$，从而可以线性表示 V 中的每一个向量. 所得的这组向量必线性无关，否则其中有一些向量可由其他向量线性表示，将它们剔除后剩下的线性无关向量组仍然可以线性表示 V 中的每一个向量，从而是基，但所含向量个数小于 n，与命题 4.2.1 矛盾. 所以 $\boldsymbol{\alpha}_1, \cdots, \boldsymbol{\alpha}_r, \boldsymbol{\beta}_{r+1}, \cdots, \boldsymbol{\beta}_n$ 就是由 $\boldsymbol{\alpha}_1, \boldsymbol{\alpha}_2, \cdots, \boldsymbol{\alpha}_r$ 扩充而来的一个基.

推论 4.2.1 n 维向量空间中的任意 $m(m>n)$个向量必线性相关.

推论 4.2.2 n 维向量空间中的任意 n 个线性无关向量构成一个基.

4.2.4 坐标

命题 4.2.2 设 $\boldsymbol{\alpha}_1, \boldsymbol{\alpha}_2, \cdots, \boldsymbol{\alpha}_n$ 是向量空间 V 的基，任取 V 中的一个向量，都可由这个基唯一的线性表示.

证明 取 $\boldsymbol{\beta}\in V$，则 $\boldsymbol{\beta}$ 可由 $\boldsymbol{\alpha}_1, \boldsymbol{\alpha}_2, \cdots, \boldsymbol{\alpha}_n$ 线性表示. 如果它有两种线性表示

$$\begin{aligned}\boldsymbol{\beta} &= x_1\boldsymbol{\alpha}_1+x_2\boldsymbol{\alpha}_2+\cdots+x_n\boldsymbol{\alpha}_n\\ &= y_1\boldsymbol{\alpha}_1+y_2\boldsymbol{\alpha}_2+\cdots+y_n\boldsymbol{\alpha}_n,\end{aligned}$$

那么$(x_1-y_1)\boldsymbol{\alpha}_1+(x_2-y_2)\boldsymbol{\alpha}_2+\cdots+(x_n-y_n)\boldsymbol{\alpha}_n=\mathbf{0}$. 因为$\boldsymbol{\alpha}_1, \boldsymbol{\alpha}_2, \cdots, \boldsymbol{\alpha}_s$线性无关,所以$x_1-y_1=x_2-y_2=\cdots=x_n-y_n=0$,即$x_i=y_i$, $i=1, 2, \cdots, n$. 这就证明了线性表示的唯一性.

定义 4.2.5 取向量空间V的一个基$\boldsymbol{\alpha}_1, \boldsymbol{\alpha}_2, \cdots, \boldsymbol{\alpha}_n$,如果向量$\boldsymbol{\beta}$可由其唯一的线性表示为$x_i\boldsymbol{\alpha}_i+x_2\boldsymbol{\alpha}_2+\cdots+x_n\boldsymbol{\alpha}_n$,则称$n$元有序数组$(x_1, x_2, \cdots, x_n)$为$\boldsymbol{\beta}$关于基$\boldsymbol{\alpha}_1, \boldsymbol{\alpha}_2, \cdots, \boldsymbol{\alpha}_s$的**坐标**.

在进一步介绍坐标的运算及变换公式之前,先引入一种新的形式运算,它在以后的讨论中有其方便之处. 取数域F上的向量空间V中的一组向量$\boldsymbol{\alpha}_1, \boldsymbol{\alpha}_2, \cdots, \boldsymbol{\alpha}_n$,将$(\boldsymbol{\alpha}_1, \boldsymbol{\alpha}_2, \cdots, \boldsymbol{\alpha}_n)$看做以向量为元素的$1\times n$矩阵,规定它与数域$F$上的$n\times p$矩阵$\boldsymbol{A}=(a_{ij})$以通常的矩阵乘法相乘,只是它们的元素之间的乘法不是数的乘法,而是数与向量的数量积. 即

$$(\boldsymbol{\alpha}_1, \boldsymbol{\alpha}_2, \cdots, \boldsymbol{\alpha}_n)\boldsymbol{A}=\left(\sum_{j=1}^{n}a_{j1}\boldsymbol{\alpha}_j, \sum_{j=1}^{n}a_{j2}\boldsymbol{\alpha}_j, \cdots, \sum_{j=1}^{n}a_{jp}\boldsymbol{\alpha}_j\right).$$

依照这个定义,$x_1\boldsymbol{\alpha}_1+x_2\boldsymbol{\alpha}_2+\cdots+x_n\boldsymbol{\alpha}_n$可写作

$$(\boldsymbol{\alpha}_1, \boldsymbol{\alpha}_2, \cdots, \boldsymbol{\alpha}_n)\begin{pmatrix}x_1\\x_2\\\vdots\\x_n\end{pmatrix},$$

而$\boldsymbol{\beta}$关于基$\boldsymbol{\alpha}_1, \boldsymbol{\alpha}_2, \cdots, \boldsymbol{\alpha}_n$的坐标也可以写成列向量$\begin{pmatrix}x_1\\x_2\\\vdots\\x_n\end{pmatrix}$,称为坐标列向量.

例 4.2.5 F^n中的向量$(a_1, a_2, \cdots, a_n)$关于标准基$\boldsymbol{\varepsilon}_1, \boldsymbol{\varepsilon}_2, \cdots, \boldsymbol{\varepsilon}_n$的坐标为$\begin{pmatrix}a_1\\a_2\\\vdots\\a_n\end{pmatrix}$.

例 4.2.6 $F^{m\times n}$中的矩阵$\boldsymbol{A}=(a_{ij})$关于标准基$\boldsymbol{E}_{11}, \boldsymbol{E}_{12}, \cdots, \boldsymbol{E}_{mn}$的坐标为$\begin{pmatrix}a_{11}\\a_{12}\\\vdots\\a_{mn}\end{pmatrix}$.

记$\boldsymbol{X}=\begin{pmatrix}x_1\\x_2\\\vdots\\x_n\end{pmatrix}$, $\boldsymbol{Y}=\begin{pmatrix}y_1\\y_2\\\vdots\\y_n\end{pmatrix}$,那么命题 4.2.2 就是:如果$\boldsymbol{\alpha}_1, \boldsymbol{\alpha}_2, \cdots, \boldsymbol{\alpha}_n$是向量空间$V$的基,那么$(\boldsymbol{\alpha}_1, \boldsymbol{\alpha}_2, \cdots, \boldsymbol{\alpha}_n)\boldsymbol{X}=(\boldsymbol{\alpha}_1, \boldsymbol{\alpha}_2, \cdots, \boldsymbol{\alpha}_n)\boldsymbol{Y}\Leftrightarrow\boldsymbol{X}=\boldsymbol{Y}$. 事实上,这个结果还可以叙述得更一般些,即为以下练习.

练习 4.2.21 设$\boldsymbol{A}, \boldsymbol{B}$是数域$F$上的$n\times p$矩阵,如果$\boldsymbol{\alpha}_1, \boldsymbol{\alpha}_2, \cdots, \boldsymbol{\alpha}_n$线性无关,求证:

$$(\boldsymbol{\alpha}_1, \boldsymbol{\alpha}_2, \cdots, \boldsymbol{\alpha}_n)\boldsymbol{A}=(\boldsymbol{\alpha}_1, \boldsymbol{\alpha}_2, \cdots, \boldsymbol{\alpha}_n)\boldsymbol{B}\Leftrightarrow\boldsymbol{A}=\boldsymbol{B}.$$

不难证明,这种形式运算满足矩阵乘法的运算律,比如

$$(\boldsymbol{\alpha}_1, \boldsymbol{\alpha}_2, \cdots, \boldsymbol{\alpha}_n)(\boldsymbol{A}+\boldsymbol{B}) = (\boldsymbol{\alpha}_1, \boldsymbol{\alpha}_2, \cdots, \boldsymbol{\alpha}_n)\boldsymbol{A} + (\boldsymbol{\alpha}_1, \boldsymbol{\alpha}_2, \cdots, \alpha_n)\boldsymbol{B},$$

$$[(\boldsymbol{\alpha}_1, \boldsymbol{\alpha}_2, \cdots, \boldsymbol{\alpha}_n)\boldsymbol{A}]\boldsymbol{B} = (\boldsymbol{\alpha}_1, \boldsymbol{\alpha}_2, \cdots, \boldsymbol{\alpha}_n)(\boldsymbol{AB}),$$

$$k(\boldsymbol{\alpha}_1, \boldsymbol{\alpha}_2, \cdots, \boldsymbol{\alpha}_n)\boldsymbol{A} = (\boldsymbol{\alpha}_1, \boldsymbol{\alpha}_2, \cdots, \boldsymbol{\alpha}_n)(k\boldsymbol{A}).$$

其中$(\boldsymbol{\alpha}_1, \boldsymbol{\alpha}_2, \cdots, \boldsymbol{\alpha}_n)(\boldsymbol{AB})$也经常直接写作$(\boldsymbol{\alpha}_1, \boldsymbol{\alpha}_2, \cdots, \boldsymbol{\alpha}_n)\boldsymbol{AB}$.

命题 4.2.3 取 $k\in F$,$\boldsymbol{\beta}$, $\boldsymbol{\gamma}\in V$,设 $\boldsymbol{\beta}$, $\boldsymbol{\gamma}$ 关于基 $\boldsymbol{\alpha}_1, \boldsymbol{\alpha}_2, \cdots, \boldsymbol{\alpha}_n$ 的坐标分别为

$$\begin{pmatrix} x_1 \\ x_2 \\ \vdots \\ x_n \end{pmatrix} \text{和} \begin{pmatrix} y_1 \\ y_2 \\ \vdots \\ y_n \end{pmatrix}.$$

则 $k\boldsymbol{\beta}$, $\boldsymbol{\beta}+\boldsymbol{\gamma}$ 关于同一个基的坐标为

$$\begin{pmatrix} kx_1 \\ kx_2 \\ \vdots \\ kx_n \end{pmatrix} \text{和} \begin{pmatrix} x_1+y_1 \\ x_2+y_2 \\ \vdots \\ x_n+y_n \end{pmatrix}.$$

证明 将 $\boldsymbol{\beta}$, $\boldsymbol{\gamma}$ 分别写作$(\boldsymbol{\alpha}_1, \boldsymbol{\alpha}_2, \cdots, \boldsymbol{\alpha}_n)\boldsymbol{X}$,$(\boldsymbol{\alpha}_1, \boldsymbol{\alpha}_2, \cdots, \boldsymbol{\alpha}_n)\boldsymbol{Y}$,其中

$$\boldsymbol{X} = \begin{pmatrix} x_1 \\ x_2 \\ \vdots \\ x_n \end{pmatrix}, \boldsymbol{Y} = \begin{pmatrix} y_1 \\ y_2 \\ \vdots \\ y_n \end{pmatrix}.$$

那么

$$k\boldsymbol{\beta} = k[(\boldsymbol{\alpha}_1, \boldsymbol{\alpha}_2, \cdots, \boldsymbol{\alpha}_n)\boldsymbol{X}] = (\boldsymbol{\alpha}_1, \boldsymbol{\alpha}_2, \cdots, \boldsymbol{\alpha}_n)(k\boldsymbol{X}),$$

$$\boldsymbol{\beta}+\boldsymbol{\gamma} = (\boldsymbol{\alpha}_1, \boldsymbol{\alpha}_2, \cdots, \boldsymbol{\alpha}_n)\boldsymbol{X} + (\boldsymbol{\alpha}_1, \boldsymbol{\alpha}_2, \cdots, \boldsymbol{\alpha}_n)\boldsymbol{Y} = (\boldsymbol{\alpha}_1, \boldsymbol{\alpha}_2, \cdots, \boldsymbol{\alpha}_n)(\boldsymbol{X}+\boldsymbol{Y}).$$

向量的坐标依赖于基的选取,同一向量在不同基下的坐标一般是不相同的.接下来研究这些坐标之间的联系.设 $\boldsymbol{\alpha}_1, \boldsymbol{\alpha}_2, \cdots, \boldsymbol{\alpha}_n$ 和 $\boldsymbol{\beta}_1, \boldsymbol{\beta}_2, \cdots, \boldsymbol{\beta}_n$ 是向量空间 V 的两个基,并且

$$\begin{aligned} \boldsymbol{\beta}_1 &= a_{11}\boldsymbol{\alpha}_1 + a_{21}\boldsymbol{\alpha}_2 + \cdots a_{n1}\boldsymbol{\alpha}_n, \\ \boldsymbol{\beta}_2 &= a_{12}\boldsymbol{\alpha}_1 + a_{22}\boldsymbol{\alpha}_2 + \cdots a_{n2}\boldsymbol{\alpha}_n, \\ &\vdots \\ \boldsymbol{\beta}_n &= a_{1n}\boldsymbol{\alpha}_1 + a_{2n}\boldsymbol{\alpha}_2 + \cdots a_{nn}\boldsymbol{\alpha}_n. \end{aligned}$$

将上述每个 $\boldsymbol{\beta}_j$ 关于基 $\boldsymbol{\alpha}_1, \boldsymbol{\alpha}_2, \cdots, \boldsymbol{\alpha}_n$ 的坐标$\begin{pmatrix} a_{1j} \\ a_{2j} \\ \vdots \\ a_{nj} \end{pmatrix}$按列排成一个矩阵

$$\boldsymbol{T} = \begin{pmatrix} a_{11} & a_{12} & \cdots & a_{1n} \\ a_{21} & a_{22} & \cdots & a_{2n} \\ \vdots & \vdots & & \vdots \\ a_{n1} & a_{n2} & \cdots & a_{nn} \end{pmatrix},$$

依照先前引进的形式运算,上面那 n 个等式就可写作

$$(\boldsymbol{\beta}_1, \boldsymbol{\beta}_2, \cdots, \boldsymbol{\beta}_n) = (\boldsymbol{\alpha}_1, \boldsymbol{\alpha}_2, \cdots, \boldsymbol{\alpha}_n)\boldsymbol{T}.$$

定义 4.2.6 $\boldsymbol{\alpha}_1, \boldsymbol{\alpha}_2, \cdots, \boldsymbol{\alpha}_n$ 和 $\boldsymbol{\beta}_1, \boldsymbol{\beta}_2, \cdots, \boldsymbol{\beta}_n$ 是向量空间 V 的两个基,如果 $(\boldsymbol{\beta}_1, \boldsymbol{\beta}_2, \cdots, \boldsymbol{\beta}_n)=(\boldsymbol{\alpha}_1, \boldsymbol{\alpha}_2, \cdots, \boldsymbol{\alpha}_n)\boldsymbol{T}$,称矩阵 $\boldsymbol{T}$ 为从基 $\boldsymbol{\alpha}_1, \boldsymbol{\alpha}_2, \cdots, \boldsymbol{\alpha}_n$ 到基 $\boldsymbol{\beta}_1, \boldsymbol{\beta}_2, \cdots, \boldsymbol{\beta}_n$ 的**过渡矩阵**.

从定义可以看到,过渡矩阵是由它所联系的两个基唯一确定的.

另外,若已知由基 $\boldsymbol{\alpha}_1, \boldsymbol{\alpha}_2, \cdots, \boldsymbol{\alpha}_n$ 到基 $\boldsymbol{\beta}_1, \boldsymbol{\beta}_2, \cdots, \boldsymbol{\beta}_n$ 的过渡矩阵为 $\boldsymbol{A}$,由基 $\boldsymbol{\beta}_1, \boldsymbol{\beta}_2, \cdots, \boldsymbol{\beta}_n$ 到基 $\boldsymbol{\gamma}_1, \boldsymbol{\gamma}_2, \cdots, \boldsymbol{\gamma}_n$ 的过渡矩阵为 $\boldsymbol{B}$,那么由于 $(\boldsymbol{\beta}_1, \boldsymbol{\beta}_2, \cdots, \boldsymbol{\beta}_n)=(\boldsymbol{\alpha}_1, \boldsymbol{\alpha}_2, \cdots, \boldsymbol{\alpha}_n)\boldsymbol{A}$, $(\boldsymbol{\gamma}_1, \boldsymbol{\gamma}_2, \cdots, \boldsymbol{\gamma}_n)=(\boldsymbol{\beta}_1, \boldsymbol{\beta}_2, \cdots, \boldsymbol{\beta}_n)\boldsymbol{B}$,则

$$(\boldsymbol{\gamma}_1, \boldsymbol{\gamma}_2, \cdots, \boldsymbol{\gamma}_n) = [(\boldsymbol{\alpha}_1, \boldsymbol{\alpha}_2, \cdots, \boldsymbol{\alpha}_n)\boldsymbol{A}]\boldsymbol{B} = (\boldsymbol{\alpha}_1, \boldsymbol{\alpha}_2, \cdots, \boldsymbol{\alpha}_n)\boldsymbol{A}\boldsymbol{B}.$$

所以由基 $\boldsymbol{\alpha}_1, \boldsymbol{\alpha}_2, \cdots, \boldsymbol{\alpha}_n$ 到基 $\boldsymbol{\gamma}_1, \boldsymbol{\gamma}_2, \cdots, \boldsymbol{\gamma}_n$ 的过渡矩阵就是 $\boldsymbol{A}\boldsymbol{B}$.

定理 4.2.3(坐标变换公式) 假设向量空间 V 的从基 $\boldsymbol{\alpha}_1, \boldsymbol{\alpha}_2, \cdots, \boldsymbol{\alpha}_n$ 到基 $\boldsymbol{\beta}_1, \boldsymbol{\beta}_2, \cdots, \boldsymbol{\beta}_n$ 的过渡矩阵是 $\boldsymbol{T}$,并且向量 $\boldsymbol{\gamma}$ 关于这两个基的坐标分别为 $\begin{pmatrix} x_1 \\ x_2 \\ \vdots \\ x_n \end{pmatrix}$ 和 $\begin{pmatrix} y_1 \\ y_2 \\ \vdots \\ y_n \end{pmatrix}$,则

$$\begin{pmatrix} x_1 \\ x_2 \\ \vdots \\ x_n \end{pmatrix} = \boldsymbol{T}\begin{pmatrix} y_1 \\ y_2 \\ \vdots \\ y_n \end{pmatrix}.$$

证明 根据假设,

$$\boldsymbol{\gamma} = (\boldsymbol{\alpha}_1, \boldsymbol{\alpha}_2, \cdots, \boldsymbol{\alpha}_n)\begin{pmatrix} x_1 \\ x_2 \\ \vdots \\ x_n \end{pmatrix} = (\boldsymbol{\beta}_1, \boldsymbol{\beta}_2, \cdots, \boldsymbol{\beta}_n)\begin{pmatrix} y_1 \\ y_2 \\ \vdots \\ y_n \end{pmatrix}.$$

然后将 $(\boldsymbol{\beta}_1, \boldsymbol{\beta}_2, \cdots, \boldsymbol{\beta}_n)=(\boldsymbol{\alpha}_1, \boldsymbol{\alpha}_2, \cdots, \boldsymbol{\alpha}_n)\boldsymbol{T}$ 代入上式,得

$$\boldsymbol{\gamma} = (\boldsymbol{\alpha}_1, \boldsymbol{\alpha}_2, \cdots, \boldsymbol{\alpha}_n)\begin{pmatrix} x_1 \\ x_2 \\ \vdots \\ x_n \end{pmatrix} = [(\boldsymbol{\alpha}_1, \boldsymbol{\alpha}_2, \cdots, \boldsymbol{\alpha}_n)\boldsymbol{T}]\begin{pmatrix} y_1 \\ y_2 \\ \vdots \\ y_n \end{pmatrix} = (\boldsymbol{\alpha}_1, \boldsymbol{\alpha}_2, \cdots, \boldsymbol{\alpha}_n)\left(\boldsymbol{T}\begin{pmatrix} y_1 \\ y_2 \\ \vdots \\ y_n \end{pmatrix}\right).$$

因为 $\boldsymbol{\alpha}_1, \boldsymbol{\alpha}_2, \cdots, \boldsymbol{\alpha}_n$ 是向量空间 V 的基,所以

$$\begin{pmatrix} x_1 \\ x_2 \\ \vdots \\ x_n \end{pmatrix} = \boldsymbol{T}\begin{pmatrix} y_1 \\ y_2 \\ \vdots \\ y_n \end{pmatrix}.$$

例 4.2.7 设 $\boldsymbol{\varepsilon}_1, \boldsymbol{\varepsilon}_2$ 是 E_2 中两个相互正交的单位向量(且二者成右手系),则它们是 E_2 的一个基.将这个基逆时针旋转角度 θ,得到另一个基 $\boldsymbol{\varepsilon}_1', \boldsymbol{\varepsilon}_2'$.因为

$$\begin{cases} \boldsymbol{\varepsilon}'_1 = \boldsymbol{\varepsilon}_1\cos\theta + \boldsymbol{\varepsilon}_2\sin\theta, \\ \boldsymbol{\varepsilon}'_2 = -\boldsymbol{\varepsilon}_1\sin\theta + \boldsymbol{\varepsilon}_2\cos\theta, \end{cases}$$

所以从 $(\boldsymbol{\varepsilon}_1, \boldsymbol{\varepsilon}_2)$ 到 $(\boldsymbol{\varepsilon}_1', \boldsymbol{\varepsilon}_2')$ 的过渡矩阵为

$$\begin{pmatrix} \cos\theta & -\sin\theta \\ \sin\theta & \cos\theta \end{pmatrix}.$$

因此向量 $\boldsymbol{\alpha}$ 关于这两个基的坐标$\begin{pmatrix} x_1 \\ x_2 \end{pmatrix}$及$\begin{pmatrix} x_1' \\ x_2' \end{pmatrix}$满足

$$\begin{pmatrix} x_1 \\ x_2 \end{pmatrix} = \begin{pmatrix} \cos\theta & -\sin\theta \\ \sin\theta & \cos\theta \end{pmatrix} \begin{pmatrix} x'_1 \\ x'_2 \end{pmatrix}.$$

这就是第 1 章曾经给出过的向量的平面旋转变换公式.

练习 4.2.22 证明:向量组 1,i 和 1,1+i 都是向量空间 $\mathbf{C}_{\mathbf{R}}$ 的基. 求出从前一个基到后一个基的过渡矩阵. 并写出向量 $z=2+3\mathrm{i}$ 在这两个基下的坐标.

练习 4.2.23 设 $\boldsymbol{\eta}_i=(1,\cdots,\overset{i}{1},0,\cdots,0)$, $i=1,2,\cdots,n$. 求证:$\boldsymbol{\eta}_1,\boldsymbol{\eta}_2,\cdots,\boldsymbol{\eta}_n$ 构成 F^n 的一个基. 写出标准基到 $\boldsymbol{\eta}_1,\boldsymbol{\eta}_2,\cdots,\boldsymbol{\eta}_n$ 的过渡矩阵,并写出向量$(a_1,a_2,\cdots,a_n)$关于这个基的坐标.

命题 4.2.4 设 $\boldsymbol{\alpha}_1,\boldsymbol{\alpha}_2,\cdots,\boldsymbol{\alpha}_n$ 是向量空间 V 的基,$\boldsymbol{\beta}_1,\boldsymbol{\beta}_2,\cdots,\boldsymbol{\beta}_n$ 是 V 中的一组向量,并且$(\boldsymbol{\beta}_1,\boldsymbol{\beta}_2,\cdots,\boldsymbol{\beta}_n)=(\boldsymbol{\alpha}_1,\boldsymbol{\alpha}_2,\cdots,\boldsymbol{\alpha}_n)\boldsymbol{A}$. 则 $\boldsymbol{\beta}_1,\boldsymbol{\beta}_2,\cdots,\boldsymbol{\beta}_n$ 也是 V 的基当且仅当 $\boldsymbol{A}$ 可逆.

证明 若 $\boldsymbol{\beta}_1,\boldsymbol{\beta}_2,\cdots,\boldsymbol{\beta}_n$ 是 V 的基,设由它到 $\boldsymbol{\alpha}_1,\boldsymbol{\alpha}_2,\cdots,\boldsymbol{\alpha}_n$ 的过渡矩阵为 $\boldsymbol{B}$,则

$$(\boldsymbol{\alpha}_1,\boldsymbol{\alpha}_2,\cdots,\boldsymbol{\alpha}_n)=(\boldsymbol{\beta}_1,\boldsymbol{\beta}_2,\cdots,\boldsymbol{\beta}_n)\boldsymbol{B}.$$

因此,

$$(\boldsymbol{\alpha}_1,\boldsymbol{\alpha}_2,\cdots,\boldsymbol{\alpha}_n)=(\boldsymbol{\beta}_1,\boldsymbol{\beta}_2,\cdots,\boldsymbol{\beta}_n)\boldsymbol{B}=(\boldsymbol{\alpha}_1,\boldsymbol{\alpha}_2,\cdots,\boldsymbol{\alpha}_n)\boldsymbol{A}\boldsymbol{B}.$$

由于从 $\boldsymbol{\alpha}_1,\boldsymbol{\alpha}_2,\cdots,\boldsymbol{\alpha}_n$ 到 $\boldsymbol{\alpha}_1,\boldsymbol{\alpha}_2,\cdots,\boldsymbol{\alpha}_n$ 的过渡矩阵为 $\boldsymbol{I}$,所以 $\boldsymbol{AB}=\boldsymbol{I}$. 因此 $\boldsymbol{A}$ 可逆,且 $\boldsymbol{A}^{-1}=\boldsymbol{B}$. 反之,取 $x_1,x_2,\cdots,x_n\in F$,令 $x_1\boldsymbol{\beta}+x_2\boldsymbol{\beta}_2+\cdots+x_n\boldsymbol{\beta}_n=\boldsymbol{0}$,即

$$(\boldsymbol{\beta}_1,\boldsymbol{\beta}_2,\cdots,\boldsymbol{\beta}_n)\begin{pmatrix} x_1 \\ x_2 \\ \vdots \\ x_n \end{pmatrix}=\boldsymbol{0}.$$

由于$(\boldsymbol{\beta}_1,\boldsymbol{\beta}_2,\cdots,\boldsymbol{\beta}_n)=(\boldsymbol{\alpha}_1,\boldsymbol{\alpha}_2,\cdots,\boldsymbol{\alpha}_n)\boldsymbol{A}$,故

$$(\boldsymbol{\alpha}_1,\boldsymbol{\alpha}_2,\cdots,\boldsymbol{\alpha}_n)\boldsymbol{A}\begin{pmatrix} x_1 \\ x_2 \\ \vdots \\ x_n \end{pmatrix}=\boldsymbol{0}.$$

因为 $\boldsymbol{\alpha}_1,\boldsymbol{\alpha}_2,\cdots,\boldsymbol{\alpha}_n$ 是 V 的基,所以

$$\boldsymbol{A}\begin{pmatrix} x_1 \\ x_2 \\ \vdots \\ x_n \end{pmatrix}=\begin{pmatrix} 0 \\ 0 \\ \vdots \\ 0 \end{pmatrix}.$$

由于 $\boldsymbol{A}$ 可逆,故$\begin{pmatrix} x_1 \\ x_2 \\ \vdots \\ x_n \end{pmatrix}=\boldsymbol{A}^{-1}\begin{pmatrix} 0 \\ 0 \\ \vdots \\ 0 \end{pmatrix}=\begin{pmatrix} 0 \\ 0 \\ \vdots \\ 0 \end{pmatrix}$,即 $x_1=x_2=\cdots=x_n=0$. 这就证明了 $\boldsymbol{\beta}_1,\boldsymbol{\beta}_2,\cdots,\boldsymbol{\beta}_n$ 线性

无关，依推论 4.2.2，从而构成 V 的基.

这个命题说明过渡矩阵都是可逆矩阵，而且每一个可逆矩阵也都可以作为从一个基到另一个基的过渡矩阵. 证明中，我们还得到了：如果由基 $\boldsymbol{\alpha}_1, \boldsymbol{\alpha}_2, \cdots, \boldsymbol{\alpha}_n$ 到基 $\boldsymbol{\beta}_1, \boldsymbol{\beta}_2, \cdots, \boldsymbol{\beta}_n$ 的过渡矩阵为 $\mathbf{A}$，那么由基 $\boldsymbol{\beta}_1, \boldsymbol{\beta}_2, \cdots, \boldsymbol{\beta}_n$ 到基 $\boldsymbol{\alpha}_1, \boldsymbol{\alpha}_2, \cdots, \boldsymbol{\alpha}_n$ 的过渡矩阵为 $\mathbf{A}^{-1}$.

练习 4.2.24 已知 $\boldsymbol{\alpha}_1, \boldsymbol{\alpha}_2, \cdots, \boldsymbol{\alpha}_n$ 是向量空间 V 的基，求证：

$$\boldsymbol{\alpha}_1-\boldsymbol{\alpha}_2, \boldsymbol{\alpha}_2-\boldsymbol{\alpha}_3, \cdots, \boldsymbol{\alpha}_{n-1}-\boldsymbol{\alpha}_n, \boldsymbol{\alpha}_n$$

也是向量空间 V 的基. 并写出从 $\boldsymbol{\alpha}_1-\boldsymbol{\alpha}_2, \boldsymbol{\alpha}_2-\boldsymbol{\alpha}_3, \cdots, \boldsymbol{\alpha}_{n-1}-\boldsymbol{\alpha}_n, \boldsymbol{\alpha}_n$ 到 $\boldsymbol{\alpha}_1, \boldsymbol{\alpha}_2, \cdots, \boldsymbol{\alpha}_n$ 的过渡矩阵.

练习 4.2.25 求证：向量组 $\boldsymbol{\alpha}_1=(-2, 1, 3), \boldsymbol{\alpha}_2=(-1, 0, 1), \boldsymbol{\alpha}_3=(-2,-5,-1)$ 构成 $\mathbf{R}^3$ 的一个基. 并且求出向量 $\boldsymbol{\beta}=(4,12,6)$ 关于这个基的坐标.

练习 4.2.26 设

$$\boldsymbol{\alpha}_1=(-3, 1, -2), \boldsymbol{\alpha}_2=(1, -1, 1), \boldsymbol{\alpha}_3=(2, 3, -1);$$

$$\boldsymbol{\beta}_1=(1, 1, 0), \boldsymbol{\beta}_2=(1, 2, 3), \boldsymbol{\beta}_3=(2, 0, 1).$$

证明：$\boldsymbol{\alpha}_1, \boldsymbol{\alpha}_2, \boldsymbol{\alpha}_3$ 和 $\boldsymbol{\beta}_1, \boldsymbol{\beta}_2, \boldsymbol{\beta}_3$ 都是 $\mathbf{R}^3$ 的基. 并求出从 $\boldsymbol{\alpha}_1, \boldsymbol{\alpha}_2, \boldsymbol{\alpha}_3$ 到 $\boldsymbol{\beta}_1, \boldsymbol{\beta}_2, \boldsymbol{\beta}_3$ 的过渡矩阵.

4.3 子　空　间

4.3.1 子空间的定义

定义 4.3.1 W 是向量空间 V 的非空子集，如果任取 $\boldsymbol{\alpha}, \boldsymbol{\beta} \in W$, $k \in F$，都有

$$\boldsymbol{\alpha}+\boldsymbol{\beta} \in W, \; k\boldsymbol{\alpha} \in W,$$

则称 W 是 V 的**子空间**.

子空间 W 关于 V 中的加法和数乘也构成一个向量空间，因此 W 必含零向量. 反过来，向量空间 V 的非空子集 W 如果关于 V 的加法与数乘构成向量空间，那么它就是 V 的子空间.

例 4.3.1 向量空间 V 是本身的子空间. 另外，$\{0\}$ 也是 V 的子空间，称为**零子空间**. V 和 $\{0\}$ 称为 V 的**平凡子空间**.

练习 4.3.1 设 W 是向量空间 V 的非空子集，求证：W 是 V 的子空间当且仅当任取 $\boldsymbol{\alpha}, \boldsymbol{\beta} \in W$, $k, l \in F$ 都有 $k\boldsymbol{\alpha}+l\boldsymbol{\beta} \in W$.

练习 4.3.2 设 W 是向量空间 V 的子空间，求证：任取 $\boldsymbol{\alpha}_1, \boldsymbol{\alpha}_2, \cdots, \boldsymbol{\alpha}_r \in W$, $k_1, k_2, \cdots, k_r \in F$，都有 $k_1\boldsymbol{\alpha}_1+k_2\boldsymbol{\alpha}_2+\cdots+k_r\boldsymbol{\alpha}_r \in W$.

练习 4.3.3 判断子集 $\{(a_1, a_2, \cdots, a_n) \mid a_1, a_2, \cdots, a_n \in \mathbf{Z}\}$ 是否是 $\mathbf{R}^n$ 的子空间.

有限维向量空间的子空间的任意线性无关组所含向量的个数不会超过这个向量空间的维数，所以也是有限维向量空间. 事实上，关于子空间的维数有如下命题.

命题 4.3.1 若 W 是 V 的子空间，则 $\dim W \leqslant \dim V$. 等号当且仅当 $W=V$ 时成立.

证明 设 $\dim V=n$. 若 W 是 V 的零子空间，则维数等于 0，自然满足不等式. 否则，依推论 4.2.1，W 的基所含向量的个数不会超过 n，因此 $\dim W \leqslant n$. 当 $\dim W=n$ 时，依推论 4.2.2，W 的基就是 V 的基，所以 $V=W$. 反之，当 $V=W$，自然有 $\dim V=\dim W$.

例 4.3.2 平面上起点在原点且平行于给定直线 l 的一切向量构成的集合，构成 E_2 的

子空间,记为 L. 空间中起点在原点且平行于或垂直于给定直线 l 的一切向量构成的两个集合,分别记为 L 和 H,构成 E_3 的两个子空间. $\dim L=1$, $\dim H=2$.

例 4.3.3 $F[x]$中所有次数不超过 n 的多项式构成的集合,记作 $F_n[x]$,构成 $F[x]$的一个子空间. 事实上,$F_n[x]=\{a_0+a_1x+\cdots+a_nx^n \mid a_i\in F,\ i=0,\ 1,\cdots n\}$. 由于 $1,x,\cdots,x^n$ 线性无关,所以 $\dim F_n[x]=n+1$.

练习 4.3.4 令

$$S_n(F)=\{\mathbf{A}\in M_n(F)\mid \mathbf{A}=\mathbf{A}^{\mathrm{T}}\},A_n(F)=\{\mathbf{A}\in M_n(F)\mid \mathbf{A}=-\mathbf{A}^{\mathrm{T}}\}.$$

求证:$S_n(F)$和 $A_n(F)$都是 $M_n(F)$的子空间. 并求出它们的维数.

练习 4.3.5 求证:数域 F 上所有迹为 0 的 n 阶方阵构成的集合是 $M_n(F)$的子空间. 并求出其维数.

练习 4.3.6 求证:数域 F 上所有 n 阶上三角阵构成的集合是 $M_n(F)$的子空间. 并求出其维数.

练习 4.3.7 求证:数域 F 上所有次数小于等于 n 且在 $x=1$ 的值为 0 的一元多项式构成的集合是 $F_n[x]$的子空间. 并求出其维数.

练习 4.3.8 求证:数域 F 上所有与 $\mathrm{diag}(1,\ 2,\ \cdots,\ n)$可交换的 n 阶方阵构成的集合是 $M_n(F)$的子空间. 并求出其维数.

练习 4.3.9 设 W 是 $\mathbf{R}^n$ 的一个非零子空间,而且对于 W 的每一个向量$(a_1,a_2,\cdots,a_n)$来说,要么 $a_1=a_2=\cdots=a_n=0$,要么每一个 a_i 都不等于零,证明:$\dim W=1$.

例 4.3.4 设 V 是数域 F 上的向量空间,取 $\boldsymbol{\alpha}_1,\ \boldsymbol{\alpha}_2,\ \cdots,\ \boldsymbol{\alpha}_r\in V$,则

$$\left\{\sum_{i=1}^{r}k_i\boldsymbol{\alpha}_i \mid k_i\in F,\ i=1,\ 2,\ \cdots,\ r\right\}$$

是 V 的子空间,称为**由 $\boldsymbol{\alpha}_1,\ \boldsymbol{\alpha}_2,\ \cdots,\ \boldsymbol{\alpha}_r$ 生成的子空间**,记作 $\mathrm{span}(\boldsymbol{\alpha}_1,\ \boldsymbol{\alpha}_2,\ \cdots,\ \boldsymbol{\alpha}_r)$. 这 r 个向量称为这个生成子空间的**生成元**.

向量空间 V 的每个基都可以视为它本身的生成元. 如 $F^{m\times n}=\mathrm{span}(E_{11},E_{12},\cdots,E_{mn})$, $F_n[x]=\mathrm{span}(1,x,\cdots,x^n)$,等等. 但是要注意,生成元并不一定都是生成子空间的基,因为它们可能是线性相关的. 所以生成子空间的维数也不一定是其生成元的个数,事实上,生成子空间的维数总是不大于生成元的个数.

练习 4.3.10 求下列生成子空间的维数

(1) $\mathrm{span}((2,-3,1),(1,4,2),(5,-2,4))\subseteq\mathbf{R}^3$;

(2) $\mathrm{span}(x-1,1-x^2,x^2-x)\subseteq F[x]$;

(3) $\mathrm{span}(\mathrm{e}^x,\ \mathrm{e}^{2x},\ \mathrm{e}^{3x})\subseteq C[-1,1]$.

练习 4.3.11 设 $\boldsymbol{\alpha}_1,\ \boldsymbol{\alpha}_2,\ \cdots,\ \boldsymbol{\alpha}_n$ 是 n 维向量空间 V 的基,$\boldsymbol{\beta}_1,\ \boldsymbol{\beta}_2,\ \cdots,\ \boldsymbol{\beta}_p$ 是 V 中的一组向量,并且$(\boldsymbol{\beta}_1,\ \boldsymbol{\beta}_2,\ \cdots,\ \boldsymbol{\beta}_p)=(\boldsymbol{\alpha}_1,\ \boldsymbol{\alpha}_2,\ \cdots,\ \boldsymbol{\alpha}_n)\mathbf{A}$,其中 $\mathbf{A}$ 是一个 $n\times p$ 矩阵. 求证:

$$\dim\mathrm{span}(\boldsymbol{\beta}_1,\ \boldsymbol{\beta}_2,\ \cdots,\ \boldsymbol{\beta}_p)=r(\mathbf{A}).$$

例 4.3.5 设 $A\in F^{m\times n}$, $S=\{\mathbf{Z}\mid\mathbf{AZ}=\mathbf{0},\ \mathbf{Z}\in F^n\}$,即 S 是齐次线性方程组 $\mathbf{AZ}=\mathbf{0}$ 的解集. 求证:S 是 F^n 的子空间,且 $\dim S=n-r(\mathbf{A})$.

证明 取 $\mathbf{Z}_1,\ \mathbf{Z}_2\in S,\ k\in F$,则

$$\mathbf{A}(\mathbf{Z}_1+\mathbf{Z}_2)=\mathbf{AZ}_1+\mathbf{AZ}_2=\mathbf{0}+\mathbf{0}=\mathbf{0},$$

$$\mathbf{A}(k\mathbf{Z}_1)=k\mathbf{AZ}_1=k\cdot\mathbf{0}=\mathbf{0}.$$

所以 S 是 F^n 的子空间. 假设线性方程组 $\boldsymbol{AZ}=\boldsymbol{0}$ 的一般解为

$$\begin{cases} x_1 = c_{1,r+1}x_{r+1} + \cdots + c_{1n}x_n, \\ x_2 = c_{2,r+1}x_{r+1} + \cdots + c_{2n}x_n, \\ \quad\vdots \\ x_r = c_{r,r+1}x_{r+1} + \cdots + c_{rn}x_n, \end{cases}$$

其中 $r=r(\boldsymbol{A})$. 令

$$\boldsymbol{Y}_{r+1} = \begin{pmatrix} c_{1,r+1} \\ c_{2,r+1} \\ \vdots \\ c_{r,r+1} \\ 1 \\ 0 \\ \vdots \\ 0 \end{pmatrix}, \boldsymbol{Y}_{r+2} = \begin{pmatrix} c_{1,r+2} \\ c_{2,r+2} \\ \vdots \\ c_{r,r+2} \\ 0 \\ 1 \\ \vdots \\ 0 \end{pmatrix}, \cdots, \boldsymbol{Y}_n = \begin{pmatrix} c_{1n} \\ c_{2n} \\ \vdots \\ c_{rn} \\ 0 \\ 0 \\ \vdots \\ 1 \end{pmatrix}.$$

任取 $\boldsymbol{Z}\in S$, 都有

$$\boldsymbol{Z} = x_{r+1}\boldsymbol{Y}_{r+1} + x_{r+2}\boldsymbol{Y}_{r+2} + \cdots + x_n\boldsymbol{Y}_n.$$

如果向量 $x_{r+1}\boldsymbol{Y}_{r+1}+x_{r+2}\boldsymbol{Y}_{r+2}+\cdots+x_n\boldsymbol{Y}_n=\boldsymbol{0}$, 因为它的后 $n-r$ 个分量为 $x_{r+1}, x_{r+2}, \cdots, x_n$, 故 $x_{r+1}=x_{r+2}=\cdots=x_n=0$. 因此 $\boldsymbol{Y}_{r+1}, \boldsymbol{Y}_{r+2}, \cdots, \boldsymbol{Y}_n$ 线性无关, 从而构成 S 的一个基. 所以

$$\dim S = n - r = n - r(\boldsymbol{A}).$$

齐次线性方程组 $\boldsymbol{AZ}=\boldsymbol{0}$ 的解集 S 因此也称为**解空间**, 而解也称为**解向量**. 解空间的一个基称为方程组 $\boldsymbol{AZ}=\boldsymbol{0}$ 的一个**基础解系**. 比如上述的 $\boldsymbol{Y}_{r+1}, \boldsymbol{Y}_{r+2}, \cdots, \boldsymbol{Y}_n$ 就是一个基础解系.

非齐次方程组 $\boldsymbol{AZ}=\boldsymbol{b}$ 的解集 S^* 不是 F^n 的子空间: 因为 $\boldsymbol{A0}=\boldsymbol{0}\neq\boldsymbol{b}$, 所以 $\boldsymbol{0}\notin S^*$. 但是若取 $\boldsymbol{Z}_1, \boldsymbol{Z}_2\in S^*$, 由于 $\boldsymbol{A}(\boldsymbol{Z}_1-\boldsymbol{Z}_2)=\boldsymbol{AZ}_1-\boldsymbol{AZ}_2=\boldsymbol{b}-\boldsymbol{b}=\boldsymbol{0}$, 故 $\boldsymbol{Z}_1-\boldsymbol{Z}_2\in S$. 因为 S^* 与 S 之间的这个关系, 一旦给定非齐次方程组 $\boldsymbol{AZ}=\boldsymbol{b}$ 的一个特解 $\boldsymbol{Z}_0$, 因为 $\boldsymbol{Z}-\boldsymbol{Z}_0\in S$, 所以它的任意解 Z 都可写成

$$\boldsymbol{Z}_0 + k_{r+1}\boldsymbol{Y}_{r+1} + \cdots + k_n\boldsymbol{Y}_n.$$

其中 $\boldsymbol{Y}_{r+1}, \boldsymbol{Y}_{r+2}, \cdots, \boldsymbol{Y}_n$ 是 $\boldsymbol{AZ}=\boldsymbol{0}$ 的一个基础解系, $k_{r+1}, k_{r+2}, \cdots, k_n\in F$.

练习 4.3.12 判断以下 F^n 的子集哪些是子空间, 并求出子空间的维数:

(1) $W_1 = \{(x_1, x_2, \cdots, x_n) \mid \sum_{i=1}^{n} x_i = 0, x_i \in F\}$;

(2) $W_2 = \{(x_1, x_2, \cdots, x_n) \mid \sum_{i=1}^{n} x_i = 1, x_i \in F\}$;

(3) $W_3=\{(x_1, x_2, \cdots, x_{n-1}, 0) \mid x_i\in F\}$;

(4) $W_4=\{(x_1, x_2, \cdots, x_n) \mid x_1=x_2=\cdots=x_n, x_i\in F\}$;

(5) $W_5=\{(x_1, 0, \cdots, 0, x_n) \mid x_1, x_n\in F\}$.

练习 4.3.13 求齐次线性方程组

$$\begin{cases} x_1 - x_2 + 5x_3 - x_4 = 0, \\ x_1 + x_2 - 2x_3 + 4x_4 = 0, \\ 3x_1 - x_2 + 8x_3 + x_4 = 0, \\ x_1 + 3x_2 - 9x_3 + 7x_4 = 0 \end{cases}$$

的一个基础解系.

练习 4.3.14 求证:F^n 的任意子空间都是某个含 n 个未知量的齐次方程组的解空间.

4.3.2 子空间的交与和

接下来要研究子空间之间的运算.先考虑子空间的交与并.

命题 4.3.2 向量空间 V 的两个子空间的交集仍是 V 的子空间.

这个命题不难从子空间的定义得到,而且还可以进一步推广为:任意多个子空间的交仍是子空间.

练习 4.3.15 证明命题 4.3.2 及其推广形式.

练习 4.3.16 n 维向量空间 V 的两个 $n-1$ 维子空间的交集的维数可能等于多少?

注意,两个子空间的并集不一定是子空间.比如,$W_1=\{(x,0)\mid x\in\mathbf{R}\}$,$W_2=\{(0, y)\mid y\in\mathbf{R}\}$都是 $\mathbf{R}^2$ 的子空间,但 $W_1\cup W_2$ 不是子空间:因为$(1, 0)$,$(0, 1)\in W_1\cup W_2$,但

$$(1,1)=(1, 0)+(0, 1)\notin W_1\cup W_2,$$

因为它既不属于 W_1 也不属于 W_2.

练习 4.3.17 两个子空间 W_1,W_2 的并仍是子空间当且仅当 $W_1\subset W_2$,或 $W_2\subset W_1$.

练习 4.3.18 设 W_1,W_2 是数域 F 上的向量空间 V 的子空间.如果 $\boldsymbol{\alpha}\in W_2$ 且 $\boldsymbol{\alpha}\notin W_1$,$\boldsymbol{\beta}\notin W_2$,证明:

(1) 对于任意 $k\in F$,$\boldsymbol{\beta}+k\boldsymbol{\alpha}\notin W_2$;

(2) 至多只有一个 $k\in F$,使得 $\boldsymbol{\beta}+k\boldsymbol{\alpha}\in W_1$.

练习 4.3.19 证明:向量空间 V 不能表示成它的两个非平凡子空间的并.这个结果能否推广为:向量空间 V 不能表示成它的任意有限多个非平凡子空间的并?

接下来考虑向量空间 V 的子集$\{\boldsymbol{\alpha}_1+\boldsymbol{\alpha}_2\mid \boldsymbol{\alpha}_1\in W_1, \boldsymbol{\alpha}_2\in W_2\}$,其中 W_1 和 W_2 是 V 的子空间.这个子集包含 $W_1\cup W_2$,所以非空.而且从其中任取两个向量 $\boldsymbol{\alpha}_1+\boldsymbol{\alpha}_2$ 与 $\boldsymbol{\beta}_1+\boldsymbol{\beta}_2$ 的和等于$(\boldsymbol{\alpha}_1+\boldsymbol{\beta}_1)+(\boldsymbol{\alpha}_2+\boldsymbol{\beta}_2)$,对任意数 $k\in F$, $k(\boldsymbol{\alpha}_1+\boldsymbol{\alpha}_2)$等于 $k\boldsymbol{\alpha}_1+k\boldsymbol{\alpha}_2$,都仍然属于这个集合.所以这是一个子空间.

定义 4.3.2 设 W_1,W_2 是向量空间 V 的两个子空间,称子空间

$$\{\boldsymbol{\alpha}_1+\boldsymbol{\alpha}_2\mid \boldsymbol{\alpha}_1\in W_1, \boldsymbol{\alpha}_2\in W_2\}$$

为 W_1 与 W_2 的**和**,记为 W_1+W_2.

例如,E_3 可表示为 L 与 H 之和.

命题 4.3.3 设 W,W_1,W_2 是 V 的子空间,如果 $W_1\cup W_2\subseteq W$,那么 $W_1+W_2\subseteq W$.

证明 取 $\boldsymbol{\alpha}_1\in W_1$, $\boldsymbol{\alpha}_2\in W_2$,由于 W 是包含 $W_1\cup W_2$(因此既包含 W_1,又包含 W_2)的子空间,故 $\boldsymbol{\alpha}_1+\boldsymbol{\alpha}_2\in W$.所以 $W_1+W_2\subseteq W$.

这个命题说明 W_1+W_2 是包含 $W_1\cup W_2$ 的最小子空间,事实上,它就是所有包含 $W_1\cup W_2$ 的子空间的交集.

定义 4.3.3 U 是向量空间 V 的非空子集,所有包含 U 的子空间的交集称为**由 U 生成**

的子空间,记为 span(U).

所以,W_1 与 W_2 的和 W_1+W_2 就是由 $W_1\cup W_2$ 生成的子空间 span$(W_1\cup W_2)$. 另外,当 U 取成有限集$\{\boldsymbol{\alpha}_1,\ \boldsymbol{\alpha}_2,\ \cdots,\ \boldsymbol{\alpha}_r\}$时,就是例 4.3.4 中的生成子空间 span$(\boldsymbol{\alpha}_1,\ \boldsymbol{\alpha}_2,\ \cdots,\ \boldsymbol{\alpha}_r)$.

练习 4.3.20 求证:span U 是由 U 中的任意有限个向量的一切线性组合构成的.

可类似地定义 r 个子空间 $W_1, W_2, \cdots, W_r$ 的和为

$$W_1+W_2+\cdots+W_r=\{\boldsymbol{\alpha}_1+\boldsymbol{\alpha}_2+\cdots+\boldsymbol{\alpha}_r \mid \boldsymbol{\alpha}_i\in W_i,\ i=1,\ 2,\ \cdots,\ r\}.$$

同样地,有 $W_1+W_2+\cdots+W_r=\text{span}(W_1\cup W_2\cup\cdots\cup W_r)$.

定理 4.3.1(维数公式) 设 W_1, W_2 是向量空间 V 的子空间,则

$$\dim(W_1+W_2)=\dim W_1+\dim W_2-\dim(W_1\cap W_2).$$

证明 设 $\dim(W_1\cap W_2)=r$, $\dim W_1=s$, $\dim W_2=t$. 若 $r=0$,设 W_1, W_2 的基分别为 $\boldsymbol{\beta}_1,\ \boldsymbol{\beta}_2,\ \cdots,\ \boldsymbol{\beta}_s;\boldsymbol{\gamma}_1,\ \boldsymbol{\gamma}_2,\ \cdots,\ \boldsymbol{\gamma}_t$. 任取 $\boldsymbol{\alpha}\in W_1+W_2$,则 $\boldsymbol{\alpha}=\boldsymbol{\alpha}_1+\boldsymbol{\alpha}_2$,其中 $\boldsymbol{\alpha}_i\in W_i$. 设

$$\boldsymbol{\alpha}_1=k_1\boldsymbol{\beta}_1+k_2\boldsymbol{\beta}_2+\cdots+k_s\boldsymbol{\beta}_s,\boldsymbol{\alpha}_2=l_1\boldsymbol{\gamma}_1+l_2\boldsymbol{\gamma}_2+\cdots+l_t\boldsymbol{\gamma}_t,$$

那么 $\boldsymbol{\alpha}=\boldsymbol{\alpha}_1+\boldsymbol{\alpha}_2=k_1\boldsymbol{\beta}_1+\cdots+k_s\boldsymbol{\beta}_s+l_1\boldsymbol{\gamma}_1+\cdots+l_t\boldsymbol{\gamma}_t$. 如果 $k_1\boldsymbol{\beta}_1+\cdots+k_s\boldsymbol{\beta}_s+l_1\boldsymbol{\gamma}_1+\cdots+l_t\boldsymbol{\gamma}_t=\mathbf{0}$,则

$$k_1\boldsymbol{\beta}_1+k_2\boldsymbol{\beta}_2+\cdots+k_s\boldsymbol{\beta}_s=-(l_1\boldsymbol{\gamma}_1+l_2\boldsymbol{\gamma}_2+\cdots+l_t\boldsymbol{\gamma}_t)\in W_1\cap W_2.$$

由于 $\dim(W_1\cap W_2)=r=0$,故 $W_1\cap W_2=\{\mathbf{0}\}$. 所以

$$k_1\boldsymbol{\beta}_1+k_2\boldsymbol{\beta}_2+\cdots+k_s\boldsymbol{\beta}_s=l_1\boldsymbol{\gamma}_1+l_2\boldsymbol{\gamma}_2+\cdots+l_t\boldsymbol{\gamma}_t=\mathbf{0},$$

从而 $k_1=\cdots=k_s=l_1=\cdots=l_t=0$. 这就证明了 $\boldsymbol{\beta}_1,\ \cdots,\ \boldsymbol{\beta}_s, \boldsymbol{\gamma}_1,\ \cdots,\ \boldsymbol{\gamma}_t$ 线性无关,可见它们是 W_1+W_2 的一个基. 所以 $\dim(W_1+W_2)=s+t=\dim W_1+\dim W_2$.

接下来考虑 $r>0$ 的情况. 设 $W_1\cap W_2$ 的一个基为 $\boldsymbol{\alpha}_1,\ \boldsymbol{\alpha}_2,\ \cdots,\ \boldsymbol{\alpha}_r$,将之分别扩充为 W_1 和 W_2 的基:$\boldsymbol{\alpha}_1,\ \cdots,\ \boldsymbol{\alpha}_r, \boldsymbol{\beta}_{r+1},\ \cdots,\ \boldsymbol{\beta}_s$ 和 $\boldsymbol{\alpha}_1,\ \cdots,\ \boldsymbol{\alpha}_r, \boldsymbol{\gamma}_{r+1},\ \cdots,\ \boldsymbol{\gamma}_t$. 所以 W_1+W_2 由向量

$$\boldsymbol{\alpha}_1,\ \cdots,\ \boldsymbol{\alpha}_r, \boldsymbol{\beta}_{r+1},\ \cdots,\ \boldsymbol{\beta}_s, \boldsymbol{\gamma}_{r+1},\ \cdots,\ \boldsymbol{\gamma}_t$$

生成. 令 $k_1\boldsymbol{\alpha}_1+\cdots+k_r\boldsymbol{\alpha}_r+l_{r+1}\boldsymbol{\beta}_{r+1}+\cdots+l_s\boldsymbol{\beta}_s+m_{r+1}\boldsymbol{\gamma}_{r+1}+\cdots+m_t\boldsymbol{\gamma}_t=0$. 由于

$$k_1\boldsymbol{\alpha}_1+\cdots+k_r\boldsymbol{\alpha}_r+l_{r+1}\boldsymbol{\beta}_{r+1}+\cdots+l_s\boldsymbol{\beta}_s=-m_{r+1}\boldsymbol{\gamma}_{r+1}-\cdots-m_t\boldsymbol{\gamma}_t\in W_1\cap W_2,$$

设 $-m_{r+1}\boldsymbol{\gamma}_{r+1}-\cdots-m_t\boldsymbol{\gamma}_t=q_1\boldsymbol{\alpha}_1+q_2\boldsymbol{\alpha}_2+\cdots+q_r\boldsymbol{\alpha}_r$,因此

$$q_1\boldsymbol{\alpha}_1+q_2\boldsymbol{\alpha}_2+\cdots+q_r\boldsymbol{\alpha}_r+m_{r+1}\boldsymbol{\gamma}_{r+1}+\cdots+m_t\boldsymbol{\gamma}_t=\mathbf{0}.$$

由于 $\boldsymbol{\alpha}_1,\ \cdots,\ \boldsymbol{\alpha}_r, \boldsymbol{\gamma}_{r+1},\ \cdots,\ \boldsymbol{\gamma}_t$ 是 W_2 的基,所以 $q_1=\cdots=q_r=m_{r+1}=\cdots=m_t=0$. 因此

$$k_1\boldsymbol{\alpha}_1+\cdots+k_r\boldsymbol{\alpha}_r+l_{r+1}\boldsymbol{\beta}_{r+1}+\cdots+l_s\boldsymbol{\beta}_s=\mathbf{0}.$$

而 $\boldsymbol{\alpha}_1,\ \cdots,\ \boldsymbol{\alpha}_r, \boldsymbol{\beta}_{r+1},\ \cdots,\ \boldsymbol{\beta}_s$ 是 W_1 的基,故 $k_1=\cdots=k_r=l_{r+1}=\cdots=l_s=0$. 综上,

$$\boldsymbol{\alpha}_1,\ \cdots,\ \boldsymbol{\alpha}_r, \boldsymbol{\beta}_{r+1},\ \cdots,\ \boldsymbol{\beta}_s, \boldsymbol{\gamma}_{r+1},\ \cdots,\ \boldsymbol{\gamma}_t$$

是 W_1+W_2 的基,从而

$$\begin{aligned}\dim(W_1+W_2)&=r+(s-r)+(t-r)=s+t-r\\&=\dim W_1+\dim W_2-\dim(W_1\cap W_2).\end{aligned}$$

由这个定理可立即推出 $\dim(W_1+W_2)\leqslant\dim W_1+\dim W_2$.

练习 4.3.21 设

$$\begin{aligned}&W=\text{span}((4,3,2,1),(0,2,2,2),(1,\ 0,\ 1,\ 2)),\\&U=\text{span}((4,-2,0,-2),(1,\ 0,3,2)).\end{aligned}$$

求 $\dim(W+U)$和 $\dim(W\cap U)$.

4.3.3 直和

定义 4.3.4 设 W_1, W_2 是向量空间 V 的子空间，如果任意 $\boldsymbol{\alpha}\in W_1+W_2$ 都可唯一地分解为 $\boldsymbol{\alpha}_1+\boldsymbol{\alpha}_2$，其中 $\boldsymbol{\alpha}_i\in W_i(i=1, 2)$，则称 W_1+W_2 为 W_1 与 W_2 的**直和**，记为 $W_1\oplus W_2$.

命题 4.3.4 以下四个条件等价：

(1) W_1+W_2 是直和；

(2) $\mathbf{0}$ 在 W_1+W_2 中的分解唯一；

(3) $W_1\cap W_2=\{\mathbf{0}\}$；

(4) $\dim(W_1+W_2)=\dim W_1+\dim W_2$.

证明 (1) $\Leftrightarrow$(2). 若 W_1+W_2 是直和，那么 W_1+W_2 中任意向量都可唯一分解，自然也包括 $\mathbf{0}$. 反之，若 $\mathbf{0}$ 在 W_1+W_2 中分解唯一，任取 $\boldsymbol{\alpha}\in W_1+W_2$，假设 $\boldsymbol{\alpha}=\boldsymbol{\alpha}_1+\boldsymbol{\alpha}_2=\boldsymbol{\beta}_1+\boldsymbol{\beta}_2$，其中 $\boldsymbol{\alpha}_1, \boldsymbol{\beta}_1\in W_1$, $\boldsymbol{\alpha}_2, \boldsymbol{\beta}_2\in W_2$. 因此

$$(\boldsymbol{\alpha}_1-\boldsymbol{\beta}_1)+(\boldsymbol{\alpha}_2-\boldsymbol{\beta}_2)=\mathbf{0},$$

而且 $\boldsymbol{\alpha}_1-\boldsymbol{\beta}_1\in W_1$, $\boldsymbol{\alpha}_2-\boldsymbol{\beta}_2\in W_2$. 由于 $\mathbf{0}$ 的分解唯一，即只能分解为 $\mathbf{0}+\mathbf{0}$，所以

$$\boldsymbol{\alpha}_1-\boldsymbol{\beta}_1=\boldsymbol{\alpha}_2-\boldsymbol{\beta}_2=\mathbf{0}.$$

因此 $\boldsymbol{\alpha}_1=\boldsymbol{\beta}_1$, $\boldsymbol{\alpha}_2=\boldsymbol{\beta}_2$，从而 $\boldsymbol{\alpha}$ 的分解唯一.

(2) $\Leftrightarrow$(3). 假设 $\mathbf{0}$ 可唯一地分解为 $\mathbf{0}+\mathbf{0}$. 任取 $\boldsymbol{\alpha}\in W_1\cap W_2$，则 $-\boldsymbol{\alpha}\in W_1\cap W_2$. 由于 $\mathbf{0}=\boldsymbol{\alpha}+(-\boldsymbol{\alpha})$，所以 $\boldsymbol{\alpha}=-\boldsymbol{\alpha}=\mathbf{0}$，即 $W_1\cap W_2=\{\mathbf{0}\}$. 反之，若已知 $W_1\cap W_2=\{\mathbf{0}\}$，设 $\mathbf{0}=\boldsymbol{\alpha}_1+\boldsymbol{\alpha}_2$，则 $\boldsymbol{\alpha}_1=-\boldsymbol{\alpha}_2$. 等式左边的向量属于 W_1，右边的属于 W_2. 所以 $\boldsymbol{\alpha}_1, \boldsymbol{\alpha}_2$ 同时既属于 W_1，也属于 W_2，因此属于 $W_1\cap W_2$，从而 $\boldsymbol{\alpha}_1=-\boldsymbol{\alpha}_2=\mathbf{0}$. 这就证明了 $\mathbf{0}$ 的分解唯一.

(3) $\Leftrightarrow$(4). 根据维数公式

$$\dim(W_1+W_2)=\dim W_1+\dim W_2-\dim(W_1\cap W_2),$$

则 $\dim(W_1+W_2)=\dim W_1+\dim W_2$ 当且仅当 $\dim(W_1\cap W_2)=0$. 而一个子空间的维数等于 0 当且仅当它是零空间，所以

$$\dim(W_1+W_2)=\dim W_1+\dim W_2\Leftrightarrow W_1\cap W_2=\{\mathbf{0}\}.$$

例 4.3.6 设

$$S_n(F)=\{\boldsymbol{A}\in M_n(F)\mid \boldsymbol{A}=\boldsymbol{A}^{\mathrm{T}}\},$$

$$A_n(F)=\{\boldsymbol{A}\in M_n(F)\mid \boldsymbol{A}=-\boldsymbol{A}^{\mathrm{T}}\}.$$

求证：$M_n(F)=S_n(F)\oplus A_n(F)$.

证明 首先，因为对任意 $\boldsymbol{A}\in M_n(F)$，都有

$$\boldsymbol{A}=\frac{\boldsymbol{A}+\boldsymbol{A}^{\mathrm{T}}}{2}+\frac{\boldsymbol{A}-\boldsymbol{A}^{\mathrm{T}}}{2},$$

其中 $\dfrac{\boldsymbol{A}+\boldsymbol{A}^{\mathrm{T}}}{2}\in S_n(F)$，$\dfrac{\boldsymbol{A}-\boldsymbol{A}^{\mathrm{T}}}{2}\in A_n(F)$，故 $M_n(F)=S_n(F)+A_n(F)$. 另外，取 $\boldsymbol{C}\in S_n(F)\cap A_n(F)$，则 $\boldsymbol{C}=\boldsymbol{C}^{\mathrm{T}}=-\boldsymbol{C}^{\mathrm{T}}$，故 $\boldsymbol{C}=\boldsymbol{O}$，即 $S_n(F)\cap A_n(F)=\{\boldsymbol{O}\}$. 所以

$$M_n(F)=S_n(F)\oplus A_n(F).$$

练习 4.3.22 设

$$E=\{f(x)\mid f(x)=f(-x), x\in(-l, l)\},$$

$$F=\{f(x)\mid f(x)=-f(-x), x\in(-l, l)\}$$

求证：(1) E, F 是 $\boldsymbol{C}(-l, l)$ 的子空间；(2) $\mathrm{C}(-l, l)=E\oplus F$.

例 4.3.7 因为 $E_3=L+H$,而且 $\dim E_3=\dim L+\dim H$,所以 $E_3=L\oplus H$.

定义 4.3.5 设 W,W' 是向量空间 V 的子空间,如果

$$V=W\oplus W',$$

则称 W' 为 W 的**余子空间**.

例 4.3.6 中的 $S_n(F)$ 和 $A_n(F)$ 互为余子空间,例 4.3.7 中的 L 与 H 也是.

练习 4.3.23 设

$$W_1=\{(x_1,x_2,\cdots,x_n)\mid \sum_{i=1}^{n}x_i=0,x_i\in\mathbf{R}\},$$

$$W_2=\{(x_1,x_2,\cdots,x_n)\mid x_1=x_2=\cdots=x_n,x_i\in\mathbf{R}\}.$$

求证:W_1 和 W_2 互为余子空间.

命题 4.3.5 向量空间 V 的每个子空间都有余子空间.

证明 如果 W 是零子空间,则它的余子空间就是 V;如果 $W=V$,则它的余子空间就是零子空间.否则,设 $\boldsymbol{\alpha}_1,\boldsymbol{\alpha}_2,\cdots,\boldsymbol{\alpha}_r(0<r<n)$ 是 W 的基.将这个基扩充为 V 的基:$\boldsymbol{\alpha}_1,\cdots,\boldsymbol{\alpha}_r,\boldsymbol{\alpha}_{r+1},\cdots,\boldsymbol{\alpha}_n$.作 $W'=\operatorname{span}(\boldsymbol{\alpha}_{r+1},\boldsymbol{\alpha}_{r+2},\cdots,\boldsymbol{\alpha}_n)$,则 $V=W+W'$,并且

$$\dim(W+W')=n=r+n-r=\dim W+\dim W',$$

故 $V=W\oplus W'$.因此,W' 就是 W 的余子空间.

向量空间的非平凡子空间的余子空间不是唯一的.如上述证明中的 W,除了 W' 外,其实 $W''=\operatorname{span}(\boldsymbol{\alpha}_1+\boldsymbol{\alpha}_{r+1},\boldsymbol{\alpha}_{r+2},\cdots,\boldsymbol{\alpha}_n)$ 也是 W 的一个余子空间.首先,每一个向量

$$\boldsymbol{\gamma}=k_1\boldsymbol{\alpha}_1+\cdots+k_r\boldsymbol{\alpha}_r+k_{r+1}\boldsymbol{\alpha}_{r+1}+\cdots+k_n\boldsymbol{\alpha}_n$$

都可以写成

$$\boldsymbol{\gamma}=(k_1-k_{r+1})\boldsymbol{\alpha}_1+\cdots+k_r\boldsymbol{\alpha}_r+k_{r+1}(\boldsymbol{\alpha}_1+\boldsymbol{\alpha}_{r+1})+\cdots+k_n\boldsymbol{\alpha}_n,$$

从而说明 $V=W+W''$.其次,$\boldsymbol{\alpha}_1+\boldsymbol{\alpha}_{r+1},\boldsymbol{\alpha}_{r+2},\cdots,\boldsymbol{\alpha}_n$ 线性无关,从而 $\dim W''=n-r$.因此 $\dim(W+W'')=\dim V=n=r+n-r=\dim W+\dim W''$,即 $V=W\oplus W''$.最后,由于 $\boldsymbol{\alpha}_1+\boldsymbol{\alpha}_{r+1}\notin W'$,故 $W'\neq W''$.所以,W'' 是 W 的另一余子空间.

练习 4.3.24 求 $\mathbf{R}^3$ 的子空间 $W=\{(x,y,z)\mid y-z=0\}$ 的一个余子空间.

练习 4.3.25 求 $\mathbf{R}^4$ 的子空间 $W=\operatorname{span}((1,2,0,1),(1,1,1,0))$ 的一个余子空间.

练习 4.3.26 求证:$M_n(F)$ 的上三角阵子空间与反对称阵子空间互为余子空间.

定义 4.3.6 设 $W_1,W_2,\cdots,W_s$ 是向量空间 V 的子空间,如果任意 $\boldsymbol{\alpha}\in W_1+W_2+\cdots+W_s$ 都可唯一地分解为 $\boldsymbol{\alpha}_1+\boldsymbol{\alpha}_2+\cdots+\boldsymbol{\alpha}_s$,其中 $\boldsymbol{\alpha}_i\in W_i(i=1,2,\cdots,s)$,则称 $W_1+W_2+\cdots+W_s$ 为 $W_1,W_2,\cdots,W_s$ 的**直和**,记作:$W_1\oplus W_2\oplus\cdots\oplus W_s$.

命题 4.3.6 以下四个条件等价:

(1) $W_1+W_2+\cdots+W_s$ 是直和;

(2) $\mathbf{0}$ 在 $W_1+W_2+\cdots+W_s$ 中的分解唯一;

(3) $W_i\cap(W_1+\cdots+W_{i-1}+W_{i+1}+\cdots+W_s)=\{\mathbf{0}\}$, $i=1,2,\cdots,r$;

(4) $\dim(W_1+W_2+\cdots+W_s)=\dim W_1+\dim W_2+\cdots+\dim W_s$.

练习 4.3.27 证明命题 4.3.6.

练习 4.3.28 设 $V=U\oplus W$,且 $U=U_1\oplus U_2$.证明:

$$V=U_1\oplus U_2\oplus W.$$

第 5 章　线性变换

5.1　线性映射

5.1.1　映射

定义 5.1.1　A, B 是两个非空集合,从 A 到 B 的一个对应法则 f 称为一个**映射**,如果对 A 中的每一个元素 x,在 B 中都有唯一的元素 y 与之对应. 记作

$$\begin{aligned} f:\ & A \to B \\ & x \mapsto y. \end{aligned}$$

将 y 写作 $f(x)$,称为 **x 在映射 f 下的像**. 定义 $\mathrm{Im}\, f=\{f(x) \mid x\in A\}$,称为**映射 f 的像**. 对于 A 的子集 W,集合 $\{f(x) \mid x\in W\}$ 称为 **W 在映射 f 下的像**,记作 $f(W)$.

例 5.1.1　$\mathbf{Z}^+$ 是正整数集. 对每一个 $n\in\mathbf{Z}^+$,令 $f(n)=2n$,则 f 是从 $\mathbf{Z}^+$ 到 $\mathbf{Z}^+$ 的映射. 但对应法则 $g: n\mapsto n-1$ 则不是从 $\mathbf{Z}^+$ 到 $\mathbf{Z}^+$ 的映射,因为 $g(1)=0\notin\mathbf{Z}^+$.

例 5.1.2　$\mathbf{R}$ 是实数集,$\mathbf{R}^*$ 是非负实数集. 对每个 $x\in\mathbf{R}$,定义 $f(x)=x^2$,则 f 是 $\mathbf{R}$ 到 $\mathbf{R}^*$ 的一个映射.

例 5.1.3　设 $A=B=\{1, 2, 3, 4\}$,

$$\begin{aligned} f: A & \to B \\ 1 & \mapsto 2 \\ 2 & \mapsto 3 \\ 3 & \mapsto 4 \\ 4 & \mapsto 1 \end{aligned}$$

是从 A 到 B 的一个映射.

例 5.1.4　一个非空集合 A 上的**恒等映射**记作 id_A,或 id,指的是这样一个映射,它将每一个 $x\in A$ 都映为自身,即

$$\begin{aligned} \mathrm{id}_A: & A \to A \\ & x \mapsto x. \end{aligned}$$

如果 f, g 都是从 A 到 B 的映射,并且对于每一个 $x\in A$,都有 $f(x)=g(x)$,则称映射 f 和 g 相等. 例如,若

$$\begin{aligned} f: & \mathbf{R} \to \mathbf{R} \\ & x \mapsto |x|, \\ g: & \mathbf{R} \to \mathbf{R} \\ & x \mapsto \sqrt{x^2}, \end{aligned}$$

则 $f=g$.

定义 5.1.2 f 是从 A 到 B 的映射，如果 $\mathrm{Im}\, f=B$，即，对每一个 $y\in B$，都有一个 $x\in A$，使得 $y=f(x)$，则称 f 为**满射**；如果对任意两个不相同的 $x_1,x_2\in A$，都有 $f(x_1)\neq f(x_2)$，则称 f 为**单射**；如果一个映射既是单射又是满射，称之为**双射**，或**一一对应**.

例 5.1.1 的映射 f 是一个单射，例 5.1.2 的映射 f 是一个满射，而例 5.1.3 的映射则是一个双射.

定义 5.1.3 f 是从 A 到 B 的映射，g 是从 B 到 C 的映射. 对于每一个 $x\in A$，都有唯一一个元素 $g(f(x))\in C$ 与之对应，这样就定义了一个从 A 到 C 的映射，记作 $g\circ f$，称为映射 f 与 g 的**合成**. 即

$$\begin{aligned} g\circ f: A &\to C \\ x &\mapsto g(f(x)). \end{aligned}$$

容易验证

$$f\circ \mathrm{id}=f, \mathrm{id}\circ f=f,$$
$$h\circ(f\circ g)=(h\circ f)\circ g.$$

例 5.1.5 设

$$\begin{aligned} f: \mathbf{R} &\to \mathbf{R} \\ x &\mapsto x^2, \\ g: \mathbf{R} &\to \mathbf{R} \\ x &\mapsto \sin x, \end{aligned}$$

则

$$\begin{aligned} g\circ f: \mathbf{R} &\to \mathbf{R} \\ x &\mapsto \sin x^2. \end{aligned}$$

定义 5.1.4 f 是从 A 到 B 的一个映射，如果存在一个从 B 到 A 的映射 g，使得

$$g\circ f=\mathrm{id}_A, f\circ g=\mathrm{id}_B,$$

则称 f 为**可逆映射**，并把 g 称为 f 的**逆映射**.

如果 g 和 h 都是 f 的逆映射，那么

$$h=h\circ \mathrm{id}=h\circ(f\circ g)=(h\circ f)\circ g=\mathrm{id}\circ g=g.$$

所以逆映射唯一. 记 f 的逆映射为 f^{-1}.

例 5.1.3 的映射 f 就是一个可逆映射，它的逆映射为

$$\begin{aligned} g: A &\to A \\ 1 &\mapsto 4 \\ 2 &\mapsto 1 \\ 3 &\mapsto 2 \\ 4 &\mapsto 3. \end{aligned}$$

命题 5.1.1 一个映射是可逆映射当且仅当它是双射.

证明 设 f 是 A 到 B 的映射. 若 f 可逆，则存在从 B 到 A 的映射 g，使得

$$g\circ f=\mathrm{id}_A, f\circ g=\mathrm{id}_B.$$

那么，对于每个 $y\in B$，有 $g(y)\in A$，使得

$$f(g(y))=f\circ g(y)=\mathrm{id}_B(y)=y,$$

所以 $\operatorname{Im} f=B$. 另外，对于 $x_1,x_2\in A$，若有 $f(x_1)=f(x_2)$，则

$$x_1=\mathrm{id}_A(x_1)=g\circ f(x_1)=g(f(x_1))=g(f(x_2))=g\circ f(x_2)=id_A(x_2)=x_2.$$

综上，f 既是满射又是单射，所以是双射. 反之，设 f 是 A 到 B 的双射，则对于每个 $y\in B$，都有唯一的 $x\in A$，使得 $y=f(x)$. 定义映射：

$$\begin{aligned} g:B&\to A\\ y&\mapsto x, \end{aligned}$$

其中 $y=f(x)$. 那么 $g\circ f=\mathrm{id}_A$，$f\circ g=\mathrm{id}_B$，即 f 是可逆映射.

5.1.2 线性映射

定义 5.1.5 V,W 都是数域 F 上的向量空间，f 是从 V 到 W 的一个映射. 如果它还满足下面两个条件，就称之为**线性映射**：

(1) 对于任意 $\boldsymbol{\alpha},\boldsymbol{\beta}\in V$，有 $f(\boldsymbol{\alpha}+\boldsymbol{\beta})=f(\boldsymbol{\alpha})+f(\boldsymbol{\beta})$；

(2) 对于任意 $k\in F,\boldsymbol{\alpha}\in V$，有 $f(k\boldsymbol{\alpha})=kf(\boldsymbol{\alpha})$.

当 $W=V$ 时，线性映射也称为**线性变换**. 若 $W=F$，则又称为**线性函数**.

练习 5.1.1 设 f 是从 V 到 W 的线性映射，求证：$f(\mathbf{0})=\mathbf{0}$.

练习 5.1.2 设 f 是从 V 到 W 的线性映射，对于任意 $\boldsymbol{\alpha}_1,\boldsymbol{\alpha}_2,\cdots,\boldsymbol{\alpha}_s\in V$，$k_1,k_2,\cdots,k_s\in F$，求证：

$$f(k_1\boldsymbol{\alpha}_1+k_2\boldsymbol{\alpha}_2+\cdots+k_s\boldsymbol{\alpha}_s)=k_1f(\boldsymbol{\alpha}_1)+k_2f(\boldsymbol{\alpha}_2)+\cdots+k_sf(\boldsymbol{\alpha}_s).$$

练习 5.1.3 设 f 是从 V 到 W 的线性映射，$\boldsymbol{\alpha}_1,\boldsymbol{\alpha}_2,\cdots,\boldsymbol{\alpha}_s$ 是 V 中的一组线性相关的向量. 求证：W 中的向量组 $f(\boldsymbol{\alpha}_1),f(\boldsymbol{\alpha}_2),\cdots,f(\boldsymbol{\alpha}_s)$ 也线性相关. 请问：如果把“相关”换成“无关”，上述结果依然成立吗？

例 5.1.6 设 V,W 是数域 F 下的向量空间，将 V 中的所有向量都映为 W 中的零向量线性映射称为**零映射**，仍然记为 0.

例 5.1.7 每一个 $m\times n$ 矩阵 $\mathbf{A}$ 都可以定义一个从列空间 F^n 到 F^m 的线性映射

$$\begin{aligned} f:F^n&\to F^m\\ \mathbf{X}&\mapsto\mathbf{AX}. \end{aligned}$$

以后将这样的映射直接记作 $\mathbf{A}$. 也就是说，每一个 $m\times n$ 矩阵 $\mathbf{A}$ 也可以理解为从 F^n 到 F^m 的一个线性映射.

例 5.1.8 令

$$\begin{aligned} D:\ F_n[x]&\to F_{n-1}[x]\\ p(x)&\mapsto p'(x). \end{aligned}$$

根据导数的运算性质可知 D 是一个线性映射，称之为**求导映射**.

令

$$\begin{aligned} J:\ F_n[x]&\to F_{n+1}[x]\\ p(x)&\mapsto\int_0^x p(t)\,\mathrm{d}t. \end{aligned}$$

根据定积分的性质可知 J 是一个线性映射，称之为**积分映射**.

定义 5.1.6 设 f 是从 V 到 W 的线性映射，集合 $\{\boldsymbol{x}\mid f(\boldsymbol{x})=\mathbf{0},\ \boldsymbol{x}\in V\}$ 称为线性映射 f 的**核**，记作 $\operatorname{Ker} f$.

练习 5.1.4 请写出例 5.1.8 中的求导映射 D 和积分映射 J 的核 $\operatorname{Ker} D$ 与 $\operatorname{Ker} J$.

命题 5.1.2 Im f,Ker f 分别是 W 和 V 的子空间.

证明 首先 Im $f\subseteq W$,并且任取 $\boldsymbol{y}_1, \boldsymbol{y}_2\in \operatorname{Im} f$,存在 $\boldsymbol{x}_1, \boldsymbol{x}_2\in V$,使得 $\boldsymbol{y}_1=f(\boldsymbol{x}_1), \boldsymbol{y}_2=f(\boldsymbol{x}_2)$. 由于

$$\boldsymbol{y}_1+\boldsymbol{y}_2=f(\boldsymbol{x}_1)+f(\boldsymbol{x}_2)=f(\boldsymbol{x}_1+\boldsymbol{x}_2)\in \operatorname{Im} f,$$

$$k\boldsymbol{y}_1=kf(\boldsymbol{x}_1)=f(k\boldsymbol{x}_1)\in \operatorname{Im} f.$$

因此 Im f 是 W 的子空间. 另外,因为 Ker $f\subseteq V$,并且任取 $\boldsymbol{x}_1, \boldsymbol{x}_2\in \operatorname{Ker} f, k\in F$,都有

$$f(\boldsymbol{x}_1+\boldsymbol{x}_2)=f(\boldsymbol{x}_1)+f(\boldsymbol{x}_2)=\boldsymbol{0}+\boldsymbol{0}=\boldsymbol{0},$$

$$f(k\boldsymbol{x}_1)=kf(\boldsymbol{x}_1)=k\cdot\boldsymbol{0}=\boldsymbol{0},$$

所以,$\boldsymbol{x}_1+\boldsymbol{x}_2, k\boldsymbol{x}_1\in \operatorname{Ker} f$,因此,Ker f 是 V 的子空间.

不仅映射 f 的像 Im f 是 W 的子空间,实际上,如果 U 是 V 的子空间,那么它的像 $f(U)$ 也是 W 的子空间. 证明方法与上述命题类似.

根据定义,从 V 到 W 的映射 f 是满射当且仅当 Im $f=W$,这一点对任意映射都成立. 至于单射,除了定义,对线性映射来说还可以用它的核来判断.

命题 5.1.3 线性映射 f 是单射当且仅当 Ker $f=\{\boldsymbol{0}\}$.

证明 若 f 是单射,因为 $f(\boldsymbol{0})=\boldsymbol{0}$,所以由 $f(\boldsymbol{x})=\boldsymbol{0}$ 可得 $\boldsymbol{x}=\boldsymbol{0}$,因此 Ker $f=\{\boldsymbol{0}\}$. 反过来,设 Ker $f=\{\boldsymbol{0}\}$,对任意 $\boldsymbol{x}, \boldsymbol{y}\in V$,由 $f(\boldsymbol{x})=f(\boldsymbol{y})$ 可得 $f(\boldsymbol{x}-\boldsymbol{y})=f(\boldsymbol{x})-f(\boldsymbol{y})=\boldsymbol{0}$. 因此 $\boldsymbol{x}-\boldsymbol{y}=\boldsymbol{0}$,即 $\boldsymbol{x}=\boldsymbol{y}$,所以 f 是单射.

定理 5.1.1 设 V 和 W 是数域 F 上的向量空间,f 是从 V 到 W 的线性映射,则

$$\dim \operatorname{Im} f+\dim \operatorname{Ker} f=\dim V.$$

证明 设 $\dim V=n$. Ker f 是 V 的子空间,如果 $0<\dim \operatorname{Ker} f=s\leqslant n$,设 $\boldsymbol{\alpha}_1, \boldsymbol{\alpha}_2, \cdots, \boldsymbol{\alpha}_s$ 是 Ker f 的基. 将之扩充为 V 的基 $\boldsymbol{\alpha}_1, \boldsymbol{\alpha}_2, \cdots, \boldsymbol{\alpha}_s, \boldsymbol{\alpha}_{s+1}, \cdots, \boldsymbol{\alpha}_n$. 对每一个 $\boldsymbol{\gamma}\in \operatorname{Im} f$,存在 $\boldsymbol{\beta}\in V$ 使得 $\boldsymbol{\gamma}=f(\boldsymbol{\beta})$. 设 $\boldsymbol{\beta}=k_1\boldsymbol{\alpha}_1+\cdots+k_s\boldsymbol{\alpha}_s+k_{s+1}\boldsymbol{\alpha}_{s+1}+\cdots+k_n\boldsymbol{\alpha}_n$,则

$$\boldsymbol{\gamma}=k_1f(\boldsymbol{\alpha}_1)+\cdots+k_sf(\boldsymbol{\alpha}_s)+k_{s+1}f(\boldsymbol{\alpha}_{s+1})+\cdots+k_nf(\boldsymbol{\alpha}_n).$$

因为 $f(\boldsymbol{\alpha}_1)=\cdots=f(\boldsymbol{\alpha}_s)=\boldsymbol{0}$,所以 $\boldsymbol{\gamma}=k_{s+1}f(\boldsymbol{\alpha}_{s+1})+\cdots+k_nf(\boldsymbol{\alpha}_n)$. 因此,

$$\operatorname{Im} f=\operatorname{span}(f(\boldsymbol{\alpha}_{s+1}),\cdots,f(\boldsymbol{\alpha}_n)).$$

令 $k_{s+1}f(\boldsymbol{\alpha}_{s+1})+\cdots+k_nf(\boldsymbol{\alpha}_n)=\boldsymbol{0}$,则 $f(k_{s+1}\boldsymbol{\alpha}_{s+1}+\cdots+k_n\boldsymbol{\alpha}_n)=\boldsymbol{0}$,即

$$k_{s+1}\boldsymbol{\alpha}_{s+1}+\cdots+k_n\boldsymbol{\alpha}_n\in \operatorname{Ker} f.$$

所以存在 $k_1,\cdots, k_s\in F$,使得 $k_{s+1}\boldsymbol{\alpha}_{s+1}+\cdots+k_n\boldsymbol{\alpha}_n=k_1\boldsymbol{\alpha}_1+\cdots+k_s\boldsymbol{\alpha}_s$,或者说

$$-k_1\boldsymbol{\alpha}_1-\cdots-k_s\boldsymbol{\alpha}_s+k_{s+1}\boldsymbol{\alpha}_{s+1}+\cdots+k_n\boldsymbol{\alpha}_n=\boldsymbol{0}.$$

由于 $\boldsymbol{\alpha}_1, \cdots, \boldsymbol{\alpha}_s, \boldsymbol{\alpha}_{s+1}, \cdots, \boldsymbol{\alpha}_n$ 是 V 的基,所以 $k_1=\cdots=k_s=k_{s+1}=\cdots=k_n=0$. 因此,$f(\boldsymbol{\alpha}_{s+1}), \cdots, f(\boldsymbol{\alpha}_n)$ 线性无关. 综上,$f(\boldsymbol{\alpha}_{s+1}),\cdots,f(\boldsymbol{\alpha}_n)$ 构成 Im f 的一个基. 所以,$\dim \operatorname{Im} f=n-s=\dim V-\dim \operatorname{Ker} f$,因此就有

$$\dim \operatorname{Im} f+\dim \operatorname{Ker} f=\dim V.$$

如果 $\dim \operatorname{Ker} f=0$,即 Ker $f=\{\boldsymbol{0}\}$,那么 f 是单射. 设 $\boldsymbol{\alpha}_1, \cdots, \boldsymbol{\alpha}_n$ 是 V 的基,令

$$k_1f(\boldsymbol{\alpha}_1)+\cdots+k_nf(\boldsymbol{\alpha}_n)=\boldsymbol{0},$$

则 $f(k_1\boldsymbol{\alpha}_1+\cdots+k_n\boldsymbol{\alpha}_n)=\boldsymbol{0}$,所以 $k_1\boldsymbol{\alpha}_1+\cdots+k_n\boldsymbol{\alpha}_n=\boldsymbol{0}$. 由此可得 $k_1=\cdots=k_n=0$. 这就证明了 $f(\boldsymbol{\alpha}_1),\cdots,f(\boldsymbol{\alpha}_n)$ 构成 Im f 的一个基. 等式 $\dim \operatorname{Im} f+\dim \operatorname{Ker} f=\dim V$ 成立.

这个定理还可以进一步推广为以下形式,证明方法类似,不再赘述.

定理 5.1.2 设 V 和 W 是数域 F 上的向量空间,U 是 V 的子空间,f 是从 V 到 W 的线

性映射，则

$$\dim f(U)+\dim(\mathrm{Ker}\,f\cap U)=\dim U.$$

练习 5.1.5 如果 f 是从 V 到 W 的线性映射，并且 $\dim V=\dim W$，求证：f 是双射当且仅当它是单射.

在例 5.1.7 中提到过，$m\times n$ 矩阵 $\boldsymbol{A}$ 可视为从列空间 F^n 到 F^m 的一个线性映射. 将上述定理应用于这种特殊情况，就有

$$\dim\mathrm{Im}\,\boldsymbol{A}+\dim\mathrm{Ker}\,\boldsymbol{A}=n.$$

由于 $\mathrm{Ker}\,\boldsymbol{A}=\{\boldsymbol{X}\mid\boldsymbol{AX}=\boldsymbol{0},X\in F^n\}$，所以根据例 4.3.5，$\dim\mathrm{Ker}\,\boldsymbol{A}=n-r(\boldsymbol{A})$. 这样就得到如下推论.

推论 5.1.1 矩阵 $\boldsymbol{A}$ 的秩 $r(\boldsymbol{A})=\dim\mathrm{Im}\,\boldsymbol{A}$.

例 5.1.9 设 $\boldsymbol{A},\boldsymbol{B}\in F^{m\times n}$，求证：$r(\boldsymbol{A}+\boldsymbol{B})\leqslant r(\boldsymbol{A})+r(\boldsymbol{B})$.

证明 因为

$$\begin{aligned}\mathrm{Im}(\boldsymbol{A}+\boldsymbol{B})&=\{(\boldsymbol{A}+\boldsymbol{B})\boldsymbol{X}\mid\boldsymbol{X}\in F^n\}\\&=\{\boldsymbol{AX}+\boldsymbol{BX}\mid\boldsymbol{X}\in F^n\}\\&\subseteq\mathrm{Im}\,\boldsymbol{A}+\mathrm{Im}\,\boldsymbol{B},\end{aligned}$$

所以 $\dim\mathrm{Im}(\boldsymbol{A}+\boldsymbol{B})\leqslant\dim(\mathrm{Im}\,\boldsymbol{A}+\mathrm{Im}\,\boldsymbol{B})\leqslant\dim\mathrm{Im}\,\boldsymbol{A}+\dim\mathrm{Im}\,\boldsymbol{B}$. 根据上述推论，这就是 $r(\boldsymbol{A}+\boldsymbol{B})\leqslant r(\boldsymbol{A})+r(\boldsymbol{B})$.

练习 5.1.6 如果 $\boldsymbol{A},\boldsymbol{B}$ 是 n 阶方阵，且 $\boldsymbol{AB}=\boldsymbol{BA}$，求证：

$$r(\boldsymbol{A}+\boldsymbol{B})\leqslant r(\boldsymbol{A})+r(\boldsymbol{B})-r(\boldsymbol{AB}).$$

将 $\boldsymbol{A}$ 按列分块，令

$$\boldsymbol{A}=(\boldsymbol{\alpha}_1,\boldsymbol{\alpha}_2,\cdots,\boldsymbol{\alpha}_n),$$

其中 $\boldsymbol{\alpha}_i=\begin{pmatrix}a_{1i}\\a_{2i}\\\vdots\\a_{mi}\end{pmatrix}\in F^m$，则

$$\begin{aligned}\mathrm{Im}\,\boldsymbol{A}&=\left\{(\boldsymbol{\alpha}_1,\boldsymbol{\alpha}_2,\cdots,\boldsymbol{\alpha}_n)\begin{pmatrix}x_1\\x_2\\\vdots\\x_n\end{pmatrix}\,\middle|\,x_i\in F,\ i=1,2,\cdots,n\right\}\\&=\{x_1\boldsymbol{\alpha}_1+x_2\boldsymbol{\alpha}_2+\cdots+x_n\boldsymbol{\alpha}_n\mid x_i\in F,\ i=1,2,\cdots,n\}\\&=\mathrm{span}(\boldsymbol{\alpha}_1,\boldsymbol{\alpha}_2,\cdots,\boldsymbol{\alpha}_n).\end{aligned}$$

生成子空间 $\mathrm{span}(\boldsymbol{\alpha}_1,\boldsymbol{\alpha}_2,\cdots,\boldsymbol{\alpha}_n)$ 称为矩阵 $\boldsymbol{A}$ 的**列空间**，记作 $\mathrm{Col}(\boldsymbol{A})$. 于是又有了关于矩阵的秩的另一种解释.

推论 5.1.2 矩阵 $\boldsymbol{A}$ 的秩 $r(\boldsymbol{A})=\dim\mathrm{Col}(\boldsymbol{A})$.

例 5.1.10 设 $\boldsymbol{A}\in F^{m\times n}$，$\boldsymbol{B}\in F^{n\times p}$，且 $\boldsymbol{AB}=\boldsymbol{O}$. 求证：$r(\boldsymbol{A})+r(\boldsymbol{B})\leqslant n$.

证明 将 $\boldsymbol{B}$ 按列分块为

$$\boldsymbol{B}=(\boldsymbol{\beta}_1,\boldsymbol{\beta}_2,\cdots,\boldsymbol{\beta}_p).$$

则

$$AB = (A\beta_1 A\beta_2 \cdots A\beta_p) = O.$$

所以每个 β_i 都属于 Ker A,因此 Col(B)⊆Ker A. 这就有

$$r(B) = \dim \mathrm{Col}(B) \leqslant \dim \mathrm{Ker}\, A = n - r(A),$$

即 $r(A)+r(B)\leqslant n$.

练习 5.1.7 设 A, B 分别是 $m\times n$ 和 $n\times p$ 矩阵,求证:$r(AB)\geqslant r(A)+r(B)-n$.

最后介绍一下线性映射的合成.

命题 5.1.4 设 f 是从 V 到 W 的线性映射,g 是从 W 到 U 的线性映射,则二者的合成 $g\circ f$ 是从 V 到 U 的线性映射.

练习 5.1.8 证明命题 5.1.4.

练习 5.1.9 求证:(1) $\mathrm{Im}\, g\circ f\subseteq \mathrm{Im}\, g$; (2) $\mathrm{Ker}\, f\subseteq \mathrm{Ker}\, g\circ f$.

设 $A\in F^{m\times n}$,$B\in F^{n\times p}$,若将它们分别视为从 F^n 到 F^m 和从 F^p 到 F^n 的线性映射,则二者的乘积 $AB\in F^{m\times p}$ 就是从 F^p 到 F^m 的线性映射. 作为练习 5.1.9 的应用,有

$$\mathrm{Im}\, AB \subseteq \mathrm{Im}\, A, \mathrm{Ker}\, B \subseteq \mathrm{Ker}\, AB.$$

所以

$$r(AB) = \dim \mathrm{Im}\, AB \leqslant \dim \mathrm{Im}\, A = r(A),$$
$$r(AB) = p - \dim \mathrm{Ker}\, AB \leqslant p - \dim \mathrm{Ker}\, B = r(B).$$

这正是第 2 章的定理 2.3.5:

$$r(AB) \leqslant \min(r(A), r(B)).$$

5.1.3 同构

定义 5.1.7 V 和 W 是数域 F 上的向量空间,如果存在一个从 V 到 W 的线性双射 f,则称向量空间 V 与 W **同构**,记作 $V\cong W$. 称 f 为从 V 到 W 的**同构映射**.

根据定义,f 是从 V 到 W 的同构映射当且仅当它满足:

(1) f 是从 V 到 W 的一一对应;

(2) 对任意 α, $\beta\in V$, $f(\alpha+\beta)=f(\alpha)+f(\beta)$;

(3) 对任意 $\alpha\in V$, $k\in F$, $f(k\alpha)=kf(\alpha)$.

由于 f 是从 V 到 W 的双射,所以 f 可逆,其逆映射 f^{-1} 是从 W 到 V 的同构映射.

练习 5.1.10 求证:同构映射 f 的逆映射 f^{-1} 也是同构映射.

练习 5.1.11 设 f 是从 V 到 W 的同构映射,取 $\alpha_1, \alpha_2, \cdots, \alpha_s\in V$,求证:

$$\alpha_1, \alpha_2, \cdots, \alpha_s \text{ 线性相关} \Leftrightarrow f(\alpha_1), f(\alpha_2), \cdots, f(\alpha_s) \text{ 线性相关}.$$

定理 5.1.3 数域 F 上的向量空间 V 和 W 同构当且仅当它们同维.

证明 设 $V\cong W$,则存在从 V 到 W 的同构映射 f. 因为 f 是双射,所以

$$\mathrm{Im}\, f = W, \mathrm{Ker}\, f = \{\mathbf{0}\}.$$

再由 $\dim \mathrm{Im}\, f+\dim \mathrm{Ker}\, f=\dim V$,即得 $\dim W=\dim V$. 反之,若

$$\dim V = \dim W = n > 0,$$

取 V 的基 $\alpha_1, \alpha_2, \cdots, \alpha_n$ 和 W 的基 $\beta_1, \beta_2, \cdots, \beta_n$,定义从 V 到 W 的映射

$$f(k_1\alpha_1 + k_2\alpha_2 + \cdots + k_n\alpha_n) = k_1\beta_1 + k_2\beta_2 + \cdots + k_n\beta_n.$$

任取 $\xi = \sum_{i=1}^{n} x_i\alpha_i, \eta = \sum_{i=1}^{n} y_i\alpha_i \in V$, $k \in F$,则有

$$\begin{aligned} f(\boldsymbol{\xi}+\boldsymbol{\eta}) &= f\left(\sum_{i=1}^{n}(x_i+y_i)\boldsymbol{\alpha}_i\right) = \sum_{i=1}^{n}(x_i+y_i)\boldsymbol{\beta}_i \\ &= \sum_{i=1}^{n}x_i\boldsymbol{\beta}_i + \sum_{i=1}^{n}y_i\boldsymbol{\beta}_i \\ &= f(\boldsymbol{\xi})+f(\boldsymbol{\eta}), \end{aligned}$$

以及 $f(k\boldsymbol{\xi}) = f(\sum_{i=1}^{n}kx_i\boldsymbol{\alpha}_i) = \sum_{i=1}^{n}kx_i\boldsymbol{\beta}_i = kf(\boldsymbol{\xi})$. 这就证明了 f 是线性映射. 并且,如果 $f(\boldsymbol{\xi})=\mathbf{0}$,则 $\sum_{i=1}^{n}x_i\boldsymbol{\beta}_i=\mathbf{0}$,从而所有 $x_i=0$,即 $\boldsymbol{\xi}=\mathbf{0}$. 可见 f 是单射. 又由 $\dim V=\dim W$ 可知 f 是双射(见练习 5.1.5). 因此 f 是同构映射. 若 $\dim V=\dim W=0$,就令 $f(\mathbf{0})=\mathbf{0}$. 易证 f 是同构映射. 因此,当 $\dim W=\dim V$ 时,V 与 W 同构.

推论 5.1.3 若 V 是数域 F 上的 n 维空间,则 $V\cong F^n$.

例如,E_2,E_3 分别同构于 $\mathbf{R}^2$ 和 $\mathbf{R}^3$,$F_n[x]$则同构于 F^{n+1},$F^{m\times n}$同构于 F^{mn}.

5.2 线性变换的运算与矩阵

5.2.1 线性变换的例子

设 V 是数域 F 上的向量空间,从 V 到 V 的线性映射称为 V 上的线性变换. 通常用小写希腊字母 σ,τ,ρ 等来表示线性变换.

例 5.2.1 设 V 是数域 F 上的向量空间,取 $k\in F$,令

$$\kappa: V\to V$$
$$\boldsymbol{\alpha}\mapsto k\boldsymbol{\alpha},$$

则 κ 是 V 上的线性变换,称为**位似**. 当 $k=1$ 时,$\kappa=\mathrm{id}_V$,称为**恒等变换**;当 $k=0$ 时,$\kappa=0$,称为**零变换**.

练习 5.2.1 令 $\boldsymbol{\xi}=(x_1,x_2,x_3)$是 $\mathbf{R}^3$ 中的任意一个向量. 下列映射哪些是 $\mathbf{R}^3$ 的线性变换?

(1) $\sigma(\boldsymbol{\xi})=\boldsymbol{\xi}+\boldsymbol{\alpha}$, $\boldsymbol{\alpha}$ 是 $\mathbf{R}^3$ 的一个固定向量;

(2) $\sigma(\boldsymbol{\xi})=(x_1^2,x_2^2,x_3^2)$;

(3) $\sigma(\boldsymbol{\xi})=(2x_1-x_2+x_3,x_2+x_3,-x_3)$;

(4) $\sigma(\boldsymbol{\xi})=(\cos x_1,\sin x_2,0)$.

练习 5.2.2 设 V 是数域 F 上的一维向量空间,证明:V 到自身的一个映射 σ 是线性变换的充要条件为 σ 是位似.

例 5.2.2 数域 F 上的 n 阶方阵 $\mathbf{A}$ 可视为 F^n 上的线性变换:

$$\mathbf{A}: F^n\to F^n$$
$$\mathbf{Z}\mapsto\mathbf{AZ}.$$

例 5.2.3 E_2 上绕原点逆时针旋转角度 θ 的变换 τ_θ 是 E_2 上的线性变换. E_3 上绕过原点的直线 l 逆时针旋转角度 θ 的变换 $\tau_{l,\theta}$是 E_3 上的线性变换.

练习 5.2.3 求 $\tau_{l,\theta}$的核与像.

例 5.2.4 转置变换

$$\tau: M_n(F) \to M_n(F)$$
$$\boldsymbol{A} \mapsto \boldsymbol{A}^{\mathrm{T}}$$

是 $M_n(F)$ 上的线性变换.

练习 5.2.4 令

$$D: F[x] \to F[x]$$
$$p(x) \mapsto p'(x),$$
$$J: F[x] \to F[x]$$
$$p(x) \mapsto \int_0^x p(t)\,\mathrm{d}t.$$

求证:D 和 J 都是 $F[x]$ 上的线性变换.

练习 5.2.5 设

$$\sigma: \mathbf{C}_{\mathbf{R}} \to \mathbf{C}_{\mathbf{R}}$$
$$z \mapsto \bar{z},$$

求证:σ 是线性变换. 如果把 $\mathbf{C}_{\mathbf{R}}$ 换成 $\mathbf{C}_{\mathbf{C}}$,如上定义的映射 σ 还是线性变换吗?

练习 5.2.6 令

$$\sigma: F^n \to F^n$$
$$(x_1, x_2, \cdots, x_n) \mapsto (0, x_1, \cdots, x_{n-1}),$$

求证:σ 是 F^n 上的线性变换. 并求 σ 的核与像的维数.

练习 5.2.7 设 $\boldsymbol{A} \in M_n(F)$,令

$$\sigma_A: M_n(F) \to M_n(F)$$
$$\boldsymbol{Z} \mapsto \boldsymbol{AZ} - \boldsymbol{ZA},$$

求证:σ_A 是 $M_n(F)$ 上的线性变换. 若 $\boldsymbol{A} = \mathrm{diag}(1, 2, \cdots, n)$,求 σ_A 的核与像的维数.

练习 5.2.8 设

$$\sigma: E_3 \to E_3$$
$$\boldsymbol{\alpha} \mapsto \boldsymbol{\varepsilon} \times \boldsymbol{\alpha},$$

其中向量 $\boldsymbol{\varepsilon}$ 的长度等于 1. 求证:σ 是 E_3 上的线性变换. 并写出 σ 的核与像.

练习 5.2.9 设 V 是数域 F 上的向量空间,W 是 V 的子空间,求证:存在 V 上的线性变换 σ,使得 $\mathrm{Ker}\,\sigma = W$.

5.2.2 线性变换的运算

设 V 是数域 F 上的向量空间,其上的线性变换全体构成的集合记作 $L(V)$. 在 $L(V)$ 上定义线性变换间的加法和数乘如下:

$$\sigma + \tau: V \to V$$
$$\boldsymbol{\alpha} \mapsto \sigma(\boldsymbol{\alpha}) + \tau(\boldsymbol{\alpha}),$$
$$k\sigma: V \to V$$
$$\boldsymbol{\alpha} \mapsto k\sigma(\boldsymbol{\alpha}).$$

则 $L(V)$ 关于上述定义的加法与数乘构成数域 F 上的向量空间. 零向量即是 V 上的零变换,而 σ 的负向量 $-\sigma = (-1)\sigma$.

将线性变换 σ, τ 的合成称为 σ 和 τ 的乘积,记作 $\sigma\tau$. 即

$$\sigma\tau(\boldsymbol{\alpha}) = \sigma(\tau(\boldsymbol{\alpha}))$$

根据定义不难验证以下运算律

$$\sigma \cdot \mathrm{id} = \mathrm{id} \cdot \sigma = \sigma,$$
$$\sigma(\tau + \rho) = \sigma\tau + \sigma\rho,$$
$$(\tau + \rho)\sigma = \tau\sigma + \rho\sigma,$$
$$k(\sigma\tau) = (k\sigma)\tau = \sigma(k\tau),$$
$$\sigma(\tau\rho) = (\sigma\tau)\rho.$$

练习 5.2.10 试举例说明交换律 $\sigma\tau=\tau\sigma$ 不一定成立.

定义 σ 的幂为：$\sigma^n=\underbrace{\sigma\sigma\cdots\sigma}_{n}$，$n\in\mathbf{Z}^+$. 如果 $n=0$，规定 $\sigma^0=\mathrm{id}$. 进一步还可定义线性变换的多项式. 设

$$p(x) = a_n x^n + a_{n-1}x^{n-1} + \cdots + a_0 \in F[x],$$

则

$$p(\sigma) = a_n\sigma^n + a_{n-1}\sigma^{n-1} + \cdots + a_0\mathrm{id} \in L(V).$$

如果 $u(x)=p(x)q(x)$，$v(x)=p(x)+q(x)$，则 $u(\sigma)=p(\sigma)q(\sigma)$，$v(\sigma)=p(\sigma)q(\sigma)$.

练习 5.2.11 令

$$\sigma: F^n \rightarrow F^n$$
$$(x_1, x_2, \cdots, x_n) \mapsto (0, x_1, \cdots, x_{n-1}).$$

求 σ^k 的核与像的维数.

练习 5.2.12 求证：对任意线性变换 $\sigma\in L(V)$，

(1) 存在非负整数 k，使得 $\mathrm{Ker}\,\sigma^k=\mathrm{Ker}\,\sigma^{k+1}$；

(2) 存在非负整数 l，使得 $\mathrm{Im}\,\sigma^l=\mathrm{Im}\,\sigma^{l+1}$.

练习 5.2.13 设 $V=W\oplus U$，对任意 V 中任意向量 $\boldsymbol{\alpha}+\boldsymbol{\beta}(\boldsymbol{\alpha}\in W,\boldsymbol{\beta}\in U)$，定义

$$\sigma(\boldsymbol{\alpha}+\boldsymbol{\beta}) = \boldsymbol{\alpha}, \tau(\boldsymbol{\alpha}+\boldsymbol{\beta}) = \boldsymbol{\beta}.$$

求证：$\sigma,\tau\in L(V)$，$\mathrm{id}=\sigma+\tau$，并且 $\sigma^2=\sigma$，$\tau^2=\tau$（这样定义的线性变换 σ,τ 分别称为关于上述直和分解对子空间 W 和 U 的**投影**）.

练习 5.2.14 设 $\sigma,\tau\in L(V)$，如果 $\sigma^2=\sigma$，$\tau^2=\tau$，求证：

(1) $(\sigma+\tau)^2=\sigma+\tau\Leftrightarrow\sigma\tau=\tau\sigma=0$；

(2) 若 $\sigma\tau=\tau\sigma$，则 $(\sigma+\tau-\sigma\tau)^2=\sigma+\tau-\sigma\tau$.

练习 5.2.15 设 $\sigma\in L(V)$，且 $\mathrm{Im}\,\sigma=\mathrm{Im}\,\sigma^2$，求证：$V=\mathrm{Ker}\,\sigma+\mathrm{Im}\,\sigma$.

如果线性变换 σ 是双射，则它是可逆映射，逆映射也是 V 上的线性变换，称为 σ 的逆变换，记作 σ^{-1}. 定义 σ 的负数次幂为：$\sigma^{-n}=(\sigma^{-1})^n$.

练习 5.2.16 设向量空间 $V=W_1\oplus W_2$，如果 σ 是可逆线性变换，求证：

$$V = \sigma(W_1) \oplus \sigma(W_2).$$

5.2.3 线性变换的矩阵

设 V 是数域 F 上的向量空间，$\boldsymbol{\alpha}_1$, $\boldsymbol{\alpha}_2$, $\cdots$, $\boldsymbol{\alpha}_n$ 是 V 的一个基，$\sigma\in L(V)$. 设

$$\begin{aligned}
\sigma(\boldsymbol{\alpha}_1) &= a_{11}\boldsymbol{\alpha}_1 + a_{21}\boldsymbol{\alpha}_2 + \cdots + a_{n1}\boldsymbol{\alpha}_n,\\
\sigma(\boldsymbol{\alpha}_2) &= a_{12}\boldsymbol{\alpha}_1 + a_{22}\boldsymbol{\alpha}_2 + \cdots + a_{n2}\boldsymbol{\alpha}_n,\\
&\vdots\\
\sigma(\boldsymbol{\alpha}_n) &= a_{1n}\boldsymbol{\alpha}_1 + a_{2n}\boldsymbol{\alpha}_2 + \cdots + a_{nn}\boldsymbol{\alpha}_n.
\end{aligned} \tag{5.2.1}$$

根据第 4 章引进的形式运算，可将式(5.2.1)写成矩阵形式：

$$(\sigma(\boldsymbol{\alpha}_1),\sigma(\boldsymbol{\alpha}_2),\cdots,\sigma(\boldsymbol{\alpha}_n)) = (\boldsymbol{\alpha}_1, \boldsymbol{\alpha}_2, \cdots, \boldsymbol{\alpha}_n)\boldsymbol{A}.$$

记 $\sigma(\boldsymbol{\alpha}_1, \boldsymbol{\alpha}_2, \cdots, \boldsymbol{\alpha}_n)=(\sigma(\boldsymbol{\alpha}_1),\sigma(\boldsymbol{\alpha}_2),\cdots,\sigma(\boldsymbol{\alpha}_n))$，所以上式又写成：

$$\sigma(\boldsymbol{\alpha}_1, \boldsymbol{\alpha}_2, \cdots, \boldsymbol{\alpha}_n) = (\boldsymbol{\alpha}_1, \boldsymbol{\alpha}_2, \cdots, \boldsymbol{\alpha}_n)\boldsymbol{A},$$

其中 $\boldsymbol{A}=(a_{ij})_{n\times n}\in M_n(F)$，称为 σ 关于基 $\boldsymbol{\alpha}_1, \boldsymbol{\alpha}_2, \cdots, \boldsymbol{\alpha}_n$ 的矩阵.

位似 κ 关于 V 的任意一个基的矩阵为 $k\boldsymbol{I}$. 特别地，恒等变换的矩阵为单位阵 $\boldsymbol{I}$，零变换的矩阵为零矩阵.

例 5.2.5 设

$$\begin{aligned} D:F_n[x] &\to F_n[x] \\ p(x) &\mapsto p'(x), \end{aligned}$$

求出 D 关于 $F_n[x]$的标准基 $1, x, x^2, \cdots, x^n$ 的矩阵.

解 因为

$$\begin{aligned} D(1) &= 0 \\ D(x) &= 1 \\ D(x^2) &= 2x \\ &\vdots \\ D(x^n) &= nx^{n-1}, \end{aligned}$$

所以

$$D(1,x,x^2,\cdots,x^n) = (1,x,x^2,\cdots,x^n)\begin{pmatrix} 0 & 1 & 0 & \cdots & 0 & 0 \\ 0 & 0 & 2 & \cdots & 0 & 0 \\ 0 & 0 & 0 & \cdots & 0 & 0 \\ \vdots & \vdots & \vdots & & \vdots & \vdots \\ 0 & 0 & 0 & \cdots & 0 & n \\ 0 & 0 & 0 & \cdots & 0 & 0 \end{pmatrix}.$$

练习 5.2.17 写出例 5.2.5 的求导变换 D 关于 $F_n[x]$的另一个基：

$$1,\frac{(x-c)}{1!},\frac{(x-c)^2}{2!},\cdots,\frac{(x-c)^n}{n!}\quad (c\in F)$$

的矩阵.

练习 5.2.18 设

$$\begin{aligned} \sigma:F^n &\to F^n \\ (x_1,x_2,\cdots,x_n) &\mapsto (0,x_1,\cdots,x_{n-1}), \end{aligned}$$

写出 σ 关于 F^n 的标准基 $\boldsymbol{\varepsilon}_1, \boldsymbol{\varepsilon}_2,\cdots\boldsymbol{\varepsilon}_n$ 的矩阵.

命题 5.2.1 V 是数域 F 上的向量空间，$\sigma, \tau\in L(V)$, $k\in F$，设 $\boldsymbol{A}, \boldsymbol{B}\in M_n(F)$分别是 σ,τ 关于 V 的基 $\boldsymbol{\alpha}_1, \boldsymbol{\alpha}_2, \cdots, \boldsymbol{\alpha}_n$ 的矩阵，则

(1) $\sigma+\tau$ 关于基 $\boldsymbol{\alpha}_1, \boldsymbol{\alpha}_2, \cdots, \boldsymbol{\alpha}_n$ 的矩阵为 $\boldsymbol{A}+\boldsymbol{B}$；

(2) $k\sigma$ 关于基 $\boldsymbol{\alpha}_1, \boldsymbol{\alpha}_2, \cdots, \boldsymbol{\alpha}_n$ 的矩阵为 $k\boldsymbol{A}$；

(3) $\sigma\tau$ 关于基 $\boldsymbol{\alpha}_1, \boldsymbol{\alpha}_2, \cdots, \boldsymbol{\alpha}_n$ 的矩阵为 $\boldsymbol{AB}$；

(4) 若 σ 可逆，则 σ 关于基 $\boldsymbol{\alpha}_1, \boldsymbol{\alpha}_2, \cdots, \boldsymbol{\alpha}_n$ 的矩阵 $\boldsymbol{A}$ 可逆，且 σ^{-1}关于基 $\boldsymbol{\alpha}_1, \boldsymbol{\alpha}_2, \cdots, \boldsymbol{\alpha}_n$

的矩阵为 $\boldsymbol{A}^{-1}$.

证明 这里只证(3)和(4).

(3) $(\sigma\tau)(\boldsymbol{\alpha}_1, \boldsymbol{\alpha}_2, \cdots, \boldsymbol{\alpha}_n)=\sigma(\tau(\boldsymbol{\alpha}_1),\tau(\boldsymbol{\alpha}_2),\cdots,\tau(\boldsymbol{\alpha}_n))=\sigma[(\boldsymbol{\alpha}_1, \boldsymbol{\alpha}_2, \cdots, \boldsymbol{\alpha}_n)\boldsymbol{B}]$,由于

$$\begin{aligned}\sigma[(\boldsymbol{\alpha}_1, \boldsymbol{\alpha}_2, \cdots, \boldsymbol{\alpha}_n)\boldsymbol{B}] &= \sigma(\sum b_{i1}\boldsymbol{\alpha}_i, \sum b_{i2}\boldsymbol{\alpha}_i, \cdots, \sum b_{in}\boldsymbol{\alpha}_i) \\ &= (\sum b_{i1}\sigma(\boldsymbol{\alpha}_i), \sum b_{i2}\sigma(\boldsymbol{\alpha}_i), \cdots, \sum b_{in}\sigma(\boldsymbol{\alpha}_i)) \\ &= [\sigma(\boldsymbol{\alpha}_1, \boldsymbol{\alpha}_2, \cdots, \boldsymbol{\alpha}_n)]\boldsymbol{B},\end{aligned}$$

所以

$$\sigma[(\boldsymbol{\alpha}_1, \boldsymbol{\alpha}_2, \cdots, \boldsymbol{\alpha}_n)\boldsymbol{B}] = [\sigma(\boldsymbol{\alpha}_1, \boldsymbol{\alpha}_2, \cdots, \boldsymbol{\alpha}_n)]\boldsymbol{B} = (\boldsymbol{\alpha}_1, \boldsymbol{\alpha}_2, \cdots, \boldsymbol{\alpha}_n)\boldsymbol{AB}.$$

$\sigma\tau$ 关于基 $\boldsymbol{\alpha}_1, \boldsymbol{\alpha}_2, \cdots, \boldsymbol{\alpha}_n$ 的矩阵 $\boldsymbol{AB}$.

(4) 设 $\sigma^{-1}(\boldsymbol{\alpha}_1, \boldsymbol{\alpha}_2, \cdots, \boldsymbol{\alpha}_n)=(\boldsymbol{\alpha}_1, \boldsymbol{\alpha}_2, \cdots, \boldsymbol{\alpha}_n)\boldsymbol{B}$,则 $\sigma\sigma^{-1}$ 和 $\sigma^{-1}\sigma$ 关于基 $\boldsymbol{\alpha}_1, \boldsymbol{\alpha}_2, \cdots, \boldsymbol{\alpha}_n$ 的矩阵分别为 $\boldsymbol{AB}$ 和 $\boldsymbol{BA}$. 因为 $\sigma\sigma^{-1}=\sigma^{-1}\sigma=\mathrm{id}$,而 id 关于任意基的矩阵为 $\boldsymbol{I}$,所以

$$\boldsymbol{AB} = \boldsymbol{BA} = \boldsymbol{I}.$$

因此,$\boldsymbol{A}$ 可逆,且 $\boldsymbol{B}=\boldsymbol{A}^{-1}$.

在证明(3)时,我们证明了一个很常用的等式:

$$\sigma[(\boldsymbol{\alpha}_1, \boldsymbol{\alpha}_2, \cdots, \boldsymbol{\alpha}_n)\boldsymbol{B}] = [\sigma(\boldsymbol{\alpha}_1, \boldsymbol{\alpha}_2, \cdots, \boldsymbol{\alpha}_n)]\boldsymbol{B}.$$

虽然上述等式是在 $\boldsymbol{B}$ 为 n 阶方阵的情况下证明的,但实际上,即使 $\boldsymbol{B}$ 为 $n\times p$ 矩阵,它也成立,而且证明过程完全相同. 以下就是这个等式的另一个应用.

设 σ 关于基 $\boldsymbol{\alpha}_1, \boldsymbol{\alpha}_2, \cdots, \boldsymbol{\alpha}_n$ 的矩阵为 $\boldsymbol{A}$,向量 $\boldsymbol{\beta}$ 关于这同一个基的坐标为 $(x_1, x_2, \cdots, x_n)^{\mathrm{T}}$,则由

$$\begin{aligned}\sigma(\boldsymbol{\beta}) &= \sigma\left((\boldsymbol{\alpha}_1, \boldsymbol{\alpha}_2, \cdots, \boldsymbol{\alpha}_n)\begin{pmatrix}x_1\\x_2\\\vdots\\x_n\end{pmatrix}\right) = [\sigma(\boldsymbol{\alpha}_1, \boldsymbol{\alpha}_2, \cdots, \boldsymbol{\alpha}_n)]\begin{pmatrix}x_1\\x_2\\\vdots\\x_n\end{pmatrix} \\ &= (\boldsymbol{\alpha}_1, \boldsymbol{\alpha}_2, \cdots, \boldsymbol{\alpha}_n)\boldsymbol{A}\begin{pmatrix}x_1\\x_2\\\vdots\\x_n\end{pmatrix},\end{aligned}$$

可推出 $\sigma(\boldsymbol{\beta})$ 关于基 $\boldsymbol{\alpha}_1, \boldsymbol{\alpha}_2, \cdots, \boldsymbol{\alpha}_n$ 的坐标为

$$\boldsymbol{A}\begin{pmatrix}x_1\\x_2\\\vdots\\x_n\end{pmatrix}.$$

另外,如果 σ 关于基 $\boldsymbol{\alpha}_1, \boldsymbol{\alpha}_2, \cdots, \boldsymbol{\alpha}_n$ 的矩阵为 $\boldsymbol{A}$,设

$$p(x) = a_nx^n + a_{n-1}x^{n-1} + \cdots + a_0 \in F[x],$$

那么由命题 5.2.1 的(1)-(3)可知 σ 的多项式 $p(\sigma)$ 关于这个基的矩阵为

$$p(\boldsymbol{A}) = a_n\boldsymbol{A}^n + a_{n-1}\boldsymbol{A}^{n-1} + \cdots + a_0\boldsymbol{I}.$$

以下要证明两个向量空间 $L(V)$ 与 $M_n(F)$ 之间是同构的. 为此需要一个引理.

引理 5.2.1 设 $\boldsymbol{\alpha}_1, \boldsymbol{\alpha}_2, \cdots, \boldsymbol{\alpha}_n$ 是向量空间 V 的基，对于 V 的任意一组向量 $\boldsymbol{\beta}_1, \boldsymbol{\beta}_2, \cdots, \boldsymbol{\beta}_n$，存在唯一的 V 的线性变换 σ，使得

$$\sigma(\boldsymbol{\alpha}_i) = \boldsymbol{\beta}_i,\ i = 1, 2, \cdots, n.$$

证明 首先，按如下方式定义一个向量空间 V 到自身的映射

$$\sigma(k_1\boldsymbol{\alpha}_1 + k_2\boldsymbol{\alpha}_2 + \cdots + k_n\boldsymbol{\alpha}_n) = k_1\boldsymbol{\beta}_1 + k_2\boldsymbol{\beta}_2 + \cdots + k_n\boldsymbol{\beta}_n.$$

不难验证它是一个线性映射(可参看定理 5.1.3 的证明). 令 $k_i=1$，其他系数都等于 0，就有 $\sigma(\boldsymbol{\alpha}_i)=\boldsymbol{\beta}_i$, $i=1, 2, \cdots, n$. 假设 τ 也是 V 的线性变换，且 $\tau(\boldsymbol{\alpha}_i)=\boldsymbol{\beta}_i$, $i=1, 2, \cdots, n$，那么

$$\begin{aligned}\tau(k_1\boldsymbol{\alpha}_1 + k_2\boldsymbol{\alpha}_2 + \cdots + k_n\boldsymbol{\alpha}_n) &= k_1\tau(\boldsymbol{\alpha}_1) + k_2\tau(\boldsymbol{\alpha}_2) + \cdots + k_n\tau(\boldsymbol{\alpha}_n)\\ &= k_1\boldsymbol{\beta}_1 + k_2\boldsymbol{\beta}_2 + \cdots + k_n\boldsymbol{\beta}_n\\ &= \sigma(k_1\boldsymbol{\alpha}_1 + k_2\boldsymbol{\alpha}_2 + \cdots + k_n\boldsymbol{\alpha}_n),\end{aligned}$$

所以 $\tau=\sigma$. 这就证明了唯一性.

定理 5.2.1 设 $\boldsymbol{\alpha}_1, \boldsymbol{\alpha}_2, \cdots, \boldsymbol{\alpha}_n$ 是 n 维向量空间 V 的基，从 $L(V)$ 到 $M_n(F)$ 的如下映射是一个同构映射：

$$\begin{aligned}\varphi: L(V) &\to M_n(F)\\ \sigma &\mapsto \boldsymbol{A}\end{aligned}$$

其中 $\boldsymbol{A}$ 是 σ 关于基 $\boldsymbol{\alpha}_1, \boldsymbol{\alpha}_2, \cdots, \boldsymbol{\alpha}_n$ 的矩阵.

证明 根据命题 5.2.1 的(1)和(2)可得 φ 是线性映射. 另外，对于任意一个 $\boldsymbol{A}\in M_n(F)$，令 $\boldsymbol{\beta}_j=a_{1j}\boldsymbol{\alpha}_1+a_{2j}\boldsymbol{\alpha}_2+\cdots+a_{nj}\boldsymbol{\alpha}_n$, $j=1, 2, \cdots, n$. 依引理 5.2.1，则存在唯一的线性变换 $\sigma\in L(V)$，使得 $\sigma(\boldsymbol{\alpha}_i)=\boldsymbol{\beta}_i$, $i=1, 2, \cdots, n$，而且 σ 关于基 $\boldsymbol{\alpha}_1, \boldsymbol{\alpha}_2, \cdots, \boldsymbol{\alpha}_n$ 的矩阵恰为 $\boldsymbol{A}$，从而 $\varphi(\sigma)=\boldsymbol{A}$. 也就是说，$\varphi$ 是从 $L(V)$ 到 $M_n(F)$ 的一个双射. 这就证明了 φ 是同构.

从这个定理立得：$\dim L(V)=\dim M_n(F)=n^2$.

5.2.4 相似矩阵

线性变换 σ 关于 V 的不同基的矩阵通常是不同的. 设

$$\sigma(\boldsymbol{\alpha}_1, \boldsymbol{\alpha}_2, \cdots, \boldsymbol{\alpha}_n) = (\boldsymbol{\alpha}_1, \boldsymbol{\alpha}_2, \cdots, \boldsymbol{\alpha}_n)\boldsymbol{A},$$
$$\sigma(\boldsymbol{\beta}_1, \boldsymbol{\beta}_2, \cdots, \boldsymbol{\beta}_n) = (\boldsymbol{\beta}_1, \boldsymbol{\beta}_2, \cdots, \boldsymbol{\beta}_n)\boldsymbol{B}.$$

并令 $\boldsymbol{T}$ 是基 $\boldsymbol{\alpha}_1, \boldsymbol{\alpha}_2, \cdots, \boldsymbol{\alpha}_n$ 到 $\boldsymbol{\beta}_1, \boldsymbol{\beta}_2, \cdots, \boldsymbol{\beta}_n$ 的过渡矩阵. 根据这些假设，

$$\begin{aligned}\sigma(\boldsymbol{\beta}_1, \boldsymbol{\beta}_2, \cdots, \boldsymbol{\beta}_n) &= \sigma[(\boldsymbol{\alpha}_1, \boldsymbol{\alpha}_2, \cdots, \boldsymbol{\alpha}_n)\boldsymbol{T}]\\ &= [\sigma(\boldsymbol{\alpha}_1, \boldsymbol{\alpha}_2, \cdots, \boldsymbol{\alpha}_n)]\boldsymbol{T}\\ &= (\boldsymbol{\alpha}_1, \boldsymbol{\alpha}_2, \cdots, \boldsymbol{\alpha}_n)\boldsymbol{A}\boldsymbol{T}\\ &= (\boldsymbol{\beta}_1, \boldsymbol{\beta}_2, \cdots, \boldsymbol{\beta}_n)\boldsymbol{T}^{-1}\boldsymbol{A}\boldsymbol{T},\end{aligned}$$

从而有 $(\boldsymbol{\beta}_1, \boldsymbol{\beta}_2, \cdots, \boldsymbol{\beta}_n)\boldsymbol{B}=(\boldsymbol{\beta}_1, \boldsymbol{\beta}_2, \cdots, \boldsymbol{\beta}_n)\boldsymbol{T}^{-1}\boldsymbol{A}\boldsymbol{T}$. 所以

$$\boldsymbol{B} = \boldsymbol{T}^{-1}\boldsymbol{A}\boldsymbol{T}.$$

定义 5.2.1 对于数域 F 上的 n 阶方阵 $\boldsymbol{A}$ 和 $\boldsymbol{B}$，如果存在可逆阵 $\boldsymbol{T}$ 使得 $\boldsymbol{B}=\boldsymbol{T}^{-1}\boldsymbol{A}\boldsymbol{T}$，则称 $\boldsymbol{A}$ 与 $\boldsymbol{B}$ 相似，记为 $\boldsymbol{A}\sim\boldsymbol{B}$.

练习 5.2.19 证明矩阵相似是等价关系，即满足以下三条性质：

(1) 对任意 $\boldsymbol{A}\in M_n(F)$，$\boldsymbol{A}\sim\boldsymbol{A}$；

(2) 如果 $\boldsymbol{A}\sim\boldsymbol{B}$，则 $\boldsymbol{B}\sim\boldsymbol{A}$；

(3) 如果 $\boldsymbol{A}\sim\boldsymbol{B}$, $\boldsymbol{B}\sim\boldsymbol{C}$，则 $\boldsymbol{A}\sim\boldsymbol{C}$.

练习 5.2.20 设 $\boldsymbol{A} \sim \boldsymbol{B}$，求证：$|\boldsymbol{A}| = |\boldsymbol{B}|$；$r(\boldsymbol{A}) = r(\boldsymbol{B})$；$\mathrm{tr}\boldsymbol{A} = \mathrm{tr}\boldsymbol{B}$.

练习 5.2.21 设 $f(x) \in F[x]$，$\boldsymbol{A} \sim \boldsymbol{B}$，求证：$f(\boldsymbol{A}) \sim f(\boldsymbol{B})$.

练习 5.2.22 设 $\boldsymbol{A}_i \sim \boldsymbol{B}_i$，$i = 1, 2, \cdots, s$. 求证：

$$\begin{pmatrix} \boldsymbol{A}_1 & & & \\ & \boldsymbol{A}_2 & & \\ & & \ddots & \\ & & & \boldsymbol{A}_s \end{pmatrix} \sim \begin{pmatrix} \boldsymbol{B}_1 & & & \\ & \boldsymbol{B}_2 & & \\ & & \ddots & \\ & & & \boldsymbol{B}_s \end{pmatrix}.$$

练习 5.2.23 设 $\boldsymbol{A}$，$\boldsymbol{B}$ 是 n 阶矩阵，且 $\boldsymbol{A}$ 可逆. 证明：$\boldsymbol{AB}$ 与 $\boldsymbol{BA}$ 相似.

线性变换关于不同基的矩阵相似. 反过来，相似的矩阵也可以看作一个线性变换关于两个基的矩阵. 假设有数域 F 上的两个相似的 n 阶方阵 $\boldsymbol{A}$ 和 $\boldsymbol{B}$，那么由定理 5.2.1，则存在 F 上的向量空间 V 的一个线性变换 σ，它关于 V 的一个基 $\boldsymbol{\alpha}_1, \boldsymbol{\alpha}_2, \cdots, \boldsymbol{\alpha}_n$ 的矩阵为 $\boldsymbol{A}$. 如果 $\boldsymbol{B} = \boldsymbol{T}^{-1}\boldsymbol{AT}$，令 $(\boldsymbol{\beta}_1, \boldsymbol{\beta}_2, \cdots, \boldsymbol{\beta}_n) = (\boldsymbol{\alpha}_1, \boldsymbol{\alpha}_2, \cdots, \boldsymbol{\alpha}_n)\boldsymbol{T}$，因为 $\boldsymbol{T}$ 可逆，所以 $\boldsymbol{\beta}_1, \boldsymbol{\beta}_2, \cdots, \boldsymbol{\beta}_n$ 是 V 的基，而 σ 关于这个基的矩阵就是 $\boldsymbol{B}$.

练习 5.2.24 设 $i_1, i_2, \cdots, i_n$ 是 $1, 2, \cdots, n$ 的一个排列，求证：

$$\mathrm{diag}(a_1, a_2, \cdots, a_n) \sim \mathrm{diag}(a_{i_1}, a_{i_2}, \cdots, a_{i_n}).$$

5.3 特征值与特征向量

5.3.1 不变子空间

定义 5.3.1 W 是向量空间 V 的子空间，σ 是 V 上的线性变换. 如果对任意 $\alpha \in W$，都有 $\sigma(\alpha) \in W$，即 $\sigma(W) \subseteq W$，则称 W 在 σ 下不变，并称之为 σ 的**不变子空间**.

显然，V 和 $\{\boldsymbol{0}\}$ 都是 σ 的不变子空间. 另外，$\mathrm{Im}\,\sigma$ 和 $\mathrm{Ker}\,\sigma$ 也是 σ 的不变子空间.

练习 5.3.1 设 σ 是可逆变换，求证：W 在 σ 下不变，则 W 在 σ^{-1} 下也不变.

练习 5.3.2 设 σ，τ 是向量空间 V 的线性变换，且 $\sigma\tau = \tau\sigma$. 证明：$\mathrm{Im}\,\sigma$ 和 $\mathrm{Ker}\,\sigma$ 都在 τ 之下不变.

例 5.3.1 向量空间 V 的任意子空间都是位似变换 κ 的不变子空间.

例 5.3.2 设 $\tau_{l,\theta}$ 是 E_3 上的绕过原点的直线 l 逆时针转动角度 θ 的线性变换，则由空间中起点在原点且平行于给定直线 l 的一切向量构成的子空间 L，以及垂直于给定直线 l 的一切向量构成的子空间 H 都在 $\tau_{l,\theta}$ 下不变.

例 5.3.3 $F_n[x]$ 是 $F[x]$ 上的求导变换

$$D: F[x] \to F[x]$$
$$p(x) \mapsto p'(x)$$

不变子空间.

例 5.3.4 设 τ 是 $M_n(F)$ 上的转置变换（见例 5.2.4），则 $S_n(F)$ 和 $A_n(F)$ 都是 τ 的不变子空间.

假设 W 是 σ 的不变子空间，如果只考虑 σ 在 W 上的作用，就得到子空间 W 上的一个线性变换，称之为 σ 在 W 上的限制，记作 $\sigma|_W$. 对 $\boldsymbol{\alpha} \in W$，

$$\sigma|_W(\boldsymbol{\alpha}) = \sigma(\boldsymbol{\alpha}).$$

取 σ 的不变子空间 W 的基 $\boldsymbol{\alpha}_1, \boldsymbol{\alpha}_2, \cdots, \boldsymbol{\alpha}_s$，将之扩充为 V 的基：

$$\boldsymbol{\alpha}_1, \cdots, \boldsymbol{\alpha}_s, \boldsymbol{\alpha}_{s+1}, \cdots, \boldsymbol{\alpha}_n.$$

因为 $\sigma(\boldsymbol{\alpha}_1), \sigma(\boldsymbol{\alpha}_2), \cdots, \sigma(\boldsymbol{\alpha}_s) \in W$，所以

$$\begin{aligned}
\sigma(\boldsymbol{\alpha}_1) &= a_{11}\boldsymbol{\alpha}_1 + \cdots + a_{s1}\boldsymbol{\alpha}_s, \\
&\vdots \\
\sigma(\boldsymbol{\alpha}_s) &= a_{1s}\boldsymbol{\alpha}_1 + \cdots + a_{ss}\boldsymbol{\alpha}_s, \\
\sigma(\boldsymbol{\alpha}_{s+1}) &= a_{1s+1}\boldsymbol{\alpha}_1 + \cdots + a_{ss+1}\boldsymbol{\alpha}_s + a_{s+1s+1}\boldsymbol{\alpha}_{s+1} + \cdots + a_{ns+1}\boldsymbol{\alpha}_n, \\
&\vdots \\
\sigma(\boldsymbol{\alpha}_n) &= a_{1n}\boldsymbol{\alpha}_1 + \cdots + a_{sn}\boldsymbol{\alpha}_s + a_{s+1n}\boldsymbol{\alpha}_{s+1} + \cdots + a_{nn}\boldsymbol{\alpha}_n.
\end{aligned}$$

因此，σ 关于基 $\boldsymbol{\alpha}_1, \cdots, \boldsymbol{\alpha}_s, \boldsymbol{\alpha}_{s+1}, \cdots, \boldsymbol{\alpha}_n$ 的矩阵是一个分块三角阵：

$$\boldsymbol{A} = \begin{pmatrix} \boldsymbol{A}_1 & \boldsymbol{A}_3 \\ \boldsymbol{O} & \boldsymbol{A}_2 \end{pmatrix}.$$

其中 $\boldsymbol{A}_1 = \begin{pmatrix} a_{11} & \cdots & a_{1s} \\ \vdots & & \vdots \\ a_{s1} & \cdots & a_{ss} \end{pmatrix}$ 是 $\sigma|_W$ 关于 W 的基 $\boldsymbol{\alpha}_1, \boldsymbol{\alpha}_2, \cdots, \boldsymbol{\alpha}_s$ 矩阵，即

$$\sigma|_W(\boldsymbol{\alpha}_1, \boldsymbol{\alpha}_2, \cdots, \boldsymbol{\alpha}_s) = (\boldsymbol{\alpha}_1, \boldsymbol{\alpha}_2, \cdots, \boldsymbol{\alpha}_s)\begin{pmatrix} a_{11} & \cdots & a_{1s} \\ \vdots & & \vdots \\ a_{s1} & \cdots & a_{ss} \end{pmatrix}.$$

如果 σ 的不变子空间 W 的余子空间 W' 也是 σ 的不变子空间，那么因为 $V=W\oplus W'$，W 的基 $\boldsymbol{\alpha}_1, \cdots, \boldsymbol{\alpha}_s$ 与 W' 的基 $\boldsymbol{\alpha}_{s+1}, \cdots, \boldsymbol{\alpha}_n$ 合在一起就是 V 的基，所以 σ 关于这个基的矩阵为

$$\boldsymbol{A} = \begin{pmatrix} \boldsymbol{A}_1 & \boldsymbol{O} \\ \boldsymbol{O} & \boldsymbol{A}_2 \end{pmatrix}.$$

其中 $\boldsymbol{A}_1$ 是 $\sigma|_W$ 关于 W 的基 $\boldsymbol{\alpha}_1, \cdots, \boldsymbol{\alpha}_s$ 的矩阵，$\boldsymbol{A}_2$ 是 $\sigma|_{W'}$ 关于 W' 的基 $\boldsymbol{\alpha}_{s+1}, \cdots, \boldsymbol{\alpha}_n$ 的矩阵.

例 5.3.5 设 $\tau_{l,\theta}$ 是 E_3 的绕过原点直线 l 转动角度 θ 的旋转变换，L 和 H 分别是由平行和垂直于 l 的向量组成的子空间. 因为

$$E_3 = L \oplus H,$$

而且 L 和 H 在 $\tau_{l,\theta}$ 下不变. 选取 L 中的单位向量 $\boldsymbol{\varepsilon}_1$ 以及 H 中两个彼此正交的单位向量 $\boldsymbol{\varepsilon}_2$，$\boldsymbol{\varepsilon}_3$ 来构成 E_3 的右手基，则 $\tau_{l,\theta}$ 在基 $\boldsymbol{\varepsilon}_1, \boldsymbol{\varepsilon}_2, \boldsymbol{\varepsilon}_3$ 下的矩阵为

$$\begin{pmatrix} 1 & 0 & 0 \\ 0 & \cos\theta & -\sin\theta \\ 0 & \sin\theta & \cos\theta \end{pmatrix}.$$

因为 $\tau_{l,\theta}|_L$ 关于基 $\boldsymbol{\varepsilon}_1$ 的矩阵为(1)，$\tau_{l,\theta}|_H$ 关于基 $\boldsymbol{\varepsilon}_2, \boldsymbol{\varepsilon}_3$ 的矩阵为 $\begin{pmatrix} \cos\theta & -\sin\theta \\ \sin\theta & \cos\theta \end{pmatrix}$.

一般地，如果

$$V = W_1 \oplus W_2 \oplus \cdots \oplus W_r,$$

且每一个 W_i 都是 σ 的不变子空间，若 $\sigma|_{W_i}$ 关于 W_i 的某个基的矩阵为 $\boldsymbol{A}_i$，将所有这些 W_i 的

基合在一起构成V的一个基，则σ关于这个基的矩阵为如下分块对角阵

$$\begin{pmatrix} \boldsymbol{A}_1 & & & \\ & \boldsymbol{A}_2 & & \\ & & \ddots & \\ & & & \boldsymbol{A}_r \end{pmatrix}.$$

练习 5.3.3 设ρ是向量空间V的线性变换，W,U是其不变子空间. 如果$V=W\oplus U$，线性变换σ,τ分别是关于上述直和分解对子空间W和U的投影（见练习 5.2.13），求证：ρ与σ,τ都可交换.

练习 5.3.4 σ是数域F上向量空间V的一个线性变换，并且满足条件$\sigma^2=\sigma$. 证明：

(1) $\mathrm{Ker}(\sigma)=\{\boldsymbol{\xi}-\sigma(\boldsymbol{\xi})\mid\boldsymbol{\xi}\in V\}$；

(2) $V=\mathrm{Ker}(\sigma)\oplus\mathrm{Im}(\sigma)$；

(3) 如果τ是V的一个线性变换，那么$\mathrm{Ker}(\sigma)$和$\mathrm{Im}(\sigma)$都在τ之下不变的充要条件是$\sigma\tau=\tau\sigma$.

只要能够将V分解成σ的不变子空间的直和，就可以适当选取V的基，使得σ的矩阵具有分块对角形式. 这些不变子空间的维数越小，相应的矩阵的形式就越简单. 如果能将向量空间分解为σ的1维不变子空间的直和，那么相应的矩阵就具有最简单的形式——对角阵. 是否能将向量空间分解为σ的1维不变子空间的直和，以及如何分解，这个问题是下一节的主题，现在先来研究1维不变子空间.

5.3.2 特征值与特征向量

假设W是σ的1维不变子空间，取非零向量$\boldsymbol{\alpha}\in W$，因为$\sigma(\boldsymbol{\alpha})\in W$，所以$\sigma(\boldsymbol{\alpha})$与$\boldsymbol{\alpha}$相关，故存在一个数$\lambda\in F$，使得$\sigma(\boldsymbol{\alpha})=\lambda\boldsymbol{\alpha}$.

定义 5.3.2 V是数域F上的向量空间，$\sigma\in L(V)$，$\lambda\in F$，如果存在非零向量$\boldsymbol{\alpha}\in V$，使得

$$\sigma(\boldsymbol{\alpha})=\lambda\boldsymbol{\alpha},$$

则称λ为σ的**特征值**，而称$\boldsymbol{\alpha}$为σ的属于特征值λ的**特征向量**.

练习 5.3.5 设σ是向量空间V上的可逆线性变换. 证明：

(1) σ的特征值一定不为零；

(2) 如果λ是σ的特征值，那么$\dfrac{1}{\lambda}$是σ^{-1}的特征值.

如果有非零向量$\boldsymbol{\alpha}$同时既是属于λ又是属于μ的特征向量，那么$\lambda\boldsymbol{\alpha}=\mu\boldsymbol{\alpha}$，从而$\lambda=\mu$. 也就是说一个特征向量只能属于唯一一个特征值. 反过来，属于同一个特征值的特征向量则不唯一. 事实上，如果$\boldsymbol{\alpha}$是特征值λ的特征向量，任取一个非零数$k\in F$，因为$\sigma(k\boldsymbol{\alpha})=k\sigma(\boldsymbol{\alpha})=\lambda(k\boldsymbol{\alpha})$，所以$k\boldsymbol{\alpha}$也是属于特征值$\lambda$的特征向量. 而且属于同一个特征值$\lambda$的特征向量之和如果不是零向量，则仍然是属于这个特征值的特征向量. 所以，集合

$$\{\boldsymbol{\alpha}\mid\sigma(\boldsymbol{\alpha})=\lambda\boldsymbol{\alpha},\ \boldsymbol{\alpha}\in V\}$$

是一个子空间. 其中除了零向量外，其他向量都是σ的属于特征值λ的特征向量.

定义 5.3.3 记$V_\lambda=\{\boldsymbol{\alpha}\mid\sigma(\boldsymbol{\alpha})=\lambda\boldsymbol{\alpha},\ \boldsymbol{\alpha}\in V\}$，称之为$\sigma$的属于特征值$\lambda$的**特征子空间**.

练习 5.3.6 求证：线性变换σ的属于不同特征值的特征向量之和不是它的特征向量.

例 5.3.6 V 上的位似变换：

$$\kappa: V \to V$$
$$\boldsymbol{\alpha} \mapsto k\boldsymbol{\alpha},$$

有且只有一个特征值 k，并且 $V_k = V$.

例 5.3.7 设 τ 是 $M_n(F)$ 上转置变换：

$$\tau: M_n(F) \to M_n(F)$$
$$\boldsymbol{A} \mapsto \boldsymbol{A}^{\mathrm{T}},$$

$S_n(F)$ 和 $A_n(F)$ 分别表示对称阵和反对称阵构成的子空间. 因为

$$\tau(\boldsymbol{A}) = \boldsymbol{A},\ \boldsymbol{A} \in S_n(F),$$
$$\tau(\boldsymbol{B}) = -\boldsymbol{B},\ \boldsymbol{B} \in A_n(F),$$

所以，± 1 都是 τ 的特征值，而且 τ 除了 ± 1 再无其他特征值. 事实上，如果 $\tau(\boldsymbol{A}) = \lambda\boldsymbol{A}$，则 $\boldsymbol{A} = (\boldsymbol{A}^{\mathrm{T}})^{\mathrm{T}} = \tau^2(\boldsymbol{A}) = \lambda^2\boldsymbol{A}$，由于 $\boldsymbol{A} \neq \boldsymbol{O}$，所以 $\lambda^2 = 1$，即 $\lambda = \pm 1$.

练习 5.3.7 求 F^n 上的移位变换：

$$\sigma: F^n \to F^n$$
$$(x_1, x_2, \cdots, x_n) \mapsto (0, x_1, \cdots, x_{n-1})$$

的全部特征值.

例 5.3.8 令

$$\sigma: R^2 \to R^2$$
$$(x, y) \mapsto (-y, x),$$

求证：σ 没有特征值.

证明 如果 $(x, y) \in \mathbf{R}^2$ 是 σ 的属于特征值 λ 的特征向量，则 $\sigma^2(x, y) = \lambda^2(x, y)$. 然而 $\sigma^2(x, y) = \sigma(-y, x) = (-x, -y) = -(x, y)$，所以 $\lambda^2 + 1 = 0$. 这个方程无实根，所以 σ 没有特征值.

例 5.3.9 数域 F 上的 n 阶方阵 $\boldsymbol{A}$ 可视为 F^n 上的线性变换. 如果 λ 是 $\boldsymbol{A}$ 的特征值，则存在非零(列)向量 $\boldsymbol{Z} \in F^n$，使得 $\boldsymbol{AZ} = \lambda\boldsymbol{Z}$. 这其实是一个齐次线性方程组

$$(\lambda\boldsymbol{I} - \boldsymbol{A})\boldsymbol{Z} = \boldsymbol{0}.$$

这个方程组有非零解当且仅当 $|\lambda\boldsymbol{I} - \boldsymbol{A}| = 0$. 多项式 $|\lambda\boldsymbol{I} - \boldsymbol{A}|$ 称作矩阵 $\boldsymbol{A}$ 的**特征多项式**，记为 $Ch_{\boldsymbol{A}}(\lambda)$. 它在 F 上的根就是 $\boldsymbol{A}$ 的全部特征值. 而 A 的属于特征值 λ 的特征向量就是齐次方程组 $(\lambda\boldsymbol{I} - \boldsymbol{A})\boldsymbol{Z} = \boldsymbol{0}$ 的所有非零解向量.

由于特征多项式对求矩阵特征值的重要性，在此再对它多作些介绍. 设 n 阶方阵 $\boldsymbol{A}$ 的特征多项式

$$|\lambda\boldsymbol{I} - \boldsymbol{A}| = \begin{vmatrix} \lambda - a_{11} & -a_{12} & \cdots & -a_{1n} \\ -a_{21} & \lambda - a_{22} & \cdots & -a_{2n} \\ \vdots & \vdots & & \vdots \\ -a_{n1} & -a_{n2} & \cdots & \lambda - a_{nn} \end{vmatrix} = a_n\lambda^n + a_{n-1}\lambda^{n-1} + \cdots + a_0. \tag{5.3.1}$$

这个多项式中次数 $\geqslant n-1$ 的项肯定都出现在对角元的乘积

$$(\lambda - a_{11})(\lambda - a_{22})\cdots(\lambda - a_{nn})$$

里，其前两项是$\lambda^n-(a_{11}+a_{22}+\cdots+a_{nn})\lambda^{n-1}$. 所以$a_n=1, a_{n-1}=-\mathrm{tr}A$. 另外，在式(5.3.1)中令$\lambda=0$，就得到$a_0=|-\boldsymbol{A}|=(-1)^n|\boldsymbol{A}|$.

特别地，若F是复数域，根据代数基本定理的推论，n阶方阵$\boldsymbol{A}$的特征多项式有n个根，从而它就有n个特征值：$\lambda_1,\lambda_2,\cdots,\lambda_n$. 由根与系数的关系有

$$\lambda_1+\lambda_2+\cdots+\lambda_n=-a_{n-1},$$
$$\lambda_1\lambda_2\cdots\lambda_n=(-1)^n a_0.$$

因为$a_{n-1}=-\mathrm{tr}\,\boldsymbol{A}, a_0=|-\boldsymbol{A}|=(-1)^n|\boldsymbol{A}|$，所以

$$\lambda_1+\lambda_2+\cdots+\lambda_n=\mathrm{tr}\boldsymbol{A},$$
$$\lambda_1\lambda_2\cdots\lambda_n=|\boldsymbol{A}|.$$

例 5.3.10 求实矩阵

$$\boldsymbol{A}=\begin{pmatrix}3&-2&0\\-1&3&-1\\-5&7&-1\end{pmatrix}$$

的特征值和特征向量.

解 $\boldsymbol{A}$的特征多项式

$$Ch_{\boldsymbol{A}}(\lambda)=|\lambda\boldsymbol{I}-\boldsymbol{A}|=\begin{vmatrix}\lambda-3&2&0\\1&\lambda-3&1\\5&-7&\lambda+1\end{vmatrix}=(\lambda-2)^2(\lambda-1).$$

因此，$\boldsymbol{A}$的特征值为2,1.

对于特征值1，求解齐次线性方程组

$$(1\boldsymbol{I}-\boldsymbol{A})\boldsymbol{Z}=\begin{pmatrix}-2&2&0\\1&-2&1\\5&-7&2\end{pmatrix}\begin{pmatrix}x_1\\x_2\\x_3\end{pmatrix}=\begin{pmatrix}0\\0\\0\end{pmatrix},$$

得一个基础解系：$(1,\ 1,\ 1)^{\mathrm{T}}$，所以$\boldsymbol{A}$的属于特征值1的特征向量为$(a,a,a)^{\mathrm{T}}$，$a\in\mathbf{R}$且不等于0.

对于特征值2，求解齐次线性方程组

$$(2\boldsymbol{I}-\boldsymbol{A})\boldsymbol{Z}=\begin{pmatrix}-1&2&0\\1&-1&1\\5&-7&3\end{pmatrix}\begin{pmatrix}x_1\\x_2\\x_3\end{pmatrix}=\begin{pmatrix}0\\0\\0\end{pmatrix}$$

得一个基础解系：$(2,\ 1,\ -1)^{\mathrm{T}}$，所以$\boldsymbol{A}$的属于特征值2的特征向量为$(2b,b,-b)^{\mathrm{T}}$，$b\in\mathbf{R}$且不为0.

练习 5.3.8 求下列实矩阵的特征值和相应的特征向量：

$$(1)\begin{pmatrix}5&0&0\\0&3&-2\\0&-2&3\end{pmatrix};\ (2)\begin{pmatrix}4&-5&7\\1&-4&9\\-4&0&5\end{pmatrix};\ (3)\begin{pmatrix}0&1&0&0&\cdots&0\\0&0&1&0&\cdots&0\\\vdots&\vdots&\vdots&\vdots&&\vdots\\0&0&0&0&\cdots&1\\1&0&0&0&\cdots&0\end{pmatrix}.$$

练习 5.3.9 求证：$\boldsymbol{A}$ 与 $\boldsymbol{A}^{\mathrm{T}}$ 有相同的特征值.

练习 5.3.10 分别找出满足以下条件的 2 阶方阵：

(1) 特征值是一对不同实数；(2)特征值是一对相同实数；(3)特征值是一对共轭复数.

对于一般的线性变换，也可以通过类似的方法来求特征值与特征向量. 设 λ 是 σ 的特征值，非零向量 $\boldsymbol{\alpha}$ 是 σ 的属于特征值 λ 的特征向量. 取 V 的一个基 $\boldsymbol{\alpha}_1, \boldsymbol{\alpha}_2, \cdots, \boldsymbol{\alpha}_n$，设 σ 关于这个基的矩阵是 $\boldsymbol{A}$，$\boldsymbol{\alpha}$ 关于这个基的坐标为

$$\boldsymbol{Z}=\begin{pmatrix}x_1\\x_2\\\vdots\\x_n\end{pmatrix}.$$

则由 $\sigma(\boldsymbol{\alpha})=\lambda\boldsymbol{\alpha}$ 可得 $\boldsymbol{AZ}=\lambda\boldsymbol{Z}$，或 $(\lambda\boldsymbol{I}-\boldsymbol{A})\boldsymbol{Z}=\boldsymbol{0}$. 齐次方程组 $(\lambda\boldsymbol{I}-\boldsymbol{A})\boldsymbol{Z}=\boldsymbol{0}$ 有非零解当且仅当其系数多项式 $|\lambda\boldsymbol{I}-\boldsymbol{A}|=0$. σ 的特征值就是矩阵 $\boldsymbol{A}$ 的特征多项式 $Ch_{\boldsymbol{A}}(\lambda)$ 在 F 上的根. 反之，若 λ 是 $Ch_{\boldsymbol{A}}(\lambda)$ 在 F 上的根，则齐次线性方程组 $(\lambda\boldsymbol{I}-\boldsymbol{A})\boldsymbol{Z}=\boldsymbol{0}$ 有非零解 $\boldsymbol{Z}$，对于非零向量 $\boldsymbol{\alpha}=(\boldsymbol{\alpha}_1, \boldsymbol{\alpha}_2, \cdots, \boldsymbol{\alpha}_n)\boldsymbol{Z}$，

$$\begin{aligned}\sigma(\boldsymbol{\alpha})&=\sigma(\boldsymbol{\alpha}_1, \boldsymbol{\alpha}_2, \cdots, \boldsymbol{\alpha}_n)\boldsymbol{Z}=(\boldsymbol{\alpha}_1, \boldsymbol{\alpha}_2, \cdots, \boldsymbol{\alpha}_n)\boldsymbol{AZ}\\&=(\lambda(\boldsymbol{\alpha}_1, \boldsymbol{\alpha}_2, \cdots, \boldsymbol{\alpha}_n)\boldsymbol{Z}=\lambda\boldsymbol{\alpha},\end{aligned}$$

故 λ 是 σ 的特征值. 设 $\boldsymbol{B}$ 是 σ 关于 V 的另一个基的矩阵，则存在过渡矩阵 $\boldsymbol{T}$ 使得 $\boldsymbol{B}=\boldsymbol{T}^{-1}\boldsymbol{AT}$，那么

$$\begin{aligned}Ch_{\boldsymbol{B}}(\lambda)&=|\lambda\boldsymbol{I}-\boldsymbol{B}|=|\lambda\boldsymbol{I}-\boldsymbol{T}^{-1}\boldsymbol{AT}|\\&=|\boldsymbol{T}^{-1}(\lambda\boldsymbol{I}-\boldsymbol{A})\boldsymbol{T}|\\&=|\boldsymbol{T}^{-1}||\lambda\boldsymbol{I}-\boldsymbol{A}||\boldsymbol{T}|\\&=|\lambda\boldsymbol{I}-\boldsymbol{A}|=Ch_{\boldsymbol{A}}(\lambda).\end{aligned}$$

这说明 σ 关于不同基的矩阵的特征多项式是相同的. 因此也可以为线性变换引入如下特征多项式的概念.

定义 5.3.4 向量空间 V 上的线性变换 σ 关于某个基的矩阵是 $\boldsymbol{A}$，则称多项式 $|\lambda\boldsymbol{I}-\boldsymbol{A}|$ 为线性变换 σ 的**特征多项式**，记作 $Ch_{\sigma}(\lambda)$.

例如，位似的特征多项式 $Ch_{\kappa}(\lambda)=(\lambda-k)^n$.

根据上述讨论，σ 的特征值就是其特征多项式 $Ch_{\sigma}(\lambda)$ 在 F 的根. 反之，若 λ 是 $Ch_{\sigma}(\lambda)$ 在 F 上的根，则它也是 σ 的特征值. 所以有如下定理.

定理 5.3.1 V 是数域 F 上的向量空间，$\sigma\in L(V)$，$\lambda\in F$ 是 σ 的特征值当且仅当它是 σ 的特征多项式 $Ch_{\sigma}(\lambda)$ 在 F 上的根.

例 5.3.11 设

$$\begin{aligned}\sigma:\ &E_3\to E_3\\&\boldsymbol{\alpha}\mapsto\boldsymbol{\varepsilon}\times\boldsymbol{\alpha},\end{aligned}$$

其中 $\boldsymbol{\varepsilon}$ 的长度为 1. 求 σ 的特征值和特征向量.

解 在 E_3 上找一个单位正交基：$\boldsymbol{\varepsilon}_1, \boldsymbol{\varepsilon}_2, \boldsymbol{\varepsilon}_3$，使得 $\boldsymbol{\varepsilon}_3=\boldsymbol{\varepsilon}$. σ 关于这个基的矩阵为

$$\begin{pmatrix}0&-1&0\\1&0&0\\0&0&0\end{pmatrix}.$$

特征多项式 $Ch_\sigma(\lambda)=\begin{vmatrix}\lambda & 1 & 0\\ -1 & \lambda & 0\\ 0 & 0 & \lambda\end{vmatrix}=\lambda(\lambda^2+1)$，只有一个实根 0. 所以 σ 只有一个特征值 0.
若 $\sigma(\boldsymbol{\alpha})=\boldsymbol{\varepsilon}_3\times\boldsymbol{\alpha}=\mathbf{0}$，则 $\boldsymbol{\alpha}=k\boldsymbol{\varepsilon}_3$. 所以 σ 的属于特征值 0 的特征向量是 $k\boldsymbol{\varepsilon}_3$，其中 $k\in\mathbf{R}$ 且不等于 0.

练习 5.3.11 **R** 上的向量空间 V 的线性变换 σ 关于一个基 $\boldsymbol{\alpha}_1$, $\boldsymbol{\alpha}_2$, $\boldsymbol{\alpha}_3$ 的矩阵为

$$\boldsymbol{A}=\begin{pmatrix}3 & 3 & 2\\ 1 & 1 & -2\\ -3 & -1 & 0\end{pmatrix},$$

求 σ 的特征值和特征向量.

练习 5.3.12 求 E_3 上的旋转变换 $\tau_{l,\theta}$ 的特征值和特征向量.

练习 5.3.13 设

$$\sigma:F^n\to F^n$$
$$(x_1,x_2,\cdots,x_n)\mapsto(0,x_1,\cdots,x_{n-1}),$$

求 σ 的特征值和特征向量.

练习 5.3.14 设

$$D:F_n[x]\to F_n[x]$$
$$p(x)\mapsto p'(x),$$

求 D 的特征值和特征向量.

最后再次回到不变子空间. 如果 W 是 σ 的不变子空间，那么可选择 W 的一个基，将之扩充为 V 的基，使得 σ 关于这个基的矩阵形如

$$\boldsymbol{A}=\begin{pmatrix}\boldsymbol{A}_1 & \boldsymbol{A}_3\\ \boldsymbol{O} & \boldsymbol{A}_2\end{pmatrix}.$$

因此 σ 的特征多项式

$$|\lambda\boldsymbol{I}-\boldsymbol{A}|=\begin{vmatrix}\lambda\boldsymbol{I}-\boldsymbol{A}_1 & -\boldsymbol{A}_3\\ \boldsymbol{O} & \lambda\boldsymbol{I}-\boldsymbol{A}_2\end{vmatrix}=|\lambda\boldsymbol{I}-\boldsymbol{A}_1||\lambda\boldsymbol{I}-\boldsymbol{A}_2|.$$

因为 $|\lambda\boldsymbol{I}-\boldsymbol{A}_1|$ 是 σ 在 W 上的限制 $\sigma|_W$ 的特征多项式，所以

$$Ch_{\sigma|_W}(\lambda)\mid Ch_\sigma(\lambda).$$

用类似的方法还可以得到如下结果.

命题 5.3.1 如果向量空间 V 能分解为线性变换 σ 的不变子空间的直和

$$W_1\oplus W_2\oplus\cdots\oplus W_r,$$

则 $Ch_\sigma(\lambda)=Ch_{\sigma|_{W_1}}(\lambda)Ch_{\sigma|_{W_2}}(\lambda)\cdots Ch_{\sigma|_{W_r}}(\lambda)$.

练习 5.3.15 证明命题 5.3.1.

因为对 σ 的特征子空间 V_λ 中的任意非零向量 $\boldsymbol{\alpha}$,

$$\sigma(\sigma(\boldsymbol{\alpha}))=\sigma(\lambda\boldsymbol{\alpha})=\lambda\sigma(\boldsymbol{\alpha}).$$

所以 V_λ 是 σ 的不变子空间. 对任意 $\boldsymbol{\alpha}\in V_\lambda$，$\sigma(\boldsymbol{\alpha})=\lambda\boldsymbol{\alpha}$，也就是说，$\sigma|_{V_\lambda}$ 是一个位似. 如果 $\dim V_\lambda=s$，那么 $Ch_{\sigma|_{V_\lambda}}(x)=(x-\lambda)^s$. 既然 $(x-\lambda)^s\mid Ch_\sigma(x)$，所以特征值 λ 至少是特征多项

式 $Ch_\sigma(x)$ 的 s 重根.

练习 5.3.16 证明设 σ,τ 是复向量空间 V 上的线性变换,并且 $\sigma\tau=\tau\sigma$,求证:

(1) 如果 λ 是 σ 的特征值,那么 V_λ 是 τ 的不变子空间;

(2) σ,τ 至少有一个公共特征向量.

定义 5.3.5 特征子空间 V_λ 的维数称为特征值 λ 的**几何重数**,而 λ 作为特征多项式 $Ch_\sigma(x)$ 的根的重数称为 λ 的**代数重数**.

因此,上述讨论总结起来即为如下命题.

命题 5.3.2 特征值的几何重数不大于代数重数.

5.3.3 凯莱-哈密顿(Cayley-Hamilton)定理

因为向量空间 $L(V)$ 是有限维的,所以一定存在正整数 l,使得 $\sigma^0,\sigma^1,\cdots,\sigma^l$ 线性相关. 即存在不全为零的数 $a_0,a_1,\cdots,a_l$,使得 $a_l\sigma^l+\cdots+a_1\sigma+a_0\,\mathrm{id}=0$.

定义 5.3.6 如果多项式 $p(x)=a_lx^l+\cdots+a_1x+a_0$ 使得 $p(\sigma)=0$,则称之为 σ 的**零化多项式**. 也称线性变换 σ 满足多项式 $p(x)$.

练习 5.3.17 如果多项式 $p(x)$ 是 σ 的零化多项式,λ 是 σ 的特征值,那么 $p(\lambda)=0$.

零化多项式不是唯一的. 如果 $p(x)$ 是 σ 的零化多项式,任取多项式 $q(x)$,$p(x)q(x)$ 也是 σ 的零化多项式.

定义 5.3.7 次数最低的首一零化多项式称为 σ 的**最小多项式**.

根据定义,σ 的最小多项式是唯一的,记作 $m_\sigma(x)$,或 $m(x)$. 最小多项式整除任何零化多项式,否则前者去除后者所得的余式就是比最小多项式次数更低的零化多项式. 一个多项式如果被最小多项式整除,那么它就是零化多项式.

例 5.3.12 位似的最小多项式是 $x-k$. 例 5.3.7 中的转置变换的最小项式是 x^2-1. 例 5.3.8 中的变换 σ 的最小多项式是 x^2+1.

练习 5.3.18 求下列矩阵的最小多项式:

(1) $\begin{pmatrix}0&0&1\\0&1&0\\1&0&0\end{pmatrix}$; (2) $\begin{pmatrix}1&0&0\\1&1&0\\0&0&1\end{pmatrix}$; (3) $\begin{pmatrix}1&0&0\\1&1&0\\0&1&1\end{pmatrix}$.

练习 5.3.19 设

$$\begin{aligned}D: F_n[x] &\to F_n[x]\\ p(x) &\mapsto p'(x),\end{aligned}$$

求 D 的最小多项式.

设 $W_1,W_2,\cdots,W_s$ 是 σ 的不变子空间,并且 $V=W_1\oplus W_2\oplus\cdots\oplus W_s$. 适当选择 V 的基,使得 σ 关于这个基的矩阵为

$$\boldsymbol{A}=\begin{pmatrix}\boldsymbol{A}_1&&&\\&\boldsymbol{A}_2&&\\&&\ddots&\\&&&\boldsymbol{A}_s\end{pmatrix},$$

其中每个 $\boldsymbol{A}_i$ 都是 $\sigma|_{W_i}$ 关于 W_i 的基(V 的基的一部分)的矩阵. 设 $m(x)$ 是 σ 的最小多项式,则 $m(\sigma)$ 关于 V 的这个基的矩阵为

$$m(\boldsymbol{A})=\begin{pmatrix} m(\boldsymbol{A}_1) & & & \\ & m(\boldsymbol{A}_2) & & \\ & & \ddots & \\ & & & m(\boldsymbol{A}_s) \end{pmatrix}=\boldsymbol{O},$$

从而 $m(\boldsymbol{A}_i)=\boldsymbol{O}$. 而 $m(\boldsymbol{A}_i)$恰为 $m(\sigma|_{W_i})$关于 W_i 的基的矩阵,这就说明 $m(\sigma|_{W_i})=0$. 设 $m_i(x)$为 $\sigma|_{W_i}$ 的最小多项式,则 $m_i(x)|m(x)$. 实际上,有如下命题.

命题 5.3.3 设 $\sigma\in L(V)$, $W_1, W_2, \cdots, W_s$ 是 σ 的不变子空间,且

$$V=W_1\oplus W_2\oplus\cdots\oplus W_s.$$

若 $m(x)$, $m_i(x)$分别是 σ, $\sigma|_{W_i}$ 的最小多项式,则 $m_i(x)|m(x)$. 并且,若存在 $p(x)$被每一个 $m_i(x)$整除,则它也被 $m(x)$整除.

证明 这里只需再证命题的后半部分. 因为

$$m_i(x)\mid p(x),\ i=1,\ 2,\ \cdots,\ s,$$

而且 $m_i(\boldsymbol{A}_i)=\boldsymbol{O}$,所以 $p(\boldsymbol{A}_i)=\boldsymbol{O}$, $i=1, 2, \cdots, s$. 从而

$$p(\boldsymbol{A})=\begin{pmatrix} p(\boldsymbol{A}_1) & & & \\ & p(\boldsymbol{A}_2) & & \\ & & \ddots & \\ & & & p(\boldsymbol{A}_s) \end{pmatrix}=\boldsymbol{O}.$$

因此, $p(\sigma)=0$. 所以, $m(x)|p(x)$.

练习 5.3.20 W 是 σ 的不变子空间,求证: $\sigma|_W$ 的最小多项式整除 σ 的最小多项式.

定理 5.3.2(准素分解定理) 如果复向量空间 V 的线性变换 σ 的最小多项式 $m(x)$具有标准分解式

$$(x-\lambda_1)^{r_1}(x-\lambda_2)^{r_2}\cdots(x-\lambda_s)^{r_s},$$

则 V 可以分解成 σ 的不变子空间的直和

$$V=W_1\oplus W_2\oplus\cdots\oplus W_s,$$

其中 $W_i=\mathrm{Ker}(\sigma-\lambda_i\mathrm{id})^{r_i}$. 并且 $\sigma|_{W_i}$ 的最小多项式为$(x-\lambda_i)^{r_i}$.

证明 令 $p_i(x)=(x-\lambda_i)^{r_i}$, $q_i(x)=\dfrac{m(x)}{p_i(x)}$. 因为 $q_1(x), q_2(x), \cdots, q_s(x)$互素,所以存在 $u_i(x)$,使得 $u_1(x)q_1(x)+u_2(x)q_2(x)+\cdots+u_s(x)q_s(x)=1$. 则

$$u_1(\sigma)q_1(\sigma)+u_2(\sigma)q_2(\sigma)+\cdots+u_s(\sigma)q_s(\sigma)=\mathrm{id}.$$

那么,任取 $\boldsymbol{\alpha}\in V$,有

$$\boldsymbol{\alpha}=\mathrm{id}(\boldsymbol{\alpha})=u_1(\sigma)q_1(\sigma)(\boldsymbol{\alpha})+u_2(\sigma)q_2(\sigma)(\boldsymbol{\alpha})+\cdots+u_s(\sigma)q_s(\sigma)(\boldsymbol{\alpha}).$$

因为 $p_i(\sigma)[u_i(\sigma)q_i(\sigma)(\boldsymbol{\alpha})]=u_i(\sigma)p_i(\sigma)q_i(\sigma)(\boldsymbol{\alpha})=u_i(\sigma)m(\sigma)(\boldsymbol{\alpha})=\boldsymbol{0}$,所以,

$$u_i(\sigma)q_i(\sigma)(\boldsymbol{\alpha})\in\mathrm{Ker}\ p_i(\sigma)=W_i,\ i=1,\ 2,\ \cdots,\ s.$$

这就证明了 $V=W_1+W_2+\cdots+W_s$. 只要再证上述和是直和,即证 $\boldsymbol{0}$ 的分解唯一. 设

$$\boldsymbol{0}=\boldsymbol{\alpha}_1+\boldsymbol{\alpha}_2+\cdots+\boldsymbol{\alpha}_s,$$

其中, $\boldsymbol{\alpha}_i\in W_i$. 由于 $q_i(\sigma)(\boldsymbol{\alpha}_j)=\delta_{ij}\boldsymbol{\alpha}_j$,因此

$$\boldsymbol{0}=q_i(\sigma)(\boldsymbol{0})=q_i(\sigma)(\boldsymbol{\alpha}_1+\boldsymbol{\alpha}_2+\cdots+\boldsymbol{\alpha}_s)=\boldsymbol{\alpha}_i,$$

这样就有 $V=W_1\oplus W_2\oplus\cdots\oplus W_s$.

假设 $\sigma|_{W_i}$ 的最小多项式为 $g_i(x)$. 因为 $W_i=\mathrm{Ker}\ p_i(\sigma)$,所以

$$p_i(\sigma|_{W_i})=p_i(\sigma)|_{W_i}=0.$$

因此 $g_i(x)\mid p_i(x)$，则 $g_i(x)=(x-\lambda_i)^{k_i}$，$0\leqslant k_i\leqslant r_i$. 令

$$h(x)=g_1(x)g_2(x)\cdots g_s(x)=(x-\lambda_1)^{k_1}(x-\lambda_2)^{k_2}\cdots(x-\lambda_s)^{k_s},$$

根据命题 5.3.3，$m(x)\mid h(x)$. 所以 $k_i=r_i$，$g_i(x)=p_i(x)=(x-\lambda_i)^{r_i}$.

推论 5.3.1 σ 是复向量空间 V 上的线性变换，如果其最小多项式 $m(x)$ 具有标准分解式 $(x-\lambda_1)^{r_1}(x-\lambda_2)^{r_2}\cdots(x-\lambda_s)^{r_s}$，那么

$$Ch_\sigma(x)=(x-\lambda_1)^{\dim W_1}(x-\lambda_2)^{\dim W_2}\cdots(x-\lambda_s)^{\dim W_s},$$

其中 $W_i=\mathrm{Ker}(\sigma-\lambda_i\mathrm{id})^{r_i}$，$i=1, 2, \cdots, s$.

证明 根据准素分解定理，

$$V=W_1\oplus W_2\oplus\cdots\oplus W_s,$$

其中 $W_i=\mathrm{Ker}(\sigma-\lambda_i\mathrm{id})^{r_i}$. 结合命题 5.3.1，要证明这个推论实际上只需要证明对于每一个 i，$Ch_{\sigma|_{W_i}}(x)=(x-\lambda_i)^{\dim W_i}$.

假若 β 是属于 $\sigma|_{W_i}$ 的特征值 t 的特征向量，令 $(x-\lambda_i)^{r_i}=q(x)(x-t)+b$，那么

$$(\sigma|_{W_i}-\lambda_i\mathrm{id})^{r_i}(\boldsymbol{\beta})=q(\sigma|_{W_i})[\sigma|_{W_i}(\boldsymbol{\beta})-t\boldsymbol{\beta}]+b\boldsymbol{\beta}.$$

由于 $(\sigma|_{W_i}-\lambda_i\mathrm{id})^{r_i}(\boldsymbol{\beta})=\mathbf{0}$ 且 $\sigma|_{W_i}(\boldsymbol{\beta})=t\boldsymbol{\beta}$，因而 $b=0$. 这说明 $(x-t)\mid(x-\lambda_i)^{r_i}$，所以 $t=\lambda_i$. 也就是说 $\sigma|_{W_i}$ 只有特征值 λ_i，因此 $Ch_{\sigma|_{W_i}}(x)=(x-\lambda_i)^{\dim W_i}$.

这个推论告诉我们，如果不考虑重数，最小多项式和特征多项式具有相同的根. 实际上，最小多项式还能够整除特征多项式. 也就是说，

$$r_i\leqslant\dim W_i,\ i=1, 2, \cdots, s.$$

证明这一点需要以下简单的引理.

引理 5.3.1 如果对线性变换 σ 和向量 $\boldsymbol{\alpha}$，存在正整数 r，使得 $\sigma^r(\boldsymbol{\alpha})=\mathbf{0}$，而 $\sigma^{r-1}(\boldsymbol{\alpha})\neq\mathbf{0}$，那么向量 $\boldsymbol{\alpha},\sigma(\boldsymbol{\alpha}),\cdots,\sigma^{r-1}(\boldsymbol{\alpha})$ 线性无关.

练习 5.3.21 证明引理 5.3.1.

依准素分解定理，$\sigma|_{W_i}$ 的最小多项式为 $(x-\lambda_i)^{r_i}$，所以存在非零向量 $\boldsymbol{\alpha}\in W_i$，使得

$$(\sigma|_{W_i}-\lambda_i\mathrm{id})^{r_i}(\boldsymbol{\alpha})=\mathbf{0},(\sigma|_{W_i}-\lambda_i\mathrm{id})^{r_i-1}(\boldsymbol{\alpha})\neq\mathbf{0}.$$

由上述引理，向量组 $\boldsymbol{\alpha},(\sigma|_{W_i}-\lambda_i\mathrm{id})(\boldsymbol{\alpha}),\cdots,(\sigma|_{W_i}-\lambda_i\mathrm{id})^{r_i-1}(\boldsymbol{\alpha})$ 线性无关，从而所含向量的个数不会超过 W_i 的维数. 故 $r_i\leqslant\dim W_i$，$i=1, 2, \cdots, s$.

定理 5.3.3(凯莱-哈密顿定理) 如果 σ 是 n 维复向量空间 V 的线性变换，则

$$Ch_\sigma(\sigma)=0.$$

证明 因为 σ 的最小多项式整除其特征多项式，所以后者是 σ 的零化多项式，这就证明了 $Ch_\sigma(\sigma)=0$.

对于复矩阵也有一个平行的定理.

定理 5.3.4(凯莱-哈密顿定理) 如果 $\boldsymbol{A}$ 是 n 阶复方阵，则 $Ch_{\boldsymbol{A}}(\boldsymbol{A})=0$.

练习 5.3.22 “因为 $Ch_{\boldsymbol{A}}(\lambda)=|\lambda\boldsymbol{I}-\boldsymbol{A}|$，令 $\lambda=\boldsymbol{A}$，自然有 $Ch_{\boldsymbol{A}}(\boldsymbol{A})=|\boldsymbol{A}-\boldsymbol{A}|=0$.”请说明为什么这个灵巧简洁的“证明”是错的.

练习 5.3.23 设 $\boldsymbol{A}$ 是 3 阶复方阵，且它的三个特征值为 0，0，1，求证：$\boldsymbol{A}^3=\boldsymbol{A}^2$.

练习 5.3.24 设 3 阶复方阵 $\boldsymbol{A}=\begin{pmatrix}1&0&0\\1&0&1\\0&1&0\end{pmatrix}$，求证：$n\geqslant 3$ 时，$\boldsymbol{A}^n=\boldsymbol{A}^{n-2}+\boldsymbol{A}^2-\boldsymbol{I}$.

5.4 对角化

5.4.1 可对角化的充要条件

定义 5.4.1 数域 F 上的向量空间 V 的线性变换 σ 如果关于 V 的一个基的矩阵为对角阵，则称 σ **可对角化**；如果数域 F 上的 n 阶方阵 $\boldsymbol{A}$ 相似于对角阵，则称 $\boldsymbol{A}$ **在数域 F 上可对角化**.

设数域 F 上的 n 阶方阵 $\boldsymbol{A}$ 是 F 上的向量空间 V 的线性变换 σ 关于其某个基的矩阵. 当 σ 可对角化，那么或者 $\boldsymbol{A}$ 就是对角阵，或者 σ 关于 V 的另一个基的矩阵为对角阵，从而 $\boldsymbol{A}$ 相似于这个对角阵；反过来，如果 $\boldsymbol{A}$ 相似于对角阵，那么这个对角阵也是 σ 关于 V 的一个基的矩阵，因此，σ 可对角化. 所以有如下命题.

命题 5.4.1 线性变换 σ 可对角化当且仅当它关于某个基的矩阵可对角化.

并不是每个线性变换或矩阵都可对角化. 比如矩阵 $\boldsymbol{A}=\begin{pmatrix}1 & 1\\ 0 & 1\end{pmatrix}$，如果它相似于对角阵，由于与 $\boldsymbol{A}$ 有相同的特征多项式，这个对角阵只能是单位阵，这样就得到一个荒谬的结论：$\boldsymbol{A}=\boldsymbol{I}$. 所以有必要研究可对角化的条件.

如果 σ 可对角化，假设 σ 关于 n 维向量空间 V 的基 $\boldsymbol{\alpha}_1, \boldsymbol{\alpha}_2, \cdots, \boldsymbol{\alpha}_n$ 的矩阵为

$$\begin{pmatrix}\lambda_1 & & & \\ & \lambda_2 & & \\ & & \ddots & \\ & & & \lambda_n\end{pmatrix},$$

所以 $\sigma(\boldsymbol{\alpha}_i)=\lambda_i\boldsymbol{\alpha}_i,\ i=1,\ 2,\ \cdots,\ n$. 即 $\boldsymbol{\alpha}_1, \boldsymbol{\alpha}_2, \cdots, \boldsymbol{\alpha}_n$ 是 σ 的特征向量. 从而 σ 有 n 个线性无关的特征向量. 反过来，若 σ 有 n 个线性无关的特征向量，则它们构成 V 的一个基，并且 σ 关于这个基的矩阵为对角阵，对角线上的元素就是 σ 的特征值. 所以有如下可对角化的充要条件.

定理 5.4.1 n 维向量空间 V 的线性变换 σ 可对角化当且仅当 σ 有 n 个线性无关的特征向量. 或用矩阵的说法，n 阶方阵 $\boldsymbol{A}$ 可对角化当且仅当 $\boldsymbol{A}$ 有 n 个线性无关的特征向量.

如此一来，σ 可对角化的问题就转变成它是否含有 n 个线性无关的特征向量的问题. 接着就来研究特征向量之间的线性关系.

命题 5.4.2 设 $\boldsymbol{\alpha}_1, \boldsymbol{\alpha}_2, \cdots, \boldsymbol{\alpha}_s$ 分别是线性变换 σ 的属于互不相同的特征值 $\lambda_1, \lambda_2, \cdots, \lambda_s$ 的特征向量，则 $\boldsymbol{\alpha}_1, \boldsymbol{\alpha}_2, \cdots, \boldsymbol{\alpha}_s$ 线性无关.

证明 对 s 应用归纳法. 当 $s=1$ 时，因为 $\boldsymbol{\alpha}_1$ 是 σ 的特征向量，所以 $\boldsymbol{\alpha}_1\neq\boldsymbol{0}$，故 $\boldsymbol{\alpha}_1$ 线性无关. 若 $s>1$，假设对于 $s-1$ 命题成立. 现在设 $\boldsymbol{\alpha}_1, \boldsymbol{\alpha}_2, \cdots, \boldsymbol{\alpha}_s$ 分别是线性变换 σ 的属于互不相同的特征值 $\lambda_1, \lambda_2, \cdots, \lambda_s$ 的特征向量，令

$$k_1\boldsymbol{\alpha}_1+\cdots+k_{s-1}\boldsymbol{\alpha}_{s-1}+k_s\boldsymbol{\alpha}_s=\boldsymbol{0},$$

因为 $(\lambda_s\mathrm{id}-\sigma)(k_1\boldsymbol{\alpha}_1+\cdots+k_{s-1}\boldsymbol{\alpha}_{s-1}+k_s\boldsymbol{\alpha}_s)=\boldsymbol{0}$，所以

$$k_1(\lambda_s-\lambda_1)\boldsymbol{\alpha}_1+\cdots+k_{s-1}(\lambda_s-\lambda_{s-1})\boldsymbol{\alpha}_{s-1}=\boldsymbol{0}.$$

根据归纳假设，$\boldsymbol{\alpha}_1, \cdots, \boldsymbol{\alpha}_{s-1}$ 线性无关，所以

$$k_1(\lambda_s-\lambda_1)=\cdots=k_{s-1}(\lambda_s-\lambda_{s-1})=0.$$

但是 $\lambda_1, \lambda_2, \cdots, \lambda_s$ 互不相同，因此 $k_1=\cdots=k_{s-1}=0$. 那么 $k_s\boldsymbol{\alpha}_s=0$. 但 $\boldsymbol{\alpha}_s$ 是特征向量，不能为零向量，所以 $k_s=0$. 这就证明了 $\boldsymbol{\alpha}_1, \boldsymbol{\alpha}_2, \cdots, \boldsymbol{\alpha}_s$ 线性无关.

推论 5.4.1 设 $\lambda_1,\lambda_2,\cdots,\lambda_s$ 是线性变换 σ 的互不相同的特征值，$\boldsymbol{\alpha}_{i1},\boldsymbol{\alpha}_{i2},\cdots,\boldsymbol{\alpha}_{ir_i}$ 是属于特征值 λ_i 的线性无关特征向量，则

$$\boldsymbol{\alpha}_{11},\cdots,\boldsymbol{\alpha}_{1r_1},\boldsymbol{\alpha}_{21},\cdots,\boldsymbol{\alpha}_{2r_2},\cdots,\boldsymbol{\alpha}_{s1}\cdots,\boldsymbol{\alpha}_{sr_s}$$

线性无关.

证明 令 $k_{11}\boldsymbol{\alpha}_{11}+\cdots+k_{1r_1}\boldsymbol{\alpha}_{1r_1}+k_{21}\boldsymbol{\alpha}_{21}+\cdots+k_{2r_2}\boldsymbol{\alpha}_{2r_2}+\cdots+k_{s1}\boldsymbol{\alpha}_{s1}\cdots+k_{sr_s}\boldsymbol{\alpha}_{sr_s}=\mathbf{0}$，记 $\boldsymbol{\beta}_i=k_{i1}\boldsymbol{\alpha}_{i1}+\cdots+k_{ir_i}\boldsymbol{\alpha}_{ir_i}$，则

$$\boldsymbol{\beta}_1+\boldsymbol{\beta}_2+\cdots+\boldsymbol{\beta}_s=\mathbf{0}.$$

因为 $\boldsymbol{\alpha}_{i1},\boldsymbol{\alpha}_{i2},\cdots,\boldsymbol{\alpha}_{ir_i}$ 是属于特征值 λ_i 的特征向量，所以 $\boldsymbol{\beta}_i\in V_{\lambda_i}$，或者等于 $\mathbf{0}$ 或者是属于 λ_i 的特征向量. 然而根据命题 5.4.2，属于不同特征值的特征向量线性无关，故 $\boldsymbol{\beta}_1=\boldsymbol{\beta}_2=\cdots=\boldsymbol{\beta}_s=\mathbf{0}$. 因此，

$$k_{i1}\boldsymbol{\alpha}_{i1}+\cdots+k_{ir_i}\boldsymbol{\alpha}_{ir_i}=\mathbf{0}\ (i=1,2,\cdots,s).$$

而根据假设 $\boldsymbol{\alpha}_{i1},\boldsymbol{\alpha}_{i2},\cdots,\boldsymbol{\alpha}_{ir_i}$ 线性无关，所以

$$k_{i1}=\cdots=k_{ir_i}=0\ \ (i=1,2,\cdots,s).$$

这就证明了 $\boldsymbol{\alpha}_{11},\cdots,\boldsymbol{\alpha}_{1r_1},\boldsymbol{\alpha}_{21},\cdots,\boldsymbol{\alpha}_{2r_2},\cdots,\boldsymbol{\alpha}_{s1}\cdots,\boldsymbol{\alpha}_{sr_s}$ 线性无关.

命题 5.4.2 的另一个推论比较显然，如果线性变换 σ 恰有 n 个互不相同的特征值，那么相应的 n 个特征向量就线性无关，因此 σ 可对角化.

推论 5.4.2 n 维向量空间 V 的线性变换 σ 若有 n 个互不相同的特征值，则可以对角化. 或用矩阵的说法，n 阶方阵 $\boldsymbol{A}$ 有 n 个互不相同的特征值，则 $\boldsymbol{A}$ 可对角化.

练习 5.4.1 设 $\boldsymbol{A}\in M_3(\mathbf{C})$，$\boldsymbol{A}\sim-\boldsymbol{A}$，且 $\boldsymbol{A}$ 的特征值不全为 0，求证：$\boldsymbol{A}$ 可对角化.

练习 5.4.2 设 $\boldsymbol{A}\in M_4(F)$，$\boldsymbol{A}$ 有特征值 ±1，且 $\mathrm{tr}\boldsymbol{A}=3$，$|\boldsymbol{A}|=0$. 求证：$\boldsymbol{A}$ 可对角化.

定理 5.4.2 σ 是数域 F 上的 n 维向量空间 V 的线性变换，$\lambda_1,\lambda_2,\cdots,\lambda_s\in F$ 是 σ 的全部互不相同的特征值，$V_{\lambda_1},V_{\lambda_2},\cdots,V_{\lambda_s}$ 分别是它们的特征子空间，则 σ 可对角化当且仅当

$$V=V_{\lambda_1}\oplus V_{\lambda_2}\oplus\cdots\oplus V_{\lambda_s}.$$

证明 若 σ 可对角化，则 σ 有 n 个线性无关的特征向量，它们分别属于特征值 $\lambda_1,\lambda_2,\cdots,\lambda_s$，记为

$$\boldsymbol{\alpha}_{11},\cdots,\boldsymbol{\alpha}_{1r_1},\cdots,\boldsymbol{\alpha}_{s1}\cdots,\boldsymbol{\alpha}_{sr_s},$$

其中 $\boldsymbol{\alpha}_{i1},\boldsymbol{\alpha}_{i2},\cdots,\boldsymbol{\alpha}_{ir_i}$ 属于特征值 λ_i. 它们构成 V 的一个基. 因为 $V_{\lambda_i}=\mathrm{span}(\boldsymbol{\alpha}_{i1},\cdots,\boldsymbol{\alpha}_{ir_i})$，所以

$$V=V_{\lambda_1}\oplus V_{\lambda_2}\oplus\cdots\oplus V_{\lambda_s}.$$

反过来，如果 $V=V_{\lambda_1}\oplus V_{\lambda_2}\oplus\cdots\oplus V_{\lambda_s}$，取每个 V_{λ_i} 的一个基 $\boldsymbol{\alpha}_{i1},\cdots,\boldsymbol{\alpha}_{ir_i}$，根据推论 5.4.1，

$$\boldsymbol{\alpha}_{11},\cdots,\boldsymbol{\alpha}_{1r_1},\boldsymbol{\alpha}_{21},\cdots,\boldsymbol{\alpha}_{2r_2},\cdots,\boldsymbol{\alpha}_{s1}\cdots,\boldsymbol{\alpha}_{sr_s}$$

线性无关. 又由于 $\dim V=\dim V_{\lambda_1}+\dim V_{\lambda_2}+\cdots+\dim V_{\lambda_s}$，所以它们构成 V 的基. 而 σ 关于这个基的矩阵为

$$\begin{pmatrix}\lambda_1 &&&&&\\ &\ddots&&&&\\ &&\lambda_1&&&\\ &&&\ddots&&\\ &&&&\lambda_s&\\ &&&&&\ddots&\\ &&&&&&\lambda_s\end{pmatrix}\begin{matrix}\left.\begin{matrix}\\ \\ \\ \end{matrix}\right\}r_1\\ \vdots\\ \left.\begin{matrix}\\ \\ \\ \end{matrix}\right\}r_s\end{matrix},$$

所以 σ 可对角化.

例 5.4.1 设 τ 是 $M_n(F)$ 上转置变换:

$$\tau: M_n(F) \to M_n(F)$$
$$\boldsymbol{A} \mapsto \boldsymbol{A}^{\mathrm{T}},$$

$S_n(F)$ 和 $A_n(F)$ 分别表示对称阵和反对称阵构成的子空间. 因为

$$\tau(\boldsymbol{A}) = \boldsymbol{A} \Leftrightarrow \boldsymbol{A} \in S_n(F),$$
$$\tau(\boldsymbol{B}) = -\boldsymbol{B} \Leftrightarrow \boldsymbol{B} \in A_n(F),$$

所以, $V_1 = S_n(F)$, $V_{-1} = A_n(F)$. 由于 $S_n(F) \oplus A_n(F) = M_n(F)$ (见例 4.3.6), 所以

$$V_1 \oplus V_{-1} = M_n(F).$$

因此, 可以选取由 $S_n(F)$ 的基和 $A_n(F)$ 的基凑成的 $M_n(F)$ 的一个基, 使得 τ 在这个基下的矩阵具有如下形式:

$$\begin{pmatrix} 1 & & & & & \\ & \ddots & & & & \\ & & 1 & & & \\ & & & -1 & & \\ & & & & \ddots & \\ & & & & & -1 \end{pmatrix}.$$

练习 5.4.3 证明: 如果一个线性变换 σ 满足 $\sigma^2 = \mathrm{id}$, 则 σ 可对角化.

练习 5.4.4 设 $\boldsymbol{A} \in M_n(F)$, 且 $\boldsymbol{A}^2 = \boldsymbol{A}$. 求证:

(1) $\boldsymbol{A}$ 可对角化;

(2) $r(\boldsymbol{A}) + r(\boldsymbol{I} - \boldsymbol{A}) = n$.

推论 5.4.3 复向量空间 V 的线性变换可对角化当且仅当其最小多项式只有单根.

证明 如果 σ 的最小多项式只有单根, 也就是说 $m(x)$ 具有标准分解式

$$(x - \lambda_1)(x - \lambda_2)\cdots(x - \lambda_s),$$

那么准素分解就是特征子空间分解 $V = V_{\lambda_1} \oplus V_{\lambda_2} \oplus \cdots \oplus V_{\lambda_s}$, 从而 σ 可对角化. 反之, 如果 σ 可对角化, 那么它在每个特征子空间上的限制是位似, 所以最小多项式都是一次式, 从而它的标准分解式为 $(x - \lambda_1)(x - \lambda_2)\cdots(x - \lambda_s)$.

练习 5.4.5 设 σ 和 τ 是复向量空间 V 的两个可对角化线性变换, 求证: 存在 V 的一个基使得 σ 和 τ 关于这同一个基的矩阵都为对角阵当且仅当 $\sigma\tau = \tau\sigma$.

定理 5.4.3 设 σ 是数域 F 上的 n 维向量空间 V 的一个线性变换, 则 σ 可对角化当且仅当:

(1) $Ch_\sigma(x)$ 的所有根都在 F 内;

(2) $Ch_\sigma(x)$ 的每一个根的代数重数都等于几何重数.

证明 如果 σ 可对角化, 根据定理 5.4.2, $V = V_{\lambda_1} \oplus V_{\lambda_2} \oplus \cdots \oplus V_{\lambda_s}$, 因此

$$n = \dim V = \dim V_{\lambda_1} + \dim V_{\lambda_2} + \cdots + \dim V_{\lambda_s}.$$

若 σ 的特征多项式 $Ch_\sigma(x)$ 在数域 F 内的根 $\lambda_1, \cdots, \lambda_s$ 的重数分别为 $r_1, \cdots, r_s$, 因为它们之和不会超过 $Ch_\sigma(x)$ 的次数 n, 所以

$$\dim V_{\lambda_1} + \dim V_{\lambda_2} + \cdots + \dim V_{\lambda_s} \geqslant r_1 + \cdots + r_s.$$

然而根据 5.3 节的命题 5.3.2, 每一个特征值的代数重数都大于等于几何重数: $r_i \geqslant \dim V_{\lambda_i}$,

因此每一个根的代数重数只能等于其几何重数. 由于特征多项式在数域 F 内的所有根的代数重数之和等于其次数 n，所以特征多项式的所有根都在 F 内. 反过来，若 $Ch_\sigma(x)$ 的所有根 $\lambda_1,\cdots,\lambda_s$ 都在 F 内，且每个根 λ_i 的代数重数 r_i 都等于几何重数 $\dim V_{\lambda_i}$，则

$$\dim V_{\lambda_1}+\dim V_{\lambda_2}+\cdots+\dim V_{\lambda_s}=r_1+\cdots+r_s=n=\dim V.$$

又由推论 5.4.1，所有 V_{λ_i} 的基合起来是线性无关的，从而构成 V 的基，故 σ 可对角化.

对于数域 F 上的 n 阶方阵 $\mathbf{A}$，其特征子空间

$$V_\lambda=\{\mathbf{Z}\mid \mathbf{AZ}=\lambda\mathbf{Z},\ \mathbf{Z}\in F\}=\{\mathbf{Z}\mid(\lambda\mathbf{I}-\mathbf{A})\mathbf{Z}=\mathbf{0},\ \mathbf{Z}\in F\}$$

是齐次方程组 $(\lambda\mathbf{I}-\mathbf{A})\mathbf{Z}=\mathbf{0}$ 的解空间，所以其维数，也就是特征值 λ 的几何重数

$$\dim V_\lambda=n-r(\lambda\mathbf{I}-\mathbf{A}).$$

因此上述定理用矩阵的语言可以表述如下.

定理 5.4.4 数域 F 上的 n 阶方阵 $\mathbf{A}$ 可对角化当且仅当

(1) $\mathbf{A}$ 的特征多项式 $|\lambda\mathbf{I}-\mathbf{A}|$ 的所有根都在 F 内；

(2) 对 $\mathbf{A}$ 的特征多项式的每一个根 λ，都有 $r(\lambda\mathbf{I}-\mathbf{A})=n-s$，其中 s 是 λ 的代数重数.

例 5.4.2 考虑如下移位变换

$$\sigma:F^n\to F^n$$
$$(x_1,x_2,\cdots,x_n)\mapsto(0,x_1,\cdots,x_{n-1}),$$

它在 F^n 的标准基下的矩阵为

$$\mathbf{A}=\begin{pmatrix}0&&&&\\1&0&&&\\&1&0&&\\&&\ddots&\ddots&\\&&&1&0\end{pmatrix}.$$

A 的特征多项式为 λ^n，特征值是 0，代数重数为 n. 但是 $r(0\mathbf{I}-\mathbf{A})=r(\mathbf{A})=n-1$，所以不可对角化. 因此 σ 也不可对角化.

练习 5.4.6 判断线性变换

$$\sigma:R^2\to R^2$$
$$(x,\ y)\mapsto(-y,x)$$

是否可对角化. 如果 σ 是定义在 $\mathbf{C}^2$ 上呢?

练习 5.4.7 判断实矩阵 $\begin{pmatrix}1&1&0\\0&1&1\\0&0&1\end{pmatrix}$，$\begin{pmatrix}1&1&0&0\\0&1&0&0\\0&0&1&0\\0&0&1&1\end{pmatrix}$ 是否可以对角化.

练习 5.4.8 判断线性变换

$$\sigma:E_3\to E_3$$
$$\boldsymbol{\alpha}\mapsto\boldsymbol{\varepsilon}\times\boldsymbol{\alpha},$$

是否可以对角化.

练习 5.4.9 n 维复向量空间 V 上的一个线性变换 σ 叫作**幂零变换**，如果存在一个正整数 m 使 $\sigma^m=0$. 证明：

(1) σ 是幂零变换当且仅当它的特征值都是零；

(2) 非零的幂零变换 σ 不可以对角化.

练习 5.4.10 设

$$D: F_n[x] \to F_n[x]$$
$$p(x) \mapsto p'(x),$$

判断 D 是否可对角化.

5.4.2 矩阵对角化的步骤

如果矩阵 $\boldsymbol{A}$ 可对角化,那么存在可逆阵 $\boldsymbol{T}$,使得

$$\boldsymbol{T}^{-1}\boldsymbol{A}\boldsymbol{T} = \begin{pmatrix} \lambda_1 & & & \\ & \lambda_2 & & \\ & & \ddots & \\ & & & \lambda_n \end{pmatrix},$$

则

$$\boldsymbol{A}\boldsymbol{T} = \boldsymbol{T}\begin{pmatrix} \lambda_1 & & & \\ & \lambda_2 & & \\ & & \ddots & \\ & & & \lambda_n \end{pmatrix}.$$

令 $\boldsymbol{T}=(\boldsymbol{Z}_1, \boldsymbol{Z}_2, \cdots, \boldsymbol{Z}_n)$,$\boldsymbol{Z}_i \in F^{n\times 1}$,则

$$\begin{aligned}\boldsymbol{A}(\boldsymbol{Z}_1, \boldsymbol{Z}_2, \cdots, \boldsymbol{Z}_n) &= (\boldsymbol{Z}_1, \boldsymbol{Z}_2, \cdots, \boldsymbol{Z}_n)\begin{pmatrix} \lambda_1 & & & \\ & \lambda_2 & & \\ & & \ddots & \\ & & & \lambda_n \end{pmatrix} \\ &= (\lambda_1\boldsymbol{Z}_1, \lambda_2\boldsymbol{Z}_2, \cdots, \lambda_n\boldsymbol{Z}_n).\end{aligned}$$

所以 $\boldsymbol{A}\boldsymbol{Z}_i=\lambda_i\boldsymbol{Z}_i$. 因此将 $\boldsymbol{A}$ 对角化,首先要求出 $|\lambda\boldsymbol{I}-\boldsymbol{A}|$ 的所有根;然后,对每一个 λ,求出齐次线性方程组 $(\lambda\boldsymbol{I}-\boldsymbol{A})\boldsymbol{Z}=\boldsymbol{0}$ 的一个基础解系,它们就是属于 λ 的全部线性无关的特征向量;最后,将 $\boldsymbol{A}$ 的 n 个线性无关特征向量按列排成一个可逆阵 $\boldsymbol{T}$,则 $\boldsymbol{T}^{-1}\boldsymbol{A}\boldsymbol{T}$ 就是一个对角阵,对角元素是 $\boldsymbol{A}$ 的特征值.

例 5.4.3 实矩阵

$$\boldsymbol{A} = \begin{pmatrix} 1 & 4 & -1 \\ 0 & 1 & 0 \\ 0 & -4 & 2 \end{pmatrix}$$

的特征多项式

$$\begin{vmatrix} \lambda-1 & -4 & 1 \\ 0 & \lambda-1 & 0 \\ 0 & 4 & \lambda-2 \end{vmatrix} = (\lambda-1)^2(\lambda-2).$$

所以特征值为 1(二重),2.

对于特征值 1,求出齐次方程组

$$\begin{pmatrix} 0 & -4 & 1 \\ 0 & 0 & 0 \\ 0 & 4 & -1 \end{pmatrix}\begin{pmatrix} x_1 \\ x_2 \\ x_3 \end{pmatrix} = \begin{pmatrix} 0 \\ 0 \\ 0 \end{pmatrix}$$

的一个基础解系:$(1, 0, 0)^{\mathrm{T}}$,$(0, 1, 4)^{\mathrm{T}}$.

对于特征值 2，求出齐次方程组

$$\begin{pmatrix}1 & -4 & 1\\0 & 1 & 0\\0 & 4 & 0\end{pmatrix}\begin{pmatrix}x_1\\x_2\\x_3\end{pmatrix}=\begin{pmatrix}0\\0\\0\end{pmatrix}$$

的一个基础解系：$(1,\ 0,\ -1)^{\mathrm{T}}$.

令

$$\boldsymbol{T}=\begin{pmatrix}1 & 0 & 1\\0 & 1 & 0\\0 & 4 & -1\end{pmatrix},$$

则

$$\boldsymbol{T}^{-1}\boldsymbol{A}\boldsymbol{T}=\begin{pmatrix}1 & & \\ & 1 & \\ & & 2\end{pmatrix}.$$

练习 5.4.11 将实矩阵 $\boldsymbol{A}=\begin{pmatrix}3 & 2 & -1\\-2 & -2 & 2\\3 & 6 & -1\end{pmatrix}$ 对角化.

练习 5.4.12 设 $\boldsymbol{A}=\begin{pmatrix}4 & 6 & 0\\-3 & -5 & 0\\-3 & -6 & 1\end{pmatrix}$，求 $\boldsymbol{A}^{10}$.

第6章 内 积

6.1 酉空间

6.1.1 复内积

定义 6.1.1 V 是复数域 $\mathbf{C}$ 上的向量空间，V 上的一个二元复值函数称作**(复)内积**，记作$(\boldsymbol{\alpha}, \boldsymbol{\beta})$，如果它满足：

(1) $(\boldsymbol{\alpha}, \boldsymbol{\beta})=\overline{(\boldsymbol{\beta}, \boldsymbol{\alpha})}$；

(2) $(k_1\boldsymbol{\alpha}_1+k_2\boldsymbol{\alpha}_2, \boldsymbol{\beta})=k_1(\boldsymbol{\alpha}_1, \boldsymbol{\beta})+k_2(\boldsymbol{\alpha}_2, \boldsymbol{\beta})$；

(3) $(\boldsymbol{\alpha}, \boldsymbol{\alpha})\geqslant 0$，且$(\boldsymbol{\alpha}, \boldsymbol{\alpha})=0$ 当且仅当 $\boldsymbol{\alpha}=\mathbf{0}$ 时成立.

定义了内积的复向量空间 V 称为**酉空间**.

在本节中，V 都指酉空间. 酉空间的子空间关于其内积也构成一个酉空间.

练习 6.1.1 求证：

(1) 对任意 $\boldsymbol{\alpha}\in V$，$(\boldsymbol{\alpha},\mathbf{0})=0$；

(2) 若对任意 $\boldsymbol{\alpha}$，$(\boldsymbol{\alpha}, \boldsymbol{\beta})=0$，则 $\boldsymbol{\beta}=\mathbf{0}$；

(3) 对任意 $\boldsymbol{\alpha}\in V$，$(\boldsymbol{\alpha}, \boldsymbol{\beta})=(\boldsymbol{\alpha}, \boldsymbol{\gamma})$，则 $\boldsymbol{\beta}=\boldsymbol{\gamma}$；

(4) $(\boldsymbol{\alpha}, k_1\boldsymbol{\beta}_1+k_2\boldsymbol{\beta}_2)=\overline{k}_1(\boldsymbol{\alpha}, \boldsymbol{\beta}_1)+\overline{k}_2(\boldsymbol{\alpha}, \boldsymbol{\beta}_2)$.

例 6.1.1 在 $\mathbf{C}^n$ 上定义

$$(\boldsymbol{\alpha}, \boldsymbol{\beta}) = \boldsymbol{\alpha}^{\mathrm{T}}\overline{\boldsymbol{\beta}} = x_1\overline{y}_1+x_2\overline{y}_2+\cdots+x_n\overline{y}_n,$$

其中 $\boldsymbol{\alpha}=\begin{pmatrix}x_1\\x_2\\\vdots\\x_n\end{pmatrix}$，$\boldsymbol{\beta}=\begin{pmatrix}y_1\\y_2\\\vdots\\y_n\end{pmatrix}$. 不难验证这是一个内积，称为 $\mathbf{C}^n$ 的**标准内积**. 以后说到酉空间 $\mathbf{C}^n$，其内积都是指标准内积.

例 6.1.2 对 $\boldsymbol{A}, \boldsymbol{B}\in M_n(\mathbf{C})$，规定$(\boldsymbol{A}, \boldsymbol{B})=\operatorname{tr}(\boldsymbol{A}^{\mathrm{T}}\overline{\boldsymbol{B}})$，则$(A, B)$是一个内积. (1)和(2)根据迹的性质不难验证. 至于(3)，因为 $\operatorname{tr}(\boldsymbol{A}^{\mathrm{T}}\overline{\boldsymbol{A}})=\sum\limits_{i,j}|a_{ij}|^2$，所以$(\boldsymbol{A}, \boldsymbol{A})\geqslant 0$. 等号当且仅当所有的 $a_{ij}=0$，即 $\boldsymbol{A}=\boldsymbol{O}$ 时才成立. 所以 $M_n(\mathbf{C})$关于这个内积构成酉空间. 以后说到酉空间 $M_n(\mathbf{C})$，其内积都是指这个内积.

$\sqrt{(\boldsymbol{\alpha}, \boldsymbol{\alpha})}$称为向量 $\boldsymbol{\alpha}$ 的**长度**，记作 $\|\boldsymbol{\alpha}\|$. 一个向量的长度为 0 当且仅当它是零向量.

练习 6.1.2 对任意的 $\boldsymbol{\alpha}\in V$, $k\in\mathbf{C}$，求证：$\|k\boldsymbol{\alpha}\|=|k|\cdot\|\boldsymbol{\alpha}\|$.

练习 6.1.3 设 $\boldsymbol{\alpha}, \boldsymbol{\beta}\in V$，若已知 $\|\boldsymbol{\alpha}\|=1$, $\|\boldsymbol{\alpha}+\boldsymbol{\beta}\|=2$, $\|\boldsymbol{\alpha}-\boldsymbol{\beta}\|=3$，求 $\|\boldsymbol{\beta}\|$.

练习 6.1.4 对任意的 $\boldsymbol{\alpha}, \boldsymbol{\beta}\in V$，求证：

$$\|\boldsymbol{\alpha}+\boldsymbol{\beta}\|^2+\|\boldsymbol{\alpha}-\boldsymbol{\beta}\|^2=2\|\boldsymbol{\alpha}\|^2+2\|\boldsymbol{\beta}\|^2;$$

$$4(\boldsymbol{\alpha},\boldsymbol{\beta})=\|\boldsymbol{\alpha}+\boldsymbol{\beta}\|^2-\|\boldsymbol{\alpha}-\boldsymbol{\beta}\|^2+i\|\boldsymbol{\alpha}+i\boldsymbol{\beta}\|^2-i\|\boldsymbol{\alpha}-i\boldsymbol{\beta}\|^2.$$

长度为 1 的向量称为**单位向量**. 任意非零向量除以自身的长度就是单位向量. 也就是说,每个非零向量都可以单位化.

例 6.1.3 取 $\boldsymbol{\alpha}=\begin{pmatrix}x_1\\x_2\\\vdots\\x_n\end{pmatrix}\in\mathbf{C}^n$,则

$$\begin{aligned}\|\boldsymbol{\alpha}\|^2&=x_1\overline{x_1}+x_2\overline{x_2}+\cdots+x_n\overline{x_n}\\&=|x_1|^2+|x_2|^2+\cdots+|x_n|^2.\end{aligned}$$

练习 6.1.5 设 $\boldsymbol{\alpha}=(1,-1,1)$,$\boldsymbol{\beta}=(1,0,\mathrm{i})\in\mathbf{C}^3$,求 $\|\boldsymbol{\alpha}\|$,$\|\boldsymbol{\beta}\|$,$(\boldsymbol{\alpha},\boldsymbol{\beta})$.

例 6.1.4 取 $\boldsymbol{A}\in M_n(\mathbf{C})$,则

$$\|\boldsymbol{A}\|^2=\mathrm{tr}(\boldsymbol{A}^{\mathrm{T}}\overline{\boldsymbol{A}})=\sum_{i,j}|a_{ij}|^2.$$

6.1.2 柯西-施瓦茨(Cauchy - Schwarz)不等式

定理 6.1.1(柯西-施瓦茨不等式) 设 $\boldsymbol{\alpha}$, $\boldsymbol{\beta}$ 是酉空间 V 的任意两个向量,则

$$|(\boldsymbol{\alpha},\boldsymbol{\beta})|\leqslant\|\boldsymbol{\alpha}\|\cdot\|\boldsymbol{\beta}\|.$$

等号成立当且仅当 $\boldsymbol{\alpha}$, $\boldsymbol{\beta}$ 线性相关.

证明 若 $\boldsymbol{\beta}=\mathbf{0}$,则 $|(\boldsymbol{\alpha},\boldsymbol{\beta})|=0=\|\boldsymbol{\alpha}\|\cdot\|\boldsymbol{\beta}\|$,不等式成立. 若 $\boldsymbol{\beta}\neq\mathbf{0}$,因为对任意 $t\in\mathbf{C}$,$(\boldsymbol{\alpha}+t\boldsymbol{\beta},\boldsymbol{\alpha}+t\boldsymbol{\beta})\geqslant 0$,所以

$$(\boldsymbol{\alpha},\boldsymbol{\alpha})+|t|^2(\boldsymbol{\beta},\boldsymbol{\beta})+t(\boldsymbol{\beta},\boldsymbol{\alpha})+\bar{t}(\boldsymbol{\alpha},\boldsymbol{\beta})\geqslant 0.$$

令 $t=-\dfrac{(\boldsymbol{\alpha},\boldsymbol{\beta})}{(\boldsymbol{\beta},\boldsymbol{\beta})}$,则 $(\boldsymbol{\alpha},\boldsymbol{\alpha})+\dfrac{|(\boldsymbol{\alpha},\boldsymbol{\beta})|^2}{(\boldsymbol{\beta},\boldsymbol{\beta})^2}(\boldsymbol{\beta},\boldsymbol{\beta})-\dfrac{(\boldsymbol{\alpha},\boldsymbol{\beta})(\boldsymbol{\beta},\boldsymbol{\alpha})}{(\boldsymbol{\beta},\boldsymbol{\beta})}-\dfrac{(\boldsymbol{\beta},\boldsymbol{\alpha})(\boldsymbol{\alpha},\boldsymbol{\beta})}{(\boldsymbol{\beta},\boldsymbol{\beta})}\geqslant 0$,即

$$(\boldsymbol{\alpha},\boldsymbol{\alpha})-\frac{|(\boldsymbol{\alpha},\boldsymbol{\beta})|^2}{(\boldsymbol{\beta},\boldsymbol{\beta})}\geqslant 0.$$

因此 $|(\boldsymbol{\alpha},\boldsymbol{\beta})|^2\leqslant(\boldsymbol{\alpha},\boldsymbol{\alpha})(\boldsymbol{\beta},\boldsymbol{\beta})=\|\boldsymbol{\alpha}\|^2\|\boldsymbol{\beta}\|^2$ 或

$$|(\boldsymbol{\alpha},\boldsymbol{\beta})|\leqslant\|\boldsymbol{\alpha}\|\cdot\|\boldsymbol{\beta}\|.$$

从上述证明知道,等号成立当且仅当 $\boldsymbol{\beta}=\mathbf{0}$,或存在 $t\in\mathbf{C}$ 使得 $(\boldsymbol{\alpha}+t\boldsymbol{\beta},\boldsymbol{\alpha}+t\boldsymbol{\beta})=0$,从而 $\boldsymbol{\alpha}+t\boldsymbol{\beta}=\mathbf{0}$. 无论哪一种情况,$\boldsymbol{\alpha}$ 与 $\boldsymbol{\beta}$ 都线性相关.

练习 6.1.6 设 $z_1,z_2,\cdots,z_n\in\mathbf{C}$,求证:

$$|z_1+z_2+\cdots+z_n|^2\leqslant n(|z_1|^2+|z_2|^2+\cdots+|z_n|^2).$$

推论 6.1.1(三角不等式) 对酉空间 V 的任意两个向量 $\boldsymbol{\alpha}$, $\boldsymbol{\beta}$,

$$\|\boldsymbol{\alpha}+\boldsymbol{\beta}\|\leqslant\|\boldsymbol{\alpha}\|+\|\boldsymbol{\beta}\|.$$

证明 因为

$$\begin{aligned}\|\boldsymbol{\alpha}+\boldsymbol{\beta}\|^2&=(\boldsymbol{\alpha}+\boldsymbol{\beta},\boldsymbol{\alpha}+\boldsymbol{\beta})=(\boldsymbol{\alpha},\boldsymbol{\alpha})+(\boldsymbol{\alpha},\boldsymbol{\beta})+(\boldsymbol{\beta},\boldsymbol{\alpha})+(\boldsymbol{\beta},\boldsymbol{\beta})\\&=\|\boldsymbol{\alpha}\|^2+\|\boldsymbol{\beta}\|^2+(\boldsymbol{\alpha},\boldsymbol{\beta})+(\boldsymbol{\beta},\boldsymbol{\alpha})\\&\leqslant\|\boldsymbol{\alpha}\|^2+\|\boldsymbol{\beta}\|^2+2|(\boldsymbol{\alpha},\boldsymbol{\beta})|\\&\leqslant\|\boldsymbol{\alpha}\|^2+\|\boldsymbol{\beta}\|^2+2\|\boldsymbol{\alpha}\|\cdot\|\boldsymbol{\beta}\|\end{aligned}$$

$$= (\|\boldsymbol{\alpha}\| + \|\boldsymbol{\beta}\|)^2,$$

所以 $\|\boldsymbol{\alpha}+\boldsymbol{\beta}\| \leqslant \|\boldsymbol{\alpha}\| + \|\boldsymbol{\beta}\|$.

两个向量 $\boldsymbol{\alpha}$ 与 $\boldsymbol{\beta}$ 的距离定义为 $\|\boldsymbol{\alpha}-\boldsymbol{\beta}\|$，记作 $d(\boldsymbol{\alpha}, \boldsymbol{\beta})$.

命题 6.1.1 设 $\boldsymbol{\alpha}, \boldsymbol{\beta}, \boldsymbol{\gamma}$ 是任意三个向量，则

(1) $d(\boldsymbol{\alpha}, \boldsymbol{\beta}) \geqslant 0$，等号成立当且仅当 $\boldsymbol{\alpha}=\boldsymbol{\beta}$；

(2) $d(\boldsymbol{\alpha}, \boldsymbol{\beta}) = d(\boldsymbol{\beta}, \boldsymbol{\alpha})$；

(3) $d(\boldsymbol{\alpha}, \boldsymbol{\beta}) \leqslant d(\boldsymbol{\alpha}, \boldsymbol{\gamma}) + d(\boldsymbol{\gamma}, \boldsymbol{\beta})$.

证明 (1)和(2)由距离的定义立得. 至于(3)，根据推论 6.1.1，

$$d(\boldsymbol{\alpha}, \boldsymbol{\beta}) = \|\boldsymbol{\alpha}-\boldsymbol{\beta}\| = \|\boldsymbol{\alpha}-\boldsymbol{\gamma}+\boldsymbol{\gamma}-\boldsymbol{\beta}\| \leqslant \|\boldsymbol{\alpha}-\boldsymbol{\gamma}\| + \|\boldsymbol{\gamma}-\boldsymbol{\beta}\| = d(\boldsymbol{\alpha}, \boldsymbol{\gamma}) + d(\boldsymbol{\gamma}, \boldsymbol{\beta}).$$

6.1.3 正交

定义 6.1.2 酉空间 V 中的两个向量 $\boldsymbol{\alpha}, \boldsymbol{\beta}$ 称为**正交**，记作 $\boldsymbol{\alpha}\perp\boldsymbol{\beta}$，如果

$$(\boldsymbol{\alpha}, \boldsymbol{\beta}) = 0.$$

零向量与任意向量正交.

练习 6.1.7 求证：$\boldsymbol{\alpha}\perp\boldsymbol{\beta} \Rightarrow \|\boldsymbol{\alpha}+\boldsymbol{\beta}\|^2 = \|\boldsymbol{\alpha}\|^2 + \|\boldsymbol{\beta}\|^2$. 请问逆命题也成立吗？

练习 6.1.8 设 $\boldsymbol{\alpha}_1, \boldsymbol{\alpha}_2, \cdots, \boldsymbol{\alpha}_s$ 两两正交，求证：

$$\|\boldsymbol{\alpha}_1+\boldsymbol{\alpha}_2+\cdots+\boldsymbol{\alpha}_s\|^2 = \|\boldsymbol{\alpha}_1\|^2 + \|\boldsymbol{\alpha}_2\|^2 + \cdots + \|\boldsymbol{\alpha}_s\|^2.$$

练习 6.1.9 求证：$\boldsymbol{\alpha}\perp\boldsymbol{\beta}$ 当且仅当对任意 $k\in\mathbf{C}$，$\|\boldsymbol{\alpha}\|^2 \leqslant \|\boldsymbol{\alpha}+k\boldsymbol{\beta}\|^2$.

定义 6.1.3 一组两两正交的非零向量称为**正交组**. 单独一个非零向量也称为正交组. 如果正交组的每一向量都是单位向量，就称为**单位正交组**.

命题 6.1.2 正交组必是线性无关向量组.

证明 设 $\boldsymbol{\alpha}_1, \boldsymbol{\alpha}_2, \cdots, \boldsymbol{\alpha}_s$ 是正交组，令

$$k_1\boldsymbol{\alpha}_1 + k_2\boldsymbol{\alpha}_2 + \cdots + k_s\boldsymbol{\alpha}_s = \mathbf{0}.$$

因为 $j\neq i$ 时 $(\boldsymbol{\alpha}_j, \boldsymbol{\alpha}_i)=0$，所以

$$k_i(\boldsymbol{\alpha}_i, \boldsymbol{\alpha}_i) = (k_1\boldsymbol{\alpha}_1 + k_2\boldsymbol{\alpha}_2 + \cdots + k_s\boldsymbol{\alpha}_s, \boldsymbol{\alpha}_i) = (\mathbf{0}, \boldsymbol{\alpha}_i) = 0,\ i = 1, 2, \cdots, s.$$

因为 $(\boldsymbol{\alpha}_i, \boldsymbol{\alpha}_i)\neq 0$，故 $k_i=0$，$i=1, 2, \cdots, s$. 即 $\boldsymbol{\alpha}_1, \boldsymbol{\alpha}_2, \cdots, \boldsymbol{\alpha}_s$ 线性无关.

练习 6.1.10 设 $\boldsymbol{\alpha}_1, \boldsymbol{\alpha}_2, \cdots, \boldsymbol{\alpha}_n, \boldsymbol{\beta}$ 都是酉空间的向量，且 $\boldsymbol{\beta}$ 是 $\boldsymbol{\alpha}_1, \boldsymbol{\alpha}_2, \cdots, \boldsymbol{\alpha}_n$ 的线性组合. 证明：如果 $\boldsymbol{\beta}$ 与 $\boldsymbol{\alpha}_1, \boldsymbol{\alpha}_2, \cdots, \boldsymbol{\alpha}_n$ 都正交，那么 $\boldsymbol{\beta}=\mathbf{0}$.

定义 6.1.4 n 维酉空间 V 的含 n 个向量的正交组构成 V 的一个基，称为 V 的**正交基**. 如果正交基的每个向量都是单位向量，则称为**单位正交基**，或**标准正交基**.

例 6.1.5 $\mathbf{C}^n$ 的标准基

$$\boldsymbol{\varepsilon}_i = (0,\cdots,0,\overset{i}{1},0,\cdots,0),\ i = 1, 2, \cdots, n,$$

构成一个单位正交基.

例 6.1.6 $M_n(\mathbf{C})$ 的标准基

$$\boldsymbol{E}_{ij},\ 1 \leqslant i, j \leqslant n$$

构成一个单位正交基.

如果 $\boldsymbol{\alpha}_1, \boldsymbol{\alpha}_2, \cdots, \boldsymbol{\alpha}_n$ 是 V 的单位正交基，则 $(\boldsymbol{\alpha}_i, \boldsymbol{\alpha}_j) = \delta_{ij} = \begin{cases} 1, & i=j, \\ 0, & i\neq j. \end{cases}$ 所以

$$(\boldsymbol{\alpha}, \boldsymbol{\alpha}_i) = (\sum_{j=1}^n x_j\boldsymbol{\alpha}_j, \boldsymbol{\alpha}_i) = x_i,\ i = 1, 2, \cdots, n.$$

如果对 $i=1,2,\cdots,n$，$(\boldsymbol{\beta},\boldsymbol{\alpha}_i)=(\boldsymbol{\gamma},\boldsymbol{\alpha}_i)$，则 $\boldsymbol{\beta}=\boldsymbol{\gamma}$；特别地，如果 $(\boldsymbol{\beta},\boldsymbol{\alpha}_i)=0$，$i=1,2,\cdots,n$，则 $\boldsymbol{\beta}=\mathbf{0}$. 因此在单位正交基下，有以下方便的计算公式.

定理 6.1.2 $\boldsymbol{\alpha}_1,\boldsymbol{\alpha}_2,\cdots,\boldsymbol{\alpha}_n$ 是酉空间 V 的单位正交基，$\boldsymbol{\alpha},\boldsymbol{\beta}$ 是 V 中的任意两个向量，且 $\boldsymbol{\alpha}=x_1\boldsymbol{\alpha}_1+x_2\boldsymbol{\alpha}_2+\cdots+x_n\boldsymbol{\alpha}_n$，$\boldsymbol{\beta}=y_1\boldsymbol{\alpha}_1+y_2\boldsymbol{\alpha}_2+\cdots+y_n\boldsymbol{\alpha}_n$，则

(1) $(\boldsymbol{\alpha},\boldsymbol{\beta})=x_1\overline{y_1}+x_2\overline{y_2}+\cdots+x_n\overline{y_n}$；

(2) $\|\boldsymbol{\alpha}\|=\sqrt{|x_1|^2+|x_2|^2+\cdots+|x_n|^2}$；

(3) $d(\boldsymbol{\alpha},\boldsymbol{\beta})=\|\boldsymbol{\alpha}-\boldsymbol{\beta}\|=\sqrt{|x_1-y_1|^2+|x_2-y_2|^2+\cdots+|x_n-y_n|^2}$.

注意，定理 6.1.2 的内积计算式只在所取的基是单位正交基时才是成立的. 对于一般的基，$(\boldsymbol{\alpha},\boldsymbol{\beta})=\sum\limits_{i,j=1}^{n}g_{ij}x_i\overline{y_j}$，其中 $g_{ij}=(\boldsymbol{\alpha}_i,\boldsymbol{\beta}_j)$. 矩阵 $\boldsymbol{G}=(g_{ij})$ 称为基 $\boldsymbol{\alpha}_1,\boldsymbol{\alpha}_2,\cdots,\boldsymbol{\alpha}_n$ 的**度量阵**. 借助度量阵，内积也可写作矩阵形式：$(\boldsymbol{\alpha},\boldsymbol{\beta})=\boldsymbol{X}^{\mathrm{T}}\boldsymbol{G}\overline{\boldsymbol{Y}}$. 其中 $\boldsymbol{X},\boldsymbol{Y}$ 是 $\boldsymbol{\alpha},\boldsymbol{\beta}$ 的坐标列向量. 单位正交基的度量阵是单位阵.

6.1.4 格拉姆-施密特(Gram - Schmidt)正交化

既然单位正交基有如上所说的计算上的方便之处，因此在酉空间中，当需要选取一个基来做某些计算时，通常会考虑单位正交基. 因此自然要问酉空间中的单位正交基是否一定存在？下面就来回答这个问题.

定理 6.1.3 设 $\boldsymbol{\alpha}_1,\boldsymbol{\alpha}_2,\cdots,\boldsymbol{\alpha}_s$ 是酉空间的一组线性无关向量，那么可以求出 V 的一个正交组 $\boldsymbol{\beta}_1,\boldsymbol{\beta}_2,\cdots,\boldsymbol{\beta}_s$，使得 $\boldsymbol{\beta}_k$ 可由 $\boldsymbol{\alpha}_1,\boldsymbol{\alpha}_2,\cdots,\boldsymbol{\alpha}_k$ 线性表示，$k=1,2,\cdots,s$.

证明 先取 $\boldsymbol{\beta}_1=\boldsymbol{\alpha}_1$，那么 $\boldsymbol{\beta}_1$ 可由 $\boldsymbol{\alpha}_1$ 线性表示，且 $(\boldsymbol{\beta}_1,\boldsymbol{\beta}_1)\neq 0$. 假定当 $1<k\leqslant s$，满足条件的 $\boldsymbol{\beta}_1,\boldsymbol{\beta}_2,\cdots,\boldsymbol{\beta}_{k-1}$ 已作出. 令

$$\boldsymbol{\beta}_k=\boldsymbol{\alpha}_k-\frac{(\boldsymbol{\alpha}_k,\boldsymbol{\beta}_1)}{(\boldsymbol{\beta}_1,\boldsymbol{\beta}_1)}\boldsymbol{\beta}_1-\frac{(\boldsymbol{\alpha}_k,\boldsymbol{\beta}_2)}{(\boldsymbol{\beta}_2,\boldsymbol{\beta}_2)}\boldsymbol{\beta}_2-\cdots-\frac{(\boldsymbol{\alpha}_k,\boldsymbol{\beta}_{k-1})}{(\boldsymbol{\beta}_{k-1},\boldsymbol{\beta}_{k-1})}\boldsymbol{\beta}_{k-1},$$

则

$$(\boldsymbol{\beta}_k,\boldsymbol{\beta}_1)=(\boldsymbol{\beta}_k,\boldsymbol{\beta}_2)=\cdots=(\boldsymbol{\beta}_k,\boldsymbol{\beta}_{k-1})=0.$$

因此 $\boldsymbol{\beta}_k$ 与 $\boldsymbol{\beta}_1,\boldsymbol{\beta}_2,\cdots,\boldsymbol{\beta}_{k-1}$ 正交，且可由 $\boldsymbol{\alpha}_1,\boldsymbol{\alpha}_2,\cdots,\boldsymbol{\alpha}_k$ 线性表示.

上述证明中用到的正交化方法称为**格拉姆-施密特正交化**. 还可以将所得的正交组的每个向量单位化，进而得到单位正交组，这一过程也称为**格拉姆-施密特单位正交化**.

例 6.1.7 在酉空间 $\mathbf{C}^3$ 中，对线性无关组

$$\boldsymbol{\alpha}_1=(1,\mathrm{i},1),\boldsymbol{\alpha}_2=(0,\mathrm{i},2),\boldsymbol{\alpha}_3=(2,0,3)$$

施行格拉姆-施密特正交化，得到 $\mathbf{C}^3$ 的一个单位正交基.

解 令 $\boldsymbol{\beta}_1=\boldsymbol{\alpha}_1=(1,\mathrm{i},1)$，取 $\boldsymbol{\gamma}_1=\dfrac{\boldsymbol{\beta}_1}{\|\boldsymbol{\beta}_1\|}=\left(\dfrac{1}{\sqrt{3}},\dfrac{\mathrm{i}}{\sqrt{3}},\dfrac{1}{\sqrt{3}}\right)$. 然后令

$$\boldsymbol{\beta}_2=\boldsymbol{\alpha}_2-(\boldsymbol{\alpha}_2,\boldsymbol{\gamma}_1)\boldsymbol{\gamma}_1=(0,\mathrm{i},2)-\sqrt{3}\left(\frac{1}{\sqrt{3}},\frac{\mathrm{i}}{\sqrt{3}},\frac{1}{\sqrt{3}}\right)=(-1,0,1),$$

取 $\boldsymbol{\gamma}_2=\dfrac{\boldsymbol{\beta}_2}{\|\boldsymbol{\beta}_2\|}=\left(-\dfrac{1}{\sqrt{2}},0,\dfrac{1}{\sqrt{2}}\right)$. 最后，令

$$\begin{aligned}\boldsymbol{\beta}_3&=\boldsymbol{\alpha}_3-(\boldsymbol{\alpha}_3,\boldsymbol{\gamma}_1)\boldsymbol{\gamma}_1-(\boldsymbol{\alpha}_3,\boldsymbol{\gamma}_2)\boldsymbol{\gamma}_2\\&=(2,0,3)-\frac{5}{\sqrt{3}}\left(\frac{1}{\sqrt{3}},\frac{\mathrm{i}}{\sqrt{3}},\frac{1}{\sqrt{3}}\right)-\frac{1}{\sqrt{2}}\left(-\frac{1}{\sqrt{2}},0,\frac{1}{\sqrt{2}}\right)\end{aligned}$$

$$=\left(\frac{5}{6},-\frac{5i}{3},\frac{5}{6}\right),$$

取 $\gamma_3=\frac{\beta_3}{\|\beta_3\|}=\left(\frac{1}{\sqrt{6}},-\frac{2i}{\sqrt{6}},\frac{1}{\sqrt{6}}\right)$. 则 $\gamma_1, \gamma_2, \gamma_3$ 就是 $\mathbf{C}^3$ 的单位正交基.

定理 6.1.4 $\alpha_1, \alpha_2, \cdots, \alpha_s (s\leqslant n)$ 是 n 维酉空间 V 中的正交组,则存在向量 $\alpha_{s+1}, \cdots, \alpha_n$,使得

$$\alpha_1, \cdots, \alpha_s, \alpha_{s+1}, \cdots, \alpha_n$$

构成 V 的正交基.

证明 因为 $\alpha_1, \alpha_2, \cdots, \alpha_s (s\leqslant n)$ 是 V 的正交组,所以也是一组线性无关向量. 根据扩基定理,存在向量 $\beta_{s+1}, \cdots, \beta_n$,使得

$$\alpha_1, \cdots, \alpha_s, \beta_{s+1}, \cdots\beta_n$$

构成 V 的一个基. 令

$$\alpha_{s+j}=\beta_{s+j}-\sum_{k=1}^{s+j-1}\frac{(\beta_{s+j},\alpha_k)}{(\alpha_k,\alpha_k)}\alpha_k, j=1, 2, \cdots, n-s.$$

则每个 $\alpha_{s+j} (j=1, 2, \cdots, n-s)$ 都与排在它之前的向量正交,且 $\alpha_1, \cdots, \alpha_s$ 已是正交组,所以向量组

$$\alpha_1, \cdots, \alpha_s, \alpha_{s+1}, \cdots\alpha_n$$

两两正交,从而是 V 的正交基.

推论 6.1.2 非零酉空间必有一个正交基,因而有单位正交基.

证明 非零酉空间必有一个非零向量 α,它本身是正交组,从而可以扩充为正交基. 再令每个基向量除以自身的长度变为单位向量,这样就得到了单位正交基.

练习 6.1.11 设 $\varepsilon_1, \cdots, \varepsilon_5$ 是酉空间 V 的一个单位正交基,试求 $\operatorname{span}(\alpha_1, \alpha_2, \alpha_3)$ 的一个单位正交基,其中 $\alpha_1=i\varepsilon_1$, $\alpha_2=\varepsilon_1+\varepsilon_2$, $\alpha_3=\varepsilon_1-i\varepsilon_3+2\varepsilon_5$. 并将之扩充为 V 的单位正交基.

6.1.5 酉阵

$\alpha_1, \alpha_2, \cdots, \alpha_n$ 与 $\beta_1, \beta_2\cdots, \beta_n$ 是酉空间 V 的两个单位正交基,U 是由前一个基到后一个基的过渡矩阵,即

$$(\beta_1, \beta_2\cdots, \beta_n)=(\alpha_1, \alpha_2\cdots, \alpha_n)U.$$

令 $U=(u_{ij})$,则 $\beta_i=\sum_{k=1}^{n}u_{ki}\alpha_k$. 因为 $(\beta_i,\beta_j)=\delta_{ij}$,所以

$$\begin{aligned}\delta_{ij}&=\left(\sum_{k=1}^{n}u_{ki}\alpha_k, \sum_{l=1}^{n}u_{lj}\alpha_l\right)=\sum_{k=1}^{n}\sum_{l=1}^{n}u_{ki}\overline{u}_{lj}(\alpha_k,\alpha_l)\\&=\sum_{k=1}^{n}\sum_{l=1}^{n}u_{ki}\overline{u}_{lj}\delta_{kl}\\&=\sum_{k=1}^{n}u_{ki}\overline{u}_{kj}.\end{aligned}$$

因此,$\overline{U}^{\mathrm{T}}U=I$,所以 U 可逆,且 $U^{-1}=\overline{U}^{\mathrm{T}}$. $\overline{U}^{\mathrm{T}}$ 也记作 U^*. 所以

$$UU^*=U^*U=I.$$

定义 6.1.5 满足等式 $UU^*=U^*U=I$ 的 n 阶复矩阵称为**酉矩阵**,或**酉阵**.

定理 6.1.5 酉空间的两个单位正交基之间的过渡矩阵是酉阵.

练习 6.1.12 求证：

(1) 酉阵的乘积是酉阵；

(2) 酉阵的逆和转置也是酉阵；

(3) 酉阵的行列式的模等于 1.

练习 6.1.13 n 阶酉阵作为酉空间 $M_n(\mathbf{C})$ 中的向量其长度等于多少？

练习 6.1.14 设 $U=(\boldsymbol{\beta}_1, \boldsymbol{\beta}_2, \cdots, \boldsymbol{\beta}_n)$ 是酉阵，其中 $\boldsymbol{\beta}_i \in \mathbf{C}^n$ 是 U 的列向量. 求证：$\boldsymbol{\beta}_1, \boldsymbol{\beta}_2$ $\cdots, \boldsymbol{\beta}_n$ 是 $\mathbf{C}^n$ 的单位正交基.

练习 6.1.15 设 U 是酉空间 V 的单位正交基 $\boldsymbol{\alpha}_1, \boldsymbol{\alpha}_2, \cdots, \boldsymbol{\alpha}_n$ 到另一个基 $\boldsymbol{\beta}_1, \boldsymbol{\beta}_2 \cdots, \boldsymbol{\beta}_n$ 的过渡矩阵. 求证：U 是酉阵 $\Leftrightarrow \boldsymbol{\beta}_1, \boldsymbol{\beta}_2 \cdots, \boldsymbol{\beta}_n$ 是 V 的单位正交基.

6.1.6 正交补

如果一个向量 $\boldsymbol{\alpha}$ 正交于非空子集 W 中的每个向量，则称 $\boldsymbol{\alpha}$ **正交于** $\boldsymbol{W}$，记为 $\boldsymbol{\alpha} \perp W$. 由所有这样的向量构成的集合记为 $W^{\perp}$. 任取 $\boldsymbol{\alpha}, \boldsymbol{\beta} \in W^{\perp}$ 及 $k \in \mathbf{C}$，对任意 $\boldsymbol{\gamma} \in W$，都有

$$(\boldsymbol{\alpha}+\boldsymbol{\beta}, \boldsymbol{\gamma}) = (\boldsymbol{\alpha}, \boldsymbol{\gamma}) + (\boldsymbol{\beta}, \boldsymbol{\gamma}) = 0+0=0,$$

$$(k\boldsymbol{\alpha}, \boldsymbol{\gamma}) = k(\boldsymbol{\alpha}, \boldsymbol{\gamma}) = k \cdot 0 = 0.$$

因此，$\boldsymbol{\alpha}+\boldsymbol{\beta}, k\boldsymbol{\alpha} \in W^{\perp}$. 这就证明了 $W^{\perp}$ 是一个子空间.

练习 6.1.16 设 $\boldsymbol{\alpha}$ 是 n 维酉空间 V 的一个非零向量，求证：$\dim \{\boldsymbol{\alpha}\}^{\perp} = n-1$.

定理 6.1.6 如果 W 是 n 维酉空间 V 的一个子空间，那么

$$V = W \oplus W^{\perp},$$

且 $(W^{\perp})^{\perp} = W$.

证明 若 $W=\{\mathbf{0}\}$，那么 $W^{\perp}=V$；若 $W=V$，那么 $W^{\perp}=\{\mathbf{0}\}$. 定理显然成立. 否则，取 W 的一个单位正交基 $\boldsymbol{\alpha}_1, \boldsymbol{\alpha}_2, \cdots, \boldsymbol{\alpha}_s (0<s<n)$，将之扩充为 V 的单位正交基

$$\boldsymbol{\alpha}_1, \cdots, \boldsymbol{\alpha}_s, \boldsymbol{\alpha}_{s+1}, \cdots, \boldsymbol{\alpha}_n.$$

以下证 $W^{\perp} = \operatorname{span}(\boldsymbol{\alpha}_{s+1}, \cdots, \boldsymbol{\alpha}_n)$.

任取 $\boldsymbol{\beta} = k_{s+1}\boldsymbol{\alpha}_{s+1} + \cdots + k_n\boldsymbol{\alpha}_n \in \operatorname{span}(\boldsymbol{\alpha}_{s+1}, \cdots, \boldsymbol{\alpha}_n)$，$\boldsymbol{\gamma} = k_1\boldsymbol{\alpha}_1 + \cdots + k_s\boldsymbol{\alpha}_s \in W$，则

$$\begin{aligned}(\boldsymbol{\beta}, \boldsymbol{\gamma}) &= (k_{s+1}\boldsymbol{\alpha}_{s+1} + \cdots + k_n\boldsymbol{\alpha}_n, k_1\boldsymbol{\alpha}_1 + \cdots + k_s\boldsymbol{\alpha}_s) \\ &= \sum_{i=s+1}^{n} \sum_{j=1}^{s} k_i \bar{k}_j (\boldsymbol{\alpha}_i, \boldsymbol{\alpha}_j) = 0.\end{aligned}$$

因此 $\operatorname{span}(\boldsymbol{\alpha}_{s+1}, \cdots, \boldsymbol{\alpha}_n) \subseteq W^{\perp}$. 反过来，若 $\boldsymbol{\eta} \in W^{\perp}$，令

$$\boldsymbol{\eta} = x_1\boldsymbol{\alpha}_1 + \cdots + x_s\boldsymbol{\alpha}_s + x_{s+1}\boldsymbol{\alpha}_{s+1} + \cdots + x_n\boldsymbol{\alpha}_n.$$

因为 $\boldsymbol{\eta} \perp W$，所以

$$x_i = (\boldsymbol{\eta}, \boldsymbol{\alpha}_i) = 0, \ i=1, 2, \cdots s.$$

即 $\boldsymbol{\eta} = x_{s+1}\boldsymbol{\alpha}_{s+1} + \cdots + x_n\boldsymbol{\alpha}_n \in \operatorname{span}(\boldsymbol{\alpha}_{s+1}, \cdots, \boldsymbol{\alpha}_n)$，从而 $W^{\perp} \subseteq \operatorname{span}(\boldsymbol{\alpha}_{s+1}, \cdots, \boldsymbol{\alpha}_n)$. 因此

$$W^{\perp} = \operatorname{span}(\boldsymbol{\alpha}_{s+1}, \cdots, \boldsymbol{\alpha}_n).$$

因为

$$V = \operatorname{span}(\boldsymbol{\alpha}_1, \cdots, \boldsymbol{\alpha}_s, \boldsymbol{\alpha}_{s+1}, \cdots, \boldsymbol{\alpha}_n) = \operatorname{span}(\boldsymbol{\alpha}_1, \cdots, \boldsymbol{\alpha}_s) \oplus \operatorname{span}(\boldsymbol{\alpha}_{s+1}, \cdots, \boldsymbol{\alpha}_n),$$

所以 $V = W \oplus W^{\perp}$. 另外，根据上述证明 $(W^{\perp})^{\perp} = \operatorname{span}(\boldsymbol{\alpha}_1, \cdots, \boldsymbol{\alpha}_s) = W$.

定义 6.1.6 W 是 V 的子空间时，$W^{\perp}$ 称为 W 的**正交补**.

W 的正交补是 W 的余子空间，而且根据定义，正交补是唯一的.

练习 6.1.17 求齐次线性方程组

$$\begin{cases}2x_1-\mathrm{i}x_2+3x_4+x_5=0,\\x_1+x_3-x_4+\mathrm{i}x_5=0\end{cases}$$

的正交补的一个单位正交基.

练习 6.1.18 如果 W_1, W_2 都是酉空间 V 的子空间，且 $W_1\subseteq W_2$，求证：$W_2^{\perp}\subseteq W_1^{\perp}$.

练习 6.1.19 设 W, U 是酉空间 V 的子空间，求证：

$$(W+U)^{\perp}=W^{\perp}\cap U^{\perp};(W\cap U)^{\perp}=W^{\perp}+U^{\perp}.$$

练习 6.1.20 设 W, U 是酉空间 V 的子空间，若 $W\perp U$（即对 $\forall\boldsymbol{\alpha}\in W,\boldsymbol{\beta}\in U$，都有 $\boldsymbol{\alpha}\perp\boldsymbol{\beta}$），且 $V=W\oplus U$，求证：$U^{\perp}=W$.

对任意的 $\boldsymbol{\alpha}\in V$，都可以唯一地作如下分解

$$\boldsymbol{\alpha}=\boldsymbol{\beta}+\boldsymbol{\gamma},$$

其中 $\boldsymbol{\beta}\in W,\boldsymbol{\gamma}\in W^{\perp}$，分别称为 $\boldsymbol{\alpha}$ 在 W 和 $W^{\perp}$ 的**正射影**.

定理 6.1.7 W 是酉空间 V 的一个子空间，对任意的 $\boldsymbol{\alpha}\in V$，它与它在 W 上的正射影 $\boldsymbol{\beta}$ 的距离小于它与 W 中其他向量的距离，即

$$d(\boldsymbol{\alpha},\boldsymbol{\beta})<d(\boldsymbol{\alpha},\boldsymbol{\beta}'),\boldsymbol{\beta}'\in W\text{ 且 }\boldsymbol{\beta}'\neq\boldsymbol{\beta}.$$

证明 因为

$$d(\boldsymbol{\alpha},\boldsymbol{\beta}')^2=\|\boldsymbol{\alpha}-\boldsymbol{\beta}'\|^2=\|\boldsymbol{\alpha}-\boldsymbol{\beta}+\boldsymbol{\beta}-\boldsymbol{\beta}'\|^2,$$

而且 $\boldsymbol{\alpha}-\boldsymbol{\beta}\in W^{\perp},\boldsymbol{\beta}-\boldsymbol{\beta}'\in W$，所以

$$\begin{aligned}d(\boldsymbol{\alpha},\boldsymbol{\beta}')^2&=\|\boldsymbol{\alpha}-\boldsymbol{\beta}+\boldsymbol{\beta}-\boldsymbol{\beta}'\|^2\\&=\|\boldsymbol{\alpha}-\boldsymbol{\beta}\|^2+\|\boldsymbol{\beta}-\boldsymbol{\beta}'\|^2\\&=d(\boldsymbol{\alpha},\boldsymbol{\beta})^2+\|\boldsymbol{\beta}-\boldsymbol{\beta}'\|^2\\&>d(\boldsymbol{\alpha},\boldsymbol{\beta})^2.\end{aligned}$$

即 $d(\boldsymbol{\alpha},\boldsymbol{\beta}')>d(\boldsymbol{\alpha},\boldsymbol{\beta})$.

6.1.7 酉空间的同构

定义 6.1.7 酉空间 V 和 V' 称为**同构**，记作 $V\cong V'$，如果：

(1) V 与 V' 作为 $\mathbf{C}$ 上的向量空间，存在 V 到 V' 的一个同构映射 f；

(2) 对任意 $\boldsymbol{\alpha},\boldsymbol{\beta}\in V$，都有 $(f(\boldsymbol{\alpha}),f(\boldsymbol{\beta}))=(\boldsymbol{\alpha},\boldsymbol{\beta})$.

定理 6.1.8 酉空间 V 与 V' 同构当且仅当 $\dim V=\dim V'$.

证明 若酉空间 V 与 V' 同构，则它们作为 C 上的向量空间同构，因此 $\dim V=\dim V'$. 反之，设 $\dim V=\dim V'=n$. 若 $n=0$，V 与 V' 都是零空间. 作映射 f，令 $f(\mathbf{0})=\mathbf{0}$. 显然它是 $\mathbf{C}$ 上向量空间 V 与 V' 的同构映射，且 $(f(\mathbf{0}),f(\mathbf{0}))=0=(\mathbf{0},\mathbf{0})$. 故 V 与 V' 作为酉空间同构. 若 $n>0$，设 $\boldsymbol{\alpha}_1,\boldsymbol{\alpha}_2,\cdots,\boldsymbol{\alpha}_n$ 与 $\boldsymbol{\alpha}_1',\boldsymbol{\alpha}_2',\cdots,\boldsymbol{\alpha}_n'$ 分别是 V 与 V' 的单位正交基. 对任意 $\boldsymbol{\beta}=x_1\boldsymbol{\alpha}_1+x_2\boldsymbol{\alpha}_2+\cdots+x_n\boldsymbol{\alpha}_n\in V$，规定

$$f(\boldsymbol{\beta})=x_1\boldsymbol{\alpha}'_1+x_2\boldsymbol{\alpha}'_2+\cdots+x_n\boldsymbol{\alpha}'_n,$$

则 f 是复向量空间 V 到 V' 的同构映射，并且对 $\boldsymbol{\beta}=\sum\limits_{i=1}^{n}x_i\boldsymbol{\alpha}_i,\boldsymbol{\gamma}=\sum\limits_{i=1}^{n}y_i\boldsymbol{\alpha}_i\in V$，

$$(f(\boldsymbol{\beta}),f(\boldsymbol{\gamma}))=(\sum_{i=1}^{n}x_i\boldsymbol{\alpha}'_i,\sum_{j=1}^{n}y_j\boldsymbol{\alpha}'_j)=\sum_{i=1}^{n}x_i\overline{y_i}=(\boldsymbol{\beta},\boldsymbol{\gamma}).$$

所以 V 与 V' 作为酉空间也同构.

推论 6.1.3 任意 n 维酉空间 V 都与 $\mathbf{C}^n$ 同构.

6.2 酉空间上的线性变换

6.2.1 伴随变换

设 σ,τ 是酉空间 V 上的线性变换，对于任意 $\boldsymbol{\alpha},\ \boldsymbol{\beta}\in V$，如果 $(\sigma(\boldsymbol{\alpha}),\boldsymbol{\beta})=(\tau(\boldsymbol{\alpha}),\boldsymbol{\beta})$，则 $\sigma(\boldsymbol{\alpha})$ 等于 $\tau(\boldsymbol{\alpha})$，从而 $\sigma=\tau$.

练习 6.2.1 求证：

(1) 如果对于酉空间 V 的任意向量 $\boldsymbol{\alpha}$，有 $(\sigma(\boldsymbol{\alpha}),\boldsymbol{\alpha})=(\tau(\boldsymbol{\alpha}),\boldsymbol{\alpha})$，则 $\sigma=\tau$；

(2) 如果对于酉空间 V 的单位正交基 $\boldsymbol{\alpha}_1,\ \boldsymbol{\alpha}_2,\ \cdots,\ \boldsymbol{\alpha}_n$，有

$$(\sigma(\boldsymbol{\alpha}_i),\boldsymbol{\alpha}_j)=(\tau(\boldsymbol{\alpha}_i),\boldsymbol{\alpha}_j),\ i,\ j=1,\ 2,\ \cdots,\ n,$$

则 $\sigma=\tau$.

定义 6.2.1 酉空间 V 上的线性变换 σ 的**伴随变换** σ^* 由下式定义

$$(\sigma(\boldsymbol{\alpha}),\boldsymbol{\beta})=(\boldsymbol{\alpha},\sigma^*(\boldsymbol{\beta})),\ \forall\,\boldsymbol{\alpha},\ \boldsymbol{\beta}\in V.$$

练习 6.2.2 求证：酉空间 V 上的线性变换 σ 的伴随变换 σ^* 也是线性变换.

命题 6.2.1 $\sigma,\ \tau$ 是酉空间 V 上的线性变换，$k\in\mathbf{C}$，则

(1) $\mathrm{id}^*=\mathrm{id}$；
(2) $(\sigma^*)^*=\sigma$；
(3) $(\sigma+\tau)^*=\sigma^*+\tau^*$；
(4) $(k\sigma)^*=\overline{k}\sigma^*$；
(5) $(\sigma\tau)^*=\tau^*\sigma^*$；
(6) 若 σ 可逆，则 σ^* 可逆，且 $(\sigma^*)^{-1}=(\sigma^{-1})^*$.

练习 6.2.3 证明命题 6.2.1.

练习 6.2.4 求证：对任意复线性变换 σ，都有 $\mathrm{Ker}\,\sigma=(\mathrm{Im}\,\sigma^*)^{\perp}$.

命题 6.2.2 若 σ 关于酉空间 V 的单位正交基 $\boldsymbol{\alpha}_1,\ \boldsymbol{\alpha}_2,\ \cdots,\ \boldsymbol{\alpha}_n$ 的矩阵为 $\boldsymbol{A}$，则 σ^* 关于这个基的矩阵为 $\boldsymbol{A}^*$.

证明 设 $\boldsymbol{A}=(a_{ij})$，则 $\sigma(\boldsymbol{\alpha}_i)=\sum\limits_{k=1}^{n}a_{ki}\boldsymbol{\alpha}_k$，因此

$$a_{ij}=(\sigma(\boldsymbol{\alpha}_j),\boldsymbol{\alpha}_i).$$

设 σ^* 关于 $\boldsymbol{\alpha}_1,\ \boldsymbol{\alpha}_2,\ \cdots,\ \boldsymbol{\alpha}_n$ 的矩阵为 (b_{ij})，则 $\sigma^*(\boldsymbol{\alpha}_i)=\sum\limits_{k=1}^{n}b_{ki}\boldsymbol{\alpha}_k$，所以

$$a_{ij}=(\sigma(\boldsymbol{\alpha}_j),\boldsymbol{\alpha}_i)=(\boldsymbol{\alpha}_j,\sigma^*(\boldsymbol{\alpha}_i))=(\boldsymbol{\alpha}_j,\sum_{k=1}^{n}b_{ki}\boldsymbol{\alpha}_k)=\overline{b}_{ji}.$$

因此 σ^* 关于这个基的矩阵为 $\overline{\boldsymbol{A}}^{\mathrm{T}}=\boldsymbol{A}^*$.

6.2.2 正规变换

定义 6.2.2 酉空间 V 上的线性变换 σ 如果满足等式

$$\sigma\sigma^*=\sigma^*\sigma,$$

或等价地，如果对任意 $\boldsymbol{\alpha},\ \boldsymbol{\beta}\in V$，都有 $(\sigma(\boldsymbol{\alpha}),\sigma(\boldsymbol{\beta}))=(\sigma^*(\boldsymbol{\alpha}),\sigma^*(\boldsymbol{\beta}))$，则称为**正规变换**. 复矩阵 $\boldsymbol{N}$ 称为**正规矩阵**，或**正规阵**，如果 $\boldsymbol{N}\boldsymbol{N}^*=\boldsymbol{N}^*\boldsymbol{N}$.

从定义容易看出，如果 σ 是正规变换，那么 σ^* 也是.

练习 6.2.5 设 σ 是酉空间 V 的正规变换，求证：$\mathrm{Im}\,\sigma$，$\mathrm{Ker}\,\sigma$ 是 σ^* 的不变子空间.

练习 6.2.6 设 σ 是酉空间 V 的正规变换，求证：$\operatorname{Ker}\sigma=\operatorname{Ker}\sigma^*$. 请问 $\operatorname{Im}\sigma=\operatorname{Im}\sigma^*$ 是否也成立？

命题 6.2.3 酉空间 V 上的线性变换 σ 是正规变换当且仅当它关于 V 的一个单位正交基的矩阵 $\boldsymbol{N}$ 是正规阵.

证明 设 $\boldsymbol{\alpha}_1, \boldsymbol{\alpha}_2, \cdots, \boldsymbol{\alpha}_n$ 是 V 的单位正交基，如果 σ 关于这个基的矩阵是 $\boldsymbol{N}$，那么 σ^* 关于同一个基的矩阵就是 $\boldsymbol{N}^*$. 因此 $\sigma\sigma^*$，$\sigma^*\sigma$ 关于这个单位正交基的矩阵就是 $\boldsymbol{N}\boldsymbol{N}^*$ 和 $\boldsymbol{N}^*\boldsymbol{N}$. 所以 $\sigma\sigma^*=\sigma^*\sigma \Leftrightarrow \boldsymbol{N}\boldsymbol{N}^*=\boldsymbol{N}^*\boldsymbol{N}$.

引理 6.2.1 设 σ 是酉空间 V 上的正规变换，如果 α 是 σ 的属于特征值 λ 的特征向量，那么 $\sigma^*(\boldsymbol{\alpha})=\bar{\lambda}\boldsymbol{\alpha}$.

证明 因为 σ 是正规变换，即对任意 $\boldsymbol{\alpha}, \boldsymbol{\beta}\in V$，$(\sigma(\boldsymbol{\alpha}),\sigma(\boldsymbol{\beta}))=(\sigma^*(\boldsymbol{\alpha}),\sigma^*(\boldsymbol{\beta}))$，所以

$$\|\sigma(\boldsymbol{\alpha})\|^2=\|\sigma^*(\boldsymbol{\alpha})\|^2.$$

由于 $(\sigma-\lambda\mathrm{id})^*=\sigma^*-\bar{\lambda}\mathrm{id}$，所以 $\sigma-\lambda\mathrm{id}$ 也是正规变换. 故

$$\|(\sigma-\lambda\mathrm{id})(\boldsymbol{\alpha})\|^2=\|(\sigma^*-\bar{\lambda}\mathrm{id})(\boldsymbol{\alpha})\|^2.$$

特别地，若 $\sigma(\boldsymbol{\alpha})=\lambda\boldsymbol{\alpha}$，则 $(\sigma-\lambda\mathrm{id})(\boldsymbol{\alpha})=\boldsymbol{0}$，故 $(\sigma^*-\bar{\lambda}\mathrm{id})(\boldsymbol{\alpha})=\boldsymbol{0}$，即

$$\sigma^*(\boldsymbol{\alpha})=\bar{\lambda}\boldsymbol{\alpha}.$$

推论 6.2.1 正规变换的属于不同特征值的特征向量相互正交.

证明 设 σ 是正规变换，λ,μ 是 σ 的不同特征值，$\boldsymbol{\alpha}, \boldsymbol{\beta}$ 分别是属于 λ 和 μ 的特征向量，则

$$\lambda(\boldsymbol{\alpha}, \boldsymbol{\beta})=(\lambda\boldsymbol{\alpha}, \boldsymbol{\beta})=(\sigma(\boldsymbol{\alpha}),\boldsymbol{\beta})=(\boldsymbol{\alpha},\sigma^*(\boldsymbol{\beta}))=(\boldsymbol{\alpha},\bar{\mu}\boldsymbol{\beta})=\mu(\boldsymbol{\alpha}, \boldsymbol{\beta}).$$

因为 $\lambda\neq\mu$，所以 $(\boldsymbol{\alpha}, \boldsymbol{\beta})=0$，即 $\boldsymbol{\alpha}\perp\boldsymbol{\beta}$.

引理 6.2.2 σ 是酉空间 V 的正规变换，如果 $\boldsymbol{\alpha}$ 是 σ 的属于本征值 λ 的特征向量，则 $\{\boldsymbol{\alpha}\}^{\perp}$ 是 σ 和 σ^* 的不变子空间.

证明 任取 $\boldsymbol{\beta}\in\{\boldsymbol{\alpha}\}^{\perp}$，则

$$(\sigma(\boldsymbol{\beta}),\boldsymbol{\alpha})=(\boldsymbol{\beta},\sigma^*(\boldsymbol{\alpha}))=(\boldsymbol{\beta},\bar{\lambda}\boldsymbol{\alpha})=\lambda(\boldsymbol{\beta}, \boldsymbol{\alpha})=0,$$

即 $\sigma(\boldsymbol{\beta})\in\{\boldsymbol{\alpha}\}^{\perp}$. 这就证明了 $\{\boldsymbol{\alpha}\}^{\perp}$ 是 σ 的不变子空间. 同理可证 $\{\boldsymbol{\alpha}\}^{\perp}$ 是 σ^* 的不变子空间.

定理 6.2.1 若 σ 是 n 维酉空间 V 上的正规变换，则存在 V 的单位正交基使得 σ 关于这个基的矩阵为对角阵.

证明 对酉空间 V 的维数 n 进行归纳. 若 $n=1$，定理显然成立，因为 1 阶矩阵自然是对角阵. 假设定理对 $n-1(n>1)$ 维酉空间上的正规变换成立. 若 σ 是 n 维酉空间 V 上的正规变换，则 σ 的特征多项式 $Ch_\sigma(x)$ 是复数域上的 n 次多项式，根据代数基本定理，至少有一个复根 λ_1. 设 $\boldsymbol{\alpha}_1$ 是属于特征值 λ_1 的单位特征向量，根据引理 6.2.2，$\{\boldsymbol{\alpha}_1\}^{\perp}$ 是 σ 和 σ^* 的不变子空间. 因为 $(\sigma|_{\{\boldsymbol{\alpha}_1\}^{\perp}})^*=\sigma^*|_{\{\boldsymbol{\alpha}_1\}^{\perp}}$，所以

$$\sigma|_{\{\boldsymbol{\alpha}_1\}^{\perp}}(\sigma|_{\{\boldsymbol{\alpha}_1\}^{\perp}})^*=\sigma\sigma^*|_{\{\boldsymbol{\alpha}_1\}^{\perp}}=\sigma^*\sigma|_{\{\boldsymbol{\alpha}_1\}^{\perp}}=(\sigma|_{\{\boldsymbol{\alpha}_1\}^{\perp}})^*\sigma|_{\{\boldsymbol{\alpha}_1\}^{\perp}}.$$

因此 $\sigma|_{\{\boldsymbol{\alpha}_1\}^{\perp}}$ 是 $\{\boldsymbol{\alpha}_1\}^{\perp}$ 上的正规变换. 由于 $\dim\{\boldsymbol{\alpha}_1\}^{\perp}=n-1$（见练习 6.1.16），根据归纳假设，存在 $\{\boldsymbol{\alpha}_1\}^{\perp}$ 的单位正交基 $\boldsymbol{\alpha}_2, \cdots, \boldsymbol{\alpha}_n$ 使得 $\sigma|_{\{\boldsymbol{\alpha}_1\}^{\perp}}$ 关于这个基的矩阵为对角阵. 所以 σ 关于 $\boldsymbol{\alpha}_1, \boldsymbol{\alpha}_2, \cdots, \boldsymbol{\alpha}_n$ 的矩阵是对角阵，而这就是 n 维酉空间 V 的一个单位正交基，定理得证.

证明正规变换可对角化也可以采用另一种思路. 在 5.4 节我们曾证明了复向量空间的线性变换可对角化当且仅当其最小多项式只有单根，因此只需证明正规变换的最小多项式只有单根. 读者可以循着以下这道练习列出的步骤来证明这一点.

练习 6.2.7 设 σ 是酉空间 V 的正规变换，求证：

(1) 对任意正整数 k，$\sigma^k(\boldsymbol{\alpha})=\mathbf{0}\Rightarrow\sigma(\boldsymbol{\alpha})=\mathbf{0}$；

(2) 对任意正整数 k，$(\sigma-\lambda\mathrm{id})^k(\boldsymbol{\alpha})=\mathbf{0}\Rightarrow(\sigma-\lambda\mathrm{id})(\boldsymbol{\alpha})=\mathbf{0}$；

(3) σ 的最小多项式的根都是单根.

定理 6.2.2 σ 是酉空间 V 上的线性变换，如果存在 V 的单位正交基使得 σ 关于这个基的矩阵为对角阵，则 σ 是正规变换.

证明 如果线性变换 σ 关于 V 的一个单位正交基的矩阵是对角阵 $\boldsymbol{N}$，那么它的伴随 σ^* 关于这同一个基的矩阵就是对角阵 $\boldsymbol{N}^*$. 因为对角阵可交换，所以 $\boldsymbol{N}\boldsymbol{N}^*=\boldsymbol{N}^*\boldsymbol{N}$，故 $\sigma\sigma^*=\sigma^*\sigma$.

由正规阵与正规变换之间的对应关系，上述两个定理也可以用矩阵的话表述如下.

定理 6.2.3 n 阶复矩阵 $\boldsymbol{N}$ 是正规阵当且仅当存在酉阵 $\boldsymbol{U}$ 使得 $\boldsymbol{U}^*\boldsymbol{N}\boldsymbol{U}$ 是对角阵.

6.2.3 埃尔米特(Hermite)变换与反埃尔米特变换

定义 6.2.3 σ 是酉空间 V 上的线性变换，如果 $\sigma=(-)\sigma^*$，或等价地，如果对任意 $\boldsymbol{\alpha}$，$\boldsymbol{\beta}\in V$，都有 $(\sigma(\boldsymbol{\alpha}),\boldsymbol{\beta})=(-)(\boldsymbol{\alpha},\sigma(\boldsymbol{\beta}))$，则称之为**(反)埃尔米特变换**. 复矩阵 $\boldsymbol{H}$ 称为**(反)埃尔米特矩阵**，或**(反)埃尔米特阵**，如果 $\boldsymbol{H}^*=(-)\boldsymbol{H}$.

例如 $\begin{pmatrix}1 & 3-\mathrm{i}\\ 3+\mathrm{i} & 2\end{pmatrix}$ 是埃尔米特阵，$\begin{pmatrix}0 & 1-\mathrm{i} & 0\\ -1-\mathrm{i} & \mathrm{i} & -2\\ 0 & 2 & 0\end{pmatrix}$ 是反埃尔米特阵. 埃尔米特阵对角元都是实数，反埃尔米特阵对角元是 0 或纯虚数.

练习 6.2.8 请问：是否存在酉空间 $\mathbf{C}^3$ 的埃尔米特变换 σ，使得

$$\sigma(1,\ \mathrm{i},\ -1)=(0,\ 0,\ 0),\ \sigma(1,\ 2,\ 3)=(1,\ 2,\ 3)?$$

练习 6.2.9 设 $[\boldsymbol{A},\ \boldsymbol{B}]=\boldsymbol{AB}-\boldsymbol{BA}$，如果 $\boldsymbol{A}$，$\boldsymbol{B}$ 都是埃尔米特阵，求证：$\mathrm{i}[\boldsymbol{A},\ \boldsymbol{B}]$ 也是.

练习 6.2.10 求证：

(1) 两个(反)埃尔米特变换之和仍然是(反)埃尔米特变换；

(2) 两个埃尔米特变换之积仍然是埃尔米特变换的充要条件是它们可交换.

练习 6.2.11 设 σ 是酉空间 V 的线性变换，求证：$\sigma\sigma^*$ 是埃尔米特变换.

练习 6.2.12 设 σ 是酉空间 V 的(反)埃尔米特变换，如果对 $\boldsymbol{\alpha}\in V$，有 $\sigma^2(\boldsymbol{\alpha})=\mathbf{0}$，求证：$\sigma(\boldsymbol{\alpha})=\mathbf{0}$.

练习 6.2.13 设 σ 是酉空间 V 的线性变换，求证：如果对任意 $\boldsymbol{\alpha}\in V$，

$$(\sigma(\boldsymbol{\alpha}),\boldsymbol{\alpha})=(-)(\boldsymbol{\alpha},\sigma(\boldsymbol{\alpha})),$$

则 σ 是(反)埃尔米特变换.

练习 6.2.14 求证：酉空间 V 的线性变换 σ 是埃尔米特变换当且仅当对任意 $\boldsymbol{\alpha}\in V$，$(\sigma(\boldsymbol{\alpha}),\boldsymbol{\alpha})\in\mathbf{R}$.

命题 6.2.4 如果线性变换 σ 关于单位正交基 $\boldsymbol{\alpha}_1,\ \boldsymbol{\alpha}_2,\ \cdots,\ \boldsymbol{\alpha}_n$ 的矩阵是 $\boldsymbol{H}$，则 σ 是(反)埃尔米特变换当且仅当 $\boldsymbol{H}$ 是(反)埃尔米特阵.

证明 设 $\sigma(\boldsymbol{\alpha}_1,\ \boldsymbol{\alpha}_2,\ \cdots,\ \boldsymbol{\alpha}_n)=(\boldsymbol{\alpha}_1,\ \boldsymbol{\alpha}_2,\ \cdots,\ \boldsymbol{\alpha}_n)\boldsymbol{H}$，所以

$$\sigma^*(\boldsymbol{\alpha}_1,\ \boldsymbol{\alpha}_2,\ \cdots,\ \boldsymbol{\alpha}_n)=(\boldsymbol{\alpha}_1,\ \boldsymbol{\alpha}_2,\ \cdots,\ \boldsymbol{\alpha}_n)\boldsymbol{H}^*.$$

因此，$\sigma^*=(-)\sigma\Leftrightarrow\boldsymbol{H}^*=(-)\boldsymbol{H}$.

由于 $\sigma^*=(-)\sigma$，则 $\sigma\sigma^*=(-)\sigma^2=\sigma^*\sigma$，所以，(反)埃尔米特变换也是正规变换，故它的属于不同特征值的特征向量相互正交，而且有如下对角化定理.

定理 6.2.4 若 σ 是酉空间 V 上的(反)埃尔米特变换，则存在酉空间 V 的单位正交基 $\boldsymbol{\alpha}_1, \boldsymbol{\alpha}_2, \cdots, \boldsymbol{\alpha}_n$，使得 σ 关于这个基的矩阵为对角阵.

推论 6.2.2 如果 σ 是埃尔米特变换，其特征值都是实数；如果 σ 是反埃尔米特变换，其特征值是 0 或纯虚数.

证明 设 $\boldsymbol{\alpha}_1, \boldsymbol{\alpha}_2, \cdots, \boldsymbol{\alpha}_n$ 是酉空间 V 的单位正交基，且

$$\sigma(\boldsymbol{\alpha}_1, \boldsymbol{\alpha}_2, \cdots, \boldsymbol{\alpha}_n)=(\boldsymbol{\alpha}_1, \boldsymbol{\alpha}_2, \cdots, \boldsymbol{\alpha}_n)\begin{pmatrix}\lambda_1 & & & \\ & \lambda_2 & & \\ & & \ddots & \\ & & & \lambda_n\end{pmatrix},$$

其中，$\lambda_1, \lambda_2, \cdots, \lambda_n$ 是 σ 的全部特征值. 所以

$$\begin{aligned}\sigma^*(\boldsymbol{\alpha}_1, \boldsymbol{\alpha}_2, \cdots, \boldsymbol{\alpha}_n)&=(\boldsymbol{\alpha}_1, \boldsymbol{\alpha}_2, \cdots, \boldsymbol{\alpha}_n)\begin{pmatrix}\lambda_1 & & & \\ & \lambda_2 & & \\ & & \ddots & \\ & & & \lambda_n\end{pmatrix}^*\\ &=(\boldsymbol{\alpha}_1, \boldsymbol{\alpha}_2, \cdots, \boldsymbol{\alpha}_n)\begin{pmatrix}\bar{\lambda}_1 & & & \\ & \bar{\lambda}_2 & & \\ & & \ddots & \\ & & & \bar{\lambda}_n\end{pmatrix}.\end{aligned}$$

如果 σ 是埃尔米特变换，$\sigma=\sigma^*$，则

$$\begin{pmatrix}\lambda_1 & & & \\ & \lambda_2 & & \\ & & \ddots & \\ & & & \lambda_n\end{pmatrix}=\begin{pmatrix}\bar{\lambda}_1 & & & \\ & \bar{\lambda}_2 & & \\ & & \ddots & \\ & & & \bar{\lambda}_n\end{pmatrix},$$

即 $\lambda_i=\bar{\lambda}_i$，从而 $\lambda_i\in\mathbf{R}$. 如果 σ 是反埃尔米特变换，$\sigma=-\sigma^*$，则

$$\begin{pmatrix}\lambda_1 & & & \\ & \lambda_2 & & \\ & & \ddots & \\ & & & \lambda_n\end{pmatrix}=-\begin{pmatrix}\bar{\lambda}_1 & & & \\ & \bar{\lambda}_2 & & \\ & & \ddots & \\ & & & \bar{\lambda}_n\end{pmatrix},$$

所以 $\lambda_i=-\bar{\lambda}_i$，即 $\lambda_i=0$ 或 λ_i 是纯虚数.

练习 6.2.15 求证：若 σ 是酉空间 V 上的埃尔米特变换，并且 $\sigma^7=\sigma^6$，则 $\sigma^2=\sigma$.

练习 6.2.16 酉空间 V 上的线性变换 σ 称为**正定变换**，如果对任意非零向量 $\boldsymbol{\alpha}\in V$，都有 $(\sigma(\boldsymbol{\alpha}),\boldsymbol{\alpha})=(\boldsymbol{\alpha},\sigma(\boldsymbol{\alpha}))>0$. 求证：

(1) 正定变换是埃尔米特变换；

(2) 正定变换的特征值都大于 0；

(3) 若σ是正定变换，则存在正定变换τ，使得$\sigma=\tau^2$；

(4) 两个正定变换的乘积仍是正定变换的充要条件是它们可交换.

练习 6.2.17 若σ是酉空间V上的埃尔米特变换，求证：存在正实数c，使得对任意$\boldsymbol{\alpha}\in V$，都有$\|\sigma(\boldsymbol{\alpha})\|\leqslant c\|\boldsymbol{\alpha}\|$.

定理 6.2.5 如果$\boldsymbol{H}$是埃尔米特阵，那么存在酉阵$\boldsymbol{U}$，使得$\boldsymbol{U}^*\boldsymbol{H}\boldsymbol{U}$是实对角阵；如果$\boldsymbol{H}$是反埃尔米特阵，则存在酉阵$\boldsymbol{U}$，使得$\boldsymbol{U}^*\boldsymbol{H}\boldsymbol{U}$是对角元为0或纯虚数的对角阵.

和5.4节对矩阵对角化的讨论一样，酉阵U是由H的特征向量按列排成的. 但酉阵的列向量是单位正交的，所以要对属于同一特征值的特征向量进行格拉姆-施密特单位正交化. 至于属于不同特征值的特征向量，则已经正交.

练习 6.2.18 $\boldsymbol{H}=\begin{pmatrix}2 & \mathrm{i}\\ -\mathrm{i} & 2\end{pmatrix}$，求酉阵$\boldsymbol{U}$使得$\boldsymbol{U}^*\boldsymbol{H}\boldsymbol{U}$为对角阵.

练习 6.2.19 设$\boldsymbol{H}=\begin{pmatrix}a & b\\ \bar{b} & c\end{pmatrix}$是$2\times 2$埃尔米特阵，$\lambda,\mu(\lambda\geqslant\mu)$是它的两个特征值，求证：$2|b|\leqslant\lambda-\mu$.

练习 6.2.20 设$\boldsymbol{A}$是反埃尔米特阵，求证：

(1) $\boldsymbol{A}$的特征值是0或纯虚数；

(2) $\boldsymbol{I}-\boldsymbol{A}$是可逆阵；

(3) $(\boldsymbol{I}-\boldsymbol{A})^{-1}(\boldsymbol{I}+\boldsymbol{A})$是酉阵.

6.2.4 酉变换

定义 6.2.4 酉空间V上的线性变换σ如果满足

$$\sigma\sigma^*=\sigma^*\sigma=\mathrm{id},$$

或者等价地，如果对任意$\boldsymbol{\alpha},\boldsymbol{\beta}\in V$，都有$(\sigma(\boldsymbol{\alpha}),\sigma(\boldsymbol{\beta}))=(\boldsymbol{\alpha},\boldsymbol{\beta})$，则称为**酉变换**.

定理 6.2.6 酉空间V上的线性变换σ是酉变换当且仅当对任意$\boldsymbol{\alpha}\in V$，都有

$$\|\sigma(\boldsymbol{\alpha})\|=\|\boldsymbol{\alpha}\|.$$

证明 如果σ是酉变换，那么$\|\sigma(\boldsymbol{\alpha})\|^2=(\sigma(\boldsymbol{\alpha}),\sigma(\boldsymbol{\alpha}))=(\boldsymbol{\alpha},\boldsymbol{\alpha})=\|\boldsymbol{\alpha}\|^2$. 反过来，对任意$\boldsymbol{\alpha},\boldsymbol{\beta}\in V$，因为$\|\sigma(\boldsymbol{\alpha}+\boldsymbol{\beta})\|=\|\boldsymbol{\alpha}+\boldsymbol{\beta}\|$，所以

$$(\sigma(\boldsymbol{\alpha}+\boldsymbol{\beta}),\sigma(\boldsymbol{\alpha}+\boldsymbol{\beta}))=(\boldsymbol{\alpha}+\boldsymbol{\beta},\boldsymbol{\alpha}+\boldsymbol{\beta}).$$

将等号两边的内积展开，消去相等的$\|\sigma(\boldsymbol{\alpha})\|^2$与$\|\boldsymbol{\alpha}\|^2$以及$\|\sigma(\boldsymbol{\beta})\|^2$与$\|\boldsymbol{\beta}\|^2$，得到

$$(\sigma(\boldsymbol{\alpha}),\sigma(\boldsymbol{\beta}))+(\sigma(\boldsymbol{\beta}),\sigma(\boldsymbol{\alpha}))=(\boldsymbol{\alpha},\boldsymbol{\beta})+(\boldsymbol{\beta},\boldsymbol{\alpha}).\tag{6.2.1}$$

又因为$\|\sigma(\boldsymbol{\alpha}+\mathrm{i}\boldsymbol{\beta})\|=\|\boldsymbol{\alpha}+\mathrm{i}\boldsymbol{\beta}\|$，做类似的计算得到

$$(\sigma(\boldsymbol{\alpha}),\sigma(\boldsymbol{\beta}))-(\sigma(\boldsymbol{\beta}),\sigma(\boldsymbol{\alpha}))=(\boldsymbol{\alpha},\boldsymbol{\beta})-(\boldsymbol{\beta},\boldsymbol{\alpha}).\tag{6.2.2}$$

比较式(6.2.1)和式(6.2.2)，即可得$(\sigma(\boldsymbol{\alpha}),\sigma(\boldsymbol{\beta}))=(\boldsymbol{\alpha},\boldsymbol{\beta})$.

练习 6.2.21 请问：如果不假设σ是线性变换，能否从"对任意$\boldsymbol{\alpha},\boldsymbol{\beta}\in V$，都有$(\sigma(\boldsymbol{\alpha}),\sigma(\boldsymbol{\beta}))=(\boldsymbol{\alpha},\boldsymbol{\beta})$"推出$\sigma$是酉变换？又能否从"对任意$\boldsymbol{\alpha}\in V$，都有$\|\sigma(\boldsymbol{\alpha})\|=\|\boldsymbol{\alpha}\|$"推出$\sigma$是酉变换？

练习 6.2.22 求证：酉空间$M_n(\mathbf{C})$(见例6.1.2)上的线性变换

$$\tau: M_n(\mathbf{C})\to M_n(\mathbf{C})$$

$$\boldsymbol{A}\mapsto\boldsymbol{A}^{\mathrm{T}}$$

是酉变换. 请问：$\sigma(\mathbf{A})=\mathbf{A}^*$ 也是酉空间 $M_n(\mathbf{C})$ 上的酉变换吗？

练习 6.2.23 试问：酉空间 $\mathbf{C}^n$ 的线性变换

$$\sigma:\ \mathbf{C}^n \to \mathbf{C}^n$$
$$(x_1, x_2, \cdots, x_n) \mapsto (0, x_1, \cdots, x_{n-1})$$

是酉变换吗？

定理 6.2.7 酉空间 V 的线性变换 σ 是酉变换当且仅当 σ 把 V 的单位正交基仍然变为 V 的单位正交基.

证明 设 $\boldsymbol{\alpha}_1, \boldsymbol{\alpha}_2, \cdots, \boldsymbol{\alpha}_n$ 是酉空间 V 的单位正交基. 如果 σ 是酉变换，并且

$$\sigma(\boldsymbol{\alpha}_i) = \boldsymbol{\beta}_i,\ i = 1, 2, \cdots, n.$$

那么 $(\boldsymbol{\beta}_i, \boldsymbol{\beta}_j) = (\sigma(\boldsymbol{\alpha}_i), \sigma(\boldsymbol{\alpha}_j)) = (\boldsymbol{\alpha}_i, \boldsymbol{\alpha}_j) = \delta_{ij}$，所以 $\boldsymbol{\beta}_1, \boldsymbol{\beta}_2, \cdots, \boldsymbol{\beta}_n$ 也是酉空间 V 的单位正交基. 反过来，若 σ 把 V 的单位正交基 $\boldsymbol{\alpha}_1, \boldsymbol{\alpha}_2, \cdots, \boldsymbol{\alpha}_n$ 仍然变为 V 的单位正交基，任取 $\boldsymbol{\gamma} = \sum_{i=1}^{n} x_i \boldsymbol{\alpha}_i$，那么

$$\| \sigma(\boldsymbol{\gamma}) \|^2 = \| \sum_{i=1}^{n} x_i \sigma(\boldsymbol{\alpha}_i) \|^2 = \sum_{i=1}^{n} | x_i |^2 = \| \boldsymbol{\gamma} \|^2,$$

从而 σ 是酉变换.

和正规变换及(反)埃尔米特变换一样，酉变换关于单位正交基的矩阵是酉阵. 证明与前述两种变换的对应命题类似.

练习 6.2.24 求证：如果线性变换 σ 关于单位正交基 $\boldsymbol{\alpha}_1, \boldsymbol{\alpha}_2, \cdots, \boldsymbol{\alpha}_n$ 矩阵是 $\boldsymbol{U}$，则 σ 是酉变换当且仅当 $\boldsymbol{U}$ 是酉阵.

练习 6.2.25 给定酉空间 V 的两个单位正交基：$\boldsymbol{\alpha}_1, \boldsymbol{\alpha}_2, \cdots, \boldsymbol{\alpha}_n$ 和 $\boldsymbol{\beta}_1, \boldsymbol{\beta}_2, \cdots, \boldsymbol{\beta}_n$，求证：存在唯一的酉变换 σ，使得

$$\sigma(\boldsymbol{\alpha}_i) = \boldsymbol{\beta}_i,\ i = 1, 2, \cdots, n.$$

由于酉变换也是正规变换，因此有如下对角化定理.

定理 6.2.8 σ 是酉空间 V 上的酉变换，则存在 V 的单位正交基 $\boldsymbol{\alpha}_1, \boldsymbol{\alpha}_2, \cdots, \boldsymbol{\alpha}_n$，使得 σ 关于这个基的矩阵为对角阵.

推论 6.2.3 酉空间 V 上的酉变换 σ 的特征值的模都等于 1.

证明 设 σ 关于单位正交基 $\boldsymbol{\alpha}_1, \boldsymbol{\alpha}_2, \cdots, \boldsymbol{\alpha}_n$ 的矩阵为

$$\begin{pmatrix} \lambda_1 & & & \\ & \lambda_2 & & \\ & & \ddots & \\ & & & \lambda_n \end{pmatrix},$$

其中，$\lambda_1, \lambda_2, \cdots, \lambda_n$ 是 σ 的全部特征值. 因为它是酉阵，所以

$$\begin{pmatrix} \lambda_1 & & & \\ & \lambda_2 & & \\ & & \ddots & \\ & & & \lambda_n \end{pmatrix}\begin{pmatrix} \bar{\lambda}_1 & & & \\ & \bar{\lambda}_2 & & \\ & & \ddots & \\ & & & \bar{\lambda}_n \end{pmatrix} = \begin{pmatrix} |\lambda_1|^2 & & & \\ & |\lambda_2|^2 & & \\ & & \ddots & \\ & & & |\lambda_n|^2 \end{pmatrix} = \begin{pmatrix} 1 & & & \\ & 1 & & \\ & & \ddots & \\ & & & 1 \end{pmatrix}.$$

这就证明了每个特征值的模都等于 1.

推论 6.2.4 酉阵的特征值的模等于 1.

6.3 欧氏空间及其上的线性变换

本节中有许多概念和定理与前两节的相应概念和定理在表述和证明方面都十分相似，因此对此类概念和定理都只作简单介绍，或留作习题，不再过多重复. 我们将把注意力放在欧氏空间特有的性质上.

6.3.1 欧氏空间

定义 6.3.1 V 是实数域 $\mathbf{R}$ 上的向量空间，V 上的一个二元实值函数称作(**实**)**内积**，记作$(\boldsymbol{\alpha}, \boldsymbol{\beta})$，如果它满足：

(1) $(\boldsymbol{\alpha}, \boldsymbol{\beta})=(\boldsymbol{\beta}, \boldsymbol{\alpha})$;

(2) $(k_1\boldsymbol{\alpha}_1+k_2\boldsymbol{\alpha}_2, \boldsymbol{\beta})=k_1(\boldsymbol{\alpha}_1, \boldsymbol{\beta})+k_2(\boldsymbol{\alpha}_2, \boldsymbol{\beta})$;

(3) $(\boldsymbol{\alpha}, \boldsymbol{\alpha})\geqslant 0$，且$(\boldsymbol{\alpha}, \boldsymbol{\alpha})=0$ 当且仅当 $\boldsymbol{\alpha}=\mathbf{0}$.

定义了内积的实空间称为**欧氏空间**.

本节的 V 都表示欧氏空间. 欧氏空间的子空间关于其内积也作成一个欧氏空间.

练习 6.3.1 求证：对任意的 $\boldsymbol{\alpha}, \boldsymbol{\beta}_1, \boldsymbol{\beta}_2\in V$，$(\boldsymbol{\alpha}, k_1\boldsymbol{\beta}_1+k_2\boldsymbol{\beta}_2)=k_1(\boldsymbol{\alpha}, \boldsymbol{\beta}_1)+k_2(\boldsymbol{\alpha}, \boldsymbol{\beta}_2)$.

规定$\sqrt{(\boldsymbol{\alpha}, \boldsymbol{\alpha})}$为向量 $\boldsymbol{\alpha}$ 的**长度**，记为 $\|\boldsymbol{\alpha}\|$. 和酉空间一样，$\|k\boldsymbol{\alpha}\|=|k|\cdot\|\boldsymbol{\alpha}\|$. 并且

$$\|\boldsymbol{\alpha}\|=0\Leftrightarrow\boldsymbol{\alpha}=\mathbf{0}.$$

长度为 1 的向量称为**单位向量**，每个非零向量都可化为单位向量.

练习 6.3.2 求证：对任意 $\boldsymbol{\alpha}, \boldsymbol{\beta}\in V$，$4(\boldsymbol{\alpha}, \boldsymbol{\beta})=\|\boldsymbol{\alpha}+\boldsymbol{\beta}\|^2-\|\boldsymbol{\alpha}-\boldsymbol{\beta}\|^2$.

例 6.3.1 在 $\mathbf{R}^n$ 中规定

$$(\boldsymbol{\alpha}, \boldsymbol{\beta})=x_1y_1+x_2y_2+\cdots+x_ny_n=\boldsymbol{\alpha}^{\mathrm{T}}\boldsymbol{\beta},$$

其中 $\boldsymbol{\alpha}=\begin{pmatrix}x_1\\x_2\\\vdots\\x_n\end{pmatrix}$，$\boldsymbol{\beta}=\begin{pmatrix}y_1\\y_2\\\vdots\\y_n\end{pmatrix}\in\mathbf{R}^n$. 不难证明这是一个内积，称为欧氏空间 $\mathbf{R}^n$ 的**标准内积**. 以后提到欧氏空间 $\mathbf{R}^n$ 的内积都是指标准内积. 向量的长度

$$\|\boldsymbol{\alpha}\|=\sqrt{x_1^2+x_2^2+\cdots+x_n^2}.$$

练习 6.3.3 对 $\boldsymbol{A}, \boldsymbol{B}\in M_n(\mathbf{R})$，规定$(\boldsymbol{A}, \boldsymbol{B})=\mathrm{tr}(\boldsymbol{A}^{\mathrm{T}}\boldsymbol{B})$，求证：$(\boldsymbol{A}, \boldsymbol{B})$定义了 $M_n(\mathbf{R})$的一个内积.

例 6.3.2 在 $\mathrm{C}[a,b]$中定义

$$(f,g)=\int_a^b f(x)g(x)\mathrm{d}x,$$

其中 $f,g\in\mathrm{C}[a,b]$. 根据定积分的性质不难证明这是一个内积. 向量的长度

$$\|f\|=\sqrt{\int_a^b f^2(x)\mathrm{d}x}.$$

在欧氏空间中也有柯西—施瓦茨不等式：设 $\boldsymbol{\alpha}, \boldsymbol{\beta}$ 是欧氏空间 V 的任意两个向量，则

$$|(\boldsymbol{\alpha}, \boldsymbol{\beta})|\leqslant\|\boldsymbol{\alpha}\|\cdot\|\boldsymbol{\beta}\|.$$

等号成立当且仅当 $\boldsymbol{\alpha}, \boldsymbol{\beta}$ 线性相关.

练习 6.3.4 求证：

$$(a_1b_1+a_2b_2+\cdots+a_nb_n)^2\leqslant(a_1^2+a_2^2+\cdots+a_n^2)(b_1^2+b_2^2+\cdots+b_n^2),$$

其中 $a_i, b_i\in\mathbf{R}$.

练习 6.3.5 求证：

$$\left(\int_a^b f(x)g(x)\mathrm{d}x\right)^2\leqslant\int_a^b f(x)^2\mathrm{d}x\int_a^b g(x)^2\mathrm{d}x,$$

其中 $f(x), g(x)\in C[a,b]$.

和酉空间一样，在欧氏空间中也有三角不等式. 向量之间的**距离**定义为

$$d(\boldsymbol{\alpha},\boldsymbol{\beta})=\|\boldsymbol{\alpha}-\boldsymbol{\beta}\|$$

相应的性质也同样成立.

对欧氏空间 V 的两个非零向量 $\boldsymbol{\alpha}$，$\boldsymbol{\beta}$，还可定义二者之间的**夹角**

$$\theta=\arccos\frac{(\boldsymbol{\alpha},\boldsymbol{\beta})}{\|\boldsymbol{\alpha}\|\cdot\|\boldsymbol{\beta}\|}.\tag{6.3.1}$$

练习 6.3.6 在欧氏空间 $\mathbf{R}^n$ 中求向量 $(1,1,\cdots,1)$ 与标准基的每个基向量的夹角.

练习 6.3.7 在欧氏空间 $\mathbf{R}^4$ 中求向量 $(1,0,1,2)$ 与 $(2,1,1,-3)$ 的每个基向量的夹角.

练习 6.3.8 请问：在酉空间中能用式(6.3.1)来定义向量之间的夹角吗？为什么？

如果 $(\boldsymbol{\alpha},\boldsymbol{\beta})=0$，称 $\boldsymbol{\alpha}$ 与 $\boldsymbol{\beta}$ **正交**，记作 $\boldsymbol{\alpha}\perp\boldsymbol{\beta}$. 由于零向量与任意向量内积为零，所以它与任意向量正交. 与酉空间一样，可类似地定义**正交组**，**单位正交组**，**正交基**，**单位正交基**等概念，并且正交组必定是线性无关向量组. $\boldsymbol{\alpha}_1,\boldsymbol{\alpha}_2,\cdots,\boldsymbol{\alpha}_n$ 是欧氏空间 V 的单位正交基当且仅当 $(\boldsymbol{\alpha}_i,\boldsymbol{\alpha}_j)=\delta_{ij}$.

例 6.3.3 $\mathbf{R}^n$ 的标准基

$$\boldsymbol{\varepsilon}_i=(0,\cdots,0,\overset{i}{1},0,\cdots,0)\ (i=1,2,\cdots,n)$$

满足 $(\boldsymbol{\varepsilon}_i,\boldsymbol{\varepsilon}_j)=\delta_{ij}$，所以是 $\mathbf{R}^n$ 的单位正交基.

练习 6.3.9 在欧氏空间 $\mathbf{R}^4$ 中求一个单位向量，使之与向量

$$(1,1,1,1),(1,-1,2,3),(0,1,2,3)$$

都正交.

练习 6.3.10 设 $\boldsymbol{\varepsilon}_1,\boldsymbol{\varepsilon}_2,\boldsymbol{\varepsilon}_3,\boldsymbol{\varepsilon}_4$ 是欧氏空间 V 的一个单位正交基，证明如下四个向量也是.

$$\boldsymbol{\alpha}_1=\frac{1}{2\sqrt{3}}(\boldsymbol{\varepsilon}_1+\boldsymbol{\varepsilon}_2+\boldsymbol{\varepsilon}_3+3\boldsymbol{\varepsilon}_4),\boldsymbol{\alpha}_2=\frac{1}{2\sqrt{3}}(\boldsymbol{\varepsilon}_1-3\boldsymbol{\varepsilon}_2-\boldsymbol{\varepsilon}_3+\boldsymbol{\varepsilon}_4),$$

$$\boldsymbol{\alpha}_3=\frac{1}{2\sqrt{3}}(\boldsymbol{\varepsilon}_1-\boldsymbol{\varepsilon}_2+3\boldsymbol{\varepsilon}_3-\boldsymbol{\varepsilon}_4),\boldsymbol{\alpha}_4=\frac{1}{2\sqrt{3}}(3\boldsymbol{\varepsilon}_1+\boldsymbol{\varepsilon}_2-\boldsymbol{\varepsilon}_3-\boldsymbol{\varepsilon}_4).$$

如果 $\boldsymbol{\alpha}_1,\boldsymbol{\alpha}_2,\cdots,\boldsymbol{\alpha}_n$ 是欧氏空间 V 的单位正交基，$\boldsymbol{\alpha}$，$\boldsymbol{\beta}$ 是 V 中任意两个向量，且

$$\boldsymbol{\alpha}=x_1\boldsymbol{\alpha}_1+x_2\boldsymbol{\alpha}_2+\cdots+x_n\boldsymbol{\alpha}_n,\boldsymbol{\beta}=y_1\boldsymbol{\alpha}_1+y_2\boldsymbol{\alpha}_2+\cdots+y_n\boldsymbol{\alpha}_n.$$

则

(1) $x_i=(\boldsymbol{\alpha},\boldsymbol{\alpha}_i)$，$i=1,2,\cdots,n$；

(2) $\boldsymbol{\alpha}=\boldsymbol{\beta}\Leftrightarrow(\boldsymbol{\alpha},\boldsymbol{\alpha}_i)=(\boldsymbol{\beta},\boldsymbol{\alpha}_i)$，$i=1,2,\cdots,n$；

(3) $\boldsymbol{\alpha}=\mathbf{0} \Leftrightarrow (\boldsymbol{\alpha}, \boldsymbol{\alpha}_i)=0$, $i=1, 2, \cdots, n$;

(4) $(\boldsymbol{\alpha}, \boldsymbol{\beta})=x_1 y_1+x_2 y_2+\cdots+x_n y_n$;

(5) $\|\boldsymbol{\alpha}\|^2=x_1^2+x_2^2+\cdots+x_n^2$;

(6) $d(\boldsymbol{\alpha}, \boldsymbol{\beta})=\|\boldsymbol{\alpha}-\boldsymbol{\beta}\|=\sqrt{(x_1-y_1)^2+(x_2-y_2)^2+\cdots+(x_n-y_n)^2}$.

在欧氏空间中也与在酉空间中类似,可以用格拉姆-施密特单位正交化方法从线性无关向量组 $\boldsymbol{\alpha}_1, \boldsymbol{\alpha}_2, \cdots, \boldsymbol{\alpha}_s$ 出发得到一个单位正交组 $\boldsymbol{\gamma}_1, \boldsymbol{\gamma}_2, \cdots, \boldsymbol{\gamma}_s$:

(1) 令 $\boldsymbol{\beta}_1=\boldsymbol{\alpha}_1$,取 $\boldsymbol{\gamma}_1=\dfrac{\boldsymbol{\beta}_1}{\|\boldsymbol{\beta}_1\|}$;

(2) 令 $\boldsymbol{\beta}_i=\boldsymbol{\alpha}_i-\sum\limits_{k=1}^{i-1}(\boldsymbol{\alpha}_i, \boldsymbol{\gamma}_k)\boldsymbol{\gamma}_k$, $i=2,\cdots,n$,取 $\boldsymbol{\gamma}_i=\dfrac{\boldsymbol{\beta}_i}{\|\boldsymbol{\beta}_i\|}$.

因此,在欧氏空间中也有类似定理 6.1.4 的相应的扩基定理:欧氏空间中的正交组总可以扩充为正交基.故非零欧氏空间必有单位正交基.

练习 6.3.11 对线性无关向量组

$\boldsymbol{\alpha}_1=(0, 2, 1, 0)$, $\boldsymbol{\alpha}_2=(1, -1, 0, 0)$, $\boldsymbol{\alpha}_3=(1, 2, 0, -1)$, $\boldsymbol{\alpha}_4=(1, 0, 0, 1)$

施行格拉姆-施密特正交化,求得 $\mathbf{R}^4$ 的一个单位正交基.

练习 6.3.12 在欧氏空间 $C[-1,1]$ 中,对线性无关向量 $\{1, x, x^2, x^3\}$ 施行格拉姆-施密特正交化,求出一个单位正交组.

从欧氏空间的一个单位正交基到另一个单位正交基的过渡矩阵满足等式 $\boldsymbol{U}\boldsymbol{U}^{\mathrm{T}}=\boldsymbol{U}^{\mathrm{T}}\boldsymbol{U}=\boldsymbol{I}$,称为**正交矩阵**,或**正交阵**.

练习 6.3.13 设 $\boldsymbol{U}=(\boldsymbol{\alpha}_1, \boldsymbol{\alpha}_2, \cdots, \boldsymbol{\alpha}_n)$,列向量 $\boldsymbol{\alpha}_i \in \mathbf{R}^n$.求证:

$$\boldsymbol{U} \text{ 是正交阵} \Leftrightarrow \boldsymbol{\alpha}_1, \boldsymbol{\alpha}_2, \cdots, \boldsymbol{\alpha}_n \text{ 构成 } \mathbf{R}^n \text{ 的单位正交基.}$$

练习 6.3.14 设 $\boldsymbol{U}$ 是欧氏空间 V 的单位正交基 $\boldsymbol{\alpha}_1, \boldsymbol{\alpha}_2, \cdots, \boldsymbol{\alpha}_n$ 到另一个基 $\boldsymbol{\beta}_1, \boldsymbol{\beta}_2, \cdots, \boldsymbol{\beta}_n$ 的过渡矩阵,求证:

$$\boldsymbol{U} \text{ 是正交阵} \Leftrightarrow \boldsymbol{\beta}_1, \boldsymbol{\beta}_2, \cdots, \boldsymbol{\beta}_n \text{ 是 } V \text{ 的单位正交基.}$$

练习 6.3.15 证明:

(1) 正交阵的乘积是正交矩阵;

(2) 正交阵的逆和转置也是正交矩阵;

(3) 正交阵的行列式等于 1 或 -1.

练习 6.3.16 证明:行列式等于 1 的 3 阶正交阵必有特征值 1.如果行列式等于 -1 呢?

对欧氏空间 V 中的子空间 W,也可类似酉空间那样定义其**正交补**,记作 $W^{\perp}$.同理,有 $V=W \oplus W^{\perp}$.对任意的 $\boldsymbol{\alpha} \in V$,可将之唯一地分解为 $\boldsymbol{\beta}+\boldsymbol{\gamma}$,其中 $\boldsymbol{\beta} \in W$, $\boldsymbol{\gamma} \in W^{\perp}$,分别称作 $\boldsymbol{\alpha}$ 在 W 和 $W^{\perp}$ 上的**正射影**.对于正射影,也有下列不等式:

$$d(\boldsymbol{\alpha}, \boldsymbol{\beta}) < d(\boldsymbol{\alpha}, \boldsymbol{\beta}'), \boldsymbol{\beta}' \in W \text{ 且 } \boldsymbol{\beta}' \neq \boldsymbol{\beta}.$$

其中 $d(\boldsymbol{\alpha}, \boldsymbol{\beta})=\|\boldsymbol{\alpha}-\boldsymbol{\beta}\|$,是向量 $\boldsymbol{\alpha}$ 与 $\boldsymbol{\beta}$ 的距离.

练习 6.3.17 设 $\mathbf{A}=(a_{ij}) \in \mathbf{R}^{m \times n}$, $\boldsymbol{b}=(b_1, b_2, \cdots, b_n)^{\mathrm{T}} \in \mathbf{R}^n$,求证:矩阵 $\mathbf{A}$ 的**行空间** $\mathrm{Row}(\mathbf{A})$(即矩阵 $\mathbf{A}$ 的行向量生成的子空间)是齐次方程组 $\mathbf{AZ}=\mathbf{0}$ 的解空间的正交补.

练习 6.3.18 设 $\mathbf{A}=(a_{ij}) \in M_n(\mathbf{R})$, $\boldsymbol{b}=(b_1, b_2, \cdots, b_n)^{\mathrm{T}} \in \mathbf{R}^n$,求证:实数域上的线性方程组 $\mathbf{AZ}=\boldsymbol{b}$ 有解的充要条件是 $\boldsymbol{b}$ 正交于齐次方程组 $\mathbf{A}^{\mathrm{T}}\mathbf{Z}=\mathbf{0}$ 的解空间.

练习 6.3.19 设 $W=\text{span}((1,1,0,0),(1,1,1,2))\subseteq\mathbf{R}^4$，求一个向量 $\boldsymbol{\alpha}\in W$，使得它与向量 $(1,-2,1,0)$ 的距离尽可能地小.

可类似酉空间那样定义欧氏空间的同构. 两个欧氏空间同构当且仅当它们同维，因此，所有 n 维欧氏空间都同构于 $\mathbf{R}^n$.

6.3.2 复化

接下来我们要研究实空间与复空间之间的联系.

定义 6.3.2 假设 V 是实向量空间，规定

$$V^+=\{\langle\boldsymbol{\alpha},\boldsymbol{\beta}\rangle\mid\boldsymbol{\alpha},\boldsymbol{\beta}\in V\}.$$

在 V^+ 上定义加法和数乘如下：

$$\langle\boldsymbol{\alpha}_1,\boldsymbol{\beta}_1\rangle+\langle\boldsymbol{\alpha}_2,\boldsymbol{\beta}_2\rangle=\langle\boldsymbol{\alpha}_1+\boldsymbol{\alpha}_2,\boldsymbol{\beta}_1+\boldsymbol{\beta}_2\rangle,$$
$$(a+\mathrm{i}b)\langle\boldsymbol{\alpha},\boldsymbol{\beta}\rangle=\langle a\boldsymbol{\alpha}-b\boldsymbol{\beta},b\boldsymbol{\alpha}+a\boldsymbol{\beta}\rangle.$$

则 V^+ 关于上述加法和数乘构成 C 上的向量空间，称之为实向量空间 V 的**复化**.

不难验证，集合

$$W=\{\langle\boldsymbol{\alpha},\mathbf{0}\rangle\mid\boldsymbol{\alpha}\in V\},U=\{\langle\mathbf{0},\boldsymbol{\beta}\rangle\mid\boldsymbol{\beta}\in V\}$$

是 V^+ 的两个子空间，且 $V=W\oplus U$. 另外，从 V^+ 的数乘的定义可得 $\langle\mathbf{0},\boldsymbol{\beta}\rangle=\mathrm{i}\langle\boldsymbol{\beta},\mathbf{0}\rangle$，所以 V^+ 中的元素 $\langle\boldsymbol{\alpha},\boldsymbol{\beta}\rangle$ 都可以唯一地写成 $\langle\boldsymbol{\alpha},\mathbf{0}\rangle+\mathrm{i}\langle\boldsymbol{\beta},\mathbf{0}\rangle$. 如果仍将 $\langle\boldsymbol{\alpha},\mathbf{0}\rangle$ 记作 $\boldsymbol{\alpha}$，那么 V^+ 中的元素 $\langle\boldsymbol{\alpha},\boldsymbol{\beta}\rangle$ 就可以直接写成 $\boldsymbol{\alpha}+\mathrm{i}\boldsymbol{\beta}$，以下我们将采用这种写法. 在这种新记号下，$V^+$ 上的加法和数乘写起来就是

$$(\boldsymbol{\alpha}_1+\mathrm{i}\boldsymbol{\beta}_1)+(\boldsymbol{\alpha}_2+\mathrm{i}\boldsymbol{\beta}_2)=(\boldsymbol{\alpha}_1+\boldsymbol{\beta}_1)+\mathrm{i}(\boldsymbol{\alpha}_2+\boldsymbol{\beta}_2),$$
$$(a+\mathrm{i}b)(\boldsymbol{\alpha}+\mathrm{i}\boldsymbol{\beta})=(a\boldsymbol{\alpha}-b\boldsymbol{\beta})+\mathrm{i}(b\boldsymbol{\alpha}+a\boldsymbol{\beta}).$$

练习 6.3.20 假设 V 是实向量空间，V^+ 是它的复化. 求证：$\dim_{\mathbf{C}}V^+=\dim_{\mathbf{R}}V$.

也可以将 V 上的线性变换 σ 复化. 规定

$$\sigma^+(\boldsymbol{\alpha}+\mathrm{i}\boldsymbol{\beta})=\sigma(\boldsymbol{\alpha})+\mathrm{i}\sigma(\boldsymbol{\beta}),$$

易证 $\sigma^+\in L(V^+)$.

练习 6.3.21 求证：$(k\sigma)^+=k\sigma^+$，$(\sigma+\tau)^+=\sigma^++\tau^+$.

练习 6.3.22 求证：$(\mathrm{id}_V)^+=\mathrm{id}_{V^+}$.

σ^+ 必有一个特征值，如果 $\lambda=a+\mathrm{i}b$ 是它的一个特征值，$\boldsymbol{\alpha}+\mathrm{i}\boldsymbol{\beta}$ 是属于 $a+\mathrm{i}b$ 的特征向量，由于

$$\sigma(\boldsymbol{\alpha})+\mathrm{i}\sigma(\boldsymbol{\beta})=\sigma^+(\boldsymbol{\alpha}+\mathrm{i}\boldsymbol{\beta})=(a+\mathrm{i}b)(\boldsymbol{\alpha}+\mathrm{i}\boldsymbol{\beta})=a\boldsymbol{\alpha}-b\boldsymbol{\beta}+\mathrm{i}(b\boldsymbol{\alpha}+a\boldsymbol{\beta}),$$

所以

$$\sigma(\boldsymbol{\alpha})=a\boldsymbol{\alpha}-b\boldsymbol{\beta},$$
$$\sigma(\boldsymbol{\beta})=b\boldsymbol{\alpha}+a\boldsymbol{\beta}.$$

若 $b=0$，即 λ 是实数，则 λ 是 σ 的特征值，且 $\boldsymbol{\alpha}$，$\boldsymbol{\beta}$ 都是 σ 的属于特征值 λ 的特征向量. 否则，$\text{span}(\boldsymbol{\alpha},\boldsymbol{\beta})$ 是 σ 的 2 维不变子空间. 因此有以下命题.

命题 6.3.1 实向量空间 V 上的线性变换 σ 必有一个 1 维或 2 维的不变子空间.

如果 V 是欧氏空间，可将其上的实内积也复化，在 V^+ 上规定

$$(\boldsymbol{\alpha}_1+\mathrm{i}\boldsymbol{\beta}_1,\boldsymbol{\alpha}_2+\mathrm{i}\boldsymbol{\beta}_2)=(\boldsymbol{\alpha}_1,\boldsymbol{\alpha}_2)+(\boldsymbol{\beta}_1,\boldsymbol{\beta}_2)-\mathrm{i}(\boldsymbol{\alpha}_1,\boldsymbol{\beta}_2)+\mathrm{i}(\boldsymbol{\beta}_1,\boldsymbol{\alpha}_2),$$

等号右边的内积是欧氏空间 V 的内积. 可以证明这是一个内积(见以下练习)，V^+ 关于这个

内积成为酉空间.

练习 6.3.23 证明上述定义的$(\boldsymbol{\alpha}_1+\mathrm{i}\boldsymbol{\beta}_1, \boldsymbol{\alpha}_2+\mathrm{i}\boldsymbol{\beta}_2)$是$V^+$上的内积.

练习 6.3.24 证明：$\|\boldsymbol{\alpha}+\mathrm{i}\boldsymbol{\beta}\|^2=\|\boldsymbol{\alpha}\|^2+\|\boldsymbol{\beta}\|^2$.

6.3.3 对称变换与反对称变换

可以像酉空间中那样定义欧氏空间中的线性变换σ的伴随变换σ^*，并且有类似命题6.2.1的结果(唯一不同的是等式(4)，在欧氏空间，这个等式应改成$(k\sigma)^*=k\sigma^*$).

练习 6.3.25 σ是欧氏空间V上的线性变换，求证：$(\sigma^+)^*=(\sigma^*)^+$.

命题 6.3.2 若σ关于欧氏空间V的单位正交基$\boldsymbol{\alpha}_1, \boldsymbol{\alpha}_2, \cdots, \boldsymbol{\alpha}_n$的矩阵为$\boldsymbol{A}$，则$\sigma^*$关于这个基的矩阵为$\boldsymbol{A}^{\mathrm{T}}$.

这个命题的证明与命题6.2.2的证明几乎完全相同，唯一的区别在于这里的内积是实内积，所以从等式

$$a_{ij}=(\sigma(\boldsymbol{\alpha}_j),\boldsymbol{\alpha}_i)=(\boldsymbol{\alpha}_j,\sigma^*(\boldsymbol{\alpha}_i))=(\boldsymbol{\alpha}_j,\sum_{k=1}^{n}b_{ki}\boldsymbol{\alpha}_k)$$

最右边的内积中提出b_{ji}时不必取共轭(见命题6.2.2的证明).

定义 6.3.3 欧氏空间V上的线性变换σ如果满足

$$\sigma^*=(-)\sigma,$$

或等价地，如果对任意$\boldsymbol{\alpha}, \boldsymbol{\beta}\in V$，都有$(\sigma(\boldsymbol{\alpha}),\boldsymbol{\beta})=(-)(\boldsymbol{\alpha},\sigma(\boldsymbol{\beta}))$，则称为**(反)对称变换**.

练习 6.3.26 设线性变换σ关于某个单位正交基的矩阵为$\boldsymbol{A}$，求证：

σ是(反)对称变换$\Leftrightarrow\boldsymbol{A}$是(反)对称矩阵.

引理 6.3.1 若σ是(反)对称变换，则σ^+是(反)埃尔米特变换.

证明 因为σ是(反)对称变换，所以$\sigma^*=(-)\sigma$. 又由于$(\sigma^+)^*=(\sigma^*)^+$(见练习6.3.25)，因此

$$(\sigma^+)^*=(-)\sigma^+.$$

引理 6.3.2 n维欧氏空间上的对称变换至少有一个特征值.

证明 设V是n维欧氏空间，σ是V上的对称变换. 则V^+是n维酉空间，σ^+是V^+上的埃尔米特变换. 因此σ^+至少有一个特征值，且都是实数. 而σ^+的实特征值也是σ的特征值，所以σ至少有一个特征值.

练习 6.3.27 n维欧氏空间上的对称变换的属于不同特征值的特征向量彼此正交.

引理 6.3.3 W是欧氏空间V的子空间，σ是(反)对称变换，如果W是σ的不变子空间，则$W^{\perp}$也是.

证明 因为W是σ的不变子空间，所以任取$\boldsymbol{\alpha}\in W, \boldsymbol{\beta}\in W^{\perp}$，都有$\sigma(\boldsymbol{\alpha})\in W$，从而$(\boldsymbol{\alpha},\sigma(\boldsymbol{\beta}))=(-)(\sigma(\boldsymbol{\alpha}),\boldsymbol{\beta})=0$. 这就证明了$\boldsymbol{\alpha}\perp\sigma(\boldsymbol{\beta})$，因此$\sigma(\boldsymbol{\beta})\in W^{\perp}$.

定理 6.3.1 如果σ是n维欧氏空间V上的对称变换，那么存在V的一个单位正交基，使得σ关于这个基的矩阵为对角阵.

证明 对欧氏空间V的维数n进行归纳. 当$n=1$，取V的一个单位向量$\boldsymbol{\alpha}_1$，设$\sigma(\boldsymbol{\alpha}_1)=\lambda_1\boldsymbol{\alpha}_1$，因此$\sigma$关于基$\boldsymbol{\alpha}_1$的矩阵为对角阵$(\lambda_1)$. 假设定理对$n-1(n>1)$维欧氏空间上的对称变换成立. 若$\sigma$是$n$维欧氏空间$V$上的对称变换，那么$\sigma$至少有一个特征值. 设$\boldsymbol{\alpha}_1$是属于特征值$\lambda_1$的单位特征向量，所以$W=\mathrm{span}(\boldsymbol{\alpha}_1)$是$\sigma$的不变子空间，因此$W^{\perp}$也是. 由于$\sigma|_{W^{\perp}}$是

$W^{\perp}$ 上的对称变换，并且 $\dim W^{\perp}=n-1$，根据归纳假设，存在 $W^{\perp}$ 的一个单位正交基 $\boldsymbol{\alpha}_2,\cdots,\boldsymbol{\alpha}_n$，使得 $\sigma|_{W^{\perp}}$ 关于这个基的矩阵为对角阵. 所以 σ 关于 $\boldsymbol{\alpha}_1,\boldsymbol{\alpha}_2,\cdots,\boldsymbol{\alpha}_n$ 的矩阵是对角阵，而它就是 n 维欧氏空间 V 的一个单位正交基. 定理得证.

练习 6.3.28 σ 是 n 维欧氏空间 V 上的反对称变换，求证：存在 V 的一个单位正交基，使得 σ 关于这个基的矩阵为

$$\begin{pmatrix} \boldsymbol{A}_1 & & & & & & & \\ & \boldsymbol{A}_2 & & & & & & \\ & & \ddots & & & & & \\ & & & \boldsymbol{A}_s & & & & \\ & & & & 0 & & & \\ & & & & & 0 & & \\ & & & & & & \ddots & \\ & & & & & & & 0 \end{pmatrix}.$$

其中 $\boldsymbol{A}_i=\begin{pmatrix} 0 & a_i \\ -a_i & 0 \end{pmatrix}$，$a_i\in\mathbf{R}(i=1,\ 2,\ \cdots,\ s)$.

定理 6.3.2 对任意实对称阵 $\boldsymbol{A}$，存在正交阵 $\boldsymbol{U}$，使得 $\boldsymbol{U}^{\mathrm{T}}\boldsymbol{A}\boldsymbol{U}$ 是实对角阵.

练习 6.3.29 设 $\boldsymbol{A}$ 是实对称阵，且 $\boldsymbol{A}^2=\boldsymbol{A}$，求证：存在正交阵 $\boldsymbol{U}$，使得 $\boldsymbol{U}^{\mathrm{T}}\boldsymbol{A}\boldsymbol{U}$ 具有

$$\begin{pmatrix} 1 & & & & & \\ & \ddots & & & & \\ & & 1 & & & \\ & & & 0 & & \\ & & & & \ddots & \\ & & & & & 0 \end{pmatrix}$$

的形式.

例 6.3.4 设实对称阵

$$\boldsymbol{A}=\begin{pmatrix} 1 & 1 & 1 \\ 1 & 1 & 1 \\ 1 & 1 & 1 \end{pmatrix},$$

试求出正交阵 $\boldsymbol{U}$，使得 $\boldsymbol{U}^{\mathrm{T}}\boldsymbol{A}\boldsymbol{U}$ 是对角阵.

解 首先，求出 $\boldsymbol{A}$ 的全部特征值，解

$$|\lambda\boldsymbol{I}-\boldsymbol{A}|=\begin{vmatrix} \lambda-1 & -1 & -1 \\ -1 & \lambda-1 & -1 \\ -1 & -1 & \lambda-1 \end{vmatrix}=\lambda^2(\lambda-3)=0,$$

得 $\lambda_1=0$(二重)，$\lambda_2=3$.

对 $\lambda_1=0$，求解线性方程组

$$\begin{pmatrix} -1 & -1 & -1 \\ -1 & -1 & -1 \\ -1 & -1 & -1 \end{pmatrix}\begin{pmatrix} x_1 \\ x_2 \\ x_3 \end{pmatrix}=\begin{pmatrix} 0 \\ 0 \\ 0 \end{pmatrix},$$

得一个基础解系 $\boldsymbol{\alpha}_1=\begin{pmatrix}-1\\1\\0\end{pmatrix}$，$\boldsymbol{\alpha}_2=\begin{pmatrix}-1\\0\\1\end{pmatrix}$.

对 $\lambda_2=3$,求解线性方程组

$$\begin{pmatrix}2&-1&-1\\-1&2&-1\\-1&-1&2\end{pmatrix}\begin{pmatrix}x_1\\x_2\\x_3\end{pmatrix}=\begin{pmatrix}0\\0\\0\end{pmatrix},$$

得一个基础解系 $\boldsymbol{\alpha}_3=\begin{pmatrix}1\\1\\1\end{pmatrix}$.

以下对 $\boldsymbol{\alpha}_1$，$\boldsymbol{\alpha}_2$ 施行格拉姆-施密特单位正交化. $\boldsymbol{\alpha}_1$ 单位化为 $\gamma_1=\dfrac{\boldsymbol{\alpha}_1}{\|\boldsymbol{\alpha}_1\|}=\begin{pmatrix}-\frac{1}{\sqrt{2}}\\\frac{1}{\sqrt{2}}\\0\end{pmatrix}$,然后作 $\boldsymbol{\beta}_2=\boldsymbol{\alpha}_2-(\boldsymbol{\alpha}_2,\gamma_1)\boldsymbol{\gamma}_1=\begin{pmatrix}-1\\0\\1\end{pmatrix}-\dfrac{1}{\sqrt{2}}\begin{pmatrix}-\frac{1}{\sqrt{2}}\\\frac{1}{\sqrt{2}}\\0\end{pmatrix}$,再将之单位化得 $\boldsymbol{\gamma}_2=\dfrac{\boldsymbol{\beta}_2}{\|\boldsymbol{\beta}_2\|}=\begin{pmatrix}-\frac{1}{\sqrt{6}}\\-\frac{1}{\sqrt{6}}\\\frac{2}{\sqrt{6}}\end{pmatrix}$. $\boldsymbol{\gamma}_1$，$\boldsymbol{\gamma}_2$ 是 $\boldsymbol{A}$ 的属于 0 的特征向量,且是单位正交组. $\boldsymbol{\alpha}_3$ 属于特征值 3,故与 $\boldsymbol{\gamma}_1$，$\boldsymbol{\gamma}_2$ 正交. 只须令 $\boldsymbol{\gamma}_3=\dfrac{\boldsymbol{\alpha}_3}{\|\boldsymbol{\alpha}_3\|}=\begin{pmatrix}\frac{1}{\sqrt{3}}\\\frac{1}{\sqrt{3}}\\\frac{1}{\sqrt{3}}\end{pmatrix}$,则 $\boldsymbol{\gamma}_1$，$\boldsymbol{\gamma}_2$，$\boldsymbol{\gamma}_3$ 构成 $\mathbf{R}^3$ 的单位正交基,因此 $\boldsymbol{U}=(\boldsymbol{\gamma}_1,\boldsymbol{\gamma}_2,\boldsymbol{\gamma}_3)$是正交阵,并且

$$\begin{aligned}\boldsymbol{AU}&=\boldsymbol{A}(\boldsymbol{\gamma}_1,\boldsymbol{\gamma}_2,\boldsymbol{\gamma}_3)=(\boldsymbol{A\gamma}_1,\boldsymbol{A\gamma}_2,\boldsymbol{A\gamma}_3)=(0,0,3\boldsymbol{\gamma}_3)\\&=(\boldsymbol{\gamma}_1,\boldsymbol{\gamma}_2,\boldsymbol{\gamma}_3)\begin{pmatrix}0&0&0\\0&0&0\\0&0&3\end{pmatrix}\\&=\boldsymbol{U}\begin{pmatrix}0&0&0\\0&0&0\\0&0&3\end{pmatrix}.\end{aligned}$$

所以

$$\boldsymbol{U}^{\mathrm{T}}\boldsymbol{AU}=\begin{pmatrix}0&0&0\\0&0&0\\0&0&3\end{pmatrix}.$$

练习 6.3.30 对实对称阵 $\boldsymbol{A}=\begin{pmatrix}11 & 2 & -8\\ 2 & 2 & 10\\ -8 & 10 & 5\end{pmatrix}$求出正交阵 $\boldsymbol{U}$，使得 $\boldsymbol{U}^{\mathrm{T}}\boldsymbol{A}\boldsymbol{U}$ 是对角阵.

6.3.4 正交变换

定义 6.3.4 欧氏空间 V 上的线性变换 σ 如果满足

$$\sigma\sigma^{*}=\sigma^{*}\sigma=\mathrm{id},$$

或者等价地，对如果任意 $\boldsymbol{\alpha},\ \boldsymbol{\beta}\in V$，都有 $(\sigma(\boldsymbol{\alpha}),\sigma(\boldsymbol{\beta}))=(\boldsymbol{\alpha},\ \boldsymbol{\beta})$，则称为**正交变换**.

练习 6.3.31 求证：如果线性变换 σ 关于单位正交基 $\boldsymbol{\alpha}_1,\ \boldsymbol{\alpha}_2,\ \cdots,\ \boldsymbol{\alpha}_n$ 的矩阵是 $\boldsymbol{U}$，则 σ 是正交变换当且仅当 $\boldsymbol{U}$ 是正交阵.

练习 6.3.32 给定欧氏空间 V 的两个单位正交基：$\boldsymbol{\alpha}_1,\ \boldsymbol{\alpha}_2,\ \cdots,\ \boldsymbol{\alpha}_n$ 和 $\boldsymbol{\beta}_1,\ \boldsymbol{\beta}_2,\ \cdots,\ \boldsymbol{\beta}_n$，求证：存在唯一的正交变换 σ，使得

$$\sigma(\boldsymbol{\alpha}_i)=\boldsymbol{\beta}_i,\ i=1,\ 2,\ \cdots,\ n.$$

正交阵的行列式等于 1 或 −1（见练习 6.3.15）. 如果一个正交变换对应的正交阵的行列式等于 1，就称为旋转或第一类正交变换，否则就称为第二类正交变换. 比如，E_2 上绕原点逆时针旋转角度 θ 的变换 τ_θ 以及 E_3 上绕过原点的直线 l 逆时针旋转角度 θ 的变换 $\tau_{l,\theta}$ 是第一类变换. 至于第二类变换，下面的练习给出了一个例子.

练习 6.3.33 设 V 是欧氏空间，$\boldsymbol{\varepsilon}\in V$ 是一个单位向量. 对于 $\boldsymbol{\alpha}\in V$，规定

$$\tau(\boldsymbol{\alpha})=\boldsymbol{\alpha}-2(\boldsymbol{\varepsilon},\ \boldsymbol{\alpha})\boldsymbol{\varepsilon}.$$

这个变换称为**镜面反射**. 证明：

(1) τ 是 V 上的正交变换；

(2) 能找到 V 的一组基，使得 τ 在这组基下的矩阵为

$$\begin{pmatrix}-1 & & & \\ & 1 & & \\ & & \ddots & \\ & & & 1\end{pmatrix};$$

(3) τ 是第二类正交变换；

(4) $\tau^2=\mathrm{id}$.

练习 6.3.34 设 V 是欧氏空间，求证：对任意不相等的单位向量 $\boldsymbol{\alpha},\ \boldsymbol{\beta}\in V$，存在一个镜面反射 τ（见练习 6.3.33），使得 $\tau(\boldsymbol{\alpha})=\boldsymbol{\beta}$.

练习 6.3.35 设 σ 是欧氏空间 V 上的线性变换. 证明：如果满足下列三个条件中的任意两个，那么它必然满足第三个：(1)σ 是正交变换；(2)σ 是对称变换；(3)$\sigma^2=\mathrm{id}$.

练习 6.3.36 求证：若 σ 是正交变换，则 σ^{+} 是酉变换.

练习 6.3.37 求证：欧氏空间 V 上的线性变换 σ 是正交变换当且仅当对任意 $\boldsymbol{\alpha}\in V$，

$$\|\sigma(\boldsymbol{\alpha})\|=\|\boldsymbol{\alpha}\|.$$

练习 6.3.38 欧氏空间 V 的线性变换 σ 是正交变换当且仅当 σ 把 V 的单位正交基仍然变为 V 的单位正交基.

练习 6.3.39 W 是欧氏空间 V 的子空间，σ 是正交变换，求证：如果 W 是 σ 的不变子空间，则 $W^{\perp}$ 也是.

正交变换与酉变换或对称变换最大的不同就在于它并不一定能对角化，比如线性变换

$$\sigma: R^2 \to R^2$$
$$(x,\ y) \mapsto (-y, x)$$
就是正交变换，但是它的特征多项式没有实根，所以不可对角化. 尽管如此，我们仍然能找到一个单位正交基，使得正交变换的矩阵虽不是对角阵，但仍比较简单.

引理 6.3.4 如果 W 是正交变换 σ 的不变子空间，则 $\sigma|_W$ 也是 W 上的正交变换.

证明 任取 $\boldsymbol{\alpha} \in W$，因为 $\|\sigma|_W(\boldsymbol{\alpha})\| = \|\sigma(\boldsymbol{\alpha})\| = \|\boldsymbol{\alpha}\|$，所以 $\sigma|_W$ 也是 W 上的正交变换(见练习 6.3.37).

定理 6.3.3 如果 σ 是 n 维欧氏空间 V 上的正交变换，则存在 V 的一个单位正交基，使得 σ 关于这个基的矩阵形如

$$\begin{pmatrix} \boldsymbol{R}_1 & & & & & & & & \\ & \ddots & & & & & & & \\ & & \boldsymbol{R}_s & & & & & & \\ & & & 1 & & & & & \\ & & & & \ddots & & & & \\ & & & & & 1 & & & \\ & & & & & & -1 & & \\ & & & & & & & \ddots & \\ & & & & & & & & -1 \end{pmatrix}, \tag{6.3.2}$$

其中 $\boldsymbol{R}_i = \begin{pmatrix} \cos\theta_i & -\sin\theta_i \\ \sin\theta_i & \cos\theta_i \end{pmatrix}$，$0 < |\theta_i| < \pi$，$i = 1,\ 2,\ \cdots,\ s$.

证明 对欧氏空间 V 的维数 n 进行归纳. 当 $n=1$，设 $\boldsymbol{\alpha}_1$ 是 V 的单位正交基，那么 $\sigma(\boldsymbol{\alpha}_1) = \lambda_1 \boldsymbol{\alpha}_1$. 由于 $\|\sigma(\boldsymbol{\alpha}_1)\| = \|\boldsymbol{\alpha}_1\|$，所以 $|\lambda_1| = 1$，因此 $\lambda_1 = \pm 1$，故 σ 关于 $\boldsymbol{\alpha}_1$ 的矩阵为 (± 1). 假设定理对维数 $< n (n > 1)$ 的欧氏空间上的正交变换成立. 若 σ 是 n 维欧氏空间 V 上的正交变换，σ 必有 1 维或 2 维的不变子空间.

如果 W_1 是 σ 的 1 维不变子空间，根据引理 6.3.4，$\sigma|_{W_1}$ 是 W_1 的正交变换. 设 $\boldsymbol{\alpha}_1$ 是 W_1 的单位正交基，则 $\sigma|_{W_1}$ 关于 $\boldsymbol{\alpha}_1$ 的矩阵为 (± 1). 由于 W_1 是 σ 的不变子空间，则 $W_1^{\perp}$ 也是(见练习 6.3.39)，所以 $\sigma|_{W_1^{\perp}}$ 是 $W_1^{\perp}$ 上的正交变换. $\dim W_1^{\perp} = n-1 < n$，依归纳假设，可以找到 $W_1^{\perp}$ 的单位正交基 $\boldsymbol{\alpha}_2,\ \cdots,\ \boldsymbol{\alpha}_n$，使得 $\sigma|_{W_1^{\perp}}$ 关于这个基的矩阵形如(6.3.2). 适当调整单位正交基 $\boldsymbol{\alpha}_1,\ \boldsymbol{\alpha}_2,\ \cdots,\ \boldsymbol{\alpha}_n$ 的次序，σ 关于改变次序后的基的矩阵即具有定理要求的形式.

如果 σ 有 2 维不变子空间 W_2，设 $\boldsymbol{\alpha}_1,\ \boldsymbol{\alpha}_2$ 是 W_2 的单位正交基，且
$$\sigma|_{W_2}(\boldsymbol{\alpha}_1,\ \boldsymbol{\alpha}_2) = (\boldsymbol{\alpha}_1,\ \boldsymbol{\alpha}_2)\boldsymbol{R}_1.$$
由于 $\sigma|_{W_2}$ 是 W_2 上的正交变换，故 $\boldsymbol{R}_1$ 是正交矩阵，从而
$$\boldsymbol{R}_1\boldsymbol{R}_1^{\mathrm{T}} = \boldsymbol{R}_1^{\mathrm{T}}\boldsymbol{R}_1 = \boldsymbol{I}.$$
由此可得
$$\boldsymbol{R}_1 = \begin{pmatrix} \cos\theta_1 & -\sin\theta_1 \\ \sin\theta_1 & \cos\theta_1 \end{pmatrix} \text{或} \begin{pmatrix} \cos\theta_1 & \sin\theta_1 \\ \sin\theta_1 & -\cos\theta_1 \end{pmatrix}.$$
其中 $0 < |\theta_1| < \pi$(因为如果 $|\theta_1| = 0$ 或 π，上述两个矩阵都是对角阵，也就是说 σ 有 1 维不变

子空间，因此可归结为前一种情况）. 如果是后者，令

$$\boldsymbol{\beta}_1 = \cos\frac{\theta_1}{2}\boldsymbol{\alpha}_1 + \sin\frac{\theta_1}{2}\boldsymbol{\alpha}_2,$$

$$\boldsymbol{\beta}_2 == -\sin\frac{\theta_1}{2}\boldsymbol{\alpha}_1 + \cos\frac{\theta_1}{2}\boldsymbol{\alpha}_2.$$

则 $\boldsymbol{\beta}_1, \boldsymbol{\beta}_2$ 仍是 W_2 的单位正交基，且

$$\sigma(\boldsymbol{\beta}_1, \boldsymbol{\beta}_2) = (\boldsymbol{\beta}_1, \boldsymbol{\beta}_2)\begin{pmatrix}1 & \\ & -1\end{pmatrix}.$$

因此，只要适当选取 W_2 的单位正交基，那么 $\sigma|_{W_2}$ 关于这个基的矩阵为

$$\begin{pmatrix}\cos\theta_1 & -\sin\theta_1 \\ \sin\theta_1 & \cos\theta_1\end{pmatrix} \text{或} \begin{pmatrix}1 & \\ & -1\end{pmatrix}.$$

而 $W_2^{\perp}$ 也是 σ 的不变子空间，$\sigma|_{W_2^{\perp}}$ 是其上的正交变换，且 $\dim W_2^{\perp} = n-2 < n$，故可以适当选取 $W_2^{\perp}$ 的一个单位正交基 $\boldsymbol{\alpha}_3, \cdots, \boldsymbol{\alpha}_n$ 使得 $\sigma|_{W_2^{\perp}}$ 在这个基下的矩阵形如(6.3.2). 将 $\boldsymbol{\alpha}_1$，$\boldsymbol{\alpha}_2$（或 $\boldsymbol{\beta}_1, \boldsymbol{\beta}_2$）与 $\boldsymbol{\alpha}_3, \cdots, \boldsymbol{\alpha}_n$ 合在一起凑成欧氏空间 V 的一个单位正交基. 适当调整其次序，即可使 σ 关于这个单位正交基的矩阵具有定理所要求的形式.

第7章　二次型

7.1　二次型的标准形

7.1.1　双线性函数与二次函数

定义 7.1.1　V 是数域 F 上的向量空间,映射

$$f: V \times V \to F$$
$$(\boldsymbol{\alpha}, \boldsymbol{\beta}) \mapsto f(\boldsymbol{\alpha}, \boldsymbol{\beta})$$

称为 V 上的**双线性函数**,如果

$$f(k_1\boldsymbol{\alpha}_1 + k_2\boldsymbol{\alpha}_2, \boldsymbol{\beta}) = k_1 f(\boldsymbol{\alpha}_1, \boldsymbol{\beta}) + k_2 f(\boldsymbol{\alpha}_2, \boldsymbol{\beta}),$$
$$f(\boldsymbol{\alpha}, l_1\boldsymbol{\beta}_1 + l_2\boldsymbol{\beta}_2) = l_1 f(\boldsymbol{\alpha}, \boldsymbol{\beta}_1) + l_2 f(\boldsymbol{\alpha}, \boldsymbol{\beta}_2),$$

其中 $\boldsymbol{\alpha}, \boldsymbol{\beta}, \boldsymbol{\alpha}_1, \boldsymbol{\alpha}_2, \boldsymbol{\beta}_1, \boldsymbol{\beta}_2 \in V$, $k_1, k_2, l_1, l_2 \in F$.

例 7.1.1　设 $\boldsymbol{A} \in M_n(F)$,对任意 $\boldsymbol{X}, \boldsymbol{Y} \in F^n$(列向量空间),规定

$$f(\boldsymbol{X}, \boldsymbol{Y}) = \boldsymbol{X}^{\mathrm{T}}\boldsymbol{A}\boldsymbol{Y},$$

则 f 是 F^n 上的双线性函数.

例 7.1.2　定义

$$f: M_n(F) \times M_n(F) \to F$$
$$(\boldsymbol{A}, \boldsymbol{B}) \mapsto \mathrm{tr}(\boldsymbol{A}^{\mathrm{T}}\boldsymbol{B}),$$

则 f 是 $M_n(F)$上的双线性函数.

双线性函数 f 称为对称的,如果 $f(\boldsymbol{\alpha}, \boldsymbol{\beta}) = f(\boldsymbol{\beta}, \boldsymbol{\alpha})$;称为反对称的,如果 $f(\boldsymbol{\alpha}, \boldsymbol{\beta}) = -f(\boldsymbol{\beta}, \boldsymbol{\alpha})$. 例 7.1.1 中的 $\boldsymbol{A}$ 如果是对称阵,f 就是对称双线性函数,如果是反对称阵,f 则是反对称双线性函数.

定义 7.1.2　f 是向量空间 V 上的对称双线性函数,称映射

$$q: V \to F$$
$$\boldsymbol{\alpha} \mapsto f(\boldsymbol{\alpha}, \boldsymbol{\alpha})$$

为与 f 相联系的**二次函数**.

例 7.1.3　设 $\boldsymbol{A}$ 是数域 F 上的 n 阶对称阵,则 $q(\boldsymbol{X}) = \boldsymbol{X}^{\mathrm{T}}\boldsymbol{A}\boldsymbol{X}$ 就是列向量空间 F^n 上的二次函数.

一个对称双线性函数 f 确定唯一一个二次函数 q. 反之,每个二次函数对应唯一一个对称双线性函数. 事实上,可令

$$f(\boldsymbol{\alpha}, \boldsymbol{\beta}) = \frac{1}{2}[q(\boldsymbol{\alpha} + \boldsymbol{\beta}) - q(\boldsymbol{\alpha}) - q(\boldsymbol{\beta})].$$

7.1.2 二次型

设 q 是向量空间 V 上的二次函数,取 V 的一个基 $\boldsymbol{\alpha}_1, \boldsymbol{\alpha}_2, \cdots, \boldsymbol{\alpha}_n$,对任意

$$\boldsymbol{\beta}=x_1\boldsymbol{\alpha}_1+x_2\boldsymbol{\alpha}_2+\cdots+x_n\boldsymbol{\alpha}_n\in V,$$

有

$$\begin{aligned}q(\boldsymbol{\beta})=f(\boldsymbol{\beta},\boldsymbol{\beta})&=f\Big(\sum_{i=1}^n x_i\boldsymbol{\alpha}_i,\sum_{j=1}^n x_j\boldsymbol{\alpha}_j\Big)\\&=\sum_{i=1}^n\sum_{j=1}^n f(\boldsymbol{\alpha}_i,\boldsymbol{\alpha}_j)x_ix_j.\end{aligned}$$

记 $f(\boldsymbol{\alpha}_i,\boldsymbol{\alpha}_j)=a_{ij}$,则

$$q(\boldsymbol{\beta})=\sum_{i,j=1}^n a_{ij}x_ix_j.$$

定义 7.1.3 数域 F 上的 n 个变量 $x_1,x_2,\cdots,x_n$ 的二次齐次多项式

$$q(x_1,x_2,\cdots,x_n)=\sum_{i,j=1}^n a_{ij}x_ix_j,\ (a_{ij}\in F \text{ 且 } a_{ij}=a_{ji})$$

称为数域 F 上的 $\boldsymbol{n}$ **元二次型**.

二次函数 q 在 V 的一个基下的表达式是一个二次型. 给定一个二次型 $\sum\limits_{i,j=1}^n a_{ij}x_ix_j$,及 V 的一个基 $\boldsymbol{\alpha}_1, \boldsymbol{\alpha}_2, \cdots, \boldsymbol{\alpha}_n$,也可以定义一个二次函数

$$q: V\to F$$

$$\boldsymbol{\beta}=\sum_{i=1}^n x_i\boldsymbol{\alpha}_i\mapsto\sum_{i,j=1}^n a_{ij}x_ix_j.$$

二次型 $q(x_1,x_2,\cdots,x_n)$常也写成矩阵形式

$$q(\boldsymbol{X})=\boldsymbol{X}^{\mathrm{T}}\boldsymbol{A}\boldsymbol{X},$$

其中 $\boldsymbol{X}=(x_1,x_2,\cdots,x_n)^{\mathrm{T}}$,$\boldsymbol{A}=(a_{ij})$. $\boldsymbol{A}$ 是一个对称阵,称为二次型 $q(x_1,x_2,\cdots,x_n)$的矩阵. 二次型的矩阵唯一,而每个对称阵也唯一确定一个二次型.

例 7.1.4 二次型 $q(x_1,x_2,x_3)=x_1^2+x_2^2+3x_3^2+4x_1x_2+2x_1x_3+2x_2x_3$ 的矩阵为

$$\begin{pmatrix}1&2&1\\2&1&1\\1&1&3\end{pmatrix}.$$

练习 7.1.1 写出与对称阵

$$\boldsymbol{A}=\begin{pmatrix}1&1&-1&1\\1&4&2&1\\-1&2&4&-1\\1&1&-1&-1\end{pmatrix}$$

对应的二次型.

定义 7.1.4 二次型 q 的**秩**定义为它的矩阵 $\boldsymbol{A}$ 的秩,记为 $r(q)$. 即

$$r(q)=r(\boldsymbol{A}).$$

7.1.3 非奇异线性替换

设二次函数 q 在基 $\boldsymbol{\alpha}_1, \boldsymbol{\alpha}_2, \cdots, \boldsymbol{\alpha}_n$ 下的表达式是二次型

$$q(x_1, x_2, \cdots, x_n) = \sum_{i, j=1}^{n} a_{ij} x_i x_j,$$

其中 $a_{ij} = f(\boldsymbol{\alpha}_i, \boldsymbol{\alpha}_j) = f(\boldsymbol{\alpha}_j, \boldsymbol{\alpha}_i) = a_{ji}$. 如果 $\boldsymbol{\gamma}_1, \boldsymbol{\gamma}_2, \cdots, \boldsymbol{\gamma}_n$ 是另一个基，且

$$(\boldsymbol{\gamma}_1, \boldsymbol{\gamma}_2, \cdots, \boldsymbol{\gamma}_n) = (\boldsymbol{\alpha}_1, \boldsymbol{\alpha}_2, \cdots, \boldsymbol{\alpha}_n)\boldsymbol{P},$$

$$\boldsymbol{\beta} = y_1\boldsymbol{\gamma}_1 + y_2\boldsymbol{\gamma}_2 + \cdots + y_n\boldsymbol{\gamma}_n,$$

那么

$$q(\boldsymbol{\beta}) = f(\boldsymbol{\beta}, \boldsymbol{\beta}) = f(\sum_{i=1}^{n} y_i\boldsymbol{\gamma}_i, \sum_{j=1}^{n} y_j\boldsymbol{\gamma}_j)$$

$$= \sum_{i=1}^{n} \sum_{j=1}^{n} f(\gamma_i, \gamma_j) y_i y_j.$$

其中

$$f(\boldsymbol{\gamma}_i, \boldsymbol{\gamma}_j) = f(\sum_{k=1}^{n} p_{ki}\boldsymbol{\alpha}_k, \sum_{l=1}^{n} p_{lj}\boldsymbol{\alpha}_l)$$

$$= \sum_{k, l=1}^{n} f(\boldsymbol{\alpha}_k, \boldsymbol{\alpha}_l) p_{kl} p_{lj}.$$

记 $\boldsymbol{A} = (a_{ij})$, $\boldsymbol{B} = (b_{ij})$，其中 $b_{ij} = f(\boldsymbol{\gamma}_i, \boldsymbol{\gamma}_j) = f(\boldsymbol{\gamma}_j, \boldsymbol{\gamma}_i) = b_{ji}$，则

$$\boldsymbol{B} = \boldsymbol{P}^{\mathrm{T}}\boldsymbol{A}\boldsymbol{P}.$$

所以 $q(\boldsymbol{\beta}) = \sum_{i, j=1}^{n} a_{ij} x_i x_j = \sum_{i, j=1}^{n} b_{ij} y_i y_j$，或写成矩阵形式

$$q(\boldsymbol{\beta}) = \boldsymbol{X}^{\mathrm{T}}\boldsymbol{A}\boldsymbol{X} = \boldsymbol{Y}^{\mathrm{T}}\boldsymbol{B}\boldsymbol{Y} = \boldsymbol{Y}^{\mathrm{T}}(\boldsymbol{P}^{\mathrm{T}}\boldsymbol{A}\boldsymbol{P})\boldsymbol{Y}.$$

综上，如果二次函数在两个基 $\boldsymbol{\alpha}_1, \boldsymbol{\alpha}_2, \cdots, \boldsymbol{\alpha}_n$ 和 $\boldsymbol{\gamma}_1, \boldsymbol{\gamma}_2, \cdots, \boldsymbol{\gamma}_n$ 下的表达式分别是二次型 $\boldsymbol{X}^{\mathrm{T}}\boldsymbol{A}\boldsymbol{X}$ 和 $\boldsymbol{Y}^{\mathrm{T}}\boldsymbol{B}\boldsymbol{Y}$，则 $\boldsymbol{B} = \boldsymbol{P}^{\mathrm{T}}\boldsymbol{A}\boldsymbol{P}$，其中 $\boldsymbol{P}$ 是基 $\boldsymbol{\alpha}_1, \boldsymbol{\alpha}_2, \cdots, \boldsymbol{\alpha}_n$ 到基 $\boldsymbol{\gamma}_1, \boldsymbol{\gamma}_2, \cdots, \boldsymbol{\gamma}_n$ 的过渡矩阵. 从二次型 $q(\boldsymbol{X}) = \boldsymbol{X}^{\mathrm{T}}\boldsymbol{A}\boldsymbol{X}$ 变到二次型 $q(\boldsymbol{Y}) = \boldsymbol{Y}^{\mathrm{T}}\boldsymbol{B}\boldsymbol{Y} = \boldsymbol{Y}^{\mathrm{T}}(\boldsymbol{P}^{\mathrm{T}}\boldsymbol{A}\boldsymbol{P})\boldsymbol{Y}$ 等价于将二次型 $q(\boldsymbol{X})$ 中的变量 $\boldsymbol{X}$ 替换为 $\boldsymbol{P}\boldsymbol{Y}$.

定义 7.1.5 设 $|\boldsymbol{P}| \neq 0$，称 $\boldsymbol{X} = \boldsymbol{P}\boldsymbol{Y}$ 为从变量 $\boldsymbol{X}$ 到变量 $\boldsymbol{Y}$ 的**非奇异线性替换**，其中 $\boldsymbol{X} = (x_1, x_2, \cdots, x_n)^{\mathrm{T}}$, $\boldsymbol{Y} = (y_1, y_2, \cdots, y_n)^{\mathrm{T}} \in F^n$.

定义 7.1.6 如果二次型 $q_1(\boldsymbol{X})$ 可通过非奇异线性替换变为 $q_2(\boldsymbol{Y})$，称这两个二次型**等价**，记作 $q_1 \sim q_2$.

也就是说，两个二次型等价当且仅当它们是同一个二次函数在不同的基下的表达式.

定义 7.1.7 $\boldsymbol{A}, \boldsymbol{B} \in M_n(F)$，如果存在可逆阵 $\boldsymbol{P} \in M_n(F)$，使得

$$\boldsymbol{B} = \boldsymbol{P}^{\mathrm{T}}\boldsymbol{A}\boldsymbol{P},$$

称 $\boldsymbol{A}$ 与 $\boldsymbol{B}$ **合同**.

练习 7.1.2 证明合同是等价关系：(1) $\boldsymbol{A}$ 与 $\boldsymbol{A}$ 合同；(2) 若 $\boldsymbol{A}$ 与 $\boldsymbol{B}$ 合同，则 $\boldsymbol{B}$ 与 $\boldsymbol{A}$ 合同；(3) 若 $\boldsymbol{A}$ 与 $\boldsymbol{B}$ 合同，$\boldsymbol{B}$ 与 $\boldsymbol{C}$ 合同，则 $\boldsymbol{A}$ 与 $\boldsymbol{C}$ 合同.

练习 7.1.3 若 $\boldsymbol{A}$ 与 $\boldsymbol{B}$ 合同，求证：$r(\boldsymbol{A}) = r(\boldsymbol{B})$.

练习 7.1.4 证明：一个非奇异对称矩阵必与它的逆矩阵合同.

综合上述讨论，两个二次型等价与它们的矩阵合同有如下关系.

定理 7.1.1 二次型 $q_1(\boldsymbol{X}) = \boldsymbol{X}^{\mathrm{T}}\boldsymbol{A}\boldsymbol{X}$ 与 $q_2(\boldsymbol{Y}) = \boldsymbol{Y}^{\mathrm{T}}\boldsymbol{B}\boldsymbol{Y}$ 等价当且仅当 $\boldsymbol{A}$ 与 $\boldsymbol{B}$ 合同，且等价二次型必等秩.

7.1.4 标准形

二次型的一个基本结果就是：数域 F 上的任何一个二次型都等价于一个只含平方项的二次型(称为**标准形**)

$$c_1x_1^2+c_2x_2^2+\cdots+c_nx_n^2;$$

或者等价地，数域 F 上的任意一个对称阵 $\boldsymbol{A}$ 都合同于一个对角阵

$$\begin{pmatrix} c_1 & & & \\ & c_2 & & \\ & & \ddots & \\ & & & c_n \end{pmatrix}.$$

因此，对向量空间 V 上的每个二次函数都可以选取一个适当的基，使得在这个基下的表达式只含平方项. 以下就来证明这个结果.

定理 7.1.2 $\boldsymbol{A}$ 是数域 F 上的 n 阶对称阵，则存在可逆阵 $\boldsymbol{P}\in M_n(F)$，使得

$$\boldsymbol{P}^{\mathrm{T}}\boldsymbol{AP}=\begin{pmatrix} c_1 & & & \\ & c_2 & & \\ & & \ddots & \\ & & & c_n \end{pmatrix}.$$

即：数域 F 上的任意对称阵都合同于对角阵.

证明 因为矩阵 $\boldsymbol{P}$ 可逆，所以可以写成初等矩阵的乘积 $\boldsymbol{E}_1\boldsymbol{E}_2\cdots\boldsymbol{E}_s$. 因此

$$\boldsymbol{P}^{\mathrm{T}}\boldsymbol{AP}=\boldsymbol{E}_s{}^{\mathrm{T}}\cdots\boldsymbol{E}_2^{\mathrm{T}}\boldsymbol{E}_1^{\mathrm{T}}\boldsymbol{AE}_1\boldsymbol{E}_2\cdots\boldsymbol{E}_s.$$

回忆一下初等矩阵与初等变换的联系：对一个矩阵左(右)乘一个初等矩阵相当于对它作一次初等行(列)变换. 而且，不难看出

$$\boldsymbol{P}_{ij}{}^{\mathrm{T}}=\boldsymbol{P}_{ij},\ \boldsymbol{D}_i(k)^{\mathrm{T}}=\boldsymbol{D}_i(k),\ \boldsymbol{T}_{ij}(k)^{\mathrm{T}}=\boldsymbol{T}_{ji}(k).$$

比如 $\boldsymbol{T}_{ij}(k)^{\mathrm{T}}\boldsymbol{AT}_{ij}(k)=\boldsymbol{T}_{ji}(k)\boldsymbol{AT}_{ij}(k)$，即将矩阵 $\boldsymbol{A}$ 的第 i 行乘以数 k 加到第 j 行并对它的列作相同的变换. 另外两种初等矩阵类似. 所以，以下我们利用初等变换来证明这个定理.

对矩阵 $\boldsymbol{A}$ 的阶数 n 应用归纳法. $n=1$ 时定理自然成立，实际上，$\boldsymbol{I}^{\mathrm{T}}\boldsymbol{AI}=(a_{11})$. 假设定理对 $n-1$ 阶对称矩阵成立. 设 $\boldsymbol{A}$ 是 n 阶对称矩阵，若 $\boldsymbol{A}=\boldsymbol{O}$，则已是对角阵. 若 $\boldsymbol{A}\neq\boldsymbol{O}$，以下分两种情况讨论.

(1) $\boldsymbol{A}$ 的主对角元不全为 0，设 $a_{ii}\neq 0$. 若 $i\neq 1$，可通过交换第 1 行与第 i 行以及第 1 列与第 i 列，将 a_{ii} 换到原来 a_{11} 的位置. 这等价于在 $\boldsymbol{A}$ 的左，右分别乘上 $\boldsymbol{P}_{1i}^{\mathrm{T}}=\boldsymbol{P}_{1i}$ 和 $\boldsymbol{P}_{1i}$. 因此，以下假设 $a_{11}\neq 0$. 接着将第 1 行乘于 $-\dfrac{a_{j1}}{a_{11}}\left(=-\dfrac{a_{1j}}{a_{11}}\right)$ 加到第 j 行，将第 1 列乘以 $-\dfrac{a_{1j}}{a_{11}}$ 加到第 j 列，从而将第 1 列第 j 行和第 1 行第 j 列的元素化为 0. 这样做相当于在矩阵左右分别乘上 $\boldsymbol{T}_{j1}\left(-\dfrac{a_{1j}}{a_{11}}\right)$ $\left(=\boldsymbol{T}_{1j}\left(-\dfrac{a_{1j}}{a_{11}}\right)^{\mathrm{T}}\right)$ 和 $\boldsymbol{T}_{1j}\left(-\dfrac{a_{1j}}{a_{11}}\right)$. 因此，总可以选取一系列初等阵 $\boldsymbol{E}_1,\ \cdots,\ \boldsymbol{E}_s$，使得

$$\boldsymbol{E}_s^{\mathrm{T}}\cdots E_1^{\mathrm{T}}\boldsymbol{AE}_1\cdots\boldsymbol{E}_s=\begin{pmatrix} c_1 & 0 & \cdots & 0 \\ 0 & & & \\ \vdots & & \boldsymbol{A}_1 & \\ 0 & & & \end{pmatrix}.$$

其中 $\boldsymbol{A}_1$ 是 $n-1$ 阶对称阵. 根据归纳假设,存在 $n-1$ 阶可逆阵 $\boldsymbol{Q}_1$,使得

$$\boldsymbol{Q}_1^{\mathrm{T}}\boldsymbol{A}_1\boldsymbol{Q}_1=\begin{pmatrix} c_2 & & \\ & \ddots & \\ & & c_n \end{pmatrix}.$$

令 $\boldsymbol{Q}=\begin{pmatrix} 1 & \\ & \boldsymbol{Q}_1 \end{pmatrix}$, $\boldsymbol{P}=\boldsymbol{E}_1\cdots\boldsymbol{E}_s\boldsymbol{Q}$,则

$$\boldsymbol{P}^{\mathrm{T}}\boldsymbol{A}\boldsymbol{P}=\begin{pmatrix} c_1 & & & \\ & c_2 & & \\ & & \ddots & \\ & & & c_n \end{pmatrix}.$$

(2) $\boldsymbol{A}$ 的主对角元全为 0. 由于 $\boldsymbol{A}\neq\boldsymbol{O}$,所以一定有某对元素 $a_{ji}=a_{ij}\neq 0$. 将 $\boldsymbol{A}$ 的第 j 行加到第 i 行,第 j 列加到第 i 列,这相当于在 $\boldsymbol{A}$ 的左、右分别乘上 $\boldsymbol{T}_{ij}(1)(=\boldsymbol{T}_{ji}(1)^{\mathrm{T}})$ 和 $\boldsymbol{T}_{ji}(1)$. 经过这样的变换后,矩阵的第 i 个主对角元等于 $2a_{ij}\neq 0$,此时的矩阵就归结为第(1)种情况.

因为

$$\begin{pmatrix} \boldsymbol{E}_s^{\mathrm{T}} & \\ & \boldsymbol{I} \end{pmatrix}\cdots\begin{pmatrix} \boldsymbol{E}_1^{\mathrm{T}} & \\ & \boldsymbol{I} \end{pmatrix}\begin{pmatrix} \boldsymbol{A} \\ \boldsymbol{I} \end{pmatrix}\boldsymbol{E}_1\cdots\boldsymbol{E}_s=\begin{pmatrix} \boldsymbol{P}^{\mathrm{T}} & \\ & \boldsymbol{I} \end{pmatrix}\begin{pmatrix} \boldsymbol{A} \\ \boldsymbol{I} \end{pmatrix}\boldsymbol{P}=\begin{pmatrix} \boldsymbol{P}^{\mathrm{T}}\boldsymbol{A}\boldsymbol{P} \\ \boldsymbol{P} \end{pmatrix}=\begin{pmatrix} c_1 & & & \\ & c_2 & & \\ & & \ddots & \\ & & & c_n \\ & & \boldsymbol{P} & \end{pmatrix},$$

通过对分块阵 $\begin{pmatrix} \boldsymbol{A} \\ \boldsymbol{I} \end{pmatrix}$ 作一系列列变换并对其前 n 行作相应的行变换,可在把分块阵的上半部分化成对角阵的同时将可逆矩阵 $\boldsymbol{P}$ 记录在下半部分.

例 7.1.5 求可逆矩阵 $\boldsymbol{P}$,使得 $\boldsymbol{P}^{\mathrm{T}}\boldsymbol{A}\boldsymbol{P}$ 为对角阵,其中

$$\boldsymbol{A}=\begin{pmatrix} 0 & 0 & 0 & 3 \\ 0 & 3 & -6 & 0 \\ 0 & -6 & 12 & -4 \\ 3 & 0 & -4 & 0 \end{pmatrix}.$$

解 因为

$$\begin{pmatrix} 0 & 0 & 0 & 3 \\ 0 & 3 & -6 & 0 \\ 0 & -6 & 12 & -4 \\ 3 & 0 & -4 & 0 \\ 1 & 0 & 0 & 0 \\ 0 & 1 & 0 & 0 \\ 0 & 0 & 1 & 0 \\ 0 & 0 & 0 & 1 \end{pmatrix}\xrightarrow[c_1\leftrightarrow c_2]{r_1\leftrightarrow r_2}\begin{pmatrix} 3 & 0 & -6 & 0 \\ 0 & 0 & 0 & 3 \\ -6 & 0 & 12 & -4 \\ 0 & 3 & -4 & 0 \\ 0 & 1 & 0 & 0 \\ 1 & 0 & 0 & 0 \\ 0 & 0 & 1 & 0 \\ 0 & 0 & 0 & 1 \end{pmatrix}\xrightarrow[c_3+2c_1]{r_3+2r_1}\begin{pmatrix} 3 & 0 & 0 & 0 \\ 0 & 0 & 0 & 3 \\ 0 & 0 & 0 & -4 \\ 0 & 3 & -4 & 0 \\ 0 & 1 & 0 & 0 \\ 1 & 0 & 2 & 0 \\ 0 & 0 & 1 & 0 \\ 0 & 0 & 0 & 1 \end{pmatrix}\xrightarrow[c_2+c_4]{r_2+r_4}$$

$$
\begin{pmatrix}3&0&0&0\\0&6&-4&3\\0&-4&0&-4\\0&3&-4&0\\0&1&0&0\\1&0&2&0\\0&0&1&0\\0&1&0&1\end{pmatrix}
\xrightarrow[c_4-\frac{1}{2}c_2]{\substack{r_3+\frac{2}{3}r_2\\ c_3+\frac{2}{3}c_2\\ r_4-\frac{1}{2}r_2}}
\begin{pmatrix}3&0&0&0\\0&6&0&0\\0&0&-\frac{8}{3}&-2\\0&0&-2&-\frac{3}{2}\\0&1&\frac{2}{3}&-\frac{1}{2}\\1&0&2&0\\0&0&1&0\\0&1&\frac{2}{3}&\frac{1}{2}\end{pmatrix}
\xrightarrow[c_4-\frac{3}{4}c_3]{r_4-\frac{3}{4}r_3}
\begin{pmatrix}3&0&0&0\\0&6&0&0\\0&0&-\frac{8}{3}&0\\0&0&0&0\\0&1&\frac{2}{3}&-1\\1&0&2&-\frac{3}{2}\\0&0&1&-\frac{3}{4}\\0&1&\frac{2}{3}&0\end{pmatrix}.
$$

于是,所求的可逆阵为

$$
\boldsymbol{P}=\begin{pmatrix}0&1&\frac{2}{3}&-1\\1&0&2&-\frac{3}{2}\\0&0&1&-\frac{3}{4}\\0&1&\frac{2}{3}&0\end{pmatrix}.
$$

定理 7.1.3 数域 F 上的每一个二次型 $\sum_{i,j=1}^{n} a_{ij}x_ix_j$ 可以通过变量的非奇异线性替换 $\boldsymbol{X}=\boldsymbol{PY}$ 化为

$$
c_1y_1^2+c_2y_2^2+\cdots+c_ny_n^2,
$$

其中 $c_1,c_2,\cdots,c_n\in F$.

例如,例 7.1.5 中以 $\boldsymbol{A}$ 为矩阵的二次型

$$
q(x_1,x_2,x_3,x_4)=3x_1^2+12x_3^2+6x_1x_4-12x_2x_3-8x_3x_4
$$

可通过非奇异线性替换

$$
\begin{pmatrix}x_1\\x_2\\x_3\\x_4\end{pmatrix}=\begin{pmatrix}0&1&\frac{2}{3}&-1\\1&0&2&-\frac{3}{2}\\0&0&1&-\frac{3}{4}\\0&1&\frac{2}{3}&0\end{pmatrix}\begin{pmatrix}y_1\\y_2\\y_3\\y_4\end{pmatrix}
$$

化为标准形 $3y_1^2+6y_2^2-\frac{8}{3}y_3^2$.

练习 7.1.5 将二次型 $\sum_{i,j=1}^{3}|i-j|x_ix_j$ 化为标准形.

练习 7.1.6 将对称矩阵

$$\begin{pmatrix}0&1&1&1\\1&0&1&1\\1&1&0&1\\1&1&1&0\end{pmatrix}$$

合同对角化,并求出变换矩阵 $\boldsymbol{P}$.

练习 7.1.7 设对称矩阵

$$\boldsymbol{A}=\begin{pmatrix}\boldsymbol{A}_1&\boldsymbol{A}_2\\\boldsymbol{A}_2^{\mathrm{T}}&\boldsymbol{A}_3\end{pmatrix},$$

其中 $\boldsymbol{A}_1$ 可逆,求证:存在 $\boldsymbol{P}=\begin{pmatrix}\boldsymbol{I}&\boldsymbol{X}\\\boldsymbol{O}&\boldsymbol{I}\end{pmatrix}$,使得 $\boldsymbol{P}^{\mathrm{T}}\boldsymbol{A}\boldsymbol{P}=\begin{pmatrix}\boldsymbol{A}_1&\boldsymbol{O}\\\boldsymbol{O}&\boldsymbol{B}_3\end{pmatrix}$,这里的 $\boldsymbol{B}_3$ 是与 $\boldsymbol{A}_3$ 同型的矩阵.

7.1.5 配方法

将二次型化为标准形除了初等变换法外,还有另一种方法:配方法.具体步骤如下.

(1) 若有某个平方项的系数不为 0,例如 $a_{11}\neq 0$,此时,就对 x_1 进行配方(若 $a_{11}=0$, $a_{ii}\neq 0$,就对 x_i 进行配方):

$$\begin{aligned}q(x_1,x_2,\cdots,x_n)&=a_{11}x_1^2+2a_{12}x_1x_2+\cdots+2a_{1n}x_1x_n+\sum_{i,j=2}^{n}a_{ij}x_ix_j\\&=a_{11}\left(x_1+\frac{a_{12}}{a_{11}}x_2+\cdots+\frac{a_{1n}}{a_{11}}x_n\right)^2+\sum_{i,j=2}^{n}b_{ij}x_ix_j.\end{aligned}$$

作非奇异线性替换

$$\begin{cases}y_1=x_1+\dfrac{a_{12}}{a_{11}}x_2+\cdots+\dfrac{a_{1n}}{a_{11}}x_n\\y_i=x_i\quad(i=2,3,\cdots n)\end{cases}\text{或}\begin{cases}x_1=y_1-\dfrac{a_{12}}{a_{11}}y_2-\cdots-\dfrac{a_{1n}}{a_{11}}y_n,\\x_i=y_i\quad(i=2,3,\cdots n).\end{cases}$$

二次型化为

$$a_{11}y_1^2+\sum_{i,j=2}^{n}b_{ij}y_iy_j.$$

接着继续对 $n-1$ 个变量的二次型 $\sum_{i,j=2}^{n}b_{ij}y_iy_j$ 配方.

(2) 如果二次型的每个平方项系数都为 0,但有某个 $a_{ij}\neq 0$(否则二次型就为 0,已经是标准形),则作如下非奇异线性替换

$$\begin{cases}x_i=y_i+y_j,\\x_j=y_i-y_j,\\x_k=y_k(k\neq i,j),\end{cases}$$

将二次型化为情形(1).

例 7.1.6 化如下二次型为标准形:

$$3x_1^2+12x_3^2-12x_1x_2+6x_2x_4-8x_3x_4.$$

解 因为 $q(x_1,x_2,x_3)=3x_1^2+12x_3^2-12x_1x_2+6x_2x_4-8x_3x_4$

$$\begin{aligned}&=3(x_1-2x_2)^2-12x_2^2+12x_3^2+6x_2x_4-8x_3x_4\\&=3(x_1-2x_2)^2-12\left(x_2-\frac{1}{4}x_4\right)^2+12x_3^2+\frac{3}{4}x_4^2-8x_3x_4\\&=3(x_1-2x_2)^2-12\left(x_2-\frac{1}{4}x_4\right)^2+12\left(x_3-\frac{1}{3}x_4\right)^2-\frac{7}{12}x_4^2.\end{aligned}$$

作非奇异线性替换

$$\begin{cases}y_1=x_1-2x_2,\\y_2=x_2-\dfrac{1}{4}x_4,\\y_3=x_3-\dfrac{1}{3}x_4,\\y_4=x_4\end{cases}\text{或}\begin{cases}x_1=y_1+2y_2+\dfrac{1}{2}y_4,\\x_2=y_2+\dfrac{1}{4}y_4,\\x_3=y_3+\dfrac{1}{3}y_4,\\x_4=y_4,\end{cases}$$

将二次型化为

$$3y_1^2-12y_2^2+12y_3^2+\frac{5}{3}y_4^2.$$

练习 7.1.8 将如下二次型

(1) $x_1^2+2x_2^2+4x_3^2+2x_1x_2+2x_1x_3+6x_2x_3$；

(2) $2x_1x_2+2x_1x_3-2x_1x_4-2x_2x_3+2x_2x_4+2x_3x_4$；

(3) $x_1^2+2x_1x_2+2x_2^2+4x_2x_3+4x_3^2$

化为标准形.

练习 7.1.9 化二次型 $x_1x_2+x_3x_4+\cdots+x_{2n-1}x_{2n}$ 为标准形.

练习 7.1.10 将二次型 $2x_1x_{2n}+2x_2x_{2n-1}+\cdots+2x_nx_{n+1}$ 化为标准形.

7.2 复数域和实数域上的二次型

7.2.1 复数域上的二次型

7.1 节的定理 7.1.1 给出了两个二次型等价的必要条件：二者等秩. 这是否也是充分条件呢？这个问题的答案与在何种数域上讨论有关. 这一节我们只研究复数域与实数域上的二次型. 前者比较简单，后者则在二次曲面的仿射分类方面有重要应用.

首先给出两个复二次型等价的充要条件.

定理 7.2.1 复数域上每个 n 元二次型 $q(x_1,x_2,\cdots,x_n)$ 都等价于唯一一个如下形式的标准形(称为**典范形**)

$$z_1^2+z_2^2+\cdots+z_r^2,$$

其中 $r=r(q)$. 因此，复数域上的二次型等价当且仅当它们等秩.

证明 将定理 7.1.2 应用于复数域，则二次型 $q(x_1,x_2,\cdots,x_n)$ 可以通过非奇异线性替换 $\boldsymbol{X}=\boldsymbol{PY}$($\boldsymbol{P}$ 为复可逆矩阵)化为标准形

$$c_1y_1^2+c_2y_2^2+\cdots+c_ry_r^2,$$

其中 $r=r(q)$（由定理 7.1.1 的证明过程可知 $c_1,c_2,\cdots,c_r$ 不为 0，而 $c_{r+1}=\cdots=c_n=0$）. 接着再作非奇异线性替换

$$\boldsymbol{Y}=\begin{pmatrix} \frac{1}{\sqrt{c_1}} & & & & & & \\ & \frac{1}{\sqrt{c_2}} & & & & & \\ & & \ddots & & & & \\ & & & \frac{1}{\sqrt{c_r}} & & & \\ & & & & 1 & & \\ & & & & & \ddots & \\ & & & & & & 1 \end{pmatrix}\boldsymbol{Z},$$

将上述标准形化为典范形

$$z_1^2+z_2^2+\cdots+z_r^2.$$

若 $q(x_1,x_2,\cdots,x_n)$ 还可以通过非奇异线性替换 $\boldsymbol{X}=\boldsymbol{QZ}'$ 化为典范形

$$z'^2_1+z'^2_2+\cdots+z'^2_s,$$

则由于这两个典范形都等价于 $q(x_1,x_2,\cdots,x_n)$ 从而互相等价，因此 $r=s$. 这就证明了每个二次型等价于唯一的典范形. 最后，如果复数域上的两个二次型等秩，那么它们等价于相同的典范形，从而互相等价.

因此，对复向量空间 V 上的每个二次函数，都可以选取一个适当的基，使得其在这个基下的表达式具有典范形.

定理 7.2.2 每个复对称矩阵 $\boldsymbol{A}$ 都合同于矩阵

$$\begin{pmatrix} \boldsymbol{I}_r & \boldsymbol{O} \\ \boldsymbol{O} & \boldsymbol{O} \end{pmatrix},$$

其中 $r=r(\boldsymbol{A})$.

练习 7.2.1 试问：将复数域上二次型按等价进行分类，等价的二次型归为一类，不等价的归在不同类，总共可分为几类？

练习 7.2.2 设 $\boldsymbol{S}$ 是复数域上的对称矩阵. 证明：存在复数域上一个矩阵 $\boldsymbol{A}$，使得

$$\boldsymbol{S}=\boldsymbol{A}^{\mathrm{T}}\boldsymbol{A}.$$

7.2.2 实数域上的二次型

定理 7.2.3 实数域上每个 n 元二次型 $q(x_1,x_2,\cdots,x_n)$ 都等价于唯一一个典范形

$$z_1^2+\cdots+z_p^2-z_{p+1}^2-\cdots-z_r^2,$$

其中 $r=r(q)$.

证明 将推论 7.1.1 应用于实数域，则二次型 $q(x_1,x_2,\cdots,x_n)$ 可以通过非奇异线性替换 $\boldsymbol{X}=\boldsymbol{PY}$（$\boldsymbol{P}$ 为实可逆矩阵），化为标准形

$$d_1y_1^2+\cdots+d_py_p^2-d_{p+1}y_{p+1}^2-\cdots-d_ry_r^2,$$

其中 $d_i>0$，$i=1, 2, \cdots, r$. 接着继续作非奇异线性替换

$$
\boldsymbol{Y} = \begin{pmatrix} \frac{1}{\sqrt{d_1}} & & & & & & & & \\ & \ddots & & & & & & & \\ & & \frac{1}{\sqrt{d_p}} & & & & & & \\ & & & \frac{1}{\sqrt{d_{p+1}}} & & & & & \\ & & & & \ddots & & & & \\ & & & & & \frac{1}{\sqrt{d_r}} & & & \\ & & & & & & 1 & & \\ & & & & & & & \ddots & \\ & & & & & & & & 1 \end{pmatrix} \boldsymbol{Z},
$$

将标准形进一步化为典范形

$$
z_1^2 + \cdots + z_p^2 - z_{p+1}^2 - \cdots - z_r^2.
$$

以下证明唯一性. 假设 $q(x_1, x_2, \cdots, x_n)$ 又等价于典范形

$$
w_1^2 + \cdots + w_q^2 - w_{q+1}^2 - \cdots - w_s^2.
$$

因为这两个典范形都等价于 $q(x_1, x_2, \cdots, x_n)$，从而相互等价. 所以二者等秩，即 $s=r$. 若 $p \neq q$，不妨设 $p<q$. 由于这两个典范形等价，所以，存在非奇异线性替换

$$
\boldsymbol{Z} = \boldsymbol{RW},
$$

将前者化为后者，其中 $\boldsymbol{R}=(a_{ij})_{n\times n}$ 是实可逆矩阵. 考虑方程组

$$
\begin{cases} a_{11}w_1 + a_{12}w_2 + \cdots + a_{1n}w_n = 0, \\ \qquad\qquad\qquad\qquad \vdots \\ a_{p1}w_1 + a_{p2}w_2 + \cdots + a_{pn}w_n = 0, \\ w_{q+1} = 0, \\ \qquad \vdots \\ w_n = 0, \end{cases}
$$

由于方程个数 $p+n-q<n$，所以必有非零解 $(c_1, c_2, \cdots, c_n)$. 将它代入前后两个典范形，则得

$$
-\left(\sum_{k=1}^{n} a_{p+1k}c_k\right)^2 - \cdots - \left(\sum_{k=1}^{n} a_{rk}c_k\right)^2 = c_1^2 + \cdots + c_q^2.
$$

上式等号右边大于零，而左边小于等于零，矛盾！同理，$p>q$ 也会导致矛盾. 所以 $p=q$. 这就证明了 $q(x_1, x_2, \cdots, x_n)$ 只能等价于唯一的典范形.

因此，对实向量空间 V 上的每个二次函数，都可以选取一个适当的基，使得其在这个基下的表达式具有典范形.

定理 7.2.4 每个实对称阵 $\boldsymbol{A}$ 都合同于矩阵

$$
\begin{pmatrix} \boldsymbol{I}_p & & \\ & -\boldsymbol{I}_{r-p} & \\ & & \boldsymbol{O} \end{pmatrix}.
$$

定义 7.2.1 与实二次型 $q(x_1,x_2,\cdots,x_n)$ 等价的典范形

$$z_1^2+\cdots+z_p^2-z_{p+1}^2-\cdots-z_r^2$$

的正平方项的个数 p 称为二次型 $q(x_1,x_2,\cdots,x_n)$ 的**正惯性指数**，负平方项的个数 $r-p$ 称为**负惯性指数**，二者之差 $s=p-(r-p)=2p-r$ 称为**符号差**.

因为每个实二次型等价于唯一的典范形，所以它们的正惯性指数与符号差是唯一确定的.

推论 7.2.1 实数域上的二次型等价当且仅当它们的秩相等且正惯性指数也相等.

练习 7.2.3 将实数域上的二次型等价分类可分为几类?

练习 7.2.4 求证：如果实对称阵 $\boldsymbol{A}$ 合同于

$$\begin{pmatrix} \boldsymbol{I}_p & & \\ & -\boldsymbol{I}_{r-p} & \\ & & \boldsymbol{O} \end{pmatrix},$$

其正负特征值的个数分别等于 p 与 $r-p$.

练习 7.2.5 证明：一个实二次型 $q(x_1,x_2,\cdots,x_n)$ 可以分解成两个实系数 n 元一次齐次多项式的乘积的充要条件是：或者 q 的秩等于 1，或者 q 的秩等于 2 并且符号差等于 0.

练习 7.2.6 确定二次型 $x_1x_2+x_3x_4+\cdots+x_{2n-1}x_{2n}$ 的秩和符号差.

练习 7.2.7 设 $q(\boldsymbol{X})$ 是实二次型，如果存在 $\boldsymbol{X}_0,\boldsymbol{Y}_0\in\mathbf{R}^n$，使得 $q(\boldsymbol{X}_0)>0$，$q(\boldsymbol{Y}_0)<0$，那么一定存在非零向量 $\boldsymbol{Z}_0\in\mathbf{R}^n$，使得 $q(\boldsymbol{Z}_0)=0$.

7.3 正定二次型

7.3.1 实二次型的正定性

定义 7.3.1 实二次型 $q(x_1,x_2,\cdots,x_n)$ 称为**正定二次型**，如果对任意一组不全为零的 $x_1,x_2,\cdots,x_n$，函数值 $q(x_1,x_2,\cdots,x_n)$ 都大于零. 实对称阵 $\boldsymbol{A}$ 称为**正定阵**，如果它所对应的二次型 $\boldsymbol{X}^{\mathrm{T}}\boldsymbol{A}\boldsymbol{X}$ 是正定二次型.

例如 $x_1^2+x_2^2+\cdots+x_n^2$ 就是正定二次型，因此，它的矩阵 $\boldsymbol{I}$ 就是正定阵.

练习 7.3.1 证明：如果 $\boldsymbol{A}$，$\boldsymbol{B}$ 都是正定矩阵，那么 $\boldsymbol{A}+\boldsymbol{B}$ 也是正定矩阵.

命题 7.3.1 如果二次型 $q(x_1,x_2,\cdots,x_n)=\sum\limits_{i,j=1}^{n}a_{ij}x_ix_j$ 是正定二次型，则

$$a_{ii}>0,\ i=1,\ 2,\ \cdots,\ n.$$

证明 分别取

$$x_1=0,\ \cdots,\ x_{i-1}=0,\ x_i=1,\ x_{i+1}=0,\ \cdots,\ x_n=0,\ i=1,\ 2,\ \cdots,\ n,$$

因为 q 是正定二次型，所以函数值

$$q(x_1,\ x_2,\ \cdots,\ x_n)=a_{ii}>0,\ i=1,\ 2,\ \cdots,\ n.$$

因此，除 $x_1^2+x_2^2+\cdots+x_n^2$ 外，实二次型的其他典范形

$$x_1^2+\cdots+x_p^2-x_{p+1}^2-\cdots-x_r^2$$

都不是正定二次型.

如果实二次型 $q(x_1,x_2,\cdots,x_n)$ 对变量 $x_1,x_2,\cdots,x_n$ 的任意一组不全为零的值，函数值

都小于零,则称之为**负定二次型**.例如$-x_1^2-x_2^2-\cdots-x_n^2$就是负定二次型.如果$q$是负定二次型,则$-q$就是正定二次型,反之同样正确.因此,$-x_1^2-x_2^2-\cdots-x_n^2$也是典范形中唯一的负定二次型.负定二次型的矩阵称为**负定阵**.如果实二次型$q(x_1,x_2,\cdots,x_n)$对变量$x_1,x_2,\cdots,x_n$的任意一组值,函数值都大于等于(小于等于)零,则称之为**半正定(半负定)二次型**.例如,典范形

$$x_1^2+x_2^2+\cdots+x_r^2,\ 0\leqslant r<n$$

都是半正定二次型.q是半正定二次型当且仅当$-q$是半负定二次型.

练习 7.3.2 求证:若$q(x_1,x_2,\cdots,x_n)=\sum\limits_{i,j=1}^{n}a_{ij}x_ix_j$是半正定二次型,则$a_{ii}\geqslant 0$, $i=1,2,\cdots,n$.

命题 7.3.2 与正定二次型等价的二次型也是正定二次型.

证明 设$q_1(\boldsymbol{X})=\boldsymbol{X}^{\mathrm{T}}\boldsymbol{A}\boldsymbol{X}$是正定二次型,$q_2(\boldsymbol{Y})$与$q_1(\boldsymbol{X})$等价.假设$q_1(\boldsymbol{X})$可通过非奇异线性替换$\boldsymbol{X}=\boldsymbol{P}\boldsymbol{Y}$化为$q_2(\boldsymbol{Y})$.因为$q_2(\boldsymbol{Y})=\boldsymbol{Y}^{\mathrm{T}}(\boldsymbol{P}^{\mathrm{T}}\boldsymbol{A}\boldsymbol{P})\boldsymbol{Y}$,若$q_2(\boldsymbol{Y})$不是正定的,即存在非零向量$\boldsymbol{Y}_0\in\mathbf{R}^n$使得$q_2(\boldsymbol{Y}_0)\leqslant 0$,那么存在非零向量$\boldsymbol{X}_0=\boldsymbol{P}\boldsymbol{Y}_0\in\mathbf{R}^n$,使得

$$q_1(\boldsymbol{X}_0)=\boldsymbol{X}_0^{\mathrm{T}}\boldsymbol{A}\boldsymbol{X}_0=\boldsymbol{Y}_0^{\mathrm{T}}(\boldsymbol{P}^{\mathrm{T}}\boldsymbol{A}\boldsymbol{P})\boldsymbol{Y}_0=q_2(\boldsymbol{Y}_0)\leqslant 0.$$

这与q_1的正定性假设相矛盾!故$q_2(\boldsymbol{Y})$也是正定二次型.

换用矩阵的语言即:与正定阵合同的实对称阵也是正定阵.或者说,合同变换不会改变矩阵的正定性.

7.3.2 二次型正定的充要条件

定理 7.3.1 实二次型$q(x_1,x_2,\cdots,x_n)$正定当且仅当它等价于典范形

$$x_1^2+x_2^2+\cdots+x_n^2.$$

即当且仅当它的秩和正惯性指数都等于n.

证明 若$q(x_1,x_2,\cdots,x_n)$等价于典范形$x_1^2+x_2^2+\cdots+x_n^2$,因为后者是正定的,所以根据命题7.3.2,$q(x_1,x_2,\cdots,x_n)$也是正定的.反过来,与正定二次型$q(x_1,x_2,\cdots,x_n)$等价的典范形也是正定二次型,之前已经讨论过,$x_1^2+x_2^2+\cdots+x_n^2$是唯一的正定典范形,故

$$q(x_1,x_2,\cdots,x_n)\sim x_1^2+x_2^2+\cdots+x_n^2.$$

推论 7.3.1 实对称阵$\boldsymbol{A}$正定当且仅当存在实可逆阵$\boldsymbol{C}$使得$\boldsymbol{A}=\boldsymbol{C}^{\mathrm{T}}\boldsymbol{C}$.

证明 实对称阵$\boldsymbol{A}$正定,当且仅当二次型$\boldsymbol{X}^{\mathrm{T}}\boldsymbol{A}\boldsymbol{X}$正定.而$\boldsymbol{X}^{\mathrm{T}}\boldsymbol{A}\boldsymbol{X}$正定当且仅当存在可逆阵$\boldsymbol{P}$,使得$\boldsymbol{X}^{\mathrm{T}}\boldsymbol{A}\boldsymbol{X}$可通过非奇异线性替换$\boldsymbol{X}=\boldsymbol{P}\boldsymbol{Y}$化为典范形

$$y_1^2+y_2^2+\cdots+y_n^2=\boldsymbol{Y}^{\mathrm{T}}\boldsymbol{I}\boldsymbol{Y},$$

即当且仅当$\boldsymbol{P}^{\mathrm{T}}\boldsymbol{A}\boldsymbol{P}=\boldsymbol{I}$.令$\boldsymbol{P}^{-1}=\boldsymbol{C}$,则实对称阵$\boldsymbol{A}$正定当且仅当$\boldsymbol{A}=\boldsymbol{C}^{\mathrm{T}}\boldsymbol{C}$.

练习 7.3.3 若$\boldsymbol{A}$是正定阵,则$|\boldsymbol{A}|>0$.

练习 7.3.4 求证:实二次型q半正定,当且仅当它的正惯性指数等于它的秩.

因为正定阵$\boldsymbol{A}$是实对称阵,根据第6章的定理6.3.2,则存在正交阵$\boldsymbol{U}$使得$\boldsymbol{U}^{\mathrm{T}}\boldsymbol{A}\boldsymbol{U}$是对角阵

$$\begin{pmatrix}\lambda_1&&&\\&\lambda_2&&\\&&\ddots&\\&&&\lambda_n\end{pmatrix},$$

其中 λ_i 是 $\boldsymbol{A}$ 的特征值. 由于合同变换不改变正定性,因此 $\boldsymbol{A}$ 正定当且仅当所有 $\lambda_i>0$,即 $\boldsymbol{A}$ 的所有特征值都大于 0. 所以有如下定理.

定理 7.3.2 实对称阵 $\boldsymbol{A}$ 正定当且仅当它的特征值都是正数.

练习 7.3.5 证明:对于任意实对称阵 $\boldsymbol{A}$,总存在实数 t,使得 $t\boldsymbol{I}+\boldsymbol{A}$ 是正定矩阵.

例 7.3.1 证明:对任意实可逆阵 $\boldsymbol{A}$,总存在正交阵 $\boldsymbol{U}$ 及正定阵 $\boldsymbol{R}$,使得 $\boldsymbol{A}=\boldsymbol{U}\boldsymbol{R}$.

证明 因为 $\boldsymbol{A}$ 可逆,所以 $\boldsymbol{A}^{\mathrm{T}}\boldsymbol{A}$ 正定. 则存在正交阵 $\widetilde{\boldsymbol{U}}$,使得

$$\widetilde{\boldsymbol{U}}^{\mathrm{T}}\boldsymbol{A}^{\mathrm{T}}\boldsymbol{A}\widetilde{\boldsymbol{U}}=\begin{pmatrix}\lambda_1 & & & \\ & \lambda_2 & & \\ & & \ddots & \\ & & & \lambda_n\end{pmatrix},$$

其中 $\lambda_i>0(i=1,2,\cdots,n)$. 所以

$$\begin{pmatrix}\frac{1}{\sqrt{\lambda_1}} & & & \\ & \frac{1}{\sqrt{\lambda_2}} & & \\ & & \ddots & \\ & & & \frac{1}{\sqrt{\lambda_n}}\end{pmatrix}^{\mathrm{T}}\widetilde{\boldsymbol{U}}^{\mathrm{T}}\boldsymbol{A}^{\mathrm{T}}\boldsymbol{A}\widetilde{\boldsymbol{U}}\begin{pmatrix}\frac{1}{\sqrt{\lambda_1}} & & & \\ & \frac{1}{\sqrt{\lambda_2}} & & \\ & & \ddots & \\ & & & \frac{1}{\sqrt{\lambda_n}}\end{pmatrix}=\boldsymbol{I}.$$

令

$$\boldsymbol{U}=\boldsymbol{A}\widetilde{\boldsymbol{U}}\begin{pmatrix}\frac{1}{\sqrt{\lambda_1}} & & & \\ & \frac{1}{\sqrt{\lambda_2}} & & \\ & & \ddots & \\ & & & \frac{1}{\sqrt{\lambda_n}}\end{pmatrix}\widetilde{\boldsymbol{U}}^{\mathrm{T}},$$

所以,$\boldsymbol{U}^{\mathrm{T}}\boldsymbol{U}=\boldsymbol{I}$,即 $\boldsymbol{U}$ 是正交阵. 那么

$$\boldsymbol{A}=\boldsymbol{U}\widetilde{\boldsymbol{U}}\begin{pmatrix}\sqrt{\lambda_1} & & & \\ & \sqrt{\lambda_2} & & \\ & & \ddots & \\ & & & \sqrt{\lambda_n}\end{pmatrix}\widetilde{\boldsymbol{U}}^{\mathrm{T}}.$$

再令

$$\boldsymbol{R}=\widetilde{\boldsymbol{U}}\begin{pmatrix}\sqrt{\lambda_1} & & & \\ & \sqrt{\lambda_2} & & \\ & & \ddots & \\ & & & \sqrt{\lambda_n}\end{pmatrix}\widetilde{\boldsymbol{U}}^{\mathrm{T}}.$$

显然 $\boldsymbol{R}$ 是正定阵. 这样就将 $\boldsymbol{A}$ 分解为正交阵 $\boldsymbol{U}$ 与正定阵 $\boldsymbol{R}$ 的乘积

$$A = UR.$$

练习 7.3.6 求证：对任意实可逆阵 $\boldsymbol{A}$，存在正交阵 $\boldsymbol{V}$ 及正定阵 $\boldsymbol{S}$，使得

$$A = SV.$$

还有一种更直接的判定实对称阵正定性的方法.

定理 7.3.3 实对称阵 $\boldsymbol{A}$ 正定当且仅当它的各阶顺序主子式都大于零.

证明 设 $\boldsymbol{A}_k$ 为 $\boldsymbol{A}$ 的第 k 阶顺序主子矩阵，即

$$\boldsymbol{A}_k = \boldsymbol{A}(1,\ 2,\ \cdots,\ k;1,\ 2,\ \cdots,\ k).$$

又设

$$\boldsymbol{A} = \begin{pmatrix} \boldsymbol{A}_k & \boldsymbol{B} \\ \boldsymbol{B}^{\mathrm{T}} & \boldsymbol{C} \end{pmatrix},$$

其中 $\boldsymbol{C}=\boldsymbol{C}^{\mathrm{T}}$ 是 $n-k$ 阶实对称阵. 若已知 $\boldsymbol{A}$ 正定，任取非零向量

$$\boldsymbol{X}_k = (x_1, x_2, \cdots, x_k)^{\mathrm{T}} \in \mathbf{R}^k,$$

令 $\boldsymbol{X}=\begin{pmatrix} \boldsymbol{X}_k \\ \boldsymbol{0}_{n-k} \end{pmatrix}$，其中 $\boldsymbol{0}_{n-k}=(0,0,\cdots,0)^{\mathrm{T}}\in\mathbf{R}^{n-k}$. 因此，

$$0 < \boldsymbol{X}^{\mathrm{T}}\boldsymbol{A}\boldsymbol{X} = (\boldsymbol{X}_k^{\mathrm{T}},\ \boldsymbol{0}_{n-k}^{\mathrm{T}})\begin{pmatrix} \boldsymbol{A}_k & \boldsymbol{B} \\ \boldsymbol{B}^{\mathrm{T}} & \boldsymbol{C} \end{pmatrix}\begin{pmatrix} \boldsymbol{X}_k \\ \boldsymbol{0}_{n-k} \end{pmatrix} = \boldsymbol{X}_k{}^{\mathrm{T}}\boldsymbol{A}_k\boldsymbol{X}_k,$$

即 $\boldsymbol{A}_k$ 正定. 因此，由练习 7.3.3 知 $|\boldsymbol{A}_k|>0$.

反之，若已知 $\boldsymbol{A}$ 的各阶顺序主子式都大于 0. 对矩阵的阶数应用归纳法. 当 $\boldsymbol{A}$ 是 1 阶实对称阵时，由 $|\boldsymbol{A}_1|=a_{11}>0$ 即得 $\boldsymbol{A}=(a_{11})$ 是正定阵. 假设当 $\boldsymbol{A}$ 是 $n-1$ 阶实对称阵时定理成立. 则当 $\boldsymbol{A}$ 是 n 阶实对称阵时，设

$$\boldsymbol{A} = \begin{pmatrix} \boldsymbol{A}_{n-1} & \boldsymbol{\beta} \\ \boldsymbol{\beta}^{\mathrm{T}} & a \end{pmatrix},$$

其中 $\boldsymbol{A}_{n-1}$ 是 $\boldsymbol{A}$ 的 $n-1$ 阶顺序主子矩阵，$\boldsymbol{\beta}=(a_{1n}, a_{2n}, \cdots, a_{n-1n})^{\mathrm{T}}$，$a=a_{nn}$. $\boldsymbol{A}$ 的低于 n 阶的各阶顺序主子式也是 $\boldsymbol{A}_{n-1}$ 的各阶顺序主子式，因此由归纳假设可知 $\boldsymbol{A}_{n-1}$ 是正定阵. 又令 n 阶矩阵 $\boldsymbol{P}=\begin{pmatrix} \boldsymbol{I}_{n-1} & -\boldsymbol{A}_{n-1}^{-1}\boldsymbol{\beta} \\ \boldsymbol{0} & 1 \end{pmatrix}$，则

$$\boldsymbol{P}^{\mathrm{T}}\boldsymbol{A}\boldsymbol{P} = \begin{pmatrix} \boldsymbol{A}_{n-1} & \boldsymbol{0} \\ \boldsymbol{0} & \tilde{a} \end{pmatrix},$$

其中 $\tilde{a}=a-\boldsymbol{\beta}^{\mathrm{T}}\boldsymbol{A}_{n-1}^{-1}\boldsymbol{\beta}$. 另外，从

$$|\ \boldsymbol{P}^{\mathrm{T}}\boldsymbol{A}\boldsymbol{P}\ | = \begin{vmatrix} \boldsymbol{A}_{n-1} & \boldsymbol{0} \\ \boldsymbol{0} & \tilde{a} \end{vmatrix}$$

可得 $|\boldsymbol{A}|\,|\boldsymbol{P}|^2=\tilde{a}\,|\boldsymbol{A}_{n-1}|$，故 $\tilde{a}$ 大于 0. 所以，对任意非零向量 $\boldsymbol{X}=(\boldsymbol{X}_{n-1}, x_n)^{\mathrm{T}}\in\mathbf{R}^n$，

$$\boldsymbol{X}^{\mathrm{T}}\begin{pmatrix} \boldsymbol{A}_{n-1} & \boldsymbol{0} \\ \boldsymbol{0} & \tilde{a} \end{pmatrix}\boldsymbol{X} = \boldsymbol{X}_{n-1}^{\mathrm{T}}\boldsymbol{A}_{n-1}\boldsymbol{X}_{n-1} + \tilde{a}\,x_n^2 > 0,$$

这说明 $\begin{pmatrix} \boldsymbol{A}_{n-1} & \boldsymbol{0} \\ \boldsymbol{0} & \tilde{a} \end{pmatrix}$ 正定，故 $\boldsymbol{A}$ 也正定.

练习 7.3.7 判断下列实二次型是不是正定的：

(1) $10x_1^2-2x_2^2+3x_3^2+4x_1x_2+4x_1x_3$；

(2) $5x_1^2+x_2^2+5x_3^2+4x_1x_2-8x_1x_3-4x_2x_3$.

练习 7.3.8 λ 取什么值时，实二次型

$$\lambda(x_1^2+x_2^2+x_3^2)+2x_1x_2-2x_2x_3-2x_3x_1+x_4^2$$

是正定的？

练习 7.3.9 求证：二次型半正定当且仅当它的所有主子式都非负.

练习 7.3.10 求证：二次型 $n\sum_{i=1}^{n}x_i^2-(\sum_{i=1}^{n}x_i)^2$ 半正定.

第8章 仿射几何

8.1 仿射空间

8.1.1 仿射空间与仿射坐标

定义 8.1.1 V 是数域 F 上的向量空间，A 是一个非空集合. 称 A 是 V 上的**仿射空间**，如果有一个从 $A\times V$ 到 A 的映射：$(p,\boldsymbol{\alpha})\mapsto p+\boldsymbol{\alpha}$ 具有以下性质：

(1) 对任意 $p\in A$ 及 V 中的零向量 $\mathbf{0}$，$p+\mathbf{0}=p$；

(2) 对任意 $p,q\in A$，存在唯一的向量 $\boldsymbol{\alpha}\in V$，使得 $p+\boldsymbol{\alpha}=q$；

(3) 对任意 $p\in A$，$\boldsymbol{\alpha}$，$\boldsymbol{\beta}\in V$，$p+(\boldsymbol{\alpha}+\boldsymbol{\beta})=(p+\boldsymbol{\alpha})+\boldsymbol{\beta}$.

V 上的仿射空间 A 也记作 $A(V)$，其元素称为**点**.

将 $A(V)$ 的维数定义为向量空间 V 的维数，即 $\dim A(V)=\dim V$. 0 维、1 维、2 维的仿射空间分别称为点、仿射直线、仿射平面. 比如 $A(E_2)$ 就是一个仿射平面.

对 A 中的任意两点 p,q，都存在唯一向量 $\boldsymbol{\alpha}$，使得 $p+\boldsymbol{\alpha}=q$. 记 $\boldsymbol{\alpha}$ 为 $\overrightarrow{pq}$，称 p 和 q 为 $\boldsymbol{\alpha}$ 的**起点**和**终点**. 因为 $p+\mathbf{0}=p$，所以 $\overrightarrow{pp}=\mathbf{0}$. 另外，对 A 中的任意三点 p,q,r，

$$p+(\overrightarrow{pq}+\overrightarrow{qr})=(p+\overrightarrow{pq})+\overrightarrow{qr}=q+\overrightarrow{qr}=r=p+\overrightarrow{pr},$$

所以 $\overrightarrow{pq}+\overrightarrow{qr}=\overrightarrow{pr}$. 令 $r=p$，得 $\overrightarrow{pq}=-\overrightarrow{qp}$.

例 8.1.1 数域 F 上的向量空间 V 也可以看成是自身上的一个仿射空间. 此时，非空集合 A 就是 V 本身，V 中的向量同时也看成点，点与向量的加法就定义为向量间的加法，它自然会满足(1)－(3). 所以，每个向量空间同时也可视为一个仿射空间. 特别地，F^n 可视为向量空间 F^n 上的一个仿射空间.

定义 8.1.2 A 是向量空间 V 上的 n 维仿射空间. A 中的一个点 o 和 V 的一个基 $\boldsymbol{\varepsilon}_1$，$\boldsymbol{\varepsilon}_2$，$\cdots$，$\boldsymbol{\varepsilon}_n$ 称为 A 的一个**仿射坐标系**，记为 $[o;\boldsymbol{\varepsilon}_1,\boldsymbol{\varepsilon}_2,\cdots,\boldsymbol{\varepsilon}_n]$. 点 o 称为原点，向量 $\overrightarrow{op}$ 在这个基下的坐标称为点 p 的**仿射坐标**.

练习 8.1.1 取定仿射空间 A 的一个仿射坐标系 $[o;\boldsymbol{\varepsilon}_1,\boldsymbol{\varepsilon}_2,\cdots,\boldsymbol{\varepsilon}_n]$，设 $p,q\in A$ 在该坐标系下的仿射坐标分别为 $(p_1,p_2,\cdots,p_n)$，$(q_1,q_2,\cdots,q_n)$，$\boldsymbol{\alpha}\in V$ 在基 $\boldsymbol{\varepsilon}_1$，$\boldsymbol{\varepsilon}_2$，$\cdots$，$\boldsymbol{\varepsilon}_n$ 下的坐标为 $(x_1,x_2,\cdots,x_n)$，求证：

(1) 点 $p+\boldsymbol{\alpha}$ 的仿射坐标为 $(p_1+x_1,p_2+x_2,\cdots,p_n+x_n)$；

(2) 向量 $\overrightarrow{pq}$ 在基 $\boldsymbol{\varepsilon}_1$，$\boldsymbol{\varepsilon}_2$，$\cdots$，$\boldsymbol{\varepsilon}_n$ 下的坐标为 $(q_1-p_1,q_2-p_2,\cdots,q_n-p_n)$.

定理 8.1.1 $[o;\boldsymbol{\varepsilon}_1,\boldsymbol{\varepsilon}_2,\cdots,\boldsymbol{\varepsilon}_n]$ 和 $[o';\boldsymbol{\varepsilon}'_1,\boldsymbol{\varepsilon}'_2,\cdots,\boldsymbol{\varepsilon}'_n]$ 是数域 F 上的向量空间 V 上的 n

维仿射空间 A 的两个仿射坐标系. 设 o'在第一个仿射坐标系下的仿射坐标为$\begin{pmatrix} b_1 \\ b_2 \\ \vdots \\ b_n \end{pmatrix}$,并且

$$(\boldsymbol{\varepsilon}'_1, \boldsymbol{\varepsilon}'_2, \cdots, \boldsymbol{\varepsilon}'_n) = (\boldsymbol{\varepsilon}_1, \boldsymbol{\varepsilon}_2, \cdots, \boldsymbol{\varepsilon}_n)\boldsymbol{T},$$

其中 $\boldsymbol{T} \in M_n(F)$是过渡矩阵. 则 A 中的任意一点 p 在两个坐标系下的坐标$\begin{pmatrix} x_1 \\ x_2 \\ \vdots \\ x_n \end{pmatrix}$和$\begin{pmatrix} x'_1 \\ x'_2 \\ \vdots \\ x'_n \end{pmatrix}$满足以下仿射坐标变换公式:

$$\begin{pmatrix} x_1 \\ x_2 \\ \vdots \\ x_n \end{pmatrix} = \boldsymbol{T}\begin{pmatrix} x'_1 \\ x'_2 \\ \vdots \\ x'_n \end{pmatrix} + \begin{pmatrix} b_1 \\ b_2 \\ \vdots \\ b_n \end{pmatrix}.$$

证明 根据假设

$$\begin{aligned} \overrightarrow{op} = \overrightarrow{oo'} + \overrightarrow{o'p} &= (\boldsymbol{\varepsilon}_1, \boldsymbol{\varepsilon}_2, \cdots, \boldsymbol{\varepsilon}_n)\begin{pmatrix} b_1 \\ b_2 \\ \vdots \\ b_n \end{pmatrix} + (\boldsymbol{\varepsilon}'_1, \boldsymbol{\varepsilon}'_2, \cdots, \boldsymbol{\varepsilon}'_n)\begin{pmatrix} x'_1 \\ x'_2 \\ \vdots \\ x'_n \end{pmatrix} \\ &= (\boldsymbol{\varepsilon}_1, \boldsymbol{\varepsilon}_2, \cdots, \boldsymbol{\varepsilon}_n)\begin{pmatrix} b_1 \\ b_2 \\ \vdots \\ b_n \end{pmatrix} + (\boldsymbol{\varepsilon}_1, \boldsymbol{\varepsilon}_2, \cdots, \boldsymbol{\varepsilon}_n)\boldsymbol{T}\begin{pmatrix} x'_1 \\ x'_2 \\ \vdots \\ x'_n \end{pmatrix} \\ &= (\boldsymbol{\varepsilon}_1, \boldsymbol{\varepsilon}_2, \cdots, \boldsymbol{\varepsilon}_n)\left(\begin{pmatrix} b_1 \\ b_2 \\ \vdots \\ b_n \end{pmatrix} + \boldsymbol{T}\begin{pmatrix} x'_1 \\ x'_2 \\ \vdots \\ x'_n \end{pmatrix}\right), \end{aligned}$$

又因为

$$\overrightarrow{op} = (\boldsymbol{\varepsilon}_1, \boldsymbol{\varepsilon}_2, \cdots, \boldsymbol{\varepsilon}_n)\begin{pmatrix} x_1 \\ x_2 \\ \vdots \\ x_n \end{pmatrix},$$

即得到定理给出的公式.

8.1.2 仿射子空间

定义 8.1.3 p 是 n 维仿射空间 $A(V)$的一个点,U 是向量空间 V 的子空间,A 的子集

$$P = p + U = \{p + \boldsymbol{\alpha} \mid \boldsymbol{\alpha} \in U\}$$

称为 A 的一个**仿射子空间**. U 称为仿射子空间 P 的**方向子空间**.

任取 $q\in p+U$，因为 $q=p+\overrightarrow{pq}$，所以 $\overrightarrow{pq}\in U$. 因此 $p+U=q+U$. 另外，如果 $q+W\subseteq p+U$，则对 W 中任意向量 $\boldsymbol{\alpha}$，因为 $\overrightarrow{pq}+\boldsymbol{\alpha}\in U$ 从而 $\boldsymbol{\alpha}\in U$，故 $W\subseteq U$. 所以有如下命题.

命题 8.1.1 p,q 是仿射空间 $A(V)$ 的两个点，U,W 是向量空间 V 的两个子空间，如果 $p+U=q+W$，那么 $U=W$.

这个命题说明，仿射子空间的方向子空间是由仿射子空间唯一确定的.

仿射子空间 P 是其方向子空间 U 上的仿射空间，将 P 的维数定义为 U 的维数，即 $\dim P=\dim U$. 0 维仿射子空间称为**点**，1 维仿射子空间称为**直线**，$n-1$ 维仿射子空间称为**超平面**. 从定义不难看出，如果 $P\subseteq Q$，则 $\dim P\leqslant\dim Q$，且等号仅当 $P=Q$ 时成立.

任取仿射空间中的任意 $r+1$ 个点：$p_0,\ p_1,\ \cdots,\ p_r$，

$$p_i\in p_0+\operatorname{span}(\overrightarrow{p_0p_1},\ \overrightarrow{p_0p_2},\ \cdots,\ \overrightarrow{p_0p_r}),\ i=0,\ 1,\ \cdots,\ r.$$

由于 $\dim[\operatorname{span}(\overrightarrow{p_0p_1},\overrightarrow{p_0p_2},\cdots,\overrightarrow{p_0p_r})]\leqslant r$，所以有如下命题.

命题 8.1.2 任取仿射空间中 $r+1$ 个点，必有一个维数不超过 r 的仿射子空间通过这些点.

定义 8.1.4 点 $p_0,p_1,\cdots,p_r$ 称为**仿射相关**，如果它们属于一个维数小于 r 的仿射子空间. 否则，称这些点**仿射无关**.

定理 8.1.2 点 $p_0,p_1,\cdots,p_r$ 仿射无关当且仅当向量 $\overrightarrow{p_0p_1},\overrightarrow{p_0p_2},\cdots,\overrightarrow{p_0p_r}$ 线性无关.

证明 因为这些点都属于仿射子空间 $p_0+\operatorname{span}(\overrightarrow{p_0p_1},\overrightarrow{p_0p_2},\cdots,\overrightarrow{p_0p_r})$，后者的维数不超过 r. 如果它们仿射无关，则这个仿射子空间的维数等于 r，即

$$\dim[\operatorname{span}(\overrightarrow{p_0p_1},\overrightarrow{p_0p_2},\cdots,\overrightarrow{p_0p_r})]=r,$$

所以 $\overrightarrow{p_0p_1},\overrightarrow{p_0p_2},\cdots,\overrightarrow{p_0p_r}$ 线性无关. 反过来，若 P 是过 $p_0,p_1,\cdots,p_r$ 的一个仿射子空间，设 U 是 P 的方向子空间，则 $\overrightarrow{p_0p_1},\overrightarrow{p_0p_2},\cdots,\overrightarrow{p_0p_r}\in U$. 由于这些向量线性无关，所以 $\dim U\geqslant r$，即过 $p_0,p_1,\cdots,p_r$ 的仿射子空间的维数不小于 r，因此这些点仿射无关.

练习 8.1.2 求证：若点 $p_0,p_1,\cdots,p_r$ 仿射无关，则过这些点的 r 维仿射子空间是唯一的.

练习 8.1.3 求证：过 n 维仿射空间中任意两点有且只有一条直线；过任意 n 点有且只有一个超平面.

8.1.3 仿射子空间的位置关系

定义 8.1.5 两个仿射子空间 $P_1=p_1+U_1,\ P_2=p_2+U_2$ 称为**相交**，如果它们交集非空但也互不包含；称为**平行**，如果 $U_1\subseteq U_2$ 或者 $U_2\subseteq U_1$；称为**交错**，如果 $P_1\cap P_2=\varnothing$ 且 $U_1\cap U_2=\{\mathbf{0}\}$.

定理 8.1.3 两个仿射子空间的非空交集也是一个仿射子空间.

证明 若仿射子空间 p_1+U_1 与 p_2+U_2 的交集非空，在其中取一点 q，则

$$p_1+U_1=q+U_1,\ p_2+U_2=q+U_2.$$

任取 $q+\boldsymbol{\alpha}\in(q+U_1)\cap(q+U_2)$，则 $\boldsymbol{\alpha}\in U_1\cap U_2$，即 $(q+U_1)\cap(q+U_2)\subseteq q+U_1\cap U_2$. 反之，因为 $q+U_1\cap U_2$ 包含于 $q+U_1$ 和 $q+U_2$，所以 $(q+U_1)\cap(q+U_2)\supseteq q+U_1\cap U_2$. 因此，

$$(p_1+U_1)\cap(p_2+U_2)=(q+U_1)\cap(q+U_2)=q+U_1\cap U_2,$$

从而也是一个仿射子空间.

练习 8.1.4 如果 $(p+U)\cap(q+W)\neq\varnothing$，求证：

$$\dim[(p+U)\cap(q+W)]=\dim(U\cap W).$$

练习 8.1.5 任意多个仿射子空间的非空交集也是仿射子空间.

仿射子空间的并集却不一定是仿射子空间. 事实上,如果

$$(p+U_1)\cup(p+U_2)=p+W,$$

其中 U_1,U_2,W 都是子空间,那么 $W=U_1\cup U_2$(见练习 8.1.6). 然而从 4.3 节已经知道,子空间的并一般不是子空间. 所以仿射子空间的并一般也不是仿射子空间.

练习 8.1.6 求证:如果 $(p+U_1)\cup(p+U_2)=p+W$,那么 $W=U_1\cup U_2$.

定义 8.1.6 设 P,Q 是仿射空间 A 中的仿射子空间,A 中一切包含 $P\cup Q$ 的仿射子空间的交集称为仿射子空间 P 与 Q 的**联**,记作 $P\vee Q$.

根据定义,如果 $P_1\cup P_2\subseteq Q$,则 $P_1\vee P_2\subseteq Q$.

引理 8.1.1 $(p+U)\vee(q+W)=p+[\operatorname{span}(\overrightarrow{pq})+U+W]$.

证明 因为 $p+U\subseteq p+[\operatorname{span}(\overrightarrow{pq})+U+W]$, $q+W\subseteq q+[\operatorname{span}(\overrightarrow{qp})+U+W]$,所以

$$(p+U)\vee(q+W)\subseteq p+[\operatorname{span}(\overrightarrow{pq})+U+W].$$

反之,假设 $r+M$ 是包含 $(p+U)\cup(q+W)$ 的任一仿射子空间,则 $U,W\subseteq M$. 并且 $p,q\in r+M$,从而 $\overrightarrow{pq}\in M$,因此 $\operatorname{span}(\overrightarrow{pq})+U+W\subseteq M$. 所以,

$$p+[\operatorname{span}(\overrightarrow{pq})+U+W]\subseteq r+M.$$

根据联的定义,则 $(p+U)\vee(q+W)\supseteq p+[\operatorname{span}(\overrightarrow{pq})+U+W]$.

仿射空间 $\mathbf{R}^3$ 中任意两个不同的点的联就是过这两点的直线;一条直线和直线外一点的联就是过这条直线和这个点的平面.

练习 8.1.7 设 $P_1=p_1+U_1$, $P_2=p_2+U_2$,求证:P_1 与 P_2 相交当且仅当

$$\overrightarrow{p_1p_2}\in U_1+U_2.$$

定理 8.1.4 P,Q 是仿射空间 A 中的两个仿射子空间,

(1) 如果 $P\cap Q\neq\varnothing$,则 $\dim(P\vee Q)=\dim P+\dim Q-\dim(P\cap Q)$;

(2) 如果 $P\cap Q=\varnothing$,则 P 与 Q 平行当且仅当

$$\dim(P\vee Q)=\max\{\dim P,\dim Q\}+1;$$

(3) 如果 P 与 Q 交错,则 $\dim(P\vee Q)=\dim P+\dim Q+1$.

证明 (1) 设 $s\in P\cap Q$, $P=s+U$, $Q=s+W$,由引理 8.1.1,

$$P\vee Q=s+(U+W).$$

所以,$\dim(P\vee Q)=\dim(U+W)=\dim U+\dim W-\dim(U\cap W)$. 由于

$$\dim(U\cap W)=\dim(P\cap Q),$$

所以 $\dim(P\vee Q)=\dim P+\dim Q-\dim(P\cap Q)$.

(2) 设 $P=p+U$, $Q=q+W$,且 $U\subseteq W$,所以 $\dim P=\dim U\leqslant\dim W=\dim Q$. 因此由引理 8.1.1,则

$$P\vee Q=p+\operatorname{span}(\overrightarrow{pq})+U+W=p+\operatorname{span}(\overrightarrow{pq})+W.$$

而 $P\cap Q=\varnothing$ 当且仅当 $\overrightarrow{pq}\notin W$(见练习 8.1.7),因此当且仅当 $\operatorname{span}(\overrightarrow{pq})\cap W=\{\mathbf{0}\}$. 所以 P, Q 平行当且仅当 $P\vee Q=p+\operatorname{span}(\overrightarrow{pq})\oplus W$,等价地,即

$$\begin{aligned}\dim(P\vee Q)&=\dim\operatorname{span}(\overrightarrow{pq})+\dim W\\&=\dim W+1\\&=\max\{\dim P,\dim Q\}+1.\end{aligned}$$

(3) 设 $P=p+U, Q=q+W$. 如果 $\overrightarrow{pq}\in U+W$,设 $\overrightarrow{pq}=\boldsymbol{\alpha}+\boldsymbol{\beta}$,其中 $\boldsymbol{\alpha}\in U, \boldsymbol{\beta}\in W$,那么 $q=p+\overrightarrow{pq}=p+\boldsymbol{\alpha}+\boldsymbol{\beta}$. 这就会导致 $q-\boldsymbol{\beta}=p+\boldsymbol{\alpha}\in P\cap Q$,与题设矛盾. 所以 $\operatorname{span}(\overrightarrow{pq})\cap(U+W)=\{\mathbf{0}\}$. 而且由于 P 与 Q 交错,故 $U\cap W=\{\mathbf{0}\}$,因此

$$\operatorname{span}(\overrightarrow{pq})+U+W=\operatorname{span}(\overrightarrow{pq})\oplus U\oplus W.$$

由引理 8.1.1,则

$$P\vee Q=p+\operatorname{span}(\overrightarrow{pq})\oplus U\oplus W.$$

所以

$$\begin{aligned}\dim(P\vee Q)&=\dim[\operatorname{span}(\overrightarrow{pq})\oplus U\oplus W]\\&=\dim[\operatorname{span}(\overrightarrow{pq})]+\dim U+\dim W\\&=\dim P+\dim Q+1.\end{aligned}$$

练习 8.1.8 试问:含有两个交错的 2 维仿射子空间的仿射空间至少有几维? 如果两个交错的仿射子空间分别是 m 维和 n 维,包含它们的仿射空间最小又是几维?

例 8.1.2 设 A 是 2 维仿射空间(即平面),求证:

(1) A 中两个点的联是一条直线;

(2) A 中两条不平行的直线相交于一点.

证明 (1) 设 P,Q 是 A 中的两个点,则 $\dim(P\vee Q)=\dim P+\dim Q+1=1$,故 $P\vee Q$ 是直线.

(2) 因为 L_1 与 L_2 不平行,所以 $L_1\subset L_1\vee L_2$,因此

$$1=\dim L_1<\dim(L_1\vee L_2)\leqslant\dim A=2,$$

从而 $\dim(L_1\vee L_2)=2$. 如果 L_1 与 L_2 交集为空集,那么由定理 8.1.4 的(2)知 L_1,L_2 平行,与题设矛盾. 所以它们的交集非空,因此

$$\dim(L_1\vee L_2)=\dim L_1+\dim L_2-\dim(L_1\cap L_2).$$

即 $\dim(L_1\cap L_2)=0$,这说明 $L_1\cap L_2$ 是一个点.

练习 8.1.9 证明 3 维仿射空间 A 具有以下性质:

(1) 两个不同的点的联是一条直线;

(2) 交于一点的两条直线的联是一个平面;

(3) 两条共面的不平行直线交于一点;

(4) 两条不同的平行直线的联是一个平面;

(5) 一条直线和直线外一点的联是一个平面;

(6) 两个不平行平面交于一条直线;

(7) 一个平面与一条不平行于它的直线交于一点.

8.1.4 仿射子空间与线性方程组

考虑线性方程组

$$\begin{cases}a_{11}x_1+a_{12}x_2+\cdots+a_{1n}x_n=b_1,\\a_{21}x_1+a_{22}x_2+\cdots+a_{2n}x_n=b_2,\\\qquad\qquad\vdots\\a_{m1}x_1+a_{m2}x_2+\cdots+a_{mn}x_n=b_m,\end{cases}$$

如果把$(x_1,x_2,\cdots,x_n)$解释成仿射空间 $A(V)$中的点关于仿射坐标系$[o;\boldsymbol{\varepsilon}_1,\boldsymbol{\varepsilon}_2,\cdots,\boldsymbol{\varepsilon}_n]$的坐

标，那么方程组的一个解就对应着 $A(V)$ 中的一个点. 反过来，当某个点的坐标满足上述方程组，也可以说这个点是方程组的解. 已知点 p_0 是上述线性方程组的解，那么任意点 $p\in A(V)$ 也是解当且仅当 $\overrightarrow{p_0p}$ 关于基 $\boldsymbol{\varepsilon}_1, \boldsymbol{\varepsilon}_2, \cdots, \boldsymbol{\varepsilon}_n$ 的坐标是齐次方程组

$$\begin{cases}a_{11}x_1+a_{12}x_2+\cdots+a_{1n}x_n=0,\\ a_{21}x_1+a_{22}x_2+\cdots+a_{2n}x_n=0,\\ \qquad\qquad\vdots\\ a_{m1}x_1+a_{m2}x_2+\cdots+a_{mn}x_n=0\end{cases}$$

的解. 已知齐次方程组的解构成 F^n 的子空间，从而以它们为坐标的向量就构成 V 的子空间 U. 所以，仿射子空间 $P=p_0+U$ 就是线性方程组的解集. 并且

$$\dim P=\dim U=n-r,$$

r 是系数矩阵的秩.

事实上，也可以把每个仿射子空间都解释成某个线性方程组的解集. 假设仿射子空间 $P=p_0+U$ 的维数为 s，$\boldsymbol{\alpha}_1, \boldsymbol{\alpha}_2, \cdots, \boldsymbol{\alpha}_s$ 是 U 的基. 将这个基扩充为 V 的基

$$\boldsymbol{\alpha}_1, \cdots, \boldsymbol{\alpha}_s, \boldsymbol{\alpha}_{s+1}, \cdots, \boldsymbol{\alpha}_n,$$

并设 $(\boldsymbol{\alpha}_1, \boldsymbol{\alpha}_2, \cdots, \boldsymbol{\alpha}_n)=(\boldsymbol{\varepsilon}_1, \boldsymbol{\varepsilon}_2, \cdots, \boldsymbol{\varepsilon}_n)\boldsymbol{T}$，那么到新仿射坐标系 $[p_0;\boldsymbol{\alpha}_1, \boldsymbol{\alpha}_2, \cdots, \boldsymbol{\alpha}_n]$ 的坐标变换公式为

$$\begin{pmatrix}x_1\\x_2\\\vdots\\x_n\end{pmatrix}=\boldsymbol{T}\begin{pmatrix}x'_1\\x'_2\\\vdots\\x'_n\end{pmatrix}+\begin{pmatrix}b_1\\b_2\\\vdots\\b_n\end{pmatrix}.$$

其中带撇的坐标为新坐标系下的坐标，而 $(b_1, b_2, \cdots, b_n)^{\mathrm{T}}$ 是 p_0 在原坐标系的坐标. 对于 P 中的点，$x'_{s+1}=x'_{s+2}=\cdots=x'_n=0$，这样就得到了决定仿射子空间的线性方程组

$$\begin{cases}\tilde{t}_{s+11}x_1+\tilde{t}_{s+11}x_2+\cdots+\tilde{t}_{s+11}x_n=d_{s+1},\\ \tilde{t}_{s+21}x_1+\tilde{t}_{s+21}x_2+\cdots+\tilde{t}_{s+21}x_n=d_{s+2},\\ \qquad\qquad\vdots\\ \tilde{t}_{n1}x_1+\tilde{t}_{n1}x_2+\cdots+\tilde{t}_{n1}x_n=d_n.\end{cases}$$

其中 $(\tilde{t}_{ij})=\boldsymbol{T}^{-1}$，$(d_1, d_2, \cdots, d_n)^{\mathrm{T}}=\boldsymbol{T}^{-1}(b_1, b_2, \cdots, b_n)^{\mathrm{T}}$. 这个方程组的系数矩阵的秩就等于 $n-\dim P$. 特别地，决定超平面的方程组是一个线性方程

$$a_1x_1+a_2x_2+\cdots+a_nx_n=d.$$

关于仿射子空间的几何问题都可以通过引进仿射坐标系(或直角坐标系，如果问题涉及正交性或者距离，将在 8.2 节介绍)转化为线性方程组的代数问题. 比如，仿射子空间的位置关系就可以通过它所对应的线性方程组的系数矩阵的秩来描述.

练习 8.1.10 设 n 维仿射空间 $A(V)$ 中的两个超平面 P, Q 的方程分别为

$$a_1x_1+a_2x_2+\cdots+a_nx_n=d,\ b_1x_1+b_2x_2+\cdots+b_nx_n=f.$$

求证：

(1) P, Q 平行当且仅当 $a_i=kb_i$，$i=1, 2, \cdots, n$；

(2) P, Q 相交当且仅当

$$r\begin{pmatrix} a_1 & a_2 & \cdots & a_n \\ b_1 & b_2 & \cdots & b_n \end{pmatrix} = 2.$$

请问:P,Q 有可能交错吗?

8.1.5 欧氏点空间

定义 8.1.7 如果 V 是欧氏空间,其上的仿射空间称为**欧氏点空间**,记作 $E(V)$.

可以在欧氏点空间中定义任意两点之间的距离.

定义 8.1.8 欧氏点空间 $E(V)$ 中的任意两点 p,q 的**距离**记作 $d(p,q)$,定义为

$$d(p,q) = \| \overrightarrow{pq} \|.$$

练习 8.1.11 任取欧氏点空间 $E(V)$ 中的三点 p,q,r,求证:

(1) $d(p,q) \geqslant 0$,等号成立当且仅当 $p=q$;

(2) $d(p,q)=d(q,p)$;

(3) $d(p,q) \leqslant d(p,r)+d(r,q)$.

定义 8.1.9 欧氏点空间 $E(V)$ 中的一个点 o 和 V 的一个单位正交基 $\boldsymbol{\varepsilon}_1, \boldsymbol{\varepsilon}_2, \cdots, \boldsymbol{\varepsilon}_n$ 称为 A 的一个**直角坐标系**或**标准正交系**,记为 $[o;\boldsymbol{\varepsilon}_1, \boldsymbol{\varepsilon}_2, \cdots, \boldsymbol{\varepsilon}_n]$. 点 o 称为**原点**,向量 $\overrightarrow{op}$ 在这个基下的坐标称为点 p 的**直角坐标**.

如果两点 p,q 的直角坐标分别为 $(x_1,x_2,\cdots,x_n)$,$(y_1,y_2,\cdots,y_n)$,那么

$$d(p,q) = \| \overrightarrow{pq} \| = \sqrt{(x_1-y_1)^2+(x_2-y_2)^2+\cdots+(x_n-y_n)^2}.$$

8.2 仿射变换

8.2.1 仿射映射

定义 8.2.1 V,V' 是数域 F 上的向量空间,$A(V)$,$A'(V')$ 分别是 V,V' 上的仿射空间,σ 是 V 到 V' 的线性映射. f 是 $A(V)$ 到 $A'(V')$ 的映射,如果对任意 $p\in A(V)$,$\boldsymbol{\alpha}\in V$,都有

$$f(p+\boldsymbol{\alpha}) = f(p)+\sigma(\boldsymbol{\alpha}),$$

则称 f 是 $A(V)$ 到 $A'(V')$ 的**仿射映射**. 从 $A(V)$ 到 $A(V)$ 的仿射映射称为**仿射变换**.

因为 $f(q)=f(p+\overrightarrow{pq})=f(p)+\sigma(\overrightarrow{pq})$,所以

$$\sigma(\overrightarrow{pq}) = \overrightarrow{f(p)f(q)}.$$

也就是说 σ 由 f 唯一确定. 称 σ 为 f 的**线性部分**,记为 Df.

从 $A(V)$ 到 $A'(V')$ 的映射 f 如果对给定的一点 $p_0\in A(V)$ 以及任意的 $\boldsymbol{\alpha}\in V$ 满足 $f(p_0+\boldsymbol{\alpha})=f(p_0)+\sigma(\boldsymbol{\alpha})$,那么 f 是 $A(V)$ 到 $A'(V')$ 的仿射映射,并且 $Df=\sigma$. 实际上,对任意 $p\in A(V)$,$\boldsymbol{\alpha}\in V$,

$$\begin{aligned} f(p+\boldsymbol{\alpha}) &= f(p_0+\overrightarrow{p_0p}+\boldsymbol{\alpha}) \\ &= f(p_0)+\sigma(\overrightarrow{p_0p})+\sigma(\boldsymbol{\alpha}) \\ &= f(p)+\sigma(\boldsymbol{\alpha}). \end{aligned}$$

命题 8.2.1 f 是 A 到 A' 的仿射映射,g 是 A' 到 A'' 的仿射映射,则 $g\circ f$ 是 A 到 A'' 的仿射映射,并且 $D(g\circ f)=Dg\circ Df$.

证明 对任意 $p+\boldsymbol{\alpha}\in A$,

$$g\circ f(p+\boldsymbol{\alpha}) = g(f(p)+Df(\boldsymbol{\alpha}))$$

$$= g(f(p)) + Dg(Df(\boldsymbol{\alpha}))$$
$$= g \circ f(p) + Dg \circ Df(\boldsymbol{\alpha}).$$

所以，$g\circ f$ 是 A 到 A''的仿射映射，并且 $D(g\circ f)=Dg\circ Df$.

命题 8.2.2 仿射映射 f 是双射当且仅当 Df 是双射.

证明 设 $f:A(V)\to A'(V')$是仿射映射，如果 f 是双射，则 f 可逆. 因为

$$Df^{-1}\circ Df = D(f^{-1}\circ f) = D(\mathrm{id}),$$
$$Df\circ Df^{-1} = D(f\circ f^{-1}) = D(\mathrm{id}),$$

而且对任意 $p,q\in A$，$D(\mathrm{id})(\overrightarrow{pq})=\overrightarrow{\mathrm{id}(p)\mathrm{id}(q)}=\overrightarrow{pq}$，所以 $D(\mathrm{id})$是 V 到 V'的恒等映射. 故 Df 可逆，从而是双射. 反之，若 Df 是双射，则 Df 可逆. 取 $q\in A'(V')$，并设 $q=f(p)$，定义仿射映射

$$g:\ A'(V')\to A(V)$$
$$q+\boldsymbol{\alpha}\mapsto p+(Df)^{-1}(\boldsymbol{\alpha}).$$

则对任意 $p+\boldsymbol{\alpha}\in A(V)$，$g\circ f(p+\boldsymbol{\alpha})=g(q+Df(\boldsymbol{\alpha}))=p+(Df)^{-1}(Df(\boldsymbol{\alpha}))=p+\boldsymbol{\alpha}$，即 $g\circ f=\mathrm{id}$. 同理可证 $f\circ g=\mathrm{id}$. 所以 f 是双射.

定义 8.2.2 若仿射映射 $f:A(V)\to A'(V')$是双射，则称仿射空间 A 与 A'**同构**，并称 f 为**仿射同构**.

定理 8.2.1 V 与 V'都是数域 F 上的向量空间，仿射空间 $A(V)$与 $A'(V')$同构当且仅当它们同维.

证明 设 f 是 $A(V)$到 $A'(V')$的同构映射，由命题 8.2.2，$D(f)$是双射，从而是 V 到 V' 的同构映射，因此，V 与 V'同维，所以 $A(V)$与 $A'(V')$同维. 反之，若 $A(V)$与 $A'(V')$同维，则 V 与 V'同维，从而它们同构. 设 σ 是 V 与 V'的同构映射，取 $p\in V$，$p'\in V'$，定义仿射映射

$$f:\ A(V)\to A'(V')$$
$$p+\boldsymbol{\alpha}\mapsto p'+\sigma(\boldsymbol{\alpha}),$$

由命题 8.2.2 可知 f 是 $A(V)$到 $A'(V')$的双射，从而是同构映射. 所以 $A(V)$与 $A'(V')$同构.

推论 8.2.1 V 是数域 F 上的 n 维向量空间，则其上的仿射空间 $A(V)$同构于 F^n.

8.2.2 仿射变换

首先看几个仿射变换的例子.

例 8.2.1 设 A 是 V 上的仿射空间，取 $\boldsymbol{\alpha}\in V$，定义

$$t_{\alpha}:\ A\to A$$
$$p\mapsto p+\boldsymbol{\alpha},$$

求证：t_α 是 A 上的仿射变换，且 $Dt_\alpha=\mathrm{id}$. t_α 称为**平移变换**.

证明 任取 $q\in A$，$\boldsymbol{\beta}\in V$，$t_\alpha(q+\boldsymbol{\beta})=q+\boldsymbol{\beta}+\boldsymbol{\alpha}=q+\boldsymbol{\alpha}+\boldsymbol{\beta}=t_\alpha(q)+\boldsymbol{\beta}$，所以 t_α 是 A 上的仿射变换，且 $Dt_\alpha=\mathrm{id}$.

练习 8.2.1 证明：平移变换可逆，且 $t_\alpha{}^{-1}=t_{-\alpha}$.

例 8.2.2 设 V 是数域 F 上的向量空间，A 是 V 上的仿射空间，取 $k\in F$，$o\in A$，仿射变换

$$f:\ A\to A$$
$$o+\boldsymbol{\alpha}\mapsto o+k\boldsymbol{\alpha},$$

称为**位似变换**，且 $Df=k\mathrm{id}$（当 $k=-1$ 时，也称为**中心对称**）.

练习 8.2.2 设 f 是仿射空间 $A(V)$ 上的仿射变换，$Df=k\mathrm{id}$. 求证：当 $k\neq 1$ 时，f 是位似变换；当 $k=1$ 时，f 是平移变换.

练习 8.2.3 设 f,g 是仿射空间 $A(V)$ 上的位似变换，o,o' 是 $A(V)$ 上的给定两点，

$$\begin{aligned} f:\ & A(V)\to A(V) \\ & o+\boldsymbol{\alpha}\mapsto o+k\boldsymbol{\alpha}, \\ g:\ & A(V)\to A(V) \\ & o'+\boldsymbol{\alpha}\mapsto o'+l\boldsymbol{\alpha}, \end{aligned}$$

其中 $kl=1$，求证：$f\circ g$ 是平移变换. 请问：$g\circ f$ 也是平移变换吗？

对仿射变换 f，任取空间中一点 o，令 $\boldsymbol{\alpha}=\overrightarrow{of(o)}$，$g=t_{-\boldsymbol{\alpha}}f$，则仿射变换 $f=t_{\boldsymbol{\alpha}}g$，并且 o 是仿射变换 g 的不动点（即在变换下不变的点）. 也就是说，每一个仿射变换都可以视为一个平移变换与一个含不动点的仿射变换的合成.

设 $[o;\boldsymbol{\varepsilon}_1,\boldsymbol{\varepsilon}_2,\cdots,\boldsymbol{\varepsilon}_n]$ 是仿射空间 $A(V)$ 的仿射坐标系，对任意 $p\in A(V)$，假设 p 关于仿射坐标系 $[o;\boldsymbol{\varepsilon}_1,\boldsymbol{\varepsilon}_2,\cdots,\boldsymbol{\varepsilon}_n]$ 的坐标为 $\boldsymbol{X}=(x_1,x_2,\cdots,x_n)^{\mathrm{T}}$，而 $f(p)$ 与 $f(o)$ 的坐标分别为 $\boldsymbol{Y}=(y_1,y_2,\cdots,y_n)^{\mathrm{T}}$ 和 $\boldsymbol{B}=(b_1,b_2,\cdots,b_n)^{\mathrm{T}}$. 令 $\boldsymbol{\alpha}=\overrightarrow{of(o)}$，$g=t_{-\boldsymbol{\alpha}}f$，则

$$f(p)=t_{\boldsymbol{\alpha}}g(p)=g(p)+\overrightarrow{of(o)}.$$

因为 $g(p)=g(o+\overrightarrow{op})=o+Dg(\overrightarrow{op})$，所以

$$f(p)=o+Dg(\overrightarrow{op})+\overrightarrow{of(o)}.$$

写成坐标形式就是 $\boldsymbol{Y}=\boldsymbol{FX}+\boldsymbol{B}$. $\boldsymbol{F}$ 是线性变换 Dg 关于基 $\boldsymbol{\varepsilon}_1,\boldsymbol{\varepsilon}_2,\cdots,\boldsymbol{\varepsilon}_n$ 的矩阵. 由于

$$Df=Dt_{\boldsymbol{\alpha}}\circ Dg=\mathrm{id}\circ Dg=Dg,$$

所以 $\boldsymbol{F}$ 也是线性变换 Df 关于基 $\boldsymbol{\varepsilon}_1,\boldsymbol{\varepsilon}_2,\cdots,\boldsymbol{\varepsilon}_n$ 的矩阵.

仿射空间 $A(V)$ 的可逆仿射变换其实就是 $A(V)$ 到自身的同构映射，因此也称为**仿射自同构**.

命题 8.2.3 f 是仿射空间 $A(V)$ 上的仿射自同构，则

(1) 如果 P 是 $A(V)$ 的仿射子空间，那么 $f(P)$ 也是，而且 $\dim f(P)=\dim P$；

(2) 如果仿射子空间 P,Q 平行，那么 $f(P),f(Q)$ 也是.

练习 8.2.4 证明命题 8.2.3.

如果点 $p_0,p_1,\cdots,p_r$ 仿射相关，即它们属于一个低于 r 维的仿射子空间 P，那么它们的像 $f(p_0),f(p_1),\cdots,f(p_r)$ 也属于一个同样低于 r 维的仿射子空间 $f(P)$，因此也仿射相关. 同理，仿射无关点组在仿射自同构下也被映射为仿射无关点组.

在直线 L_{pq}（点 $p\neq q$）上再取一点 $r\neq q$，如果 $\overrightarrow{pr}=k\,\overrightarrow{rq}$，称数 k 为共线三点 p,q,r 的**简比**，记作 $\langle p,q,r\rangle$. 当 $r=q$ 时，就规定 $\langle p,q,r\rangle=\infty$. 对于仿射自同构 f，如果这三点互不相同，则

$$\overrightarrow{f(p)f(r)}=Df(\overrightarrow{pr})=kDf(\overrightarrow{rq})=k\,\overrightarrow{f(r)f(q)};$$

如果 r 与 q 重合，那么 $f(r)$ 与 $f(q)$ 也重合. 因此，它们在仿射自同构下的像依然共线，并且 $\langle p,q,r\rangle$ 等于 $\langle f(p),f(q),f(r)\rangle$，即共线三点 p,q,r 的简比在仿射自同构下不变.

8.2.3 运动

定义 8.2.3 欧氏点空间 $E(V)$ 上的仿射变换 f，如果对任意 $p,q\in E(V)$ 都有

$$d(f(p),f(q))=d(p,q),$$

则称为 $E(V)$ 上的**运动**,或**等距变换**.

练习 8.2.5 欧氏点空间上的平移变换是一个运动.

命题 8.2.4 f 是欧氏点空间 $E(V)$ 上的运动当且仅当 Df 是欧氏空间上的正交变换.

证明 若 f 是 $E(V)$ 上的运动,任取 $\boldsymbol{\alpha}\in V$, $p\in A(V)$,令 $q=p+\boldsymbol{\alpha}$,则

$$\overrightarrow{f(p)f(q)}=Df(\overrightarrow{pq})=Df(\boldsymbol{\alpha}).$$

$d(f(p),f(q))=d(p,q)$,即 $\|\overrightarrow{f(p)f(q)}\|=\|\overrightarrow{pq}\|$,因而

$$\|Df(\boldsymbol{\alpha})\|=\|\boldsymbol{\alpha}\|.$$

所以 Df 是正交变换.反之,若 Df 是 V 上的正交变换,任取 $p,q\in E(V)$,由于

$$d(p,q)=\|\overrightarrow{pq}\|=\|Df(\overrightarrow{pq})\|=\|\overrightarrow{f(p)f(q)}\|=d(f(p),f(q)),$$

所以 f 是运动.

利用这个结果,下面来研究低维欧氏点空间的运动的分类.

例 8.2.3 设 $E(V)$ 是 2 维欧氏点空间,f 是 $E(V)$ 上的运动,因此 Df 是欧氏空间 V 上的正交变换.根据 6.3 节的讨论,可适当选择 V 的基 $\boldsymbol{\varepsilon}_1,\boldsymbol{\varepsilon}_2$,使得 Df 关于这个基的矩阵为

$$\begin{pmatrix}1 & \\ & \pm 1\end{pmatrix} \text{或} \begin{pmatrix}\cos\theta & -\sin\theta \\ \sin\theta & \cos\theta\end{pmatrix} (0<|\theta|\leqslant\pi).$$

则运动 f 关于仿射坐标系 $[o;\boldsymbol{\varepsilon}_1,\boldsymbol{\varepsilon}_2]$ 表示为

$$\begin{pmatrix}y_1\\y_2\end{pmatrix}=\begin{pmatrix}1 & \\ & \pm 1\end{pmatrix}\begin{pmatrix}x_1\\x_2\end{pmatrix}+\begin{pmatrix}b_1\\b_2\end{pmatrix} \text{或} \begin{pmatrix}y_1\\y_2\end{pmatrix}=\begin{pmatrix}\cos\theta & -\sin\theta \\ \sin\theta & \cos\theta\end{pmatrix}\begin{pmatrix}x_1\\x_2\end{pmatrix}+\begin{pmatrix}b_1\\b_2\end{pmatrix}.$$

其中 $(x_1,x_2)^{\mathrm{T}}$, $(y_1,y_2)^{\mathrm{T}}$ 分别是点 p 和点 $f(p)$ 关于 $[o;\boldsymbol{\varepsilon}_1,\boldsymbol{\varepsilon}_2]$ 的坐标,$(b_1,b_2)^{\mathrm{T}}$ 是 $f(o)$ 的坐标.分别考虑以下三种情况.

(1) $\begin{pmatrix}y_1\\y_2\end{pmatrix}=\begin{pmatrix}1 & \\ & 1\end{pmatrix}\begin{pmatrix}x_1\\x_2\end{pmatrix}+\begin{pmatrix}b_1\\b_2\end{pmatrix}=\begin{pmatrix}x_1\\x_2\end{pmatrix}+\begin{pmatrix}b_1\\b_2\end{pmatrix}$:平移.

(2) $\begin{pmatrix}y_1\\y_2\end{pmatrix}=\begin{pmatrix}1 & \\ & -1\end{pmatrix}\begin{pmatrix}x_1\\x_2\end{pmatrix}+\begin{pmatrix}b_1\\b_2\end{pmatrix}$:若 $b_1=b_2=0$,为反射;若 $b_2\neq 0$,做坐标平移 $\begin{pmatrix}x_1\\x_2\end{pmatrix}=\begin{pmatrix}x_1'\\x_2'\end{pmatrix}+\begin{pmatrix}0\\ \frac{1}{2}b_2\end{pmatrix}$,则在新坐标系下运动为

$$\begin{pmatrix}y'_1\\y'_2\end{pmatrix}=\begin{pmatrix}1 & \\ & -1\end{pmatrix}\begin{pmatrix}x'_1\\x'_2\end{pmatrix}+\begin{pmatrix}b_1\\0\end{pmatrix}.$$

若 $b_1=0$,为反射;若 $b_1\neq 0$,则为滑移反射,即先反射再沿反射轴平移.

(3) $\begin{pmatrix}y_1\\y_2\end{pmatrix}=\begin{pmatrix}\cos\theta & -\sin\theta \\ \sin\theta & \cos\theta\end{pmatrix}\begin{pmatrix}x_1\\x_2\end{pmatrix}+\begin{pmatrix}b_1\\b_2\end{pmatrix}$:若 $b_1=b_2=0$,为绕 o 点旋转;若 b_1,b_2 不全为 0,可找一个新坐标系,使得变换在新坐标系下表示为一个旋转:

$$\begin{pmatrix}y'_1\\y'_2\end{pmatrix}=\begin{pmatrix}\cos\theta & -\sin\theta \\ \sin\theta & \cos\theta\end{pmatrix}\begin{pmatrix}x'_1\\x'_2\end{pmatrix}.$$

事实上,只须做一个坐标平移:$\begin{pmatrix}x_1\\x_2\end{pmatrix}=\begin{pmatrix}x_1'\\x_2'\end{pmatrix}+\begin{pmatrix}c_1\\c_2\end{pmatrix}$,其中 $(c_1,c_2)^{\mathrm{T}}$ 要满足方程

$$\begin{pmatrix} 1-\cos\theta & \sin\theta \\ -\sin\theta & 1-\cos\theta \end{pmatrix}\begin{pmatrix} c_1 \\ c_2 \end{pmatrix}=\begin{pmatrix} b_1 \\ b_2 \end{pmatrix}.$$

由于 $\begin{vmatrix} 1-\cos\theta & \sin\theta \\ -\sin\theta & 1-\cos\theta \end{vmatrix}=2-2\cos\theta\neq 0$（因为 $\theta\neq 0$），所以这个方程组有解.

综上，2 维欧氏点空间上的运动只有三种类型：平移，反射或滑移反射，旋转.

练习 8.2.6 求证：3 维欧氏点空间的运动只有以下 4 种类型：

(1) 平移；

(2) 镜面反射，或滑移反射（即反射并平行于反射面平移）；

(3) 绕轴旋转，或螺旋旋转（即绕轴旋转并沿轴平移）；

(4) 镜面旋转（即绕轴旋转并关于正交于轴的平面反射）.

8.2.4 变换群与等价类

定义 8.2.4 集合 Γ 到自身的一些双射构成的集合 G 称为集合 Γ 的**变换群**，如果它满足：

(1) $\mathrm{id}\in G$；

(2) 任取 $\sigma,\tau\in G$，都有 $\sigma\circ\tau\in G$；

(3) 任取 $\sigma\in G$，都有 $\sigma^{-1}\in G$.

仿射空间 $A(V)$ 的仿射自同构全体构成的集合就是 $A(V)$ 的变换群，称为**仿射群**，记作 $\mathrm{Aff}(A)$. 欧氏点空间 $E(V)$ 的运动全体就组成 $E(V)$ 的变换群，称为运动群或**等距变换群**，记作 $\mathrm{Iso}(A)$.

根据德国数学家克莱因(Klein)提出的"埃尔朗根纲领"的思想，每一种几何学的目标就是研究一个集合 Γ 中的图形在一定变换群 G 下不变的性质. 例如，仿射几何学（$\Gamma=A(V)$，$G=\mathrm{Aff}(A)$）研究的就是 $A(V)$ 中的图形在仿射自同构下不变的性质；而欧几里得几何学（$\Gamma=E(V)$，$G=\mathrm{Iso}(A)$）研究的就是 $E(V)$ 中的图形在运动下不变的性质.

在仿射自同构下不变的性质称为**仿射性质**，如：点组的仿射相关与仿射无关，点的共线性与简比，仿射子空间的平行等. 而在运动下不变的性质称为**度量性质**. 比如，点之间的距离就是度量性质.

练习 8.2.7 求证：试问仿射子空间的相交和交错是仿射性质吗？

对于集合 Γ 中的图形 S_1，S_2，如果存在双射 $g\in G$，使得 $S_2=g(S_1)$，则称图形 S_1 与图形 S_2 **叠合**，记作 $S_1\sim S_2$. 从定义 8.2.4 不难推出叠合是等价关系，即满足以下性质：

(1) 自反性：$S_1\sim S_1$；

(2) 对称性：$S_1\sim S_2\Rightarrow S_2\sim S_1$；

(3) 传递性：$S_1\sim S_2$，$S_2\sim S_3\Rightarrow S_1\sim S_3$.

练习 8.2.8 求证：叠合满足自反性，对称性，传递性.

集合 Γ 中的图形根据它们是否叠合分为不相交的等价类. 属于同一等价类的图形可以叠合，属于不同等价类的图形不可叠合. 下面就来研究仿射空间和欧氏点空间中一些简单图形的叠合分类.

定理 8.2.2 $p_0,p_1,\cdots,p_r$ 和 $q_0,q_1,\cdots,q_r$ 是 n 维仿射空间 $A(V)$ 的两组仿射无关点，则存在仿射自同构 f，使得

$$f(p_i) = q_i,\ i = 0,\ 1,\ \cdots,\ r,\ r \leqslant n.$$

如果 $r=n$,这样的仿射自同构还是唯一的.

证明 如果 $r=n$,因为 $p_0, p_1, \cdots, p_n$ 和 $q_0, q_1, \cdots, q_n$ 是 n 维仿射空间 $A(V)$ 的两组仿射无关点,所以 $\overrightarrow{p_0p_1}, \overrightarrow{p_0p_2}, \cdots, \overrightarrow{p_0p_n}$ 与 $\overrightarrow{q_0q_1}, \overrightarrow{q_0q_2}, \cdots, \overrightarrow{q_0q_n}$ 是向量空间 V 的两组基. 因而存在唯一的可逆线性变换 σ,使得 $\sigma(\overrightarrow{p_0p_i}) = \overrightarrow{q_0q_i}$, $i=1,\ 2,\ \cdots,\ n$. 定义仿射变换

$$f:\ A(V) \to A(V)$$
$$p_0 + \boldsymbol{\alpha} \mapsto q_0 + \sigma(\boldsymbol{\alpha}),$$

不难验证 f 是仿射自同构,并且 $f(p_i)=q_i$, $i=0,\ 1, \cdots, n$. 如果 g 是满足定理条件的另一个仿射变换,则 $Df=Dg$. 所以对于任意 $p_0+\boldsymbol{\alpha} \in A(V)$,

$$f(p_0 + \boldsymbol{\alpha}) = q_0 + Df(\boldsymbol{\alpha}) = q_0 + Dg(\boldsymbol{\alpha}) = g(p_0 + \boldsymbol{\alpha}).$$

从而 $f=g$. 如果 $r<n$,先分别将这两个点组扩充为含 n 个点的仿射无关组,根据上述证明,存在仿射自同构 f 使得 p_i 被映为 q_i, $i=0,\ 1, \cdots, r$.

这个定理说明仿射空间中的两个仿射无关点组可叠合当且仅当它们含有相同点数. 我们可以按所含点数来对仿射无关点组进行叠合分类,因此只有 $n+1$ 个叠合类. 但是,欧氏点空间中的两个含相同点数的仿射无关点组在运动下就不一定可叠合了. 因为运动下叠合要求对应点对之间的距离都必须相等.

定理 8.2.3 欧氏点空间中任意两个同维的仿射子空间在运动下可叠合;仿射空间中任意两个同维的仿射子空间在仿射自同构下可叠合.

证明 这里只证欧氏情形,仿射情形证明类似,只是不必考虑正交性. 设 $P=p+U, Q=q+W$ 是 n 维欧氏点空间 $E(V)$ 的两个同是 r 维的仿射子空间. 分别在 U 和 W 中找一个单位正交基 $\boldsymbol{\alpha}_1, \boldsymbol{\alpha}_2, \cdots, \boldsymbol{\alpha}_r$ 和 $\boldsymbol{\beta}_1, \boldsymbol{\beta}_2, \cdots, \boldsymbol{\beta}_r$. 然后将它们都扩充为 V 的单位正交基: $\boldsymbol{\alpha}_1, \boldsymbol{\alpha}_2, \cdots, \boldsymbol{\alpha}_n$ 以及 $\boldsymbol{\beta}_1, \boldsymbol{\beta}_2, \cdots, \boldsymbol{\beta}_n$. 因而存在正交变换 σ,使得 $\sigma(\boldsymbol{\alpha}_i)=\boldsymbol{\beta}_i$, $i=1,\ 2,\ \cdots,\ n$. 定义 $E(V)$ 上的映射

$$f:\ E(V) \to E(V)$$
$$p + \boldsymbol{\gamma} \mapsto q + \sigma(\boldsymbol{\gamma}),$$

对任意 $o+\boldsymbol{\alpha} \in E(V)$,

$$\begin{aligned} f(o + \boldsymbol{\alpha}) &= f(p + \overrightarrow{po} + \boldsymbol{\alpha}) = q + \sigma(\overrightarrow{po} + \boldsymbol{\alpha}) \\ &= q + \sigma(\overrightarrow{po}) + \sigma(\boldsymbol{\alpha}) = f(o) + \sigma(\boldsymbol{\alpha}), \end{aligned}$$

所以 f 是一个仿射映射,因而它是一个运动. 而且,因为

$$f(P) = q + \sigma(U) = q + W,$$

所以它将 P 映为 Q. 这就证明了 P 与 Q 可叠合.

结合之前的命题 8.2.3(这个命题对于欧氏情形自然也是成立的),则欧氏点空间(仿射空间)中的两个仿射子空间可叠合当且仅当它们同维. 用基本类似的方法,还可以证明以下定理.

定理 8.2.4 欧氏点空间(仿射空间)中任意两个直角坐标系(仿射坐标系)

$$I = [o; \boldsymbol{\varepsilon}_1, \boldsymbol{\varepsilon}_2, \cdots, \boldsymbol{\varepsilon}_n],\ I' = [o'; \boldsymbol{\varepsilon}'_1, \boldsymbol{\varepsilon}'_2, \cdots, \boldsymbol{\varepsilon}'_n]$$

确定唯一的运动(仿射自同构) f 使得 $o'=f(o)$, $\boldsymbol{\varepsilon}'_i = Df(\boldsymbol{\varepsilon}_i)$ $(i=1,\ 2,\ \cdots,\ n)$. 因此在运动(仿射自同构)下是可叠合的.

练习 8.2.9 证明定理 8.2.4.

练习 8.2.10 仿射空间 $A(V)$ 中一个仿射坐标系 $I=[o;\boldsymbol{\varepsilon}_1, \boldsymbol{\varepsilon}_2, \cdots, \boldsymbol{\varepsilon}_n]$ 在仿射自同构 f 下被映射为另一个仿射坐标系 $I'=[o';\boldsymbol{\varepsilon}_1', \boldsymbol{\varepsilon}_2', \cdots, \boldsymbol{\varepsilon}_n']$，其中

$$o' = f(o), \boldsymbol{\varepsilon}'_i = Df(\boldsymbol{\varepsilon}_i) \ (i = 1, 2, \cdots, n).$$

任取一点 $p\in A(V)$，设 p 关于仿射坐标系 I, I' 的坐标分别为 $\boldsymbol{X}_0$，$\boldsymbol{X}_0'$，$f(p)$ 关于仿射坐标系 I, I' 的坐标为 $\boldsymbol{Y}_0$，$\boldsymbol{Y}_0'$. 证明：$\boldsymbol{X}_0=\boldsymbol{Y}_0'$. 试问：$\boldsymbol{X}_0'=\boldsymbol{Y}_0$ 也对吗？

8.3 二次曲面

8.3.1 二次函数与二次曲面

定义 8.3.1 V 是数域 F 上的向量空间，$A(V)$ 是其上的仿射空间. $A(V)$ 上的函数 Q 称为**仿射二次函数**或简称**二次函数**，如果存在 $p\in A(V)$，使得对任意 $\boldsymbol{\alpha}\in V$，都有

$$Q(p+\boldsymbol{\alpha}) = q(\boldsymbol{\alpha}) + 2l(\boldsymbol{\alpha}) + c,$$

其中 $q(\boldsymbol{\alpha})$ 是 V 上的二次函数，$l(\boldsymbol{\alpha})$ 是 V 上的线性函数，$c\in F$.

设 g 是与 V 上的二次函数 q 相联系的对称双线性函数，即 $q(\boldsymbol{\alpha})=g(\boldsymbol{\alpha}, \boldsymbol{\alpha})$. 建立仿射坐标系 $[p;\boldsymbol{\varepsilon}_1, \boldsymbol{\varepsilon}_2, \cdots, \boldsymbol{\varepsilon}_n]$，设 $\boldsymbol{\alpha}$ 在基 $\boldsymbol{\varepsilon}_1, \boldsymbol{\varepsilon}_2, \cdots, \boldsymbol{\varepsilon}_n$ 下的坐标为 $(x_1, x_2, \cdots, x_n)^{\mathrm{T}}$，则二次函数 Q 在该坐标系下的表达式为

$$\sum_{i,j=1}^{n} a_{ij}x_ix_j + 2\sum_{i=1}^{n} b_ix_i + c.$$

其中 $a_{ij} = g(\boldsymbol{\varepsilon}_i, \boldsymbol{\varepsilon}_j), b_i = l(\boldsymbol{\varepsilon}_i), c = Q(p)$. 如果将二次型 $\sum\limits_{i,j=1}^{n} a_{ij}x_ix_j$ 的矩阵记作 $\boldsymbol{\Lambda} = (a_{ij})$，并记 $\boldsymbol{B} = (b_1, b_2, \cdots, b_n)^{\mathrm{T}}$，那么二次函数 Q 也可以写成如下矩阵形式：

$$(\boldsymbol{X}^{\mathrm{T}}, 1)\begin{pmatrix}\boldsymbol{\Lambda} & \boldsymbol{B}\\ \boldsymbol{B}^{\mathrm{T}} & c\end{pmatrix}\begin{pmatrix}\boldsymbol{X}\\ 1\end{pmatrix}.$$

这里 $\boldsymbol{X}$ 就是向量 $\boldsymbol{\alpha}$ 在基 $\boldsymbol{\varepsilon}_1, \boldsymbol{\varepsilon}_2, \cdots, \boldsymbol{\varepsilon}_n$ 下的坐标 $(x_1, x_2, \cdots, x_n)^{\mathrm{T}}$.

设有另一个仿射坐标系 $[p';\boldsymbol{\varepsilon}_1', \boldsymbol{\varepsilon}_2', \cdots, \boldsymbol{\varepsilon}_n']$，$\boldsymbol{T}$ 为从基 $\boldsymbol{\varepsilon}_1, \boldsymbol{\varepsilon}_2, \cdots, \boldsymbol{\varepsilon}_n$ 到基 $\boldsymbol{\varepsilon}_1', \boldsymbol{\varepsilon}_2', \cdots, \boldsymbol{\varepsilon}_n'$ 的过渡矩阵，并设点 p' 在坐标系 $[p;\boldsymbol{\varepsilon}_1, \boldsymbol{\varepsilon}_2, \cdots, \boldsymbol{\varepsilon}_n]$ 下的坐标为 $\boldsymbol{D}=(d_1, d_2, \cdots, d_n)^{\mathrm{T}}$，那么两个坐标系之间的坐标变换公式为 $\boldsymbol{X}=\boldsymbol{T}\boldsymbol{X}'+\boldsymbol{D}$. 二次函数 Q 在仿射坐标系 $[p';\boldsymbol{\varepsilon}_1', \boldsymbol{\varepsilon}_2', \cdots, \boldsymbol{\varepsilon}_n']$ 下的表达式

$$(\boldsymbol{X}'^{\mathrm{T}}, 1)\begin{pmatrix}\boldsymbol{\Lambda}' & \boldsymbol{B}'\\ \boldsymbol{B}'^{\mathrm{T}} & c'\end{pmatrix}\begin{pmatrix}\boldsymbol{X}'\\ 1\end{pmatrix} = (\boldsymbol{X}'^{\mathrm{T}}, 1)\begin{pmatrix}\boldsymbol{T}^{\mathrm{T}} & \boldsymbol{0}\\ \boldsymbol{D}^{\mathrm{T}} & 1\end{pmatrix}\begin{pmatrix}\boldsymbol{\Lambda} & \boldsymbol{B}\\ \boldsymbol{B}^{\mathrm{T}} & c\end{pmatrix}\begin{pmatrix}\boldsymbol{T} & \boldsymbol{D}\\ \boldsymbol{0} & 1\end{pmatrix}\begin{pmatrix}\boldsymbol{X}'\\ 1\end{pmatrix}.$$

所以 $\boldsymbol{\Lambda}'=\boldsymbol{T}^{\mathrm{T}}\boldsymbol{\Lambda}\boldsymbol{T}$. 合同不会改变矩阵的秩，所以 $r(\boldsymbol{\Lambda})=r(\boldsymbol{\Lambda}')$. 将 $r(\boldsymbol{\Lambda})$ 定义为二次函数 Q 的秩，记为 $r(Q)$.

定义 8.3.2 点 $o\in A(V)$ 称为二次函数 Q 的**中心**，如果对任意 $\boldsymbol{\beta}\in V$，都有

$$Q(o+\boldsymbol{\beta}) = Q(o-\boldsymbol{\beta}).$$

如果 o 是二次函数 Q 的中心，那么对任意 $\boldsymbol{\beta}\in V$，因为

$$\begin{aligned}Q(o\pm\boldsymbol{\beta}) &= Q(p+\overrightarrow{po}\pm\boldsymbol{\beta}) = q(\overrightarrow{po}\pm\boldsymbol{\beta}) + 2l(\overrightarrow{po}\pm\boldsymbol{\beta}) + c\\ &= q(\overrightarrow{po}) + q(\boldsymbol{\beta}) \pm 2g(\overrightarrow{po}, \boldsymbol{\beta}) + 2l(\overrightarrow{po}) \pm 2l(\boldsymbol{\beta}) + c.\end{aligned}$$

将 $Q(o+\boldsymbol{\beta})$ 与 $Q(o-\boldsymbol{\beta})$ 相减，即得

$$g(\overrightarrow{po},\ \boldsymbol{\beta})+l(\boldsymbol{\beta})=0.$$

因此 $Q(o\pm\boldsymbol{\beta})=q(\overrightarrow{po})+q(\boldsymbol{\beta})+2l(\overrightarrow{po})+c=Q(o)+q(\boldsymbol{\beta})$.

练习 8.3.1 如果 o 与 o' 是二次函数 Q 的中心，那么 $Q(o)=Q(o')$.

设在仿射坐标系 $[p;\boldsymbol{\varepsilon}_1,\ \boldsymbol{\varepsilon}_2,\ \cdots,\ \boldsymbol{\varepsilon}_n]$ 下 o 的坐标为 $(x_1,x_2,\cdots,x_n)^{\mathrm{T}}$，$\boldsymbol{\beta}$ 关于基 $\boldsymbol{\varepsilon}_1,\ \boldsymbol{\varepsilon}_2,\ \cdots,\ \boldsymbol{\varepsilon}_n$ 的坐标为 $(y_1,y_2,\cdots,y_n)^{\mathrm{T}}$. 则 $g(\overrightarrow{po},\ \boldsymbol{\beta})+l(\boldsymbol{\beta})=0$ 写成坐标形式就是

$$\sum_{i,\ j=1}^{n}a_{ij}x_iy_j+\sum_{j=1}^{n}b_jy_j=0.$$

由于 $\boldsymbol{\beta}$ 是任意选取的一个向量，所以

$$\sum_{j=1}^{n}\Big(\sum_{i=1}^{n}a_{ij}x_i+b_j\Big)y_j=0$$

对任意 $y_1,y_2,\cdots,y_n$ 都成立，故

$$\sum_{i=1}^{n}a_{ij}x_i+b_j=0,\ j=1,\ 2,\ \cdots,\ n. \tag{8.3.1}$$

这就是中心的坐标所应满足的方程组. 方程组可能有唯一解，无穷多解或无解. 所以二次函数也可能有一个中心，无穷多个中心或无中心.

如果二次函数有中心，选取以其中心为原点的仿射坐标系，此时方程组(8.3.1)有零解，所以 $b_j=0,j=1,\ 2,\ \cdots,\ n$. 因此二次函数在这个仿射坐标系下的表达式没有一次项：

$$\sum_{i,\ j=1}^{n}a_{ij}x_ix_j+c.$$

练习 8.3.2 求下列 3 元二次函数的中心：

(1) $\dfrac{x^2}{a^2}+\dfrac{y^2}{b^2}-\dfrac{z^2}{c^2}\pm1$；

(2) $ax^2+by^2-1,(ab\neq0)$；

(3) x^2-a^2；

(4) ax^2+by^2-2z.

定义 8.3.3 Q 是仿射空间 $A(V)$ 上的二次函数，令

$$S(Q)=\{p\in A(V)\mid Q(p)=0\},$$

如果 $S(Q)\neq\varnothing$，则称为**二次曲面**.

平面上的二次曲面就是平面二次曲线.

下面来介绍二次曲面的中心.

定义 8.3.4 点 o 称为二次曲面 $S(Q)$ 的**中心**，如果对任意点 $o+\boldsymbol{\alpha}\in S(Q)$，都有 $o-\boldsymbol{\alpha}\in S(Q)$.

若点 o 是二次函数 Q 的中心，对任意点 $o+\boldsymbol{\alpha}\in S(Q)$，因为

$$Q(o+\boldsymbol{\alpha})=Q(o-\boldsymbol{\alpha}),$$

所以 $o-\boldsymbol{\alpha}\in S(Q)$. 因此二次函数 Q 的中心是二次曲面 $S(Q)$ 的中心. 反之也是对的. 先叙述以下引理.

引理 8.3.1 如果数域 F 上的仿射空间中的二次曲面

$$S=S(Q_1)=S(Q_2),$$

并且 S 不是仿射子空间，那么存在不等于零的数 $k\in F$，使得 $Q_2=kQ_1$.

这个引理的证明在此省略，读者可以去查阅参考文献[12].

有些二次曲面其实是仿射子空间，例如，二次曲面 $S(x_1^2+x_2^2+\cdots+x_r^2)$ 的方程

$$x_1^2+x_2^2+\cdots+x_r^2=0$$

实际上等价于线性方程组 $x_1=0, x_2=0, \cdots, x_r=0$，所以重合于一个仿射子空间. 这类二次曲面称为**二重子空间**. 对于二重子空间，上述引理的结论是不成立的. 例如 $x_1^2+x_2^2=0$ 和 $x_1^2+2x_2^2=0$ 描述的是同一个二重子空间，但是 $x_1^2+x_2^2\neq k(x_1^2+2x_2^2)$.

命题 8.3.1 点 o 是二次曲面 $S(Q)$ 的中心当且仅当它是二次函数 Q 的中心.

证明 只需再证"仅当"的部分. 如果点 o 是二次曲面 $S(Q)$ 的中心，令

$$Q'(o+\boldsymbol{\alpha})=Q(o-\boldsymbol{\alpha}),$$

则 $S(Q)=S(Q')$. 根据引理 8.3.1，存在非零数 $k\in F$ 使得 $Q'=kQ$. 比较 Q', Q 的二次部分，得 $k=1$. 所以 $Q(o+\boldsymbol{\alpha})=Q(o-\boldsymbol{\alpha})$.

8.3.2 等价分类

仿射空间 $A(V)$ 的二次曲面 $S(Q_1)$ 在仿射自同构 f 下可叠合于二次曲面 $S(Q_2)$ 的充要条件是：对任意 $q\in S(Q_2)$ 当且仅当存在 $p\in S(Q_1)$ 使得 $q=f(p)$，或者说

$$Q_2(q)=0\Leftrightarrow Q_1(f^{-1}(q))=0.$$

上面这个等价关系说明 $S(Q_2)=S(Q_1\circ f^{-1})$，根据引理 8.3.1，则 Q_2 与 $Q_1\circ f^{-1}$ 至多只差一个非零常数因子(假设这两个二次曲面都不是二重子空间). 同样根据引理 8.3.1，二次曲面 $S(Q_1)$ 的二次函数也只确定到差一个非零常数，因此，可以适当选取 Q_1，使得 $Q_1\circ f^{-1}=Q_2$，或 $Q_1=Q_2\circ f$. 如果两个二次函数 Q_1 与 Q_2 满足等式 $Q_1=Q_2\circ f$，就称它们**仿射等价**. 所以，两个二次曲面可叠合当且仅当它们的二次函数仿射等价.

如果仿射空间 $A(V)$ 上的两个二次函数 Q_1 与 Q_2 仿射等价，设 $Q_1=Q_2\circ f$，又设 $A(V)$ 的一个仿射坐标系 $I=[o;\boldsymbol{\varepsilon}_1, \boldsymbol{\varepsilon}_2, \cdots, \boldsymbol{\varepsilon}_n]$ 在仿射自同构 f 下被映射为另一个仿射坐标系 $I'=[o';\boldsymbol{\varepsilon}_1', \boldsymbol{\varepsilon}_2', \cdots, \boldsymbol{\varepsilon}_n']$，其中 $o'=f(o), \boldsymbol{\varepsilon}_i'=Df(\boldsymbol{\varepsilon}_i)\ (i=1, 2, \cdots, n)$. 任取 $p\in A(V)$，假设它关于这两个坐标系的坐标分别为 $(x_1, x_2, \cdots, x_n)$ 和 $(x_1', x_2', \cdots, x_n')$，那么，由于

$$Q_1(p)=Q_2\circ f(p),$$

所以

$$Q_1(o+\sum_{i=1}^n x_i\boldsymbol{\varepsilon}_i)=Q_2(f(o)+\sum_{i=1}^n x_iDf(\boldsymbol{\varepsilon}_i))=Q_2(o'+\sum_{i=1}^n x_i\boldsymbol{\varepsilon}'_i).$$

即 Q_1 关于坐标系 I 的表达式与 Q_2 关于坐标系 I' 的表达式具有完全相同的形式. 反之亦然，如果存在两个仿射坐标系 I 和 I'，使得 Q_1 关于 I 的表达式与 Q_2 关于 I' 的表达式具有完全相同的形式，那么 $Q_1=Q_2\circ f$，这里 f 是指由仿射坐标系 I 和 I' 唯一确定的仿射自同构，它满足

$$o'=f(o), \boldsymbol{\varepsilon}'_i=Df(\boldsymbol{\varepsilon}_i)\ (i=1, 2, \cdots, n).$$

对每个仿射二次函数可以选择对其最合适的坐标系，使得其在这些坐标系下的表达式最简单(称这种最简形式为**标准形**). 假设二次函数 Q_1 与 Q_2 仿射等价，即 $Q_1=Q_2\circ f$，并且 Q_1 关于仿射坐标系 I 具有标准形. 若 I 在仿射自同构 f 下被映射为另一个仿射坐标系 I'，那么 Q_2 关于坐标系 I' 具有完全相同的标准形. 反过来，如果二次函数 Q_1 与 Q_2 具有相同的标准形，那么也就是说，此时有两个仿射坐标系 I 和 I'，Q_1 关于 I 的表达式与 Q_2 关于 I' 的

表达式具有完全相同的形式，根据上一段的讨论，则 Q_1 与 Q_2 仿射等价. 所以两个二次函数仿射等价当且仅当它们具有相同的标准形.

这样我们就看到，二次曲面(也包括二重子空间)的仿射分类问题实际上可以归结为求二次函数的标准形的问题，所以下一小节我们将讨论这个问题. 欧氏点空间的二次曲面在运动下的叠合分类也可做类似讨论，二次曲面的运动分类问题同样被归结为求二次函数在直角坐标系下的标准形的问题.

8.3.3　二次函数的标准形

定理 8.3.1　Q 是仿射空间 $A(V)$ 上的二次函数，如果 Q 无中心，可适当选择仿射坐标系，使得它具有如下标准形：

$$\lambda_1 x_1^2 + \lambda_2 x_2^2 + \cdots + \lambda_r x_r^2 - 2x_{r+1};$$

如果 Q 有中心，可适当选择以其某个中心为坐标原点的仿射坐标系，使它具有如下标准形

$$\lambda_1 x_1^2 + \lambda_2 x_2^2 + \cdots + \lambda_r x_r^2 - \lambda_0.$$

上述的 $\lambda_1, \lambda_2, \cdots, \lambda_r$ 都不为 0. 其中 r 是二次函数 Q 的秩.

证明　根据定理 7.1.2，在向量空间 V 上可选取适当的基，使得向量空间 V 上的二次函数 q 在这个基下的表达式只含平方项. 如果 Q 无中心，在由空间中任意一点及这个基构成的仿射坐标系下，其表达式形为

$$\sum_{i=1}^{r} \lambda_i x'^2_i + 2\sum_{i=1}^{n} b_i x'_i + c.$$

其中 $\lambda_1, \lambda_2, \cdots, \lambda_r$ 都不为 0，r 是二次函数 Q 的秩. 因为 Q 无中心，所以方程组

$$\lambda_j x_j + b_j = 0,\ j = 1, 2, \cdots, r,$$
$$b_j = 0,\ j = r+1, r+2, \cdots, n,$$

无解. 故 $r<n$，并且有某个 $b_{r+k}\neq 0$，而 $b_{r+1}=b_{r+2}=\cdots=b_{r+k-1}=0$. 接着做仿射坐标变换

$$x''_i = x'_i + \frac{b_i}{\lambda_i},\ i = 1, 2, \cdots, r,$$
$$x''_i = x'_i,\ i = r+1, r+2, \cdots, n,$$

此时新坐标系下 Q 的表达式为

$$\sum_{i=1}^{r} \lambda_i x''^2_i + 2\sum_{i=r+k}^{n} b_i x''_i + c'.$$

为了化简余下的一次项，再做一次变换

$$x_i = x''_i,\ i = 1, 2, \cdots, r, r+k+1, \cdots, n,$$
$$x_{r+1} = -\sum_{i=r+k}^{n} b_i x''_i - \frac{c'}{2},$$
$$x_i = x''_{i-1},\ i = r+2, \cdots, r+k,$$

就能得到定理要求的形式

$$\lambda_1 x_1^2 + \lambda_2 x_2^2 + \cdots + \lambda_r x_r^2 - 2x_{r+1}.$$

如果 Q 有中心，建立以某个中心为原点的仿射坐标系，并且使得向量空间 V 上的二次函数 q 在这个仿射坐标系的基下的表达式只含平方项. 则 Q 在该坐标系下的形式即为

$$\lambda_1 x_1^2 + \lambda_2 x_2^2 + \cdots + \lambda_r x_r^2 - \lambda_0,$$

这里 r 是二次型的秩，$r\leqslant n$.

推论 8.3.1 n 维实仿射空间中的二次函数在适当仿射坐标系下具有如下这些典范形之一：

$$y_1^2+\cdots+y_k^2-y_{k-1}^2-\cdots-y_r^2-2y_{r+1};$$

$$y_1^2+\cdots+y_k^2-y_{k+1}^2-\cdots-y_r^2-\lambda_0.$$

而且每个二次函数的典范形是唯一的.

证明 根据定理 7.2.3,可在向量空间 V 上选取适当的基 $\boldsymbol{\varepsilon}_1,\boldsymbol{\varepsilon}_2,\cdots,\boldsymbol{\varepsilon}_n$,使得向量空间 V 上的二次函数 q 在这个基下的表达式为典范形. 所以只要再适当改变定理 8.3.1 所选取的仿射坐标系的基,则二次函数的表达式就可被进一步化简为典范形

$$y_1^2+\cdots+y_k^2-y_{k-1}^2-\cdots-y_r^2-2y_{r+1},$$

如果 Q 无中心;或者

$$y_1^2+\cdots+y_k^2-y_{k+1}^2-\cdots-y_r^2-\lambda_0,$$

如果 Q 有中心.

因为二次曲面是否有中心与坐标系的选取无关,而且坐标变换也不会改变与二次函数 Q 相联系的二次型的秩与正惯性指数,这就证明了典范形的唯一性.

8.3.4 实二次曲面的仿射分类

接下来讨论 n 维实仿射空间中的二次曲面的仿射分类.

定理 8.3.2 n 维实仿射空间中的二次曲面经仿射自同构可叠合且仅可叠合于以下类型之一：

若二次曲面有中心：

$$\mathrm{I}_{k,r}^0: y_1^2+\cdots+y_k^2-y_{k+1}^2-\cdots-y_r^2=0,\ \frac{r}{2}\leqslant k\leqslant r;$$

$$\mathrm{I}_{k,r}^1: y_1^2+\cdots+y_k^2-y_{k+1}^2-\cdots-y_r^2=1,\ 0<k\leqslant r.$$

若二次曲面无中心：

$$\mathrm{II}_{k,r}: y_1^2+\cdots+y_k^2-y_{k-1}^2-\cdots-y_r^2=2y_{r+1},\ \frac{r}{2}\leqslant k\leqslant r.$$

这个定理很容易从推论 8.3.1 推出,只需要再讨论 λ_0 不等于 0 的情况,证明留给读者.

定义 8.3.5 称 $\mathrm{I}_{n,n}^1$ 型二次曲面为**椭球面**;称 $k<n$ 的 $\mathrm{I}_{k,n}^1$ 型为**双曲面**;称 $\mathrm{II}_{n-1,n-1}$ 型为**椭圆抛物面**;称 $k<n-1$ 的 $\mathrm{II}_{k,n-1}$ 型为**双曲抛物面**. 以上这些都称为**非退化二次曲面**. 而称 $r<n$ 的 $\mathrm{I}_{k,r}^0$ 型和 $\mathrm{I}_{k,r}^1$ 型,以及 $r<n-1$ 的 $\mathrm{II}_{k,r}$ 型为**二次柱面**;称 $\mathrm{I}_{k,n}^0$ 型为**二次锥面**. 二次柱面和二次锥面称为**退化二次曲面**.

以下列出 2 维实仿射空间中的非退化二次曲面(即平面二次曲线)的全部仿射等价类：

$$x^2+y^2=0,\ x^2-y^2=0,\ x^2=0,$$

$$x^2+y^2=1,\ x^2-y^2=1,\ x^2=1,\ x^2=2y.$$

练习 8.3.3 请列出 3 维实仿射空间中的二次曲面的全部仿射等价类.

例 8.3.1 化简仿射空间 $\mathbf{R}^3$ 上的二次曲面的方程,并指出它是何种曲面：

$$Q(x,y,z)=x^2+3y^2+4xy+2xz+6yz-2z-2=0.$$

解 采用配方法,

$$
\begin{aligned}
Q(x, y, z) &= (x+2y+z)^2 - 4y^2 - z^2 - 4yz + 3y^2 + 6yz - 2z - 2 \\
&= (x+2y+z)^2 - y^2 - z^2 + 2yz - 2z - 2 \\
&= (x+2y+z)^2 - (y-z)^2 - 2z - 2 \\
&= (x+2y+z)^2 - (y-z)^2 - 2(z+1).
\end{aligned}
$$

然后作变换

$$
\begin{cases}
x' = x + 2y + z, \\
y' = y - z, \\
z' = z + 1.
\end{cases}
$$

则方程化简为 $x'^2 - y'^2 = 2z'$，即双曲抛物面.

练习 8.3.4 化简 $\mathbf{R}^3$ 上的二次曲面的方程：

$$
x^2 + 5y^2 + 10z^2 + 4xy + 2xz + 10yz - 2z - 2 = 0,
$$

并指出它是何种曲面.

练习 8.3.5 在仿射坐标系下，求下列 $\mathbf{R}^3$ 上的二次曲面的典范方程，并指出曲面的类型：

(1) $4xy + z^2 - 1 = 0$;

(2) $x^2 + y^2 + z^2 + 2xy + 2xz + 2yz + 2x + 2y + 2z + 1 = 0$;

(3) $2x^2 + 2y^2 + 3z^2 + 4xy + 2xz + 2yz - 4x + 6y - 2z + 3 = 0$;

(4) $4x^2 + y^2 + 4z^2 - 4xy + 8xz - 4yz - 12x - 12y + 6z = 0$.

8.3.5 欧氏点空间的二次曲面

定理 8.3.3 Q 是欧氏点空间的二次函数. 如果 Q 无中心，则可以适当选取直角坐标系，使得 Q 在该直角坐标系下具有如下形式

$$
\mu_1 x_1^2 + \mu_2 x_2^2 + \cdots + \mu_r x_r^2 + 2bx_{r+1}.
$$

如果 Q 有中心，则可以选择以 Q 的某个中心为原点的直角坐标系，使得 Q 在该直角坐标系下形如

$$
\mu_1 x_1^2 + \mu_2 x_2^2 + \cdots + \mu_r x_r^2 + c.
$$

上面的 $\mu_i \neq 0$, $i = 1, 2, \cdots, r$, $b > 0$. 如果不计顺序的话，所有系数 μ_i, b, c 都是由二次函数 Q 唯一确定的.

证明 如果 Q 无中心，设 Q 在某个直角坐标系下的表达式为

$$
\sum_{i,j=1}^{n} a_{ij} y_i y_j + 2\sum_{i=1}^{n} b_i y_i + c = (\boldsymbol{Y}^{\mathrm{T}}, 1)\begin{pmatrix} \boldsymbol{\Lambda} & \boldsymbol{B} \\ \boldsymbol{B}^{\mathrm{T}} & c \end{pmatrix}\begin{pmatrix} Y \\ 1 \end{pmatrix}.
$$

根据定理 6.3.2，存在正交阵 $\boldsymbol{R}$ 使得

$$
\boldsymbol{R}^{\mathrm{T}}\boldsymbol{\Lambda}\boldsymbol{R} = \operatorname{diag}(\mu_1, \cdots, \mu_r, 0, \cdots, 0),
$$

其中 $r = r(\boldsymbol{\Lambda}) < r(\boldsymbol{\Lambda}, \boldsymbol{B}) \leqslant n$. μ_i 是 $\boldsymbol{\Lambda}$ 不等于 0 的特征值，$i = 1, 2, \cdots, r$. 因此，经过直角坐标变换 $\boldsymbol{Y} = \boldsymbol{R}\boldsymbol{X}'$ 后，上式化作

$$
\mu_1 x'^2_1 + \cdots + \mu_r x'^2_r + 2b'_1 x'_1 + \cdots + 2b'_n x'_n + c.
$$

接着做坐标平移

$$\begin{pmatrix} x'_1 \\ \vdots \\ x'_r \\ x'_{r+1} \\ \vdots \\ x'_n \end{pmatrix} = \begin{pmatrix} x''_1 \\ \vdots \\ x''_r \\ x''_{r+1} \\ \vdots \\ x''_n \end{pmatrix} - \begin{pmatrix} \dfrac{b'_1}{\mu_1} \\ \vdots \\ \dfrac{b'_r}{\mu_r} \\ 0 \\ \vdots \\ 0 \end{pmatrix},$$

进一步把二次函数的表达式化为 $\mu_1 x''^2_1 + \cdots + \mu_r x''^2_r + 2b'_{r+1}x''_{r+1} + \cdots + 2b'_n x''_n + c'$，其中 b'_{r+1}，…，b'_n不全为 0. 最后只要再做直角坐标变换

$$\begin{pmatrix} x_1 \\ \vdots \\ x_r \\ x_{r+1} \\ x_{r+2} \\ \vdots \\ x_n \end{pmatrix} = \begin{pmatrix} 1 & & & & & \\ & \ddots & & & & \\ & & 1 & & & \\ & & & \dfrac{b'_{r+1}}{b} & \dfrac{b'_{r+2}}{b} & \cdots & \dfrac{b'_n}{b} \\ & & & u_{r+2\,r+1} & u_{r+2\,r+2} & \cdots & u_{r+2\,n} \\ & & & \vdots & \vdots & & \vdots \\ & & & u_{n\,r+1} & u_{n\,r+2} & \cdots & u_{nn} \end{pmatrix} \begin{pmatrix} x''_1 \\ \vdots \\ x''_r \\ x''_{r+1} \\ x''_{r+2} \\ \vdots \\ x''_n \end{pmatrix} + \begin{pmatrix} 0 \\ \vdots \\ 0 \\ \dfrac{c'}{2b} \\ 0 \\ \vdots \\ 0 \end{pmatrix}$$

便可得到定理给出的形式. 上式中 $b=\sqrt{b'^2_{r+1}+\cdots+b'^2_n}>0$，右下角那个子矩阵是一个 $n-r$ 阶正交阵. 这个正交阵除了第一行是给定的，其余各行可以自行选择，这样的正交阵总是可以通过格拉姆-施密特正交化过程构造出来的.

如果 Q 有中心，选取以它的某个中心为原点的直角坐标系使得 Q 在这个直角坐标系下的表达式为

$$\sum_{i,\ j=1}^{n} a_{ij} y_i y_j + c = (\boldsymbol{Y}^{\mathrm{T}},\ 1)\begin{pmatrix} \boldsymbol{\Lambda} & \boldsymbol{0} \\ \boldsymbol{0} & c \end{pmatrix}\begin{pmatrix} \boldsymbol{Y} \\ 1 \end{pmatrix}.$$

因为存在正交阵 $\boldsymbol{R}$ 使得

$$\boldsymbol{R}^{\mathrm{T}}\boldsymbol{\Lambda}\boldsymbol{R} = \mathrm{diag}(\mu_1,\ \cdots,\ \mu_r,\ 0,\ \cdots,\ 0),\ \mu_i \neq 0,\ i = 1,\ 2,\ \cdots,\ r,$$

所以由直角坐标变换

$$\begin{pmatrix} y_1 \\ y_2 \\ \vdots \\ y_n \end{pmatrix} = \boldsymbol{R}\begin{pmatrix} x_1 \\ x_2 \\ \vdots \\ x_n \end{pmatrix}$$

便可将原表达式化为 $\mu_1 x_1^2 + \mu_2 x_2^2 + \cdots + \mu_r x_r^2 + c$.

下面讨论系数的唯一性. 因为 μ_i 是 $\boldsymbol{\Lambda}$ 的特征值，而在直角坐标变换下

$$\boldsymbol{\Lambda}' = \boldsymbol{R}^{\mathrm{T}}\boldsymbol{\Lambda}\boldsymbol{R},$$

因此特征值始终不变. 另外 $c=Q(o)$，o 是中心，而 Q 在所有中心的取值相同(见练习 8.3.1). 所以只需考虑 b 的唯一性. 假设 Q 在两个直角坐标下分别取如下形式：

$$\mu_1 x_1^2+\mu_2 x_2^2+\cdots+\mu_r x_r^2+2bx_{r+1}=(\boldsymbol{X}^{\mathrm{T}},1)\begin{pmatrix}\boldsymbol{\Lambda} & \boldsymbol{B}\\ \boldsymbol{B}^{\mathrm{T}} & 0\end{pmatrix}\begin{pmatrix}\boldsymbol{X}\\ 1\end{pmatrix},$$

$$\boldsymbol{B}=(0,\cdots,0,\overset{r+1}{b},0,\cdots,0)^{\mathrm{T}},$$

$$\mu_1 x_1'^2+\mu_2 x_2'^2+\cdots+\mu_r x_r'^2+2b'x_{r+1}'=(\boldsymbol{X}'^{\mathrm{T}},1)\begin{pmatrix}\boldsymbol{\Lambda} & \boldsymbol{B}'\\ \boldsymbol{B}'^{\mathrm{T}} & 0\end{pmatrix}\begin{pmatrix}\boldsymbol{X}'\\ 1\end{pmatrix},$$

$$\boldsymbol{B}'=(0,\cdots,0,\overset{r+1}{b'},0,\cdots,0)^{\mathrm{T}},$$

其中 $\boldsymbol{\Lambda}=\mathrm{diag}(\mu_1,\cdots,\mu_r,0,\cdots,0)$. 如果存在直角坐标变换

$$\begin{pmatrix}\boldsymbol{X}\\ 1\end{pmatrix}=\begin{pmatrix}\boldsymbol{R} & \boldsymbol{D}\\ \boldsymbol{0} & 1\end{pmatrix}\begin{pmatrix}\boldsymbol{X}'\\ 1\end{pmatrix}(\boldsymbol{R}\text{ 是正交阵})$$

联系这两种形式,那么 $\boldsymbol{\Lambda}=\boldsymbol{R}^{\mathrm{T}}\boldsymbol{\Lambda}\boldsymbol{R}$. 由于 $\boldsymbol{\Lambda}=\mathrm{diag}(\mu_1,\cdots,\mu_r,0,\cdots,0)$,经过简单计算不难发现,正交阵 $\boldsymbol{R}$ 只能取如下分块对角形式

$$\begin{pmatrix}\boldsymbol{R}_1 & \\ & \boldsymbol{R}_2\end{pmatrix}.$$

两个对角块分别是 r 阶和 $n-r$ 阶正交阵. 又因为

$$\begin{pmatrix}\boldsymbol{R}^{\mathrm{T}} & \boldsymbol{0}\\ \boldsymbol{D}^{\mathrm{T}} & 1\end{pmatrix}\begin{pmatrix}\boldsymbol{\Lambda} & \boldsymbol{B}\\ \boldsymbol{B}^{\mathrm{T}} & 0\end{pmatrix}\begin{pmatrix}\boldsymbol{R} & \boldsymbol{D}\\ \boldsymbol{0} & 1\end{pmatrix}=\begin{pmatrix}\boldsymbol{\Lambda} & \boldsymbol{B}'\\ \boldsymbol{B}'^{\mathrm{T}} & 0\end{pmatrix},$$

所以 $\boldsymbol{B}+\boldsymbol{\Lambda}\boldsymbol{D}=\boldsymbol{R}\boldsymbol{B}'$. 只要注意等式两边列向量的第 $r+1$ 行到第 n 行,此时有

$$b=u_{11}b',\ 0=u_{21}b',\ \cdots,\ 0=u_{n-r1}b',$$

这里 u_{i1} 是正交阵 $\boldsymbol{R}_2$ 第 1 列的各元素. 正交阵每个列向量各元素的平方和等于 1,且因为 b, b' 都大于 0,因此 $b=b'$.

作为这个定理的直接应用,有以下欧氏点空间的二次曲面的分类定理.

定理 8.3.4 n 维欧氏点空间中的二次曲面可通过适当选择直角坐标系而具有且仅具有以下标准方程之一.

若二次曲面有中心:

$$\mathrm{I}_{k,r}^{0}:\ \frac{x_1^2}{a_1^2}+\cdots+\frac{x_k^2}{a_k^2}-\frac{x_{k+1}^2}{a_{k+1}^2}-\cdots-\frac{x_r^2}{a_r^2}=0,\ \frac{r}{2}\leqslant k\leqslant r;$$

$$I_{k,r}^{1}:\ \frac{x_1^2}{a_1^2}+\cdots+\frac{x_k^2}{a_k^2}-\frac{x_{k+1}^2}{a_{k+1}^2}-\cdots-\frac{x_r^2}{a_r^2}=1,\ 0<k\leqslant r.$$

若二次曲面无中心:

$$\mathrm{II}_{k,r}:\ \frac{x_1^2}{a_1^2}+\cdots+\frac{x_k^2}{a_k^2}-\frac{x_{k+1}^2}{a_{k+1}^2}-\cdots-\frac{x_r^2}{a_r^2}=2x_{r+1},\ \frac{r}{2}\leqslant k\leqslant r.$$

具有相同标准方程的二次曲面在运动下可叠合,具有不同标准方程的二次曲面在运动下不可叠合. 可以把定义 8.3.5 完全照搬到这里来给二次曲面进行命名,但是两个标准方程即使属于同一类型,如果正参数 $a_1,a_2,\cdots,a_r$(称为**半轴长**)不完全相同,这两个标准方程也不相同,所以欧氏点空间的二次曲面在运动下可分为无穷多个叠合等价类.

如果欧氏点空间的维数 $n=3$,那么非退化的二次曲面共有五种:

(1) 椭球面:$\dfrac{x_1^2}{a_1^2}+\dfrac{x_2^2}{a_2^2}+\dfrac{x_3^2}{a_3^2}=1$;

(2) 单叶双曲面：$\frac{x_1^2}{a_1^2}+\frac{x_2^2}{a_2^2}-\frac{x_3^2}{a_3^2}=1$；

(3) 双叶双曲面：$\frac{x_1^2}{a_1^2}-\frac{x_2^2}{a_2^2}-\frac{x_3^2}{a_3^2}=1$；

(4) 椭圆抛物面：$\frac{x_1^2}{a_1^2}+\frac{x_2^2}{a_2^2}=2x_3$；

(5) 双曲抛物面：$\frac{x_1^2}{a_1^2}-\frac{x_2^2}{a_2^2}=2x_3$.

这些二次曲面已经在 1.5 研究过其几何性质.研究更高维空间的二次曲面的几何性质，也可以采用截口法，即用超平面去截取二次曲面，通过截口的性质来判断曲面本身的特点.

最后简单介绍一下二次曲面的不变量.

定义 8.3.6 f 是二次曲面 $S(Q)$ 的方程的系数的函数，如果经过任意直角坐标变换(保持原点不动的直角坐标变换)后，f 的函数值不变，则称 f 是 $S(Q)$ 的一个**正交不变量(正交半不变量)**，简称**不变量(半不变量)**.

设二次曲面 $S(Q)$ 的直角坐标下的方程为

$$\sum_{i,j=1}^{n}a_{ij}x_ix_j+2\sum_{i=1}^{n}b_ix_i+c=(\boldsymbol{X}^{\mathrm{T}},1)\begin{pmatrix}\boldsymbol{\Lambda} & \boldsymbol{B}\\ \boldsymbol{B}^{\mathrm{T}} & c\end{pmatrix}\begin{pmatrix}\boldsymbol{X}\\ 1\end{pmatrix}=0,$$

记 $\widetilde{\boldsymbol{\Lambda}}=\begin{pmatrix}\boldsymbol{\Lambda} & \boldsymbol{B}\\ \boldsymbol{B}^{\mathrm{T}} & c\end{pmatrix}$. 做直角坐标变换：$\begin{pmatrix}\boldsymbol{X}\\ 1\end{pmatrix}=\begin{pmatrix}\boldsymbol{R} & \boldsymbol{D}\\ \boldsymbol{0} & 1\end{pmatrix}\begin{pmatrix}\boldsymbol{X}'\\ 1\end{pmatrix}$，$\boldsymbol{R}$ 是正交阵.那么

$$\boldsymbol{\Lambda}'=\boldsymbol{R}^{\mathrm{T}}\boldsymbol{\Lambda}\boldsymbol{R},\ \widetilde{\boldsymbol{\Lambda}}'=\begin{pmatrix}\boldsymbol{R} & \boldsymbol{D}\\ \boldsymbol{0} & 1\end{pmatrix}^{\mathrm{T}}\widetilde{\boldsymbol{\Lambda}}\begin{pmatrix}\boldsymbol{R} & \boldsymbol{D}\\ \boldsymbol{0} & 1\end{pmatrix}.$$

因此，$Ch_{\boldsymbol{\Lambda}'}(\lambda)=Ch_{\boldsymbol{\Lambda}}(\lambda)$，$|\widetilde{\boldsymbol{\Lambda}}'|=|\widetilde{\boldsymbol{\Lambda}}|$. 所以 $\boldsymbol{\Lambda}$ 的特征多项式的各项系数以及 $\widetilde{\boldsymbol{\Lambda}}$ 的行列式都是不变量.另外，如果 $D=0$，那么 $\widetilde{\boldsymbol{\Lambda}}$ 的特征多项式也保持不变，因此其各项系数都是半不变量(里面其实包括了不变量 $|\widetilde{\boldsymbol{\Lambda}}|$).

以 3 维欧氏点空间的二次曲面为例，它的不变量包括：

$$I_1=\mathrm{tr}\boldsymbol{\Lambda},\ I_2=\begin{vmatrix}a_{11} & a_{12}\\ a_{21} & a_{22}\end{vmatrix}+\begin{vmatrix}a_{11} & a_{13}\\ a_{31} & a_{33}\end{vmatrix}+\begin{vmatrix}a_{22} & a_{23}\\ a_{32} & a_{33}\end{vmatrix},\ I_3=|\boldsymbol{\Lambda}|,\ I_4=|\widetilde{\boldsymbol{\Lambda}}|.$$

半不变量包括：

$$K_1=\begin{vmatrix}a_{11} & b_1\\ b_1 & a_{44}\end{vmatrix}+\begin{vmatrix}a_{22} & b_2\\ b_2 & a_{44}\end{vmatrix}+\begin{vmatrix}a_{33} & b_3\\ b_3 & a_{44}\end{vmatrix},$$

$$K_2=\begin{vmatrix}a_{11} & a_{12} & b_1\\ a_{21} & a_{22} & b_2\\ b_1 & b_2 & c\end{vmatrix}+\begin{vmatrix}a_{11} & a_{13} & b_1\\ a_{31} & a_{33} & b_3\\ b_1 & b_3 & c\end{vmatrix}+\begin{vmatrix}a_{22} & a_{23} & b_2\\ a_{32} & a_{33} & b_3\\ b_2 & b_3 & c\end{vmatrix}.$$

练习 8.3.6 证明上面给出的 K_1，K_2 是半不变量.

练习 8.3.7 试写出 3 维欧氏点空间的二次曲面的全部类型及判别法则.

参考文献

[1] Axler S. Linear Algebra Done Right [M]. 2nd ed. New York: Springer-Verlag, 1997.

[2] Friedberg S H, Insel A J, Spence L E. Linear Algebra[M]. 4th ed. London: Prentice Hall,2003.

[3] Halmos P R. Finite-Dimensional Vector Spaces[M]. 2nd ed. New York: Springer-Verlag,1974.

[4] Golan J S. The Linear Algebra a Beginning Graduate Student Ought To Know[M]. 2nd ed. New York: Springer-Verlag,2007.

[5] Gruenberg K W, Weir A J. Linear Geometry[M]. 2nd ed. New York: Springer-Verlag,1977.

[6] 阿波斯托尔 T,沈灏. 线性代数及其应用导论[M]. 沈佳辰,译. 北京:人民邮电出版社,2010.

[7] 北京大学数学系前代数小组. 高等代数[M]. 4 版. 王萼芳,石生明,修订. 北京:高等教育出版社,2013.

[8] 陈辉. 近世代数观点下的高等代数[M]. 杭州:浙江大学出版社,2009.

[9] 陈志杰. 高等代数与解析几何(上、下册)[M]. 2 版. 北京:高等教育出版社,2008.

[10] 胡国权. 几何与代数导引[M]. 北京:科学出版社,2006.

[11] 胡适耕,刘先忠. 高等代数定理问题方法[M]. 北京:科学出版社,2007.

[12] 柯斯特利金 A I. 代数学引论(第二卷)[M]. 牛凤文,译. 北京:高等教育出版社,2008.

[13] 吕林根,许子道. 解析几何[M]. 3 版. 北京:高等教育出版社,2001.

[14] 孟道骥. 高等代数与解析几何(上、下册)[M]. 3 版. 北京:科学出版社,2014.

[15] 丘维声. 解析几何[M]. 3 版. 北京:北京大学出版社,2015.

[16] 同济大学应用数学系. 高等代数与解析几何[M]. 北京:高等教育出版社,2005.

[17] 吴光磊,丁石孙,姜伯驹,等. 解析几何(修订本)[M]. 北京:高等教育出版社,2014.

[18] 姚慕生. 高等代数学[M]. 上海:复旦大学出版社,1999.

[19] 张禾瑞,郝鈵新. 高等代数[M]. 5 版. 北京:高等教育出版社,2007.